高等学校电子信息类专业系列教材

电子测量技术基础

(第四版)

张永瑞　编著

西安电子科技大学出版社

内 容 简 介

本书是参照各院校相关专业新修订的教学计划中“电子测量”课程的教学大纲及学时数要求，并考虑现代电子科技发展的趋势与潮流而编写的。全书内容包括电子测量与计量的基本概念、测量误差和测量结果处理、信号发生器、电子示波器、频率时间测量、相位差测量、电压测量、阻抗测量、噪声测量、数据域测量与测量新技术简介，重点讲述了主要物理量(电压、频率、时间、相位)、元件参数、阻抗、噪声等的基本测量原理、测量方法及常规仪器(示波器、信号源、计数器等)的工作原理和操作使用，并对矢量网络分析测试技术、智能仪器、虚拟仪器等体现现代高科技的测量技术与仪器在本书的最后一章作了适度的介绍。

本书编写思路清晰，概念和原理讲述透彻、深入浅出、通俗易懂，方法明了实用，必要的数学推导简明扼要，结论醒目。各章末配有小结与难度适中的习题，书末配有部分习题的参考答案。

本书可作为高等工业院校测控技术与仪器、通信工程、电子信息工程、探测制导与控制技术、空间科学与技术、智能科学与技术等专业学生的教材，亦可作为从事电类专业的工程技术人员的参考书。

★本书配有编著者制作的电子教案，需要者可登录出版社网站，免费下载，参考使用。

图书在版编目(CIP)数据

电子测量技术基础/张永瑞编著. —4版.
—西安：西安电子科技大学出版社，2021.12(2023.10 重印)
ISBN 978-7-5606-6261-9

Ⅰ. ①电…　Ⅱ. ①张…　Ⅲ. ①电子测量技术　Ⅳ. ①TM93

中国版本图书馆 CIP 数据核字(2021)第 211541 号

责任编辑　许青青
出版发行　西安电子科技大学出版社(西安市太白南路 2 号)
电　　话　(029)88202421　88201467　　邮　　编　710071
网　　址　www.xduph.com　　电子邮箱　xdupfxb001@163.com
经　　销　新华书店
印刷单位　咸阳华盛印务有限责任公司
版　　次　2021 年 12 月第 4 版　2023 年 10 月第 3 次印刷
开　　本　787 毫米×1092 毫米　1/16　印张 19
字　　数　450 千字
印　　数　7001～12 000 册
定　　价　45.00 元
ISBN 978-7-5606-6261-9/TM
XDUP 6563004-3

前　言

我国伟大的科学工程令人震撼：嫦娥五号实现月面自动采样返回；“奋斗者”号载人潜水器潜入深度 10 909 m 的海底；“天问一号”实施近火捕获制动；“祝融号”火星车着陆火星；神舟十二号载人飞船将三位航天员送上我国自主建立的空间站。这些伟大科学工程都要应用非常精准的信息检测、通信与自动控制，通俗地讲，都要用到电子测量。

电子科技发展迅猛，尤其是互联网＋、大数据、人工智能等现代信息技术，使得人们的生活、生产、科学研究、医疗诊断、交通运输、国防建设等都在发生着巨大变化，高等学校教育也不例外。

为了适应教育新形势的需要，围绕“立德树人”“创新创业”“课堂革命”，培养德智体美劳全面发展的社会主义建设者和接班人，各学校在新一轮的教学计划中增开了一些顺应时代发展的新课程及利于培养“大国工匠”人才的实践性强的课程，使培养的学生毕业之后既能懂理论，会分析设计，又能动手组织科学实验，进行操作检测。

为满足新形势下的教学需求，我们对《电子测量技术基础(第三版)》进行了修编。修编过程中，我们参照各院校相关专业 2021 年新修订的教学计划中“电子测量”类课程的教学大纲及学时数要求，考虑到电子科技的发展趋势、新潮流，参考国内外同类教材好的编写理念与经验，在搜集、听取使用《电子测量技术基础(第三版)》作教材实施教学的老师和同学们意见的基础上，形成了如下几点修编思路：

(1) 原则上保留第三版教材的结构体系与风格，不做大的更改与变动。考虑到高等院校的类别、本科生的层次，本书在内容选材上仍注重工程上够用为度、实用为主。对测量原理、基本概念的讲解，把握由浅入深、通俗易懂的原则，便于读者自学；对测量方法的讲述，注重归纳、比较、易操作性，尽可能做到简明实用。

(2) 考虑到目前国内大多数院校实验仪器的配置情况，对实验仪器仪表，只讲清其工作原理，不过多涉及单元内部具体电路，选用常规、通用、典型型号做介绍。对当前的新型仪器仪表，以二维码的形式给出相关介绍，以方便读者增加感性认知，了解当代新型仪器仪表的先进性能与特点。

(3) 重在根据测试对象，选用合适的仪器仪表，采用合理的测量方法进行训练；重在讲解基本仪器仪表的操作和使用方法。对误差分析，侧重物理概念解释，对必要的数学定量的推导，力求简明扼要，思路清晰，结论明确醒目，便于读者掌握。

(4) 对数据域测量、智能仪器、虚拟仪器等测量新技术在本书的最后一章作适度介绍，目的是使读者了解电子测量新技术、新仪器研究、发展的最新动态。

(5) 对第三版中的文字进行了再润色，删除或增加了某些词、句或段落；修订了第三版中个别图中二极管的方向及运算放大器的正、负极性错误；改正了第三版中极个别的印刷差错。

本书主要包括电子测量与计量的基本概念、测量误差和测量结果处理、信号发生器、电子示波器、频率时间测量、相位差测量、电压测量、阻抗测量、噪声测量、数据域测量与测量新技术简介共 10 章内容。考虑到第 8 章阻抗测量在“电路分析基础”课程中已做过相应的实验，第 9 章噪声测量在非通信专业用得较少，第 10 章数据域测量与新技术简介为扩展知识面的内容，这三章前均加了 * 号，各院校可根据相关专业的教学计划对“电子测量”课程的具体要求及计划学时数情况进行选讲。本教材的参考学时数约为 56 学时。

本书在编写和出版过程中得到了西安电子科技大学机电学院测控系领导的关心与支持，得到了西安电子科技大学出版社策划编辑李惠萍与责任编辑许青青的帮助和指导，还得到了本书参考文献中诸位作者的编写理念、思想的启发与帮助，在此一并致以衷心的感谢！

由于作者水平有限，书中定会有许多不足之处，敬请读者批评、赐教。

于西安电子科技大学

2021 年 9 月

目　录

第 1 章　电子测量与计量的基本概念 …… 1
1.1　测量与电子测量 …… 1
1.1.1　测量 …… 1
1.1.2　电子测量 …… 1
1.2　电子测量的内容和特点 …… 2
1.2.1　电子测量的内容 …… 2
1.2.2　电子测量的特点 …… 3
1.3　电子测量方法的分类 …… 4
1.4　电子测量仪器的功能、分类和主要性能指标 …… 7
1.4.1　测量仪器的功能 …… 7
1.4.2　测量仪器的分类 …… 8
1.4.3　测量仪器的主要性能指标 …… 9
1.5　计量的基本概念 …… 12
1.5.1　计量 …… 12
1.5.2　单位制 …… 12
1.5.3　计量基准 …… 13
1.5.4　量值的传递与跟踪，检定与比对 …… 14
小结 …… 15
习题 1 …… 15
第 2 章　测量误差和测量结果处理 …… 17
2.1　测量误差的基本概念 …… 17
2.1.1　误差的概念 …… 17
2.1.2　误差的表示方法 …… 19
2.1.3　测量仪器的容许误差 …… 23
2.2　测量误差的来源 …… 25
2.2.1　仪器误差 …… 25
2.2.2　使用误差 …… 25
2.2.3　人身误差 …… 26
2.2.4　影响误差 …… 26
2.2.5　方法误差 …… 26
2.3　误差的分类 …… 27
2.3.1　系统误差 …… 27
2.3.2　随机误差 …… 28
2.3.3　粗大误差 …… 30
2.4　随机误差分析 …… 30
2.4.1　测量值的数学期望和标准差 …… 30
2.4.2　随机误差的正态分布 …… 32
2.4.3　有限次测量下测量结果的表达 …… 36
2.5　系统误差分析 …… 37
2.5.1　系统误差的特性 …… 37
2.5.2　系统误差的判断 …… 38
2.5.3　消除系统误差产生的根源 …… 39
2.5.4　削弱系统误差的典型测量技术 …… 39
2.5.5　消除或削弱系统误差的其他方法 …… 43
2.6　系统误差的合成 …… 45
2.6.1　误差的合成 …… 45
2.6.2　常用函数的合成误差 …… 46
2.6.3　系统不确定度 …… 49
2.7　测量数据的处理 …… 51
2.7.1　有效数字的处理 …… 51
2.7.2　等精度测量结果的处理 …… 53
小结 …… 55
习题 2 …… 56
第 3 章　信号发生器 …… 60
3.1　信号发生器概述 …… 60
3.1.1　信号发生器的用途 …… 60
3.1.2　信号发生器的分类 …… 60
3.1.3　信号发生器的基本构成 …… 62
3.1.4　信号发生器的发展趋势 …… 62
3.2　正弦信号发生器的性能指标 …… 62
3.2.1　频率范围 …… 63
3.2.2　频率准确度 …… 63
3.2.3　频率稳定度 …… 63
3.2.4　由温度、电源、负载变化引起的频率变动量 …… 64
3.2.5　非线性失真系数(失真度) …… 64
3.2.6　输出阻抗 …… 65
3.2.7　输出电平 …… 65
3.2.8　调制特性 …… 66

3.3 低频、超低频信号发生器 …… 66
3.3.1 低频信号发生器 …… 66
3.3.2 超低频信号发生器 …… 71
3.3.3 低频信号发生器的发展现状 …… 78
3.4 射频信号发生器 …… 79
3.4.1 调谐信号发生器 …… 79
3.4.2 锁相信号发生器 …… 81
3.4.3 合成信号发生器 …… 83
3.4.4 射频信号发生器代表性产品的性能介绍 …… 84
3.5 扫频信号发生器 …… 85
3.5.1 线性电路幅频特性的测量 …… 85
3.5.2 扫频仪的基本构成 …… 88
3.5.3 BT-3型扫频仪 …… 90
3.6 脉冲信号发生器 …… 92
3.6.1 脉冲信号 …… 92
3.6.2 脉冲信号发生器的分类 …… 93
3.6.3 脉冲信号发生器的结构 …… 94
3.6.4 脉冲信号源的应用 …… 97
3.7 噪声信号发生器 …… 98
3.7.1 噪声源 …… 99
3.7.2 变换器 …… 100
3.7.3 输出衰减器 …… 100
小结 …… 100
习题3 …… 101
第4章 电子示波器 …… 103
4.1 电子示波器概述 …… 103
4.2 示波管 …… 104
4.2.1 电子枪 …… 105
4.2.2 偏转系统 …… 105
4.2.3 荧光屏 …… 106
4.3 电子示波器的结构框图与性能 …… 107
4.3.1 电子示波器的结构框图 …… 107
4.3.2 示波器的主要性能指标 …… 108
4.4 电子示波器的Y、X通道及校正器 …… 110
4.4.1 垂直偏转通道(Y通道) …… 111
4.4.2 水平偏转通道(X通道) …… 114
4.4.3 校正器 …… 118
4.5 双踪和双线示波器 …… 119
4.5.1 双踪示波器 …… 119
4.5.2 双线示波器 …… 120
4.5.3 SR-8型双踪示波器 …… 121
4.6 数字存储示波器 …… 124
4.6.1 数字存储示波器的原理 …… 124
4.6.2 数字存储示波器的特点 …… 125
小结 …… 125
习题4 …… 126
第5章 频率时间测量 …… 128
5.1 频率时间测量概述 …… 128
5.1.1 时间、频率的基本概念 …… 128
5.1.2 频率测量方法概述 …… 131
5.2 电子计数法测量频率 …… 132
5.2.1 电子计数法测量频率的原理 …… 132
5.2.2 误差分析计算 …… 133
5.2.3 测量频率范围的扩大 …… 135
5.3 电子计数法测量周期 …… 136
5.3.1 电子计数法测量周期的原理 …… 136
5.3.2 电子计数器测量周期的误差分析 …… 138
5.3.3 中界频率 …… 140
5.4 电子计数法测量时间间隔 …… 142
5.4.1 电子计数法测量时间间隔的原理 …… 142
5.4.2 电子计数器测量时间间隔的误差分析 …… 143
5.5 典型通用电子计数器E-312 …… 144
5.5.1 E-312型电子计数式频率计的主要技术指标 …… 145
5.5.2 E-312型电子计数式频率计的原理 …… 145
5.5.3 应用E-312进行测量 …… 147
5.5.4 计数器的发展动态 …… 149
5.6 测量频率的其他方法 …… 150
5.6.1 直读法测频 …… 150
5.6.2 比较法测频 …… 153
小结 …… 159
习题5 …… 161
第6章 相位差测量 …… 163
6.1 相位差测量概述 …… 163
6.2 用示波器测量相位差 …… 163
6.2.1 直接比较法 …… 164
6.2.2 椭圆法 …… 165
6.3 相位差转换为时间间隔进行测量 …… 166
6.3.1 模拟式直读相位计 …… 167
6.3.2 数字式相位计 …… 168

6.4 相位差转换为电压进行测量 ……… 172
6.4.1 差接式相位检波电路 ………… 172
6.4.2 平衡式相位检波电路 ………… 174
6.5 零示法测量相位差 ……………… 175
6.6 测量范围的扩展 ………………… 176
小结 ……………………………………… 178
习题6 …………………………………… 179

第7章 电压测量 ……………………… 180
7.1 电压测量概述 …………………… 180
7.1.1 电压测量的重要性 …………… 180
7.1.2 电压测量的特点 ……………… 180
7.1.3 电压测量仪器的分类 ………… 181
7.2 模拟式直流电压测量 …………… 182
7.2.1 动圈式电压表 ………………… 182
7.2.2 电子电压表 …………………… 185
7.3 交流电压的表征和测量方法 …… 188
7.3.1 交流电压的表征 ……………… 188
7.3.2 交流电压的测量方法 ………… 191
7.4 低频交流电压测量 ……………… 194
7.4.1 均值电压表 …………………… 194
7.4.2 波形换算 ……………………… 196
7.4.3 均值检波器误差 ……………… 197
7.4.4 有效值检波器 ………………… 198
7.4.5 分贝值的测量 ………………… 200
7.5 高频交流电压测量 ……………… 201
7.5.1 峰值检波器 …………………… 201
7.5.2 误差分析 ……………………… 204
7.5.3 波形换算 ……………………… 205
7.6 脉冲电压测量 …………………… 206
7.6.1 用示波器测量脉冲电压 ……… 206
7.6.2 用脉冲电压表测量脉冲电压 …… 207
7.7 电压的数字式测量 ……………… 210
7.7.1 概述 …………………………… 210
7.7.2 数字式电压表(DVM)的组成原理 …………………………… 211
7.7.3 DVM的主要类型 ……………… 214
7.7.4 逐次比较型DVM ……………… 215
7.7.5 双积分型DVM ………………… 218
7.7.6 DVM的技术指标 ……………… 220
小结 ……………………………………… 223
习题7 …………………………………… 225

***第8章 阻抗测量** ……………………… 228
8.1 阻抗测量概述 …………………… 228
8.1.1 阻抗的定义及其表示方法 …… 228
8.1.2 电阻器、电感器和电容器的电路模型 …………………………… 229
8.2 电桥法测量阻抗 ………………… 233
8.2.1 电桥平衡条件 ………………… 233
8.2.2 交流电桥的收敛性 …………… 234
8.2.3 电桥电路 ……………………… 235
8.2.4 电桥的电源和指示器 ………… 239
8.2.5 电桥的屏蔽和防护 …………… 239
8.3 谐振法测量阻抗 ………………… 242
8.3.1 谐振法测量阻抗的原理 ……… 242
8.3.2 *Q*表的原理 …………………… 244
8.3.3 元件参数的测量 ……………… 245
8.3.4 数字式*Q*表的原理 …………… 250
8.4 利用变换器测量阻抗 …………… 251
8.4.1 电阻-电压变换器法 ………… 251
8.4.2 阻抗-电压变换器法 ………… 252
小结 ……………………………………… 253
习题8 …………………………………… 254

***第9章 噪声测量** ……………………… 256
9.1 噪声测量概述 …………………… 256
9.2 噪声的统计特性及其测量 ……… 256
9.2.1 噪声的统计特性 ……………… 257
9.2.2 噪声特性的测量 ……………… 259
9.3 器件的噪声参数及其测量 ……… 261
9.3.1 等效输入噪声电压及其测量 …… 262
9.3.2 等效噪声电阻及其测量 ……… 263
9.3.3 等效噪声带宽及其测量 ……… 263
9.3.4 噪声系数及其测量 …………… 264
9.3.5 等效噪声温度 ………………… 266
9.3.6 放大器的噪声等效电路 ……… 266
小结 ……………………………………… 267
习题9 …………………………………… 268

***第10章 数据域测量与测量新技术简介** ……………………… 269
10.1 数据域测量的基本概念 ……… 269
10.1.1 数据域测量的特点 ………… 269
10.1.2 数字信号的特点 …………… 270
10.2 数据域测量技术 ……………… 271
10.2.1 简单逻辑电路的简易测试 …… 271
10.2.2 穷举测试和随机测试 ……… 273
10.2.3 数据域测量技术 …………… 275

10.3 逻辑分析仪 …………………………… 276
10.3.1 逻辑分析仪的组成 …………… 277
10.3.2 逻辑分析仪的触发方式 ……… 277
10.3.3 逻辑分析仪的显示方式 ……… 280
10.3.4 逻辑分析仪的应用 …………… 283
10.3.5 逻辑分析仪的发展概况 ……… 286
10.4 测量新技术简介 ……………………… 288
10.4.1 矢量网络分析测试技术 ……… 288
10.4.2 调制域测试技术 ……………… 288
10.4.3 VXI总线技术 ………………… 289
10.4.4 智能仪器 ……………………… 290
10.4.5 虚拟仪器 ……………………… 290
小结 ……………………………………………… 291
习题10 …………………………………………… 291
部分习题参考答案 ………………………… 293
参考文献 …………………………………………… 296

第 1 章　电子测量与计量的基本概念

1.1　测量与电子测量

"天问一号"中的电子测量

1.1.1　测量

测量是通过实验方法对客观事物取得数量信息的过程。人们通过对客观事物的大量观察和测量形成定性和定量的认识，归纳总结，建立起各种定理和定律，而后又通过测量来验证这些认识、定理和定律是否符合实际情况，经过如此反复实践，逐步认识事物的客观规律，并用以解释和改造世界。因此可以说，测量是人类认识和改造世界的一种不可或缺的手段。俄国科学家门捷列夫(л. ц. Менделеев)在论述测量的意义时曾说过："没有测量，就没有科学""测量是认识自然界的主要工具"。英国科学家库克(A. H. Cook)也认为："测量是技术生命的神经系统。"这些话都极为精辟地阐明了测量的重要意义。历史事实也已证明：科学的进步，生产的发展，与测量理论、技术、手段的发展和进步是相互依赖、相互促进的。测量技术水平是一个历史时期、一个国家的科学技术水平的一面"镜子"。正如特尔曼(F. E. Telmen)教授所说："科学和技术的发展是与测量技艺并行进步、相互匹配的。事实上，可以说，评价一个国家的科技状态，最快捷的办法就是去审视那里所进行的测量以及由测量所累积的数据是如何被利用的。"

1.1.2　电子测量

电子测量是以电子技术理论为依据、以电子测量仪器为手段，对电量和非电量进行测量的一种测量技术。在对非电量进行测量时，先通过各种传感器将非电量转换为电量，然后实现对非电量的测量。

电子测量方法往往更加方便、快捷、准确，有时是用其他测量方法所不能替代的。因此，电子测量不仅用于电学各专业，也广泛用于物理学、化学、机械学、材料学、生物学、医学、航空航天等科学领域及生产、国防、交通、通信、商业贸易、生态环境保护乃至日常生活的各个方面。

近几十年来计算机技术和微电子技术的迅猛发展为电子测量和测量仪器增添了巨大活力。电子计算机尤其是微型计算机与电子测量仪器相结合，构成了一代崭新的仪器和测试系统，即人们通常所说的"智能仪器"和"自动测试系统"，它们能够对若干电参数进行自动测量、自动量程选择、数据记录和处理、数据传输、误差修正、自检自校、故障诊断及在线测试等，不仅改变了若干传统测量的概念，更对整个电子技术和其他科学技术产生了巨大的推动作用。现在，电子测量技术(包括测量理论、测量方法、测量仪器装置等)已成为电子科学领域重要且发展迅速的分支学科。

1.2 电子测量的内容和特点

1.2.1 电子测量的内容

通常人们把电参数测量分为电磁测量和电子测量两类。电磁测量包括交直流电量的指示测量和比较测量以及磁量的测量等。电子测量包括对电量和非电量所进行的测量。其中，对电量的测量可细分为以下几个方面。

1. 电能量测量

电能量测量包括对各种频率、波形下的电压、电流、功率等的测量。

2. 电信号特性测量

电信号特性测量可分为时域、频域和数据域特性测量，具体包括对波形、频率、周期、相位、失真度、调幅度、调频指数、群延迟、信号带宽以及数字信号的逻辑状态等的测量。

3. 电路元件参数测量

电路元件参数测量包括对电阻、电感、电容、阻抗、品质因数及电子器件参数等的测量。

4. 电子设备的性能测量

电子设备的性能测量包括对增益、衰减、灵敏度、频率特性、噪声指数等的测量。

上述各项测量中，对频率、时间、电压、相位、阻抗等基本电参数的测量较为重要，它们往往是其他参数测量的基础。例如，放大器的增益测量实际上就是对其输入、输出端电压的测量，再相比取对数得到增益分贝数；脉冲信号波形参数的测量可归结为对电压和时间的测量；许多情况下电流测量是不方便的，常以电压测量来代替。同时，由于时间和频率测量具有其他测量所不可比拟的精确性，因此人们越来越关注把对其他待测量的测量转换成对时间或频率的测量的方法和技术。

在科学研究和生产实践中，常常需要对许多非电量进行测量。传感技术的发展为这类测量提供了新的方法和途径。现在，可以利用各种敏感元件和传感装置将非电量(如位移、速度、温度、压力、流量、物质成分等)变换成电信号，再利用电子测量设备进行测量。在一些危险的和人们无法进行直接测量的场合，这种方法几乎成为唯一的选择。在生产的自动过程控制系统中，将生产过程中各有关非电量转换成电信号进行测量、分析、记录并据此对生产过程进行控制是一种典型的方法，如图 1.1－1 所示。

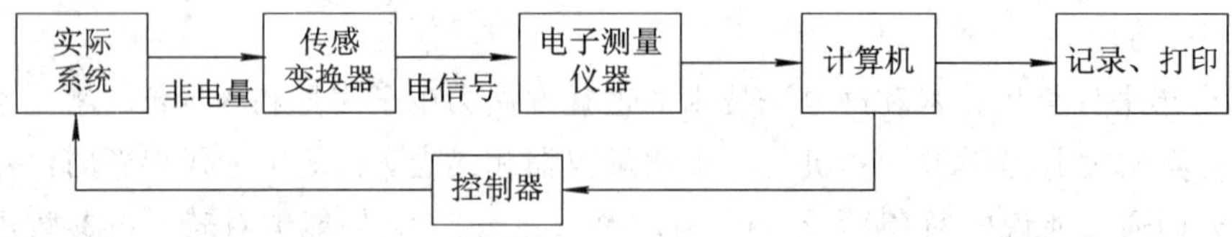

图 1.1－1 自动过程控制系统中非电量的测量

1.2.2　电子测量的特点

与其他测量方法和测量仪器相比，电子测量和电子测量仪器具有以下特点。

(1) 测量频率范围宽。

电子测量中所遇到的测量对象，其频率覆盖范围极宽，低至 10^{-6} Hz，高至 10^{12} Hz。当然，不能要求同一台仪器能在这样宽的频率范围内工作，通常根据不同的工作频段采用不同的测量原理，使用不同的测量仪器。例如阻抗的测量，在低频段多采用电流电压法，而在微波段则必须采用开槽测量线或反射计技术。上述两种方法无论在原理上，还是在测量设备上都大不一样。当然，随着技术的发展，能在相当宽的频率范围内正常工作的仪器不断地被研制出来。例如，现在一台较为先进的频率计，其频率测量范围可低至 10^{-6} Hz，高至 10^{11} Hz。

(2) 测量量程宽。

量程是测量范围的上、下限值之差或上、下限值之比。电子测量的另一个特点是被测对象的量值大小相差悬殊。例如，地面上接收到的宇宙飞船自外太空发来的信号功率低至 10^{-14} W 数量级，而远程雷达发射的脉冲功率可高达 10^{8} W，两者之比为 $1:10^{22}$。一般情况下，使用同一台仪器，采用同一种测量方法，是难以覆盖如此宽广的量程的。如前所述，随着电子测量技术的不断发展，单台测量仪器的量程也可以很宽。例如中档的国产 YM3371 型数字频率计，其测频范围为 10 Hz～1000 MHz，国产 WC2180 型交流微伏表可以测量 5 μV～300 V 的交流电压，量程为 $1:(6\times10^{7})$。一些更为先进的仪器，其量程更宽。例如高档的数字万用表直接测量的电阻值为 $3\times10^{-5}\sim3\times10^{8}$ Ω，量程为 $1:10^{13}$。前面提及的较完善的电子计数式频率计，其量程达 $1:10^{17}$。

(3) 测量准确度高低相差悬殊。

就整个电子测量所涉及的测量内容而言，测量结果的准确度是不一样的，有些参数的测量准确度可以很高，而有些参数的测量准确度却又相当低。例如，对频率和时间的测量准确度可以在 $10^{-11}\sim10^{-13}$ 数量级，这是目前在测量准确度方面达到的最高指标，而长度测量的最高准确度为 10^{-8} 数量级。可惜除了频率和时间的测量准确度很高之外，其他参数的测量准确度相对都比较低。例如，直流电压的准确度当前可达到 10^{-6} 数量级，音频电压为 10^{-4} 数量级，射频电压仅为 10^{-3} 数量级，而品质因数 Q 值和电场强度的测量准确度只有 10^{-1} 数量级。造成这种现象的主要原因在于电磁现象本身的性质，使得测量结果极易受到外部环境的影响，尤其在较高频段，待测装置和测量装置之间、装置内部各元器件之间的电磁耦合、外界干扰及测量电路中的损耗等对测量结果的影响往往不能忽略却又无法精确估计。

(4) 测量速度快。

电子测量基于电子运动和电磁波的传播，加之现代测试系统中高速电子计算机的应用，使得电子测量无论在测量速度还是在测量结果的处理和传输上都可以以极高的速度进行，这也是电子测量技术广泛应用于现代科技各个领域的重要原因。比如卫星、飞船等各种航天器的发射与运行，没有快速、自动的测量与控制，简直是无法想象的。

(5) 可以进行遥测。

如前所述，电子测量依据的是电子的运动和电磁波的传播，因此可以将现场各待测量转换成易于传输的电信号，用有线或无线的方式传送到测试控制台(中心)，从而实现遥测和遥控。这使得对那些远距离的、高速运动的或其他人们难以接近的地方的信号进行测量成为可能。

(6) 易于实现测试智能化和测试自动化。

电子测量本身是电子学科一个活跃的分支，电子科学的每一项进步都会非常迅速地在电子测量领域得到体现。电子计算机尤其是功耗低、体积小、处理速度快、可靠性高的微型计算机的出现，给电子测量理论、技术和设备带来了新的革命。比如，微处理器出现于1971年，在1972年就出现了使用微处理器的自动电容电桥。现在，已有大量商品化带微处理器的电子测量仪器面世，许多仪器还带有GPIB标准仪器接口，可以方便地构成功能完善的自动测试系统。无疑，电子测试技术与计算机技术的紧密结合和相互促进，为测量领域带来了极为美好的前景。

(7) 影响因素众多，误差处理复杂。

任何测量都不可避免地会产生误差，如果不能准确地确定误差或误差范围的大小，则无法衡量测量结果的准确程度、测量结果的可靠性或可信性，从而也就失去了测量的意义和价值。造成测量误差的原因是多方面的。客观上影响测量结果及测量误差的因素大体上可分为外部因素和内部因素。能对测量结果产生影响的来自测量系统外部的量称为影响量，如环境温度、湿度、电源电压、外界电磁干扰等。测量系统内部会对测量结果产生影响的工作特性，称为影响特性。例如，交流电压表中检波器的检波特性会随着被测电压的频率和波形而有所改变，从而影响测量结果。前面已经提到，电子测量中另一个难以避免而又无法准确估算其实际影响大小的因素是测量仪器内部各元器件之间、测量与被测量装置之间无时无处不在的寄生电容、电感、电导等的不良影响。不难看出，电子测量中的影响量和影响特性众多而又复杂，其规律难以确定，这就给测量结果的误差分析和处理带来了困难。

1.3 电子测量方法的分类

一个物理量的测量可以通过不同的方法实现。测量方法选择得正确与否直接关系到测量结果的可信赖程度，也关系到测量工作的经济性和可行性。不当或错误的测量方法除了得不到正确的测量结果外，甚至会损坏测量仪器和被测量设备。有了先进精密的测量仪器设备，并不等于就一定能获得准确的测量结果。必须根据不同的测量对象、测量要求和测量条件，选择正确的测量方法、合适的测量仪器，构成实际测量系统，进行正确、细心的操作，才能得到理想的测量结果。

1. 测量方法的分类

测量方法的分类方法有多种，下面介绍几种常见的分类方法。

1) 按测量过程分类

(1) 直接测量。直接测量是指直接从测量仪表的读数获取被测量量值的方法，比如用电压表测量晶体管的工作电压，用欧姆表测量电阻阻值，用计数式频率计测量频率等。直接测量的特点是不需要对被测量与其他实测的量进行函数关系的辅助运算，因此测量过程简单、迅速，是工程测量中广泛应用的测量方法。

(2) 间接测量。间接测量是利用直接测量的量与被测量之间的函数关系(可以是公式、曲线或表格等)间接得到被测量量值的测量方法。例如需要测量电阻 R 上消耗的直流功率 P，可以通过直接测量电压 U、电流 I，而后根据函数关系 $P=UI$，经过计算，间接获得功耗 P。

间接测量费时、费事，常在下列情况下使用：直接测量不方便，或间接测量的结果较直接测量更为准确，或缺少直接测量仪器等。

(3) 组合测量。当某项测量结果需用多个未知参数表达时，可通过改变测量条件进行多次测量，根据测量量与未知参数间的函数关系列出方程组并求解，进而得到未知量，这种测量方法称为组合测量。一个典型的例子是电阻器的温度系数的测量。已知电阻器阻值 R_t 与温度 t 间满足关系：

$$R_t = R_{20} + \alpha(t-20) + \beta(t-20)^2 \tag{1.3-1}$$

式中，R_{20} 为 $t=20$℃时的电阻值，一般为已知量；α、β 为电阻的温度系数；t 为环境温度。为了获得 α、β 值，可以在两个不同的温度 t_1、t_2(t_1、t_2 可由温度计直接测得)下测得相应的两个电阻值 R_{t1}、R_{t2}，代入式(1.3-1)得到联立方程：

$$\begin{cases} R_{t1} = R_{20} + \alpha(t_1-20) + \beta(t_1-20)^2 \\ R_{t2} = R_{20} + \alpha(t_2-20) + \beta(t_2-20)^2 \end{cases} \tag{1.3-2}$$

求解联立方程(1.3-2)，就可以得到 α、β 值。如果 R_{20} 也未知，则显然可在三个不同的温度下分别测得 R_{t1}、R_{t2}、R_{t3}，列出由三个方程构成的方程组并求解，进而得到 R_{20}、α、β。

2) 按测量方式分类

(1) 偏差式测量法。在测量过程中，用仪器仪表指针的位移(偏差)表示被测量大小的测量方法称为偏差式测量法，例如使用万用表测量电压、电流等。由于从仪表刻度上直接读取被测量，包括大小和单位，因此这种方法也称直读法。用这种方法测量时，作为计量标准的实物并不装在仪表内直接参与测量，而是事先用标准量具对仪表读数、刻度进行校准，实际测量时根据指针偏转大小确定被测量量值。

这种方法的显著优点是简单、方便，因此在工程测量中被广泛采用。

(2) 零位式测量法。零位式测量法又称作零示法或平衡式测量法。测量时将被测量与标准量相比较(因此也把这种方法称作比较测量法)，用指零仪表(零示器)指示被测量与标准量相等(平衡)，从而获得被测量。利用惠斯登电桥测量电阻(或电容、电感)是这种方法的一个典型例子，如图 1.3-1 所示。

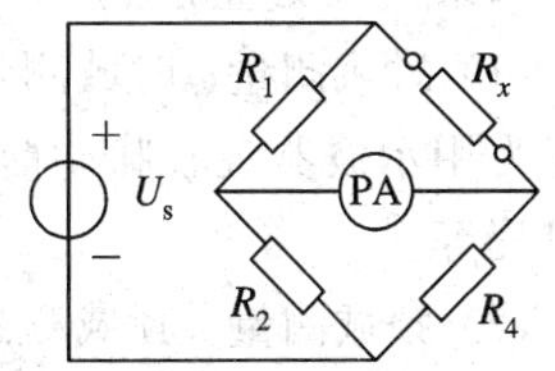

图 1.3-1　利用惠斯登电桥测量电阻示意图

当电桥平衡时，可以得到：

$$R_x = \frac{R_1}{R_2} \cdot R_4 \tag{1.3-3}$$

通常是先大致调整比率 R_1/R_2，再调整标准电阻 R_4，直至电桥平衡，充当零示器的检流计 PA 指示为零，此时即可根据式(1.3-3)由比率和 R_4 得到被测电阻 R_x。

只要零示器的灵敏度足够高，零位式测量法的测量准确度就几乎等于标准量的准确度，因而这种方法的测量准确度很高，这是它的主要优点。零位式测量法常用在实验室作为精密测量的一种方法。但由于测量过程中为了获得平衡状态需要进行反复调节，因此即使采用一些自动平衡技术，测量速度仍然较慢，这是这种方法的一个不足之处。

(3) 微差式测量法。偏差式测量法和零位式测量法相结合，构成微差式测量法。该法通过测量待测量与标准量之差(通常该差值很小)来得到待测量的值，如图 1.3-2 所示。图中，Ⓟ为量程不大但灵敏度很高的偏差式仪表，它指示的是待测量 x 与标准量 s 之间的差值 $\delta=x-s$，则 $x=s+\delta$。在第 2 章中将证明，只要 δ 足够小，这种方法的测量准确度基本上取决于标准量的准确度。和零位式测量法相比，该法省去了反复调节标准量大小以求平衡的步骤。因此，该法兼有偏差式测量法测量速度快和零位式测量法测量准确度高的优点。微差式测量法除在实验室中用来进行精密测量外，还广泛地应用在生产线控制参数的测量上，如监测连续轧钢机生产线上的钢板厚度等。图1.3-3 是用微差式测量法测量直流稳压电源输出电压稳定度的原理图。图中，U_o 为直流稳压电源的输出电压，它随着 50 Hz、220 V 市电的波动和负载 R_L 的变化而有微小起伏(常用波纹系数表示起伏大小)；Ⓥ₂为量程不大但灵敏度很高的电压表；U_B 为由标准电源 U_s 获得的标准电压；U_δ 为由 Ⓥ₂电压表测得的 U_o 与 U_B 的差值，即输出电压 U_o 随着市电波动和负载变化而产生的微小起伏。

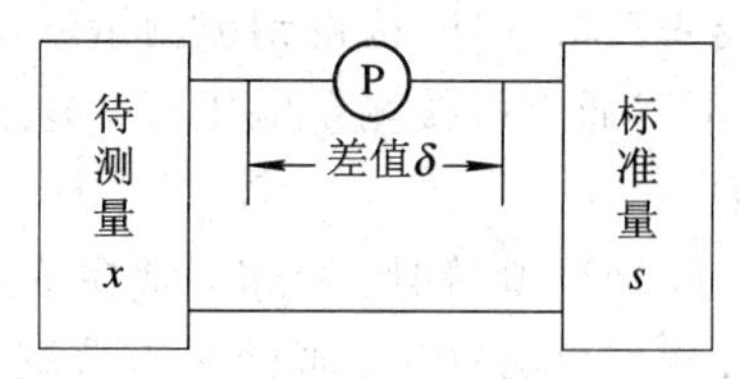

图 1.3-2 微差式测量法示意图

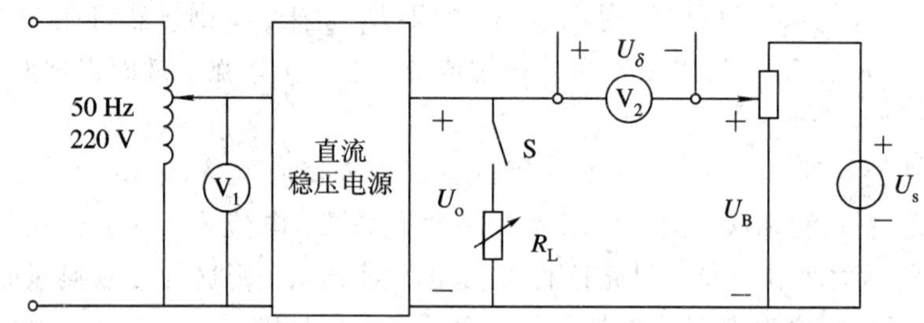

图 1.3-3 用微差式测量法测量直流稳压电源输出电压的稳定度

3) 按被测量的性质分类

如果按被测量的性质，测量还可以作如下分类。

(1) 时域测量。时域测量主要测量被测量随时间的变化规律，亦称瞬态测量。典型的例子为用示波器观察脉冲信号的上升沿、下降沿、平顶降落等脉冲参数以及动态电路的暂态过程等。

(2) 频域测量。频域测量主要获取待测量与频率之间的关系，又称为稳态测量。例如用频谱分析仪分析信号的频谱和测量放大器的幅频特性、相频特性等。

(3) 数据域测量。数据域测量是用逻辑分析仪等设备对数字量或电路的逻辑状态进行的测量，又称逻辑量测量。数据域测量可以同时观察多条数据通道上的逻辑状态，或者显示某条数据线上的时序波形，还可以借助计算机分析大规模集成电路芯片的逻辑功能等。随着微电子技术的发展需要，数据域测量及其测量智能化、自动化显得愈来愈重要。

(4) 随机测量。随机测量又称作统计测量，主要是对各类噪声信号进行动态测量和统计分析。这是一项较新的测量技术，尤其在通信领域有重要应用。

除了上述几种常见的分类方法外，还有其他一些分类方法。比如，按照对测量精度的要求分为精密测量和工程测量；按照测量时测量者对测量过程的干预程度分为自动测量和非自动测量；按照被测量与测量结果获取地点的关系分为本地(原位)测量和远地测量(遥测），接触测量和非接触测量；按照被测量的属性分为电量测量和非电量测量等。

2. 测量方法的选择原则

在选择测量方法时，要综合考虑下列主要因素：① 被测量本身的特性；② 所要求的测量准确度；③ 测量环境；④ 现有测量设备等。在此基础上，选择合适的测量仪器和正确的测量方法。前面曾提到，正确、可靠的测量结果的获得要依据测量方法和测量仪器的正确选择、正确操作和测量数据的正确处理，否则，即便使用价值昂贵的精密仪器设备，也不一定能够得到准确的测量结果，甚至可能损坏测量仪器和被测设备。

【例 1.3 - 1】 若直接用万用表 $R\times1$ 电阻挡测量晶体管发射结结电阻，则由于限流电阻过小而使基极注入电流很大，很容易将晶体管损坏。所以，不能用此方法测量晶体管发射结结电阻或二极管正向电阻。

【例 1.3 - 2】 图 1.3 - 4 表示的是用电压表测量高内阻电路端电压的例子。不难看到，电压表内阻的大小将直接影响到测量结果，这种影响通常称作电压表的负载效应。图中虚线框内表示放大器输出端等效电路，R_V 表示测量用实际电压表内阻。忽略其他因素，不难算出：当用内阻 $R_V=10\ \text{M}\Omega$ 的数字电压表测量时，电压为

$$U=5\times\frac{10\times10^3}{80+10\times10^3}=4.96\ \text{V}$$

相对误差为

$$\gamma=\frac{4.96-5}{5}\times100\%=-0.8\%$$

当改用内阻 $R_V=120\ \text{k}\Omega$ 的万用表电压挡测量时，电压为

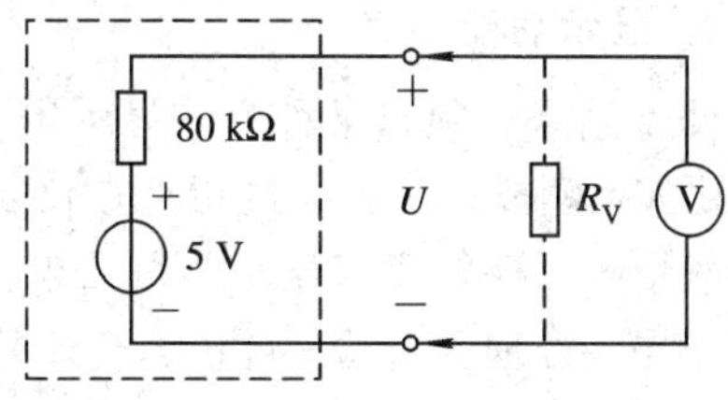

图 1.3 - 4　实际电压表内阻的影响

$$U=5\times\frac{120}{80+120}=3\ \text{V}$$

相对误差为

$$\gamma=\frac{3-5}{5}\times100\%=-40\%$$

可见，这种情况下应选用内阻尽可能大的电压表，否则造成的仪器误差是很大的。有时测量仪表负载效应的存在会过大地改变被测电路的工作状态，此时的测量结果将失去实际意义。

1.4　电子测量仪器的功能、分类和主要性能指标

测量仪器是将被测量转换成可供直接观察的指示值或等效信息的设备，包括各类指示仪器、比较仪器、记录仪器、传感器和变送器等。利用电子技术对各种待测量进行测量的设备，统称为电子测量仪器。为了正确地选择测量方法、使用测量仪器和评价测量结果，本节将对电子测量仪器的功能、分类和主要性能指标作一概括介绍。

1.4.1　测量仪器的功能

各类测量仪器一般具有物理量的变换、信号的传输和测量结果的显示等三种最基本的功能。

1. 变换功能

对电压、电流等电学量的测量，是通过测量各种电效应来达到目的的。比如作为模拟式仪表最基本构成单元的动圈式检流计(电流表)，就是将流过线圈的电流强度转化成与之成正比的转矩而使仪表指针相对于初始位置偏转一个角度，根据角度偏转大小(这可通过刻度盘上的刻度获得)得到被测电流的大小，这就是一种基本的变换功能。对非电量的测量，必须将各种非电物理量(如压力、位移、温度、湿度、亮度、颜色、特质成分等)通过各种对之敏感的敏感元件(通常称为传感器)转换成与之相关的电压、电流等，而后通过对电压、电流的测量、转换得到被测物理量的大小。随着测量技术的发展，现在往往将传感器、放大电路及其他有关部分构成独立的单元电路，将被测量转换成模拟的或数字的标准电信号，送往测量和处理装置，这样的单元电路称为变送器，它是现代测量系统中极为重要的组成部分。

2. 传输功能

在遥测、遥控等系统中，现场测量结果经变送器处理后，需经较长距离的传输才能送到测试终端和控制台。不管采用有线的还是无线的方式，传输过程中造成的信号失真和外界干扰等问题都会存在。因此，现代测量技术和测量仪器都必须认真对待测量信息的传输问题。

3. 显示功能

测量结果必须以某种方式显示出来才有意义。因此，任何测量仪器都必须具备显示功能。比如，模拟式仪表通过指针在仪表度盘上的位置显示测量结果，数字式仪表通过数码管、液晶或阴极射线管显示测量结果。除此以外，一些先进的仪器(如智能仪器等)还具有数据记录、处理及自检、自校、报警提示等功能。

1.4.2 测量仪器的分类

电子测量仪器的分类方法不一，按其功能大致可分为下面几类。

1. 电平测量仪器

电平测量仪器包括各种模拟式电压表、毫伏表、数字式电压表等。

2. 电路参数测量仪器

电路参数测量仪器包括各类电桥、*Q* 表、*RLC* 测试仪、晶体管或集成电路参数测试仪、图示仪等。

3. 频率、时间、相位测量仪器

频率、时间、相位测量仪器主要包括电子计数式频率计、石英钟、数字式相位计、波长计等。

4. 波形测量仪器

波形测量仪器主要指各类示波器，如通用示波器、多踪示波器、多扫描示波器以及数字存储示波器等。

5. 信号分析仪器

信号分析仪器包括失真度仪、谐波分析仪、频谱分析仪等。

6. 模拟电路特性测试仪器

模拟电路特性测试仪器包括扫频仪、噪声系数测试仪、网络特性分析仪等。

7. 数字电路特性测试仪器

数字电路特性测试仪器主要指逻辑分析仪。这类仪器内部多带有微处理器或通过接口总线与外部计算机相连，是数据域测量中不可缺少的设备。

8. 测试用信号源

测试用信号源包括各类低频和高频信号发生器、脉冲信号发生器、函数发生器、扫频和噪声信号发生器等。由于它们的主要功能是作为测试用信号源，因此又称供给量仪器。

1.4.3　测量仪器的主要性能指标

从获得的测量结果角度评价测量仪器的性能，主要包括以下几个方面。

1. 精度

精度是指测量仪器的读数(或测量结果)与被测量真值相一致的程度。对精度目前还没有一个公认的定量的数学表达式，因此常作为一个笼统的概念来使用，其含义是：精度高，表明误差小；精度低，表明误差大。因此，精度不仅用来评价测量仪器的性能，也是评定测量结果优劣最主要、最基本的指标。精度又可用精密度、正确度和准确度三个指标加以细化表征。

1）精密度(δ)

精密度表明仪表指示值的分散性，表示在同一测量条件下对同一被测量进行多次测量时，得到的测量结果的分散程度。它反映了随机误差的影响大小。精密度高，意味着随机误差小，测量结果的重复性好。比如某电压表的精密度为 0.1 V，即表示用它对同一电压进行测量时，得到的各次测量值的分散程度不大于 0.1 V。

2）正确度(ε)

正确度表明仪表指示值与真值的接近程度。所谓真值，是指待测量在待定状态下所具有的真实值大小。正确度反映了系统误差(例如仪器中放大器的零点漂移、接触电位差等)的影响大小。正确度高，则说明系统误差小。比如某电压表的正确度是 0.1 V，则表明用该电压表测量电压时的指示值与真值之差不大于 0.1 V。我国电工仪表的分级就是按正确度来确定的。

3）准确度(τ)

准确度是精密度和正确度的综合反映。准确度高，说明精密度和正确度都高，也就意味着系统误差和随机误差都小，致使最终测量结果的可信度也高。

在具体的测量实践中，可能会有这样的情况：正确度较高而精密度较低，或者情况相反，相当精密但欠正确。当然，理想的情况是既正确，又精密，即测量结果准确度高。要获得理想的测量结果，应满足三个方面的条件，即性能优良的测量仪器、正确的测量方法和正确细心的测量操作。为了加深对精密度、正确度和准确度三个概念的理解，可以以射击打靶为例加以说明。图 1.4－1 中，以靶心比作被测量真值，以靶上的弹着点表示测量结果。其中，图(a)弹着点分散而偏斜，属于既不精密，也不正确，即准确度很低；图(b)弹着点仍较分散，但总体而言大致都围绕靶心，属于正确而欠精密；图(c)弹着点密集但明显偏向一方，属于精密度高而正确度差；图(d)弹着点相互接近且都围绕靶心，属于既精密又正确，即准确度很高。

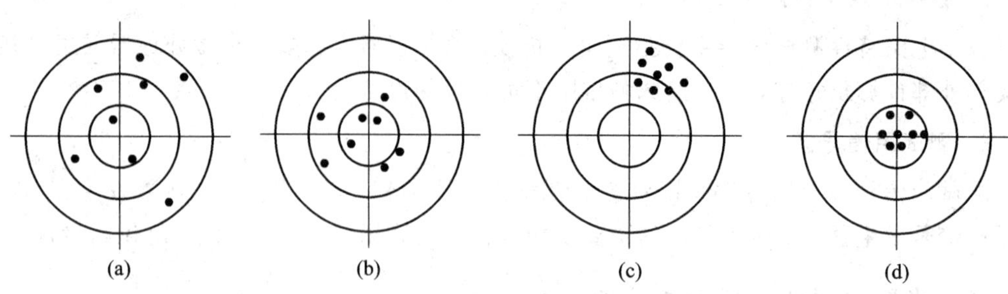

图 1.4-1　用射击打靶说明测量

2. 稳定性

稳定性通常用稳定度和影响量两个参数来表征。

稳定度也称稳定误差，是指在规定的时间区间，其他外界条件恒定不变的情况下，仪器示值变化的大小。造成这种示值变化的原因主要是仪器内部各元器件的特性、参数不稳定和老化等。稳定度可用示值绝对变化量与时间一起表示。例如，某数字电压表的稳定度为 $(0.008\%U_m+0.003\%U_x)/(8\ h)$，其含义是在 8 小时内，测量同一电压，在外界条件维持不变的情况下，电压表的示值可能发生 $0.008\%U_m+0.003U_x$ 的上下波动，其中，U_m 为该量程满度值，U_x 为示值。稳定度也可用示值的相对变化率与时间一起表示。例如，国产 XFC-6 标准信号发生器在 220 V 电源电压和 20℃ 环境温度下，频率稳定度 $\leqslant 2\times10^{-4}/10\ min$；XD6B 超低频信号发生器的正弦波幅度稳定度 $\leqslant 0.3\%/1\ h$ 等。

由于电源电压、频率、环境温度、湿度、气压、振动等外界条件变化而造成仪表示值的变化量称为影响误差，一般用示值偏差和引起该偏差的影响量一起表示。例如，EE1610 晶体振荡器在环境温度从 10℃ 变化到 35℃ 时，频率漂移 $\leqslant 1\times10^{-9}$。

3. 输入阻抗

前面（例 1.3-2）曾提到测量仪表的输入阻抗对测量结果的影响。电压表、示波器等仪表在测量时并接于待测电路两端，如图 1.4-2 所示。不难看出，测量仪表的接入改变了被测电路的阻抗特性，这种现象称为负载效应。为了减小测量仪表对待测电路的影响，提高测量精度，通常对这类测量仪表的输入阻抗都有一定的要求。仪表的“输入阻抗”性能的优劣一般用输入电阻 R_i 和输入电容 C_i 标注。例如，SX2172 交流毫伏表在 1～300 V 的测量范围内的“输入阻抗”标为 $R_i=10\ M\Omega$，$C_i<35\ pF$；SR37A 型示波器不经探头的“输入阻抗”标为 $R_i=1\ M\Omega$，$C_i=16\ pF$。

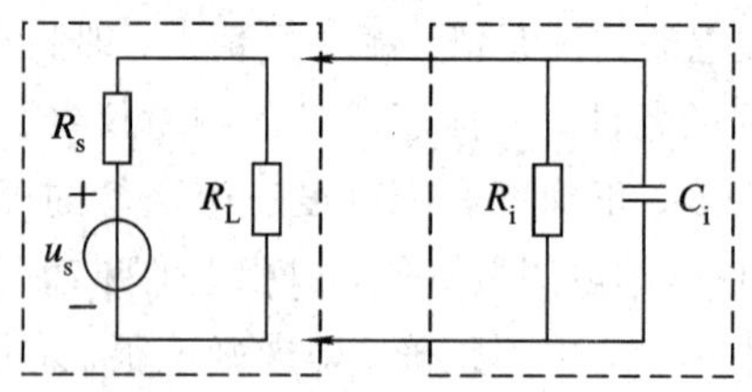

图 1.4-2　测量仪表的负载效应

4. 灵敏度

灵敏度表示测量仪表对被测量变化的敏感程度，一般定义为测量仪表指示值(指针的偏转角度、数码的变化、位移的大小等)增量 Δy 与被测量增量 Δx 之比。例如，示波器在单位输入电压的作用下，示波管荧光屏上光点偏移的距离就定义为它的偏转灵敏度，单位为 cm/V、cm/mV 等。对示波器而言，偏转灵敏度的倒数称为偏转因数，单位为 V/cm、mV/cm 或 mV/div(格)等。由于习惯用法和测量电压读数的方便，也常把偏转因数当作灵敏度。比如，SR37A 型双踪示波器的最高偏转灵敏度是 2 mV/cm，表示输入电压变化 2 mV 时，示波器荧光屏上的光点产生 1 cm 的位移。显然，这里的偏转灵敏度实际上是偏转因数，不过，这样一般不会引起人们的误解。灵敏度的另一种表述方式称作分辨力或分辨率，定义为测量仪表所能区分的被测量的最小变化量，在数字式仪表中经常使用。例如，SX1842 型数字电压表的分辨力为 1 μV，表示该电压表显示器上最末位跳变 1 个字时，对应的输入电压变化量为 1 μV，即这种电压表能区分出最小为 1 μV 的电压变化。可见，分辨力的值愈小，其灵敏度愈高。由于各种干扰和人的感觉器官的分辨能力等因素的影响，不必也不应该苛求仪器有过高的灵敏度，否则将导致测量仪器成本过高以及实际测量操作困难。通常规定分辨力为允许绝对误差的 1/3。

5. 线性度

线性度是测量仪表的输入、输出特性之一，表示仪表的输出量(示值)随输入量(被测量)变化的规律。若仪表的输出为 y，输入为 x，则两者关系用函数 $y=f(x)$ 表示。如果 $y=f(x)$ 为 $y-x$ 平面上过原点的直线，则称之为线性刻度特性，否则称为非线性刻度特性。由于各类测量仪器的原理各异，因此不同的测量仪器可能呈现不同的刻度特性。例如，常用万用表的电阻挡具有上凸的非线性刻度特性，而数字电压表具有线性刻度特性，分别如图 1.4-3(a)、(b)所示。

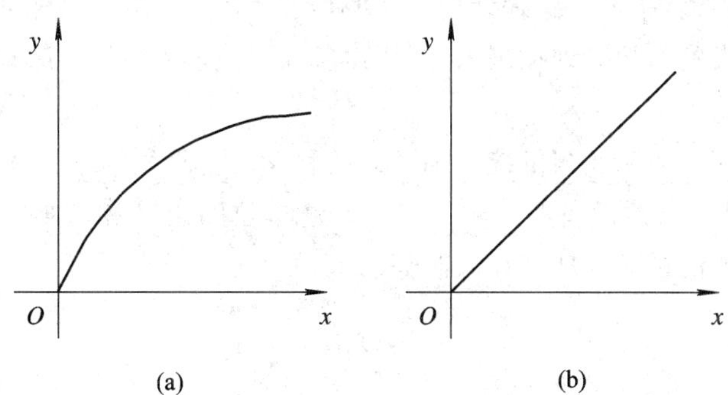

图 1.4-3　常用万用表的电阻挡和数字电压表的刻度特性曲线

仪器的线性度可用线性误差来表示，如 SR46 双线示波器垂直系统的幅度线性误差小于等于 5%。

6. 动态特性

测量仪表的动态特性表示仪表的输出响应随输入变化的能力。例如示波器的垂直偏转系统，由于输入电容等因素的影响造成了输出波形对输入信号的滞后与畸变，示波器的瞬态响应就表示了这种仪器的动态特性。

最后指出，上述测量仪器的几个特性是就一般而论的，并非所有仪器都用上述特性加以考核。有些测量仪器除了上述指标特性外，还有其他技术要求，这些具体问题将在后面有关章节中一一加以说明。

1.5 计量的基本概念

本节介绍一些有关计量的基本概念，这些基础知识是从事电子测量的人员应该了解的。

1.5.1 计量

计量和测量是互有联系又有区别的两个概念。测量是通过实验手段对客观事物取得定量信息的过程，也就是利用实验手段把待测量直接或间接地与另一个同类已知量进行比较，从而得到待测量值的过程。测量过程中所使用的器具和仪器就直接或间接地体现了已知量，测量结果的准确与否与所采用的测量方法、实际操作和作为比较标准的已知量的准确程度都有着密切的关系，因此，体现已知量在测量过程中作为比较标准的各类量具、仪器仪表必须定期进行检验和校准，以保证测量结果的准确性、可靠性和统一性，这个过程称为计量。计量的定义不完全统一，目前较为一致的意见是："计量是利用技术和法制手段实现单位统一和量值准确可靠的测量。"计量可看作测量的特殊形式，在计量过程中，认为所使用的量具和仪器是标准的，用它们来校准、检定受检量具和仪器设备，以衡量和保证使用受检量具和仪器进行测量时所获得测量结果的可靠性。因此，计量又是测量的基础和依据。计量工作是国民经济中一项极为重要的技术基础工作，在工农业生产、科学技术、国防建设、国内外贸易以及人民生活等各个方面起着技术保证和技术监督作用。我国国防科技战线的已故卓越领导人聂荣臻元帅生前指出："科技要发展，计量要先行"。《中华人民共和国计量法》第一条就指出，做好计量工作"有利于生产、贸易和科学技术的发展，适应社会主义现代化建设的需要，维护国家、人民的利益"，这些都非常深刻地说明了计量工作的重要意义。

计量学是研究测量、保证测量统一和准确的科学。它研究的主要内容包括计量和测量的方法、技术、量具及仪器设备等一般理论，计量单位的定义和转换，量值的传递与保证量值统一所必须采取的措施、规程和法制等。

1.5.2 单位制

任何测量都要有一个统一的体现计量单位的量作为标准，这样的量称作计量标准。计量单位是有明确定义和名称并令其数值为 1 的固定的量，例如长度单位 1 米(m)，时间单位 1 秒(s)等。计量单位必须以严格的科学理论为依据进行定义。法定计量单位是国家以法令形式规定使用的计量单位，是统一计量单位制与单位量值的依据和基础，因而具有统一性、权威性和法制性。1984 年 2 月 27 日国务院在发布《关于在我国统一实行法定计量单位的命令》时指出：我国的计量单位一律采用《中华人民共和国法定计量单位》。我国法定计量单位以国际单位制(SI)为基础，包括 11 个国家选定的非国际单位制单位，如时间(分、时、天)、平面角(秒、分、度)、长度(海里)、质量(吨)和体积(升)等。

国际单位制中包括基本单位、导出单位和辅助单位。基本单位是那些可以彼此独立地加以规定的物理量单位，共 7 个，分别是长度单位米(m)、时间单位秒(s)、质量单位千克(kg)、电流单位安培(A)、热力学温度单位开尔文(K)、发光强度单位坎德拉(cd)和物质的量单位摩尔(mol)。由基本单位通过定义、定律及其他函数关系派生出来的单位称为导出单位。例如力的单位牛顿(N)的定义为“使质量为 1 千克的物体产生加速度为 1 米每 2 次方秒的力”，即 $N=kg\cdot m/s^2$；在电学量中，除电流外，其他物理量的单位都是导出单位，如频率的单位赫兹(Hz)的定义为“周期为 1 秒的周期现象的频率”，即 Hz=1/s；能量(功)的单位焦耳(J)的定义为“1 牛顿的力使作用点在力的方向上移动 1 米所做的功”，即 $J=N\cdot m$；功率的单位瓦(W)的定义为“1 秒内产生 1 焦耳能量的功率”，即 W=J/s；电荷量库仑(C)的定义为“1 安培的电流在 1 秒内所传送的电荷量”，即 $C=A\cdot s$；电位电压的单位伏特(V)的定义为“在载有 1 安培恒定电流导线的两点间消耗 1 瓦特的功率”，即 V=W/A；电阻的单位欧姆(Ω)的定义为“导体两点间的电阻，当这两点间加上 1 伏特恒定电压时，导体内产生 1 安培的电流”，即 Ω=V/A。国际上把既可作为基本单位又可作为导出单位的单位单独列为一类，称作辅助单位。国际单位制中包括两个辅助单位，分别是平面角的单位弧度(rad)和立体角的单位球面角(sr)。

由基本单位、辅助单位和导出单位构成的完整体系称为单位制。单位制随基本单位的选择而不同。例如，在确定厘米、克、秒为基本单位后，速度的单位为厘米每秒(cm/s)，密度的单位为克每立方厘米(g/cm^3)，力的单位为达因(dyn)，厘米、克、秒构成一个体系，称为厘米克秒制。国际单位制就是由前面列举的 7 个基本单位、2 个辅助单位及 19 个具有专门名称的导出单位构成的一种单位制。国际上规定以拉丁字母 SI 作为国际单位制的简称。

国家法定计量单位

正确使用计量单位

1.5.3　计量基准

基准是指用当代最先进的科学技术和工艺水平，以最高的准确度和稳定性建立起来的专门用以规定、保持和复现物理量计量单位的特殊量具或仪器装置。根据基准的地位、性质和用途，基准通常又分为主基准、副基准和工作基准，也分别称作一级、二级和三级基准。

1. 主基准

主基准是用来复现和保存计量单位、具有现代科学技术所能达到的最高准确度的计量器具，也称作原始基准。经国家鉴定批准，将其作为统一全国计量单位量值的最高依据。因此主基准又称国家基准。

2. 副基准

副基准是通过直接或间接与国家基准比对，确定其量值并经国家鉴定批准的计量器具。它在全国作为复现计量单位的地位仅次于国家基准，平时用来代替国家基准使用。

3. 工作基准

工作基准是经与主基准或副基准校准或比对，并经国家鉴定批准，实际用以检定下属计量标准的计量器具。它在全国作为复现计量单位的地位仅在主基准和副基准之下。设置工作基准的目的是不使主基准和副基准因频繁使用而丧失原有的准确度。

应当了解，基准本身并不一定刚好等于一个计量单位。例如铯-133 原子的频率基准所复现的时间值不是 1 s，而是$(9\ 192\ 631\ 770)^{-1}$ s；氪-86 长度基准复现的长度值不是 1 m，而是$(1\ 650\ 763.73)^{-1}$ m；标准电池复现的电压值是 1.0186 V，而不是 1 V 等。

1.5.4 量值的传递与跟踪，检定与比对

下面首先介绍几个有关的概念。

计量器具：复现量值或将被测量转换成可直接观测的指示值或等效信息的量具、仪器、装置。

计量标准器具：准确度低于计量基准，用于检定计量标准或工作计量器具的计量器具。它可按其准确度等级分类，如标准砝码有一级、二级、三级、四级、五级之分。标准器具按其法律地位可分为三类：① 部门使用的计量标准是省级以上政府有关主管部门组织建立的统一本部门量值依据的各项计量标准；② 社会公用计量标准指县以上地方政府计量部门建立的作为统一本地区量值的依据，并对社会实施计量监督，具有公证作用的各项计量标准；③ 企事业单位使用的计量标准是企业、事业单位组织建立的作为本单位量值依据的各项计量标准。

工作计量器具：工作岗位上使用，不用于进行量值传递而直接用来测量被测对象量值的计量器具。

比对：在规定条件下，对相同准确度等级的同类基准、标准或工作计量器具之间的量值进行比较，其目的是考核量值的一致性。

检定：用高一等级准确度的计量器具对低一等级的计量器具进行比较，以达到全面评定被检计量器具的计量性能是否合格的目的。一般要求计量标准的准确度为被检者的 1/10～1/3。准确度数值越小，准确度越高，性能越好。

校准：指被校的计量器具与高一等级的计量标准相比较，以确定被校计量器具的示值误差(有时也包括确定被校器具的其他计量性能)的全部工作。一般而言，检定要比校准包括更广泛的内容。

量值的传递与跟踪：指的是把一个物理量单位通过各级基准、标准及相应的辅助手段准确地传递到日常工作中所使用的测量仪器、量具，以保证量值统一的全过程。

如前所述，测量就是利用实验手段，借助各种测量仪器、量具(它们作为和未知量比较的标准)获得未知量量值的过程。显然，为了保证测量结果的统一、准确、可靠，必须要求作为比较的标准统一、准确、可靠。因此，测量仪器、量具在制造完毕时，必须按照规定等级的标准(工作标准)进行校准，该标准又要定期地用更高等级的标准进行检定，一直到国家级工作基准，如此逐级进行。同样，测量仪器、量具在使用过程中也要按照法定规程(包括检定方法、检定设备、检定步骤，以及对受检仪器、量具给出误差的方式等)，定期由上级计量部门进行检定，并发给检定合格证书。没有合格证书或证书失效(比如超过有效期)者，该仪器的精度指标及测量结果只能作为参考。检定、比对和校准是各级计量部门的重要业务活动，正是通过这些业务活动和国家有关法令、法规的执行，将全国各地区、各部门、各行业、各单位都纳入法律规定的完整计量体系中，从而保证了现代社会中的生产、科研、贸易、日常生活等各个环节的顺利运行和健康发展。

小　结

(1) 电子测量的内容：电能量测量、电信号特性测量、电路元器件参数测量、电子设备性能测量和非电量测量。

(2) 电子测量的特点：测量频率范围宽；测量量程广；测量准确度高低相差悬殊；测量速度快；可实现遥测；易于实现测量智能化和自动化；测量结果影响因素众多，误差分析困难。

(3) 测量方法的分类：按测量过程分类，分为直接测量、间接测量、组合测量；按测量方式分类，分为偏差式测量、零位式测量、微差式测量；按被测量性质分类，分为时域测量、频域测量、数据域测量、随机测量。

(4) 测量仪器的主要性能指标：精度、稳定性、输入阻抗、灵敏度、线性度和动态特性。

(5) 计量：用规定的标准已知量作单位和同类型未知量相比较而加以检定的过程。国家以法律形式规定全国统一执行的计量单位制及其他有关计量法规。计量工作是国民经济中一项重要的基础工作。量值的传递和跟踪、检定和比对，是国家计量工作统一性和权威性的重要保证。

习　题　1

1.1　解释名词：① 测量；② 电子测量。

1.2　叙述直接测量、间接测量、组合测量的特点，并各举一两个测量实例。

1.3　解释偏差式、零位式和微差式测量法的含义，并列举测量实例。

1.4　叙述电子测量的主要内容。

1.5　列举电子测量的主要特点。

1.6　选择测量方法时主要考虑的因素有哪些？

1.7　设某待测量的真值为10.00，用不同的方法和仪器得到下列三组测量数据。试用精密度、正确度和准确度说明三组测量结果的特点。

(1) 10.10，10.07，10.12，10.06，10.07，10.12，10.11，10.08，10.09，10.11；

(2) 9.59，9.71，10.68，10.42，10.33，9.60，9.80，10.21，9.98，10.38；

(3) 10.05，10.04，9.98，9.99，10.00，10.02，10.01，9.99，9.97，9.99。

1.8　SX1842数字电压表数码显示最大数为19 999，最小一挡量程为20 mV，该电压表的最高分辨率是多少？

1.9　SR46示波器垂直系统的最高灵敏度为50 μV/div，若输入电压为120 μV，则示波器荧光屏上的光点偏移原位多少格？

1.10　某待测电路如图1.1所示。

(1) 计算负载 R_L 上电压 U_o 的值(理论值)。

(2) 如分别用内阻 R_V 为120 kΩ的晶体管万用表和内阻 R_V 为10 MΩ的数字电压表测量端电压 U_o，忽略其他误差，则示值 U_x 分别为多少？

(3) 比较两个电压表测量结果的示值相对误差 γ_x($\gamma_x=(U_x-U_o)/U_x\times100\%$)。

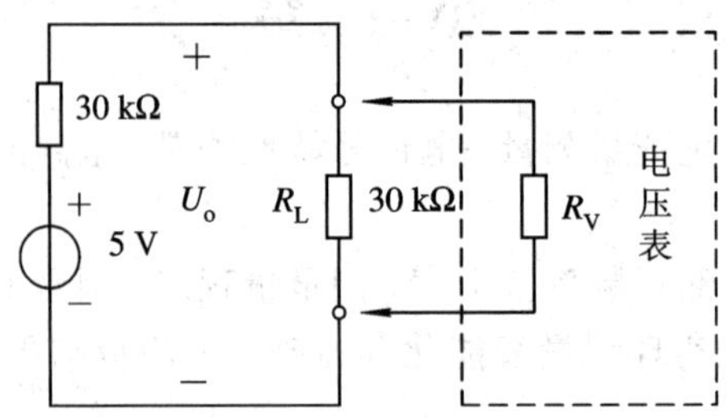

图 1.1 题 1.10 图

1.11 已知某热敏电阻随温度变化的规律为 $R_t=R_0\cdot e^{B(1/T-1/T_0)}$,其中 R_0、R_t 分别为热力学温度 $T_0=300$ K 和 T 时的阻值,B 为材料系数。已测得 $T_1=290$ K 时,$R_1=14.12$ kΩ;$T_2=320$ K 时,$R_2=5.35$ kΩ。求 R_0 和 B。

1.12 试设计一个测量方案,测量某放大器的直流输出电阻(阻值估计在 30 kΩ 左右)。

1.13 选择测量仪器时,通常要根据被测量的大致大小选择合适的测量量程。例如仍采用题 1.10 所示的测量电路,现分别用 MF-20 晶体管电压表的 6 V 挡和 30 V 挡测量负载 R_L 上电压 U_o。已知电压表的电压灵敏度为 20 kΩ/V(由此可算出各挡量程电压表内阻 R_V=电压灵敏度×量程),准确度等级为 2.5 级(准确度等级 s 表示仪表的满度相对误差不超过 $s\%$,即最大绝对误差为 $\Delta x_m=\pm s\%\cdot x_m$)。试分别计算两个量程下的绝对误差和相对误差。

1.14 比较测量和计量的异同。

1.15 解释名词:① 计量基准;② 主基准;③ 副基准;④ 工作基准。

1.16 说明检定、比对、校准的含义。各类测量仪器为什么要定期进行检定和比对?

第 2 章　测量误差和测量结果处理

2.1　测量误差的基本概念

2.1.1　误差的概念

1. 测量中涉及的几个量值

1）真值 A_0

一个物理量在一定条件下所呈现的真实数值称作它的真值。要想得到真值，必须利用理想的量具或测量仪器进行无误差的测量。由此可推断，物理量的真值实际上是无法测得的。这是因为，“理想”量具或测量仪器即测量过程的参考比较标准（或称计量标准）只是一个纯理论意义，例如电流的计量标准安培，按国际计量委员会和第九届国际计量大会的决议定义为“一恒定电流，保持在处于真空中相距 1 米的两根无限长而圆的截面可忽略的平行直导线内流动，这两条导线之间产生的力为每米长度上等于 2×10^{-7} 牛顿，该恒定电流的大小为 1 安培”。显然，这样的电流计量标准是一个理想的而实际上无法实现的理论值，因而，某电流的真值我们无法实际测得。因为一是没有符合定义的可供实际使用的测量参考标准；二是在测量过程中由于各种主观、客观因素的影响，做到无误差的测量也是不可能的。

2）指定值 A_s

因为绝对真值是不可知的，所以一般由国家设立各种尽可能维持不变的实物标准（或基准），以法令的形式指定其所体现的量值作为计量单位的指定值。例如，指定国家计量局保存的铂铱合金圆柱体质量原器的质量为 1 kg，指定国家天文台保存的铯钟组所产生的特定条件下铯-133 原子基态的两个超精细能级之间跃迁所对应辐射的 9 192 631 770 个周期的持续时间为 1 s（秒）等。国际间通过互相比对来保持一定程度的一致。指定值也称约定真值，一般用来代替真值。

3）实际值 A

实际测量中，不可能都直接与国家基准相比对，所以国家通过一系列各级实物计量标准构成量值传递网，把国家基准所体现的计量单位逐级比较并传递到日常工作仪器或量具上。在每一级的比较中，都以上一级标准所体现的值当作准确无误的值，通常称为实际值，也称作相对真值。比如，如果更高一级测量器具的误差为本级测量器具误差的 1/10～1/3，就可以认为更高一级测量器具的测量值（示值）为真值。在本节后面的叙述中，不再对实际值和真值加以区别。

4）标称值

测量器具上标定的数值称为标称值，如标准砝码上标出的 1 kg，标准电阻上标出的 1 Ω，标准电池上标出的电动势 1.0186 V，标准信号发生器刻度盘上标出的输出正弦波的频率 100 kHz 等。由于制造和测量精度不够以及环境等因素的影响，标称值并不一定等于它的真值或实际值。为此，在标出测量器具的标称值时，通常还要标出它的误差范围或准确度等级。例如，某电阻标称值为 1 kΩ，误差为±1%，即意味着该电阻的实际值在 990～1010 Ω 之间。又如，XD7 低频信号发生器频率刻度的工作误差≤(±3±1)% Hz，如果在额定工作条件下该仪器频率刻度是 100 Hz，那么这就是它的标称值，而实际值是 100±100×3%±1 Hz，即实际值在 96～104 Hz 之间。

5）示值

由测量器具指示的被测量量值称为测量器具的示值，也称测量值，它包括数值和单位。一般来说，示值与测量仪表的读数有区别，读数是仪器刻度盘上直接读到的数字。例如以 100 分度表示 50 mA 的电流表，当指针指在刻度盘上的 50 处时，读数是 50，而值是 25 mA。为了便于核查测量结果，在记录测量数据时，一般应记录仪表量程、读数和示值(当然还要记载测量方法、连接图、测量环境、测量用仪器及编号、测量者姓名、测量日期等)。对于数字显示仪表，通常示值和读数是统一的。

2. 测量误差

在实际测量中，测量器具不准确，测量手段不完善，环境影响，测量操作不熟练及工作疏忽等都会导致测量结果与被测量真值不同。测量仪器仪表的测得值与被测量真值之间的差异称为测量误差。测量误差的存在具有必然性和普遍性，人们只能根据需要和可能将其限制在一定范围内，而不可能完全加以消除。人们进行测量通常是为了获得尽可能接近真值的测量结果，如果测量误差超出一定限度，则测量工作及由测量结果所得出的结论就失去了意义。在科学研究及现代生产中，错误的测量结果有时还会使研究工作误入歧途，甚至带来灾难性的后果。因此，人们不得不认真对待测量误差，研究误差产生的原因、误差的性质、减小误差的方法以及对测量结果的处理方法等。

3. 单次测量和多次测量

单次(一次)测量是用测量仪器对待测量进行一次测量的过程。显然，为了得知某一量的大小，必须至少进行一次测量。在测量精度要求不高的场合，可以只进行单次测量。单次测量不能反映测量结果的精密度，一般只能给出一个量的大致概念和规律。

多次测量是用测量仪器对同一被测量进行多次重复测量的过程。依靠多次测量可以观察测量结果一致性的好坏，即精密度。通常要求较高的精密测量都必须进行多次测量，将多次测量的结果求和取均值，作为测量值。这样测量的结果较准确，更可信。

4. 等精度测量和非等精度测量

在保持测量条件不变的情况下对同一被测量进行的多次测量过程称作等精度测量。这里所说的测量条件包括所有对测量结果产生影响的客观和主观因素，如测量仪器、方法、测量环境、操作者的操作步骤和细心程度等。等精度测量的测量结果具有同样的可靠性。

在同一被测量的多次重复测量中，不是所有测量条件都维持不变(比如，改变了测量方法，或更换了测量仪器，或改变了连接方式，或测量环境发生了变化，或前后不是一个操作者，或同一操作者按不同的过程进行操作，或操作过程中由于疲劳等原因而影响了细心程度等)，这样的测量称为非等精度测量或不等精度测量。等精度测量和非等精度测量在测量实践中都存在，相比较而言，等精度测量的意义更大些，有时为了验证某些结果或结论，研究新的测量方法或检定不同的测量仪器，也要进行非等精度测量。

2.1.2　误差的表示方法

1. 绝对误差

绝对误差定义为

$$\Delta x = x - A_0 \tag{2.1-1}$$

式中，Δx 为绝对误差，x 为测得值，A_0 为被测量真值。前面已提到，真值 A_0 一般无法得到，所以用实际值 A 代替 A_0，因而绝对误差更有实际意义的定义是

$$\Delta x = x - A \tag{2.1-2}$$

绝对误差具有下面几个特点：

(1) 绝对误差是有单位的量，其单位与测得值和实际值相同。

(2) 绝对误差是有符号的量，其符号表示测得值与实际值的大小关系，若测得值较实际值大，则绝对误差为正值，反之为负值。

(3) 测得值与被测量实际值间的偏离程度和方向通过绝对误差来体现。但仅用绝对误差通常不能说明测量的质量。例如，人体体温在 37℃左右，若测量绝对误差为 $\Delta x = \pm 1$℃，这样的测量质量非常人所能容忍，而如果测量在 1400℃左右炉窑的炉温，绝对误差能保持 ±1℃，那么这样的测量精度就相当令人满意了。因此，为了表明测量结果的准确程度，一种方法是将测得值与绝对误差一起列出，如上面的例子可写成 37℃±1℃和 1400℃±1℃；另一种方法就是用相对误差来表示。

(4) 对于信号源、稳压电源等供给量仪器，绝对误差定义为

$$\Delta x = A - x \tag{2.1-3}$$

式中，A 为实际值，x 为供给量的指示值(标称值)。如果没有特殊说明，本书中涉及的绝对误差按式(2.1-2)计算。

与绝对误差绝对值相等但符号相反的值称为修正值，一般用符号 c 表示

$$c = -\Delta x = A - x \tag{2.1-4}$$

测量仪器的修正值可通过检定由上一级标准给出，它可以是表格、曲线或函数表达式等。利用修正值和仪器示值可得到被测量的实际值：

$$A = x + c \tag{2.1-5}$$

例如，由某电流表测得的电流示值为 0.83 mA，查该电流表检定证书得知该电流表在 0.8 mA 及其附近的修正值都为 −0.02 mA，那么被测电流的实际值为

$$A = 0.83 + (-0.02) = 0.81\ \text{mA}$$

智能仪器的优点之一就是可利用内部的微处理器存储和处理修正值，直接给出经过修正的实际值，而不需要测量者再应用式(2.1-5)进行计算。

2. 相对误差

实际中常用相对误差来说明测量精度的高低，它可分为以下几种。

(1) 实际相对误差定义为

$$\gamma_A = \frac{\Delta x}{A} \times 100\% \tag{2.1-6}$$

(2) 示值相对误差(又称标称值相对误差)定义为

$$\gamma_x = \frac{\Delta x}{x} \times 100\% \tag{2.1-7}$$

如果测量误差不大，则可用示值相对误差 γ_x 代替实际误差 γ_A，但若 γ_x 和 γ_A 相差较大，则二者不可等同，应加以区分。

(3) 满度相对误差定义为仪器量程内最大绝对误差 Δx_m 与测量仪器满度值(量程上限值)x_m 的百分比值

$$\gamma_m = \frac{\Delta x_m}{x_m} \times 100\% \tag{2.1-8}$$

满度相对误差又称为满度误差和引用误差。由式(2.1-8)可以看出，满度误差实际上给出了仪表各量程内绝对误差的最大值，即

$$\Delta x_m = \gamma_m \cdot x_m \tag{2.1-9}$$

我国电工仪表的准确度等级 s 就是按满度误差 γ_m 分级的，按 γ_m 大小依次划分为 0.1、0.2、0.5、1.0、1.5、2.5 及 5.0 共七级。比如某电压表 $s=0.5$，表明它的准确度等级为 0.5 级，它的满度误差不超过 0.5%，即 $|\gamma_m| \leqslant 0.5\%$(习惯上也写成 $\gamma_m = \pm 0.5\%$)。

【例 2.1-1】 某电压表 $s=1.5$，试算出它在 0～100 V 量程中的最大绝对误差。

解：在 0～100 V 量程内上限值 $x_m=100$ V，由式(2.1-9)得

$$\Delta x_m = \gamma_m \cdot x_m = \pm \frac{1.5}{100} \times 100 = \pm 1.5\ \text{V}$$

一般来讲，测量仪器在同一量程不同示值处的绝对误差实际上未必处处相等，但对使用者来讲，在没有修正值可利用的情况下，只能按最坏情况处理，即认为仪器在同一量程各处的绝对误差是一个常数且等于 Δx_m，人们把这种处理称作误差的整量化。由式(2.1-7)和式(2.1-9)可以看出，为了减小测量中的示值误差，在进行量程选择时应尽可能使示值接近满度值，一般以示值不小于满度值的 2/3 为宜。

【例 2.1-2】 某 1.0 级电流表的满度值 $x_m=100\ \mu$A，求测量值分别为 $x_1=100\ \mu$A，$x_2=80\ \mu$A，$x_3=20\ \mu$A 时的绝对误差和示值相对误差。

解：由式(2.1-9)得绝对误差为

$$\Delta x_m = \gamma_m \cdot x_m = \pm \frac{1}{100} \times 100 = \pm 1\ \mu\text{A}$$

前已叙述，绝对误差是不随测量值改变的。

测得值分别为 100 μA、80 μA、20 μA 时的示值相对误差各不相同，分别为

$$\gamma_{x1} = \frac{\Delta x}{x_1} \times 100\% = \frac{\Delta x_m}{x_1} \times 100\% = \frac{\pm 1}{100} \times 100\% = \pm 1\%$$

$$\gamma_{x2} = \frac{\Delta x}{x_2} \times 100\% = \frac{\Delta x_m}{x_2} \times 100\% = \frac{\pm 1}{80} \times 100\% = \pm 1.25\%$$

$$\gamma_{x3} = \frac{\Delta x}{x_3} \times 100\% = \frac{\Delta x_m}{x_3} \times 100\% = \frac{\pm 1}{20} \times 100\% = \pm 5\%$$

可见，在同一量程内，测得值越小，示值相对误差越大。由此可见，测量中所用仪表的

准确度并不是测量结果的准确度，只有在示值与满度值相同时，二者才相等(不考虑其他因素造成的误差，仅考虑仪器误差)，否则，测量值的准确度数值将低于仪表的准确度等级。

上面由式(2.1－7)、式(2.1－9)得出的为减小示值误差而使示值尽可能接近满度值的结论，只适于正向刻度的一般电压表、电流表等类型的仪表。对于测量电阻的普通型欧姆表(如普通万用表电阻挡)，上述结论并不成立，因为这类欧姆表是反向刻度，且刻度是非线性的。可以证明，此种情况下示值与欧姆表的中值接近时，测量结果的准确度最高。

【例 2.1－3】 要测量 100℃的温度，现有 0.5 级、测量范围为 0～300℃和 1.0 级、测量范围为 0～100℃的两种温度计，试分析各自产生的示值误差。

解：对 0.5 级温度计，可能产生的最大绝对误差为

$$\Delta x_{m1} = \gamma_{m1} \cdot x_{m1} = \pm \frac{s_1}{100} \cdot x_{m1} = \pm \frac{0.5}{100} \times 300 = \pm 1.5℃$$

按照误差整量化原则，认为该量程内绝对误差 $\Delta x_1 = \Delta x_{m1} = \pm 1.5℃$，因此示值相对误差为

$$\gamma_{x1} = \frac{\Delta x_1}{x_1} \times 100\% = \frac{\pm 1.5}{100} \times 100\% = \pm 1.5\%$$

同样可算出用 1.0 级温度计可能产生的绝对误差和示值相对误差为

$$\Delta x_2 = \Delta x_{m2} = \gamma_{m2} \cdot x_{m2} = \pm \frac{1.0}{100} \times 100 = \pm 1.0℃$$

$$\gamma_{x2} = \frac{\Delta x_2}{x_2} \times 100\% = \frac{\pm 1.0}{100} \times 100\% = \pm 1.0\%$$

可见，用 1.0 级低量程温度计测量所产生的示值相对误差反而小一些，因此选 1.0 级温度计较为合适。

在实际测量时，一般为防止测量值因超量程太多而损坏仪表，应先在大量程下测得被测量的大致数值，而后选择合适的量程进行测量，以尽可能地减小相对误差。

(4) 在电子测量中还常用到分贝误差。分贝误差是用对数表示误差的一种形式，单位为分贝(dB)。分贝误差广泛用于增益(衰减)量的测量中。下面以电压增益测量为例，引出分贝误差的表示形式。

设双口网络(如放大器、衰减器等)输入、输出电压的测量值分别为 U_i 和 U_o，则电压增益 A_u 的测量值为

$$A_u = \frac{U_o}{U_i} \tag{2.1-10}$$

用对数表示为

$$G_x = 20\ \lg A_u (\mathrm{dB}) \tag{2.1-11}$$

G_x 称为增益测量值的分贝值。

设 A 为电压增益实际值，其分贝值 $G=20\ \lg A$，由式(2.1－1)及式(2.1－11)可得

$$A_u = A + \Delta x = A - A_0 + x = \Delta A + x\,|_{x=A} = A + \Delta A \tag{2.1-12}$$

$$\begin{aligned} G_x &= 20\ \lg(A + \Delta A) = 20\ \lg\left[A\left(1 + \frac{\Delta A}{A}\right)\right] \\ &= 20\ \lg A + 20\ \lg\left(1 + \frac{\Delta A}{A}\right) \\ &= G + \gamma_{dB} \end{aligned} \tag{2.1-13}$$

式中，$G=20\lg A$。

由此得到

$$\gamma_{dB} = G_x - G \text{ (dB)} \tag{2.1-14}$$

$$= 20\lg\left(1+\frac{\Delta A}{A}\right) \text{ (dB)} \tag{2.1-15}$$

显然，式(2.1-15)中 γ_{dB} 与增益的相对误差有关，可看成相对误差的对数表现形式，称之为分贝误差。若令 $\gamma_A=\frac{\Delta A}{A}$，$\gamma_x=\frac{\Delta A}{A_x}$，并设 $\gamma_A\approx\gamma_x$，则式(2.1-15)可改写成：

$$\gamma_{dB} = 20\lg(1+\gamma_x) \text{ (dB)} \tag{2.1-16}$$

式(2.1-16)即为分贝误差的一般定义式。

若测量的是功率增益，则因为功率与电压呈平方关系，并考虑对数运算规则，所以这时的分贝误差定义为

$$\gamma_{dB} = 10\lg(1+\gamma_x) \text{ (dB)} \tag{2.1-17}$$

【例 2.1-4】 某电压放大器，当输入端电压 $U_i=1.2$ mV 时，测得输出电压 $U_o=6000$ mV，设 U_i 误差可忽略，U_o 的测量误差 $\gamma_2=\pm3\%$。求放大器电压放大倍数的绝对误差 ΔA、相对误差 γ_x 及分贝误差 γ_{dB}。

解：电压放大倍数为

$$A_u = \frac{U_o}{U_i} = \frac{6000}{1.2} = 5000$$

电压分贝增益为

$$G_x = 20\lg A_u = 20\lg 5000 = 74 \text{ dB}$$

输出电压绝对误差为

$$\Delta U_o = 6000\times(\pm3\%) = \pm180 \text{ mV}$$

因忽略 U_i 误差，故电压增益的绝对误差为

$$\Delta A = \frac{\Delta U_o}{U_i} = \frac{\pm180}{1.2} = \pm150$$

电压增益的相对误差为

$$\gamma_x = \frac{\Delta A}{A_u} = \frac{\pm150}{5000}\times100\% = \pm3\%$$

电压增益的分贝误差为

$$\gamma_{dB} = 20\lg(1+\gamma_x) = 20\lg(1\pm0.03) = \pm0.26 \text{ dB}$$

实际电压的分贝增益为

$$G = (74\pm0.26) \text{ dB}$$

当 γ_x 值很小时，分贝增益定义式(2.1-16)和式(2.1-17)中的 γ_{dB} 可分别利用下面近似式得到：

$$\gamma_{dB} \approx 8.69\gamma_x \text{ dB(电压、电流类增益)} \tag{2.1-18}$$

$$\gamma_{dB} \approx 4.34\gamma_x \text{ dB(功率类增益)} \tag{2.1-19}$$

如果在测量中使用的仪器是用分贝作单位的，则分贝误差直接按 $\Delta x=x-A$ 计算。例如，某衰减器的标称值为 20 dB，经检定为 20.5 dB，则其分贝误差为

$$\Delta x = 20-20.5 = -0.5 \text{ dB}$$

2.1.3　测量仪器的容许误差

测量仪器的误差是产生测量误差的主要因素。为了保证测量结果的准确可靠，必须对测量仪器本身的误差有一定要求。容许误差是指测量仪器在规定使用条件下可能产生的最大误差范围。容许误差有时称作仪器误差，它是衡量电子测量仪器质量的最重要指标。在1.4 节提及的电子测量仪器的精度和稳定性等都可用仪器的容许误差来表征。我国部颁标准 SJ943－82《电子测量仪器误差的一般规定》中指出：用工作误差、固有误差、影响误差和稳定误差等四项指标来描述电子测量仪器的容许误差。为了保证测量仪器示值的准确，仪器出厂前必须由检验部门对其误差指标进行检验，在使用期间必须定期进行校准检定，凡各项误差指标在容许误差范围之内的，视为合格仪器，否则，不能算作合格的仪器，其测量结果就失去了可靠性而只能作为参考。

仪器的容许误差的表示方法可以用绝对误差，也可以用相对误差。

1. 工作误差

工作误差是指在额定工作条件下仪器误差的极限值，即来自仪器外部的各种影响量和仪器内部的影响特性为任意可能的组合时，仪器误差的最大极限值。这种表示方法的优点是：对使用者非常方便，可以利用工作误差直接估计测量结果误差的最大范围。其缺点是：工作误差是在最不利的组合条件下给出的，而实际使用中构成最不利组合的可能性并不大。因此，用仪器的工作误差来估计测量结果的误差会偏大。

2. 固有误差

固有误差是当仪器的各种影响量和影响特性处于基准条件时仪器所具有的误差。基准条件如表 2.1－1 所示。这些基准条件是比较严格的，所以这种误差能够更准确地反映仪器所固有的性能，便于在相同条件下，对同类仪器进行比较和校准。

表 2.1－1　电子测量设备的基准条件

影　响　量	基准数值或范围	容 许 公 差
环境温度	20℃	±2℃
相对湿度	45%～75%	
大气压强	650～800 mm 汞柱	
交流供电电压	220 V	±2%
交流供电频率	50 Hz	±1%
交流供电波形①	正弦波	β=0.05
交流供电电压的波纹②	无	0.1%
外电磁场干扰	避免	
通风	良好	
阳光照射	避免直接照射	
工作位置	按制造厂家规定	

注：① 交流电压波形应保持在$(1+\beta)A\ \sin\omega t$ 与$(1-\beta)A\ \sin\omega t$ 所形成的包络之内。

② 波纹电压的峰-峰值不得超过额定电压的 0.1%。

3. 影响误差

影响误差是指当一个影响量在其额定使用范围内取任一值，而其他影响量和影响特性均处于基准条件时所测得的误差，例如温度误差、频率误差等。只有当某一影响量在工作误差中起重要作用时才给出影响误差，它是一种误差的极限。

4. 稳定误差

稳定误差是仪器的标称值在其他影响量和影响特性保持恒定的情况下，在规定时间内产生的误差极限。常以相对误差形式给出或者注明最长连续工作时间。

例如，DS-33 型交流数字电压表就是用上述四种误差标注的。工作误差：50 Hz～1 MHz，1 mV～1 V 量程为±1.5%±满量程的 0.5%。固有误差：1 kHz，1 V 时为读数的 0.4%±1 个字。温度影响误差：1 kHz，1 V 时的温度系数为 10^{-4}/C。频率影响误差：50 Hz～1 MHz 为±0.5%±满量程的 0.1%。稳定误差：在温度为－10～＋40℃，相对湿度为 80%以下，大气压为 650～800 mmHg 的环境内，连续工作 7 小时。

如同 DS-33 型交流数字电压表一样，许多测量仪器(尤其是较为精密的仪器和数字式仪器)的容许误差常用误差的绝对数值和相对数值相结合来表示。例如国产 SX1842 型四位半显示$\left(4\frac{1}{2}位\right)$直流数字电压表，在 2 V 挡的容许误差(工作误差)为±0.025%±1 个字，其含义是该电压表在 2 V 挡的最大绝对误差为

$$\Delta x = \pm 0.025\% \times 测量值 \pm 1 \times \frac{2}{19\,999}\ (\text{V}) \tag{2.1-20}$$

式中，第一项±0.025%是以相对形式给出的误差；第二项是以绝对形式给出的误差。±1 指的是显示数字的最低位 1 个字所表示的数值，因此该项也称为±1 个字误差。SX1842 是 $4\frac{1}{2}$即四位半显示，其含义是数字显示共五位，最高位只能是 0 或者 1，后四位每一位取值均可为 0～9，因此最大显示为 19 999，现为 2 V 挡，所以最低位为 1 时所代表的数值是 $1\times\frac{2}{19\,999}\approx 0.1$ mV。如果用该表测量某电压时的测量值是 1.5000 V，则仅由仪器误差造成的测量相对误差为

$$\gamma_x = \frac{\Delta x}{x} = \frac{\pm 0.025\% \times 1.5 \pm 1 \times 10^{-4}}{1.5} = \pm 0.032\%$$

应当注意，仪器的容许误差和用该仪器进行测量时的实际误差并不相等，本节例 2.1-2 已有说明，使用同一仪器，即使在同一量程内，测量值大小不同，其相对误差也不相同。

【例 2.1-5】 用 $4\frac{1}{2}$位数字电压表 2 V 挡和 200 V 挡测量 1 V 电压，该电压表各挡容许误差均为±0.03%±1 个字，试分析用上述两挡分别测量时的相对误差。

解：(1) 用 2 V 挡测量，仿照式(2.1-20)，绝对误差为

$$\begin{aligned}\Delta x_1 &= \pm 0.03\% \times 1 \pm \frac{2}{19\,999} \times 1 \\ &= \pm 3 \times 10^{-4} \pm 1 \times 10^{-4} \\ &= \pm 4 \times 10^{-4}\ (\text{V})\end{aligned}$$

为了便于观察，式中前一项是容许误差的相对值部分，后一项是绝对值部分，即±1个字误差，此时后者影响较小，测量数值(显示值)为0.9996～1.0004 V时，有效显示数字是四位到五位。相对误差为

$$\gamma_{x1}=\frac{\Delta x_1}{x_1}\times 100\%=\pm 0.04\%$$

(2) 用200 V挡测量，绝对误差为

$$\begin{aligned}\Delta x_2&=\pm 0.03\%\times 1\pm\frac{200}{19\ 999}\times 1\\&=\pm 3\times 10^{-4}\pm 100\times 10^{-4}\\&=\pm 103\times 10^{-4}(\mathrm{V})\end{aligned}$$

可见，此时±1个字误差占了误差的绝大部分(为了便于观察，100×10^{-4}未按科学计数法的规定写成1.0×10^{-2})，由于此时最末位1个字误差或最末位为1时代表的数值是10 mV或0.01 V，因此此时电压表显示为0.99～1.01 V，显示有效数字为二到三位。相对误差为

$$\gamma_{x2}=\frac{\Delta x_2}{x_2}=\pm 1\%$$

可见，此时相对误差很大，没有充分发挥$4\frac{1}{2}$位数字电压表的较高准确度的优势。由此说明，当我们选用数字显示式测量仪表时，应尽可能使它显示的位数多一些，以减小测量误差。这和前面叙述的测量仪器量程的选择原则是一致的。

2.2 测量误差的来源

为了减小测量误差，提高测量结果的准确度，必须明确测量误差的主要来源，以便估算测量误差并采取相应措施减小测量误差。

2.2.1 仪器误差

仪器误差又称设备误差，是由于设计、制造、装配、检定等的不完善以及仪器使用过程中元器件老化，机械部件磨损，疲劳等而使测量仪器设备带有的误差。仪器误差还可细分为：读数误差，包括出厂校准定度不准确产生的校准误差、刻度误差、读数分辨力有限而造成的读数误差及数字式仪表的量化误差(±1个字误差)；仪器内部噪声引起的内部噪声误差；元器件疲劳、老化及周围环境变化造成的稳定误差；仪器响应的滞后现象造成的动态误差；探头等辅助设备带来的其他方面的误差。

减小仪器误差的主要途径是根据具体测量任务，正确地选择测量方法与恰当地使用测量仪器，包括要检查所使用的仪器是否具备出厂合格证及检定合格证，在额定工作条件下按使用要求进行操作等。量化误差是数字仪器特有的一种误差，减小由它带给测量结果准确度的影响的办法是设法使显示器显示尽可能多的有效数字。这在2.1节例2.1-4中已有说明。

2.2.2 使用误差

使用误差又称操作误差，是由于对测量设备操作不当而造成的误差。比如有的设备要

求正式测量前进行预热而未预热；有的设备要求水平放置而倾斜或垂直放置；有的测量设备要求实际测量前必须进行校准(例如，普通万用表测电阻时应校零，用示波器观测信号的幅度前应进行幅度校准等)而未校准。减小使用误差的最有效途径是提高测量操作技能，严格按照仪器使用说明书中规定的方法和步骤进行操作。

2.2.3 人身误差

人身误差主要指由于测量者感官的分辨能力、视觉疲劳、固有习惯等对测量实验中的现象与结果判断不准确而造成的误差。比如指针式仪表刻度的读取，谐振法测量 L、C、Q 时谐振点的判断等，都很容易产生误差。

减小人身误差的主要途径有：提高测量者的操作技能和工作责任心；采用更合适的测量方法(比如用交叉读数法代替传统的谐振点判断法，见 2.5 节)；采用数字式显示的客观读数以避免指针式仪表的读数视差等。

2.2.4 影响误差

影响误差是指各种环境因素与要求条件不一致而造成的误差。对电子测量而言，最主要的影响因素是环境温度、电源电压和电磁干扰等。当环境条件符合要求时，影响误差通常可不予考虑。但在精密测量及计量中，需根据测量现场的温度、湿度、电源电压等影响数值求出各项影响误差，以便根据需要做进一步的数据处理，来提高测量结果的准确度。

2.2.5 方法误差

顾名思义，方法误差是指所使用的测量方法不当，或测量所依据的理论不严密，或对测量计算公式不适当简化等原因造成的误差。方法误差也称作理论误差。例如当用平均值检波器测量交流电压时，平均值检波器的输出正比于被测正弦电压的平均值 $\overline{U}$，而交流电压表通常以有效值 U 定度，两者间理论上应有下述关系：

$$U = \frac{\pi}{2\sqrt{2}} \cdot \overline{U} = K_{F} \cdot \overline{U} \tag{2.2-1}$$

式中，$K_F = \pi/(2\sqrt{2})$，称为定度系数。由于 π 和$\sqrt{2}$均为无理数，因此当用有效值定度时，取近似公式：

$$U \approx 1.11\overline{U} \tag{2.2-2}$$

显然，两者相比就产生了误差，这种由于计算公式的简化或近似造成的误差就是一种理论误差。

【例 2.2-1】 1.4 节及图 1.4-2 曾提及测量仪表的负载效应，现重画于图 2.2-1 中。图中虚框代表一台内电阻 $R_V = 10\ \text{M}\Omega$，仪器工作误差(也称不确定度)为“±0.005%读数±2 个字”的数字电压表，读数 $U_o = 10.0225$ V。试分析仪器误差和方法误差。

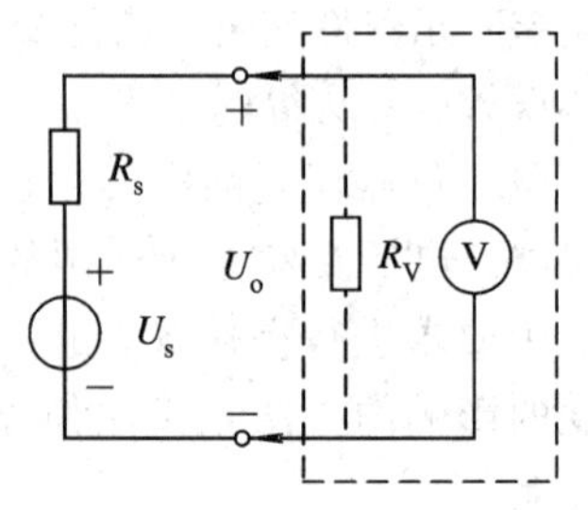

图 2.2-1 方法误差示例

解：由图 2.2-1 可以计算出：

$$U_o = \frac{R_V}{R_V + R_s} \cdot U_s = \frac{U_s}{1 + R_s/R_V} \tag{2.2-3}$$

$$\gamma_V = \frac{U_o - U_s}{U_o} = -\frac{R_s}{R_V} \tag{2.2-4}$$

即比值 R_s/R_V 愈大，示值相对误差也愈大，这是一种方法误差。将 $R_V = 10\ \text{M}\Omega$，$R_s = 10\ \text{k}\Omega$ 代入式(2.2-4)，得方法误差：

$$\gamma_V = -\frac{10^4}{10^7} = -0.1\%$$

电压表本身的仪器误差：

$$\gamma = \pm\left(0.005\% + \frac{2}{100\ 225} \times 100\%\right) \approx \pm 0.007\%$$

可见，这里的方法误差较仪器误差大得多。

不过，由式(2.2-3)可以看出，测量值 U_o 与实际值 U_s 间有确定的函数关系，只要知道 R_s、R_V 和 U_o，那么这里的方法误差就可以得到修正。实际上由式(2.2-3)可以解得

$$U_s = \left(1 + \frac{R_s}{R_V}\right)U_o \tag{2.2-5}$$

利用式(2.2-5)修正公式和有关数据得到：

$$U_s = \left(1 + \frac{10^4}{10^7}\right) \times 10.0225 = 10.0325\ \text{V}$$

如果我们不用上面的偏差法原理测量 U_o，而改用第 1 章中提到的零位法或微差法测量，则将基本避免方法误差(见 2.5 节)。当然，偏差法测量在测量操作实施上要比后两种方法方便得多。

2.3　误差的分类

虽然产生误差的原因多种多样，但按其基本性质和特点，误差可分为三类：系统误差、随机误差和粗大误差。

2.3.1　系统误差

在多次等精度测量同一量值时，误差的绝对值和符号保持不变，或当条件改变时误差按某种规律变化，这种误差称为系统误差，简称系差。如果系差的大小、符号不变而保持恒定，则称为恒定系差，否则称为变值系差。变值系差又可分为累进性系差、周期性系差和按复杂规律变化的系差。图 2.3-1 描述了几种不同系差的变化规律。图中，直线 a 表示恒定系差；直线 b 是变值系差中的累进性系差，这是表示系差递增的情况，也有递减系差；曲线 c 表示周期性系差，在整个测量过程中，系差值成周期性变化；曲线 d 为按复杂规律变化的系差。

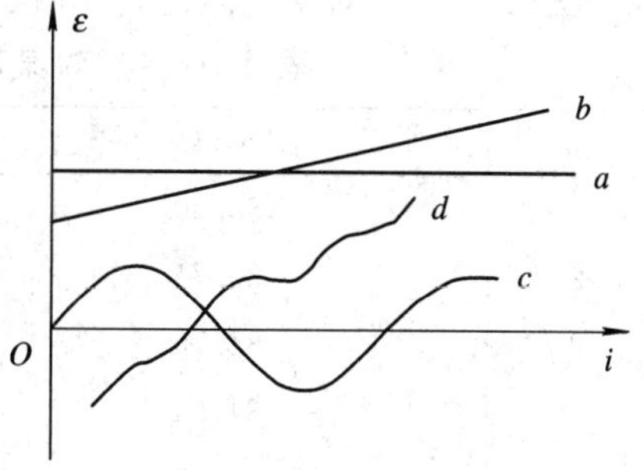

图 2.3-1　系统误差的特征

系统误差的主要特点是：只要测量条件不变，误差即为确切的数值，用多次测量取平均值的办法不能改变或消除系差，而当条件改变时，误差也随之遵循某种确定的规律而变化，具有可

重复性。例如，标准电池的电动势随环境温度变化而变化，因而实际值和标称值间产生一定的误差 ΔE，它遵循下面的规律：

$$\begin{aligned}\Delta E &= E_{20} - E_t \\ &= [39.94 \times (t-20) + 0.929 \times (t-20)^2 - 0.0092 \times (t-20)^3 \\ &\quad + 0.00006(t-20)^4] \times 10^{-6}(\mathrm{V})\end{aligned}$$

式中，E_{20} 和 E_t 分别为环境温度为+20℃和 t℃时标准电池的电动势。又如，在 2.2 节中用均值检波电压表测量正弦电压有效值时采用近似公式(2.2-2)代替理论公式(2.2-1)，因而带来理论误差，用提高均值检波器的准确度或用多次测量取平均值等方法都无法加以消除，只有用修正公式的办法来减小误差。正是由于这类误差具有规律性，因此把理论误差归入系统误差一类中。

归纳起来，产生系统误差的主要原因如下：

(1) 测量仪器设计原理及制作上的缺陷。例如刻度偏差，刻度盘或指针安装偏心，使用过程中零点漂移，安放位置不当等。

(2) 测量时的环境条件(如温度、湿度及电源电压等)与仪器使用要求不一致等。

(3) 采用近似的测量方法或近似的计算公式等。

(4) 测量人员估计读数时习惯偏于某一方向等原因所引起的误差。

用系统误差可表征测量的正确度，系统误差小，表明测量的正确度高。

2.3.2 随机误差

随机误差又称偶然误差，是指对同一量值进行多次等精度测量时，其绝对值和符号均以不可预测的方式无规则变化的误差。

就单次测量而言，随机误差没有规律，其大小和方向完全不可预测，但当测量次数足够多时，其总体服从统计学规律，多数情况下接近正态分布。

随机误差的特点是：在多次测量中误差绝对值的波动有一定的界限，即具有有界性；当测量次数足够多时，正负误差出现的机会几乎相同，即具有对称性；同时，随机误差的算术平均值趋于零，即具有抵偿性。由于随机误差具有上述特点，因此可以通过对多次测量取平均值的办法来减小随机误差对测量结果的影响，或者用其他数理统计的办法对随机误差加以处理。

表 2.3-1 是对某电阻进行 15 次等精度测量的结果。

表 2.3-1　对某电阻进行 15 次等精度测量的结果

N_0	R_i/Ω	$v_i=R_i-\overline{R}$	v_i^2
1	85.30	+0.09	0.0081
2	85.71	+0.50	0.25
3	84.70	−0.51	0.2601
4	84.94	−0.27	0.0729
5	85.63	+0.42	0.1764
6	85.24	+0.03	0.009
7	85.36	+0.15	0.0225

续表

N_0	R_i/Ω	$v_i = R_i - \bar{R}$	v_i^2
8	84.86	−0.35	0.1225
9	85.21	0.00	0.00
10	84.97	−0.24	0.0576
11	85.19	−0.02	0.004
12	85.35	+0.14	0.0196
13	85.21	0.00	0.00
14	85.16	−0.05	0.0025
15	85.32	+0.11	0.0121
计算值	$\bar{R} = \dfrac{\sum R_i}{15} = 85.21$	$\sum v_i = 0$	$\sum v_i^2 = 1.0173$

表中，R_i 为第 i 次测量值；$\bar{R}$ 为测量值的算术平均值；$v_i = R_i - \bar{R}$，定义为残差。由于电阻的真值 R 无法测得，因此我们用 $\bar{R}$ 代替 R，用 v_i 表示随机误差的性质。为了更直观地考虑测量值的分布规律，用图 2.3 - 2 表示测量结果的分布情况，图中小黑点代表各次测量值。

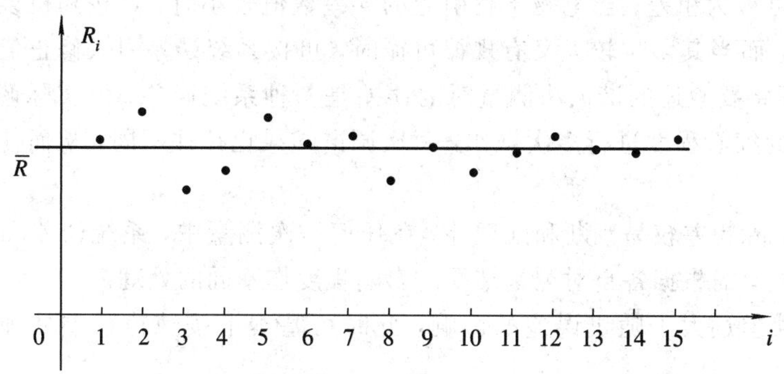

图 2.3 - 2　电阻测量值的随机误差

由表 2.3 - 1 和图 2.3 - 2 可以看出以下几点：

(1) 正误差出现了 7 次，负误差出现了 6 次，两者基本相等，正负误差出现的概率基本相等，反映了随机误差的对称性。

(2) 误差的绝对值介于(0, 0.1)、(0.1, 0.2)、(0.2, 0.3)、(0.3, 0.4)、(0.4, 0.5)区间和大于 0.5 的个数分别为 6、3、2、1、2、1，反映了绝对值小的随机误差出现的概率大，绝对值大的随机误差出现的概率小。

(3) $\sum v_i = 0$，正负误差之和为零，反映了随机误差的抵偿性。

(4) 所有随机误差的绝对值都没有超过某一界限，反映了随机误差的有界性。

这虽然仅是一个例子，但也基本反映出随机误差的一般特性。

产生随机误差的主要原因包括：

(1) 测量仪器元器件产生噪声，零部件配合的不稳定、摩擦、接触不良等。

(2) 温度及电源电压的无规则波动、电磁干扰、地基振动等。

(3) 测量人员感觉器官的无规则变化造成的读数不稳定等。

用随机误差可表征多次测量的精密度，随机误差小，则精密度高。

2.3.3 粗大误差

在一定的测量条件下，测量值明显地偏离实际值所形成的误差称为粗大误差，也称为疏失误差，简称粗差。

确认含有粗差的测量值称为坏值，应当剔除不用，因为坏值不能反映被测量的真实数值。

产生粗差的主要原因包括：

(1) 测量方法不当或错误。例如用普通万用表电压挡直接测量高内阻电源的开路电压，用普通万用表交流电压挡测量高频交流信号的幅值等。

(2) 测量操作疏忽和失误。例如未按规程操作，读错读数或单位，记录及计算错误等。

(3) 测量条件突然变化。例如电源电压突然增高或降低、雷电干扰、机械冲击等引起测量仪器示值剧烈变化等。这类变化虽然也带有随机性，但由于它造成的示值明显偏离实际值，因此将其列入粗差范畴。

上述对误差按其性质进行的划分具有相对性，某些情况可互相转化。例如，较大的系差或随机误差可视为粗差；当电磁干扰引起的误差数值较小时，可按随机误差取平均值的办法加以处理，而当其影响较大又有规律可循时，可按系统误差引入修正值的办法加以处理。又如，后面将要叙述的谐振法测量时的误差是一种系统误差，但实际调谐时，即使同一个人用同等的细心程度进行多次操作，每次调谐结果也往往不同，从而使误差表现出随机性。

最后指出，除粗差较易判断和处理外，在任何一次测量中，系统误差和随机误差一般都是同时存在的，需根据各自对测量结果的影响程度作不同的处理。

(1) 系统误差远大于随机误差的影响，此时可基本上按纯粹系差处理，而忽略随机误差。

(2) 系差极小或已得到修正时，基本上可按纯粹随机误差处理。

(3) 系差和随机误差相差不大且二者均不可忽略时，应分别按不同的办法来处理，然后估计其最终的综合影响。

2.4 随机误差分析

如前所述，多次等精度测量时产生的随机误差及测量值服从统计学规律。本节从工程应用角度，利用概率统计的一些基本结论，研究随机误差的表征及对含有随机误差的测量数据的处理方法。

2.4.1 测量值的数学期望和标准差

1. 数学期望

设对被测量 x 进行 n 次等精度测量，得到 n 个测量值：

$$x_1, x_2, x_3, \cdots, x_n$$

由于随机误差的存在，这些测量值也是随机变量。

n 个测量值(随机变量)的算术平均值为

$$\bar{x} = \frac{1}{n}\sum_{i=1}^{n} x_i \tag{2.4-1}$$

式中，$\bar{x}$ 也称作样本平均值。

当测量次数 $n\to\infty$ 时，样本平均值 $\bar{x}$ 的极限定义为测量值的数学期望：

$$E_x = \lim_{n\to\infty}\left(\frac{1}{n}\sum_{i=1}^{n} x_i\right) \tag{2.4-2}$$

式中，E_x 也称作总体平均值。

假设上面的测量值中不含系统误差和粗大误差，则第 i 次测量得到的测量值 x_i 与真值 A(前已叙述，由于真值 A_0 一般无法得知，因此通常以实际值 A 代替)间的绝对误差就等于随机误差，即

$$\Delta x_i = \delta_i = x_i - A \tag{2.4-3}$$

式中，Δx_i、δ_i 分别表示绝对误差和随机误差。

随机误差的算术平均值为

$$\begin{aligned}\bar{\delta} &= \frac{1}{n}\sum_{i=1}^{n}\delta_i = \frac{1}{n}\sum_{i=1}^{n}(x_i - A)\\ &= \frac{1}{n}\sum_{i=1}^{n}x_i - \frac{1}{n}\sum_{i=1}^{n}A\\ &= \frac{1}{n}\sum_{i=1}^{n}x_i - A\end{aligned}$$

当 $n\to\infty$ 时，上式中第一项即为测得值的数学期望 E_x，所以

$$\bar{\delta} = E_x - A \quad (n\to\infty) \tag{2.4-4}$$

由于随机误差具有抵偿性，因此当测量次数 n 趋于无限大时，$\bar{\delta}$ 趋于零，即

$$\bar{\delta} = \lim_{n\to\infty}\left(\frac{1}{n}\sum_{i=1}^{n}\delta_i\right) = 0 \tag{2.4-5}$$

即随机误差的数学期望等于零。由式(2.4-4)和式(2.4-5)可得

$$E_x = A \tag{2.4-6}$$

即测量值的数学期望等于被测量真值 A。

实际上不可能做到无限多次测量，对于有限次测量，当测量次数足够多时近似认为

$$\bar{\delta} = \frac{1}{n}\sum_{i=1}^{n}\delta_i \approx 0 \tag{2.4-7}$$

$$\bar{x} \approx E_x = A \tag{2.4-8}$$

由上述分析得出结论，在实际测量工作中，当基本消除系统误差且剔除粗大误差后，虽然仍有随机误差存在，但多次测得值的算术平均值很接近被测量真值，因此就将它作为最后的测量结果，并称之为被测量的最佳估值或最可信赖值。

2. 剩余误差

当进行有限次测量时，各次测得值与算术平均值之差称为剩余误差或残差，其定义为

$$v_i = x_i - \bar{x} \tag{2.4-9}$$

对式(2.4－9)两边分别求和，有

$$\sum_{i=1}^{n} v_i = \sum_{i=1}^{n} x_i - n\bar{x} = \sum_{i=1}^{n} x_i - n \times \frac{1}{n}\sum_{i=1}^{n} x_i = 0 \tag{2.4-10}$$

式(2.4－10)表明，当 n 足够大时，残差的代数和等于零，这一性质可用来检验计算的算术平均值是否正确。当 $n\to\infty$ 时，$\bar{x}\to E_x$，此时残差等于随机误差 δ_i。

3. 方差与标准差

随机误差反映了实际测量的精密度，即测量值的分散程度。由于随机误差具有抵偿性，因此不能用它的算术平均值来估计测量的精密度，而应使用方差进行描述。方差定义为当 $n\to\infty$ 时测量值与期望值之差的平方的统计平均值，即

$$\sigma^2 = \lim_{n\to\infty} \frac{1}{n}\sum_{i=1}^{n}(x_i - E_x)^2 \tag{2.4-11}$$

因为随机误差 $\delta_i = x_i - E_x$，所以

$$\sigma^2 = \lim_{n\to\infty} \frac{1}{n}\sum_{i=1}^{n}\delta_i^2 \tag{2.4-12}$$

式中，σ^2 称为测量值的样本方差，简称方差。式中 δ_i 取平方的目的是，不论 δ_i 是正是负，其平方总是正的，相加的和不会等于零，从而可以用来描述随机误差的分散程度。这样在计算过程中就不必考虑 δ_i 的符号，从而带来了方便。求和再平均后，使个别较大的误差在式中所占的比例也较大，使得方差对较大的随机误差反映较灵敏。

由于实际测量中 δ_i 都带有单位(mV、μA 等)，因而方差 σ^2 是相应单位的平方，使用不方便。为了与随机误差 δ_i 单位一致，将式(2.4－12)两边开方，取正平方根，得

$$\sigma = \sqrt{\lim_{n\to\infty} \frac{1}{n}\sum_{i=1}^{n}\delta_i^2} \tag{2.4-13}$$

式中，σ 称为测量值的标准误差或均方根误差，也称标准偏差，简称标准差。σ 反映了测量的精密度，σ 小表示精密度高，测量值集中，σ 大表示精密度低，测量值分散。

有时还会用到平均误差，其定义为

$$\eta = \lim_{n\to\infty} \frac{1}{n}\sum_{i=1}^{n}|\delta_i| \tag{2.4-14}$$

2.4.2　随机误差的正态分布

1. 正态分布

前面提到，随机误差的大小、符号虽然显得杂乱无章，事先无法确定，但当进行大量等精度测量时，随机误差服从统计规律。理论和测量实践都证明，测量值 x_i 与随机误差 δ_i 都按一定的概率出现。在大多数情况下，测量值在其期望值上出现的概率最大，随着对期望值偏离的增大，出现的概率急剧减小。表现在随机误差等于零的随机误差出现的概率最大，随着随机误差绝对值的加大，出现的概率急剧减小。测量值和随机误差的这种统计分布规律称为正态分布，如图 2.4－1 和图 2.4－2 所示。

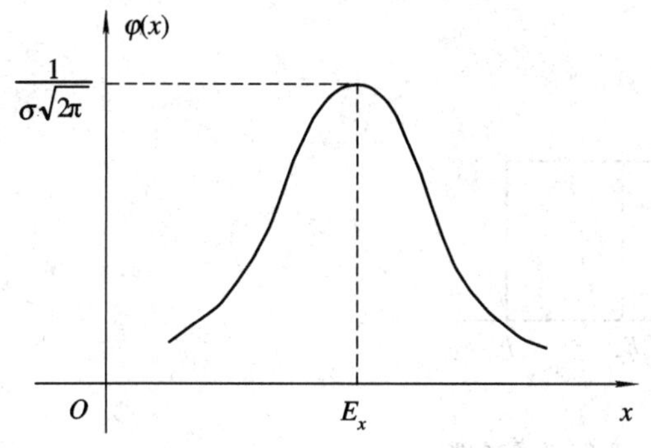

图 2.4-1　x_i 的正态分布曲线

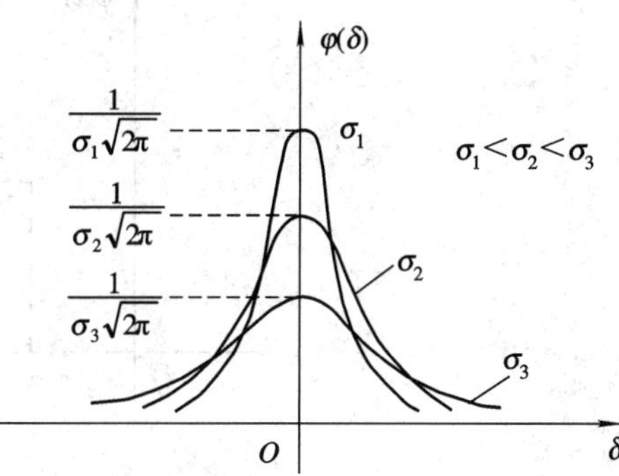

图 2.4-2　δ_i 的正态分布曲线

设测量值 x_i 在 $x \sim x+\mathrm{d}x$ 范围内出现的概率为 P，它正比于 $\mathrm{d}x$，并与 x 值有关，即

$$P\{x < x_i < x+\mathrm{d}x\} = \varphi(x)\ \mathrm{d}x \tag{2.4-15}$$

式中，$\varphi(x)$定义为测量值 x_i 的分布密度函数或概率分布函数，显然有

$$P\{-\infty < x_i < \infty\} = \int_{-\infty}^{\infty} \varphi(x)\ \mathrm{d}x = 1 \tag{2.4-16}$$

对于正态分布的 x_i，其概率密度函数为

$$\varphi(x) = \frac{1}{\sigma\sqrt{2\pi}} \cdot \mathrm{e}^{-\frac{(x-E_x)^2}{2\sigma^2}} \tag{2.4-17}$$

同样，对于正态分布的随机误差 δ_i，有

$$\varphi(\delta) = \frac{1}{\sigma\sqrt{2\pi}} \cdot \mathrm{e}^{-\frac{\delta^2}{2\sigma^2}} \tag{2.4-18}$$

由图 2.4-2 可以看到如下特征：

(1) δ 愈小，$\varphi(\delta)$愈大，说明绝对值小的随机误差出现的概率大；相反，绝对值大的随机误差出现的概率小，随着 δ 的增大，$\varphi(\delta)$很快趋于零，即超过一定界限的随机误差实际上几乎不出现(随机误差的有界性)。

(2) 大小相等、符号相反的误差出现的概率相等(随机误差的对称性和抵偿性)。

(3) σ 愈小，正态分布曲线愈尖锐，表明测得值愈集中，精密度高；反之，σ 愈大，曲线愈平坦，表明测得值分散，精密度低。

正态分布又称高斯分布，在误差理论中占有重要的地位。由众多相互独立的因素的随机微小变化所造成的随机误差大多遵从正态分布，例如信号源的输出幅度、输出频率等都具有这一特性。

2. 均匀分布

在测量实践中，还有其他形式的概率密度分布形式，其中，均匀分布是仅次于正态分布的一种重要分布，如图 2.4-3 所示。均匀分布的特点是：在误差范围内，误差出现的概率各处相同。在电子测量中常见的有下列几种情况。

(1) 仪表度盘刻度误差。仪表分辨力决定的某一范围内所有的测量值可以认为是一个值。例如，用 500 V 量程交流电压表测得值是 220 V，实际上由于分辨不清，实际值可能是 219～221 V 之间的任何一个值，在该范围内可认为有相同的误差概率。

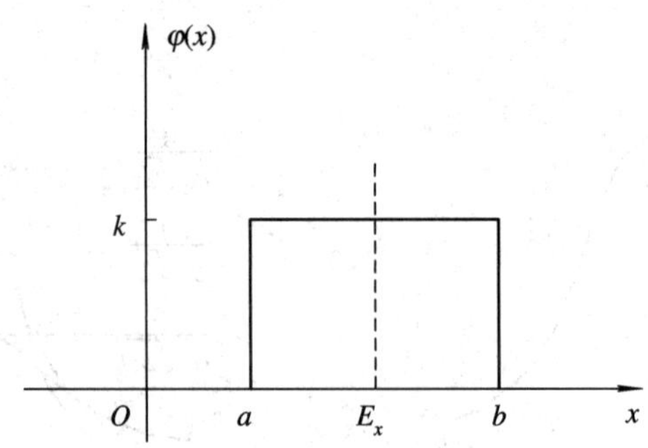

图 2.4-3 均匀分布的概率密度

(2) 数字显示仪表的最低位"±1 个字"的误差。例如末位显示为 5，实际值可能是 4～6 间的任一值，也认为在此范围内具有相同的误差概率。数字式电压表或数字式频率计中都有这种现象。

(3) 由于舍入引起的误差。去掉的或进位的低位数字的概率是相同的。例如被舍掉的可能是 5、4、3、2 或 1，被进位的可以认为是 5、6、7、8、9 中的任何一个。

在图 2.4-3 所示的均匀分布中，因一定满足 $\int_a^b \varphi(x)\,\mathrm{d}x = \int_a^b k\,\mathrm{d}x = 1$，所以概率密度为

$$\varphi(x) = \begin{cases} k = \dfrac{1}{b-a}, & a \leqslant x \leqslant b \\ 0, & \begin{cases} x > b \\ x < a \end{cases} \end{cases} \tag{2.4-19}$$

可以证明，式(2.4-19)所示的均匀分布的数学期望为

$$E_x = \frac{a+b}{2} \tag{2.4-20}$$

方差为

$$\sigma^2 = \frac{(b-a)^2}{12} \tag{2.4-21}$$

标准差为

$$\sigma = \frac{b-a}{\sqrt{12}} \tag{2.4-22}$$

限于篇幅，本书下面仅讨论正态分布。

3. 极限误差 Δ

对于正态分布的随机误差，根据式(2.4-18)可以算出随机误差落在[$-\sigma$, $+\sigma$]区间的概率为

$$P\{|\delta_i| \leqslant \sigma\} = \int_{-\sigma}^{\sigma} \frac{1}{\sigma \cdot \sqrt{2\pi}} \cdot \mathrm{e}^{-\frac{\delta^2}{2\sigma^2}}\,\mathrm{d}\delta = 0.683 \tag{2.4-23}$$

该结果的含义可理解为：在进行大量等精度测量时，随机误差 δ_i 落在[$-\sigma$, $+\sigma$]区间的测得值的数目占测量总数目的 68.3%，或者说，测得值落在[$E_x-\sigma$, $E_x+\sigma$]范围(该范围在概率论中称为置信区间)内的概率(在概率论中称为置信概率)为 0.683。

同样可以求得随机误差落在$\pm 2\sigma$或$\pm 3\sigma$范围内的概率分别为

$$P\{\mid \delta_i \mid \leqslant 2\sigma\} = \int_{-2\sigma}^{2\sigma} \frac{1}{\sigma \cdot \sqrt{2\pi}} \cdot e^{-\frac{\delta^2}{2\sigma^2}} d\delta = 0.954 \tag{2.4-24}$$

$$P\{\mid \delta_i \mid \leqslant 3\sigma\} = \int_{-3\sigma}^{3\sigma} \frac{1}{\sigma \cdot \sqrt{2\pi}} \cdot e^{-\frac{\delta^2}{2\sigma^2}} d\delta = 0.997 \tag{2.4-25}$$

即当测得值x_i的置信区间为$[E_x-2\sigma, E_x+2\sigma]$和$[E_x-3\sigma, E_x+3\sigma]$时置信概率分别为0.954和0.997。由式(2.4-25)可见，随机误差绝对值大于3σ的概率(可能性)仅为0.003或0.3%，实际上出现的可能性极小，因此定义

$$\Delta = 3\sigma \tag{2.4-26}$$

为极限误差，或称最大误差，也称作随机不确定度。如果在测量次数较多的等精度测量中，出现了$|\delta_i|>\Delta=3\sigma$的情况，则必须予以仔细考虑，通常将$|v_i|\approx|\delta_i|>3\sigma$的测量值判为坏值，应予以剔除。当然，剔除坏值时应当仔细核查和分析，区别是新的现象还是确属坏值。另外，按照$|v_i|>3\sigma$来判断坏值是在进行大量等精度测量、测量数据属于正态分布的前提下得出的，通常将这个原则称为莱特准则，该准则使用起来比较方便。如果测量次数较少，测量结果不属于正态分布，则必须根据具体的概率分布和测量次数以及置信概率，引用其他的判断准则。本书都假定满足使用莱特准则的条件。

4. 贝塞尔公式

在上面的分析中，随机误差$\delta_i=x_i-E_x=x_i-A$，其中x_i为第i次测量值，A为真值，E_x为x_i的数学期望，且$E_x=\lim\limits_{n\to\infty}\frac{1}{n}\sum\limits_{i=1}^{n}x_i=\lim\limits_{n\to\infty}\bar{x}=A$。在这种前提下，我们用测量值数列的标准差$\sigma$来表征测量值的分散程度，并有$\sigma=\lim\limits_{n\to\infty}\sqrt{\frac{1}{n}\sum\limits_{i=1}^{n}\delta_i^2}$。实际上不可能做到$n\to\infty$的无限次测量。当$n$为有限值时，我们用残差$v_i=x_i-\bar{x}$来近似或代替真正的随机误差$\delta_i$，用$\hat{\sigma}$表示有限次测量时标准误差的最佳估计值，可以证明：

$$\hat{\sigma} = \sqrt{\frac{1}{n-1}\sum_{i=1}^{n} v_i^2} \tag{2.4-27}$$

式(2.4-27)称为贝塞尔公式。式中，$n\neq 1$。若$n=1$，则$\hat{\sigma}$值不定，表明测量的数据不可靠。

标准差的最佳估计值还可以用式(2.4-28)求出：

$$\hat{\sigma} = \sqrt{\frac{1}{n-1}\left[\sum_{i=1}^{n} x_i^2 - n\bar{x}^2\right]} \tag{2.4-28}$$

这是贝塞尔公式的另一种表达形式。$\hat{\sigma}$有时简称为标准差估计值。

仍以表2.3-1为例，可以算出：

$$\hat{\sigma} = \sqrt{\frac{1}{n}\sum_{i=1}^{n} v_i^2} = 0.260$$

5. 算术平均值的标准差

如果在相同条件下将同一被测量分成m组，每组重复n次测量，则每组测得值都有一

个平均值 $\bar{x}$。由于随机误差的存在，这些算术平均值也不相同，而是围绕真值有一定的分散性，即算术平均值与真值间也存在着随机误差。我们用 $\sigma_{\bar{x}}$ 来表示算术平均值的标准差，由概率论中方差运算法则可以求出：

$$\sigma_{\bar{x}} = \frac{\sigma}{\sqrt{n}} \tag{2.4-29}$$

同样定义 $\Delta_{\bar{x}} = 3\sigma_{\bar{x}}$ 为算术平均值的极限误差，$\bar{x}$ 与真值间的误差超过这一范围的概率极小，因此，测量结果可以表示为

$$\begin{aligned} x &= \text{算术平均值} \pm \text{算术平均值的极限误差} \\ &= \bar{x} \pm \Delta_{\bar{x}} \\ &= \bar{x} \pm 3\sigma_{\bar{x}} \end{aligned} \tag{2.4-30}$$

在有限次测量中，以 $\hat{\sigma}_{\bar{x}}$ 表示算术平均值标准差的最佳估值，有

$$\hat{\sigma}_{\bar{x}} = \frac{\hat{\sigma}}{\sqrt{n}} \tag{2.4-31}$$

因为实际测量中 n 只能是有限值，所以有时就将 $\hat{\sigma}$ 和 $\hat{\sigma}_{\bar{x}}$ 称作测量值的标准差和测量平均值的标准差，从而将式(2.4-27)和式(2.4-31)直接写成

$$\sigma = \sqrt{\frac{1}{n-1}\sum_{i=1}^{n} v_i^2} \tag{2.4-32}$$

$$\sigma_{\bar{x}} = \frac{\sigma}{\sqrt{n}} \tag{2.4-33}$$

2.4.3 有限次测量下测量结果的表达

由于实际上只可能做到有限次等精度测量，因而我们分别用式(2.4-32)和式(2.4-33)来计算测量值的标准差和算术平均值的标准差，如前所述，实际上是两种标准差的最佳估值。由式(2.4-33)可以看到，算术平均值的标准差随测量次数 n 的增大而减小，但减小速度要比 n 的增长慢得多，即仅靠单纯增加测量次数来减小标准差收效不大，因而实际测量中 n 的取值并不很大，一般在 10～20 之间。

对于精密测量，常需进行多次等精度测量，在基本消除系统误差并从测量结果中剔除坏值后，测量结果的处理可按下述步骤进行。

(1) 列出测量数据表。

(2) 计算算术平均值 $\bar{x}$、残差 v_i 及 v_i^2。

(3) 按式(2.4-32)、式(2.4-33)计算 σ 和 $\sigma_{\bar{x}}$。

(4) 给出最终测量结果表达式：

$$x = \bar{x} \pm 3\sigma_{\bar{x}}$$

【例 2.4-1】 用电压表对某一电压测量 10 次，设已消除系统误差及粗大误差，测得数据及有关计算值如表 2.4-1 所示，试给出最终测量结果表达式。

表 2.4-1　用电压表测量电压的测量值及计算值

n	x_i/V	$v_i=x_i-\bar{x}$	v_i^2
1	75.01	−0.035	0.001 225
2	75.04	−0.005	0.000 025
3	75.07	+0.025	0.000 625
4	75.00	−0.045	0.002 025
5	75.03	−0.015	0.000 225
6	75.09	+0.045	0.002 025
7	75.06	+0.015	0.000 225
8	75.02	−0.025	0.000 625
9	75.08	+0.035	0.001 225
10	75.05	+0.005	0.000 025
计算值	$\bar{x}=75.045$	$\sum v_i=0$	$\sum v_i^2=0.008\ 25$

解： 计算得到 $\sum v_i=0$，表示 $\bar{x}$ 的计算正确。进一步计算得到：

$$\sigma=\sqrt{\frac{1}{n-1}\sum_{i=1}^{n}v_i^2}=\sqrt{\frac{1}{10-1}\sum_{i=1}^{10}v_i^2}\approx 0.0303$$

$$\sigma_{\bar{x}}=\frac{\sigma}{\sqrt{n}}=\frac{0.0303}{\sqrt{10}}\approx 9.58\times 10^{-3}$$

因此该电压的最终测量结果为

$$x=(75.045\pm 0.029)\ \mathrm{V}$$

2.5　系统误差分析

2.5.1　系统误差的特性

剔除粗差后，测量误差等于随机误差 δ_i 和系统误差 ε_i 的代数和，即

$$\Delta x_i=\varepsilon_i+\delta_i=x_i-A \tag{2.5-1}$$

假设进行 n 次等精度测量，并设系差为恒值系差或其变化非常缓慢，即 $\varepsilon_i=\varepsilon$，则 Δx_i 的算术平均值为

$$\frac{1}{n}\sum_{i=1}^{n}\Delta x_i=\bar{x}-A=\varepsilon+\frac{1}{n}\sum_{i=1}^{n}\delta_i \tag{2.5-2}$$

当 n 足够大时，由于随机误差的抵偿性，δ_i 的算术平均值趋于零，于是由式(2.5-2)得到

$$\varepsilon=\bar{x}-A=\frac{1}{n}\sum_{i=1}^{n}\Delta x_i \tag{2.5-3}$$

可见，当系差与随机误差同时存在时，若测量次数足够多，则各次测量绝对误差的算术平均值等于系差 ε。这说明测量结果的准确度不仅与随机误差有关，更与系统误差有关。由于系差不易被发现，因此更需重视。由于它不具备抵偿性，因此取平均值并无助于减小它，又由于系差产生的原因复杂，因此处理起来比随机误差还要困难。欲削弱或消除系差的影响，必须仔细分析其产生的原因，根据所研究问题的特殊规律，依靠测量者的学识、经验，采取不同的处理方法。

研究系统误差有利于判断测量的正确性和可靠性，有时还能启发人们发现新事物和新规律。历史上雷莱曾利用不同的来源和方法制取氮气，测得氮气的平均密度和标准偏差如下：

化学法提取：$\bar{x}_1=2.299\ 71$，$\sigma_1=0.000\ 41$。

大气中提取：$\bar{x}_2=2.310\ 22$，$\sigma_2=0.000\ 19$。

平均值之差：$\bar{x}_2-\bar{x}_1=0.010\ 51$。

标准偏差：$\sigma=\sqrt{\sigma_1^2+\sigma_2^2}=0.000\ 45$。

两平均值之差值理论上应为零，现已超过其标准偏差的 20 倍，可见两种方法间存在着系统误差。经过进一步深入研究，雷莱发现了空气中的惰性气体。

2.5.2 系统误差的判断

实际测量中产生系统误差的原因多种多样，系统误差的表现形式也不尽相同，但仍有一些办法可用来发现和判断系统误差。

1. 理论分析法

凡属由于测量方法或测量原理引入的系差，不难通过对测量方法的定性和定量分析发现系差，甚至计算出系差的大小。2.2 节例 2.2-1 中用内阻不高的电压表测量高内阻电源电压就是一例。

2. 校准和比对法

当怀疑测量结果可能会有系差时，可用准确度更高的测量仪器进行重复测量以发现系差。测量仪器定期进行校准或检定并在检定证书中给出修正值，目的就是发现和减小使用被检仪器进行测量时的系统误差。

也可以采用多台同型号仪器进行比对，观察比对结果以发现系差，但这种方法通常不能察觉和衡量理论误差。

3. 改变测量条件法

系差常与测量条件有关，如果能改变测量条件，比如更换测量人员、测量环境、测量方法等，则可对分组测量数据进行比较来发现系差。

校准和比对法、改变测量条件法都属于实验对比法，一般用来发现恒值系差。

4. 剩余误差观察法

剩余误差观察法是根据测量数据数列各个剩余误差的大小、符号的变化规律，以判断有无系差及系差类型。

为了直观，通常将剩余误差制成曲线，如图 2.5-1 所示。其中，图(a)表示剩余误差 v_i 大体上正负相间，数值相等，无明显变化规律，可以认为不存在系差；图(b)呈现线性递增规律，可认为存在累进性系差；图(c)中 v_i 的大小和符号大体呈现周期性，可认为存在周期性系差；图(d)变化规律复杂，大体上可认为同时存在线性递增的累进性系统系差和周期性系差。剩余误差法主要用来发现变值系统误差。

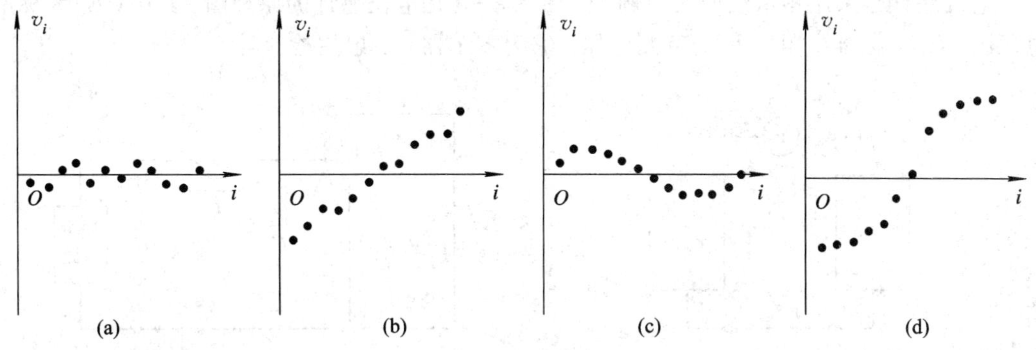

图 2.5－1　系统误差的判断

5. 公式判断法

马林科夫判据和阿卑-赫梅特判据可分别用来判定有无累进性系差和周期性系差，详细论述可参阅参考文献[1]、[3]。

2.5.3　消除系统误差产生的根源

产生系统误差的原因很多，如果能找出并消除产生系差的根源或采取措施防止其影响，则将是解决问题最根本的办法。消除系统误差应做到：

(1) 采用的测量方法和依据的原理正确，稍后我们将专门讨论能有效削弱系统误差的测量技术与方法。

(2) 选用的仪器仪表类型正确，准确度满足测量要求，如要测量工作于高频段的电感电容，应选用高频参数测试仪(如 LCCG－1 高频 LC 测量仪)，而测量工作于低频段的电感电容就应选用低频参数测试仪(如 WQ－5 电桥、QS18A 万能电桥)。

(3) 测量仪器应定期检定、校准，测量前要正确调节零点，应按操作规程正确使用仪器。尤其对于精密测量，测量环境的影响不能忽视，必要时应采取稳压、恒温、电磁屏蔽等措施。

(4) 条件许可时，可尽量采用数字显示仪器代替指针式仪器，以减小由于刻度不准及分辨力不高等因素带来的系统误差。

(5) 提高测量人员的学识水平、操作技能，去除一些不良习惯，尽量消除带来系统误差的主观原因。

2.5.4　削弱系统误差的典型测量技术

1. 零示法

1.3 节已对零示法有过叙述。零示法是在测量中，将待测量与已知标准量相比较，当二者的效应互相抵消时，零示器示值为零，此时已知标准量的数值就是被测量的数值。零示法原理如图 2.5－2 所示，图中 x 为被测量，s 为同类可调节已知标准量，Ⓟ为零示器。

零示器的种类有光电检流计、电流表、电压表、示波器、调谐指示器、耳机等，只要零示器的灵敏度足够高，测量的准确度基本上就等于标准量的准确度，而与零示器的准确度无关，从而可消除由于零示器不准所带来的系统误差。

电位差计是采用零示法的典型例子。图 2.5-3 是电位差计的原理图。其中，E_s 为标准电压源；R_s 为标准电阻；U_x 为待测电压；Ⓟ为零示器，一般用检流计。

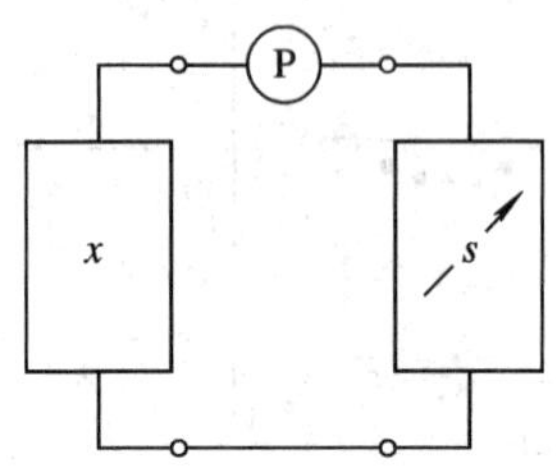

图 2.5-2　零示法原理图

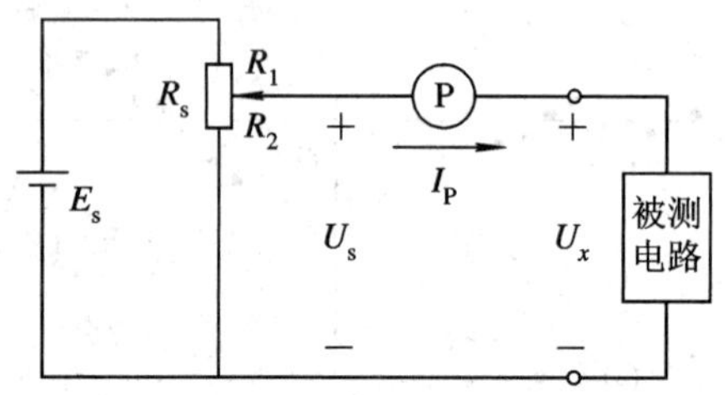

图 2.5-3　电位差计原理图

调 R_s 使 $I_P=0$，则被测电压 $U_x=U_s$，即

$$U_x = \frac{R_2}{R_1 + R_2} E_s = \frac{R_2}{R_s} E_s \tag{2.5-4}$$

由式(2.5-4)可以看到，被测量 U_x 的数值仅与标准电压源 E_s 及标准电阻 R_2、R_1 有关，只要标准量的准确度很高，被测量的测量准确度也就很高。

零示法广泛用于阻抗测量(各类电桥)、电压测量(电位差计及数字电压表)、频率测量(拍频法、差频法)及其他参数的测量中。

2. 替代法

替代法又称置换法。它是在测量条件不变的情况下，用一标准已知量去替代待测量，通过调整标准量而使仪器的示值不变，于是标准量的值等于被测量值。由于替代前后整个测量系统及仪器示值均未改变，因此测量中的恒定系差对测量结果不产生影响，测量准确度主要取决于标准已知量的准确度及指示器的灵敏度。

图 2.5-4 是替代法在精密电阻电桥中的应用实例。首先接入未知电阻 R_x，调节电桥使之平衡，即 $I_P=0$，此时有

$$R_x = \frac{R_1 \cdot R_3}{R_2} \tag{2.5-5}$$

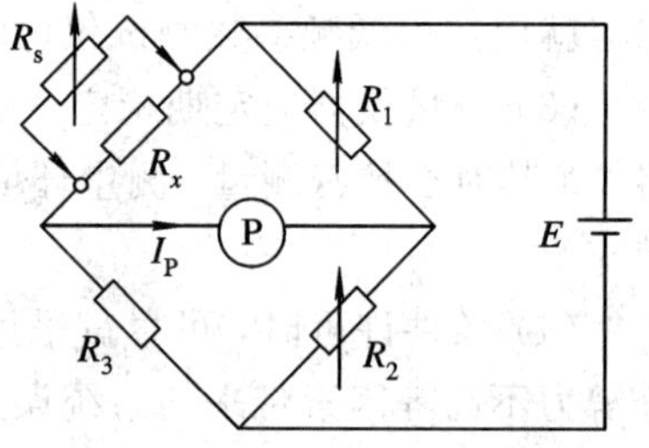

图 2.5-4　替代法测量电阻

由于 R_1、R_2、R_3 都有误差，因此若利用它们的标称值来计算 R_x，则 R_x 也带有误差，即

$$R_x + \Delta R_x = \frac{(R_1 + \Delta R_1)(R_3 + \Delta R_3)}{R_2 + \Delta R_2} \tag{2.5-6}$$

忽略增量乘积项，并考虑式(2.5-5)关系，近似得到：

$$\frac{\Delta R_x}{R_x} \approx \frac{\Delta R_1}{R_1} + \frac{\Delta R_3}{R_3} - \frac{\Delta R_2}{R_2} \tag{2.5-7}$$

为了消除上述误差，现用可变标准电阻 R_s代替 R_x，并在保持 R_1、R_2、R_3 不变的情况下通过调节 R_s，使电桥重新平衡，因而得到：

$$R_s + \Delta R_s = \frac{(R_1 + \Delta R_1)(R_3 + \Delta R_3)}{R_2 + \Delta R_2} \tag{2.5-8}$$

比较式(2.5-6)和式(2.5-8)，得到：

$$R_x + \Delta R_x = R_s + \Delta R_s \tag{2.5-9}$$

可见，测量误差 ΔR_x 仅取决于标准电阻的误差 ΔR_s，而与 R_1、R_2、R_3 的误差无关。

3. 补偿法

补偿法相当于部分替代法或不完全替代法。这种方法常用在高频阻抗、电压、衰减量等的测量中。下面以谐振法(如 Q 表)测电容为例说明这种测量方法。图 2.5-5 为测量原理图，其中，u 为高频信号源，L 为电感，C_0 为分布电容，C_x 为待测电容，假设电子电压表内阻为无穷大。调节信号源频率使电路谐振(此时电压表指示最大)，设谐振频率为 f_0，可以算出：

$$f_0 = \frac{1}{2\pi\sqrt{L(C_x + C_0)}} \rightarrow C_x = \frac{1}{4\pi^2 f_0^2 L} - C_0 \tag{2.5-10}$$

可见，C_x 与频率 f_0、电感 L、分布电容 C_0 都有关，它们的准确度(尤其 C_0，常常很难给出具体准确的数值)都会对 C_x 的准确度产生影响。现改用补偿法测量，如图 2.5-6 所示，首先断开 C_x，调节标准电容 C_s使电路谐振，设此时标准电容为 C_{s1}，而后保持信号源频率不变，接入 C_x，重新调整标准电容使电路谐振，设此时标准电容量为 C_{s2}。由式(2.5-10)容易得到仅接入 C_{s1}时有

$$f_0 = \frac{1}{2\pi\sqrt{L(C_{s1} + C_0)}} \tag{2.5-11}$$

接入 C_x 后有

$$f_0 = \frac{1}{2\pi\sqrt{L(C_{s2} + C_x + C_0)}} \tag{2.5-12}$$

比较两式得到：

$$C_x = C_{s1} - C_{s2} \tag{2.5-13}$$

可见，此时待测电容 C_x 仅与标准电容有关，从而测量准确度要比用图 2.5-5 所示电路的结果高得多。

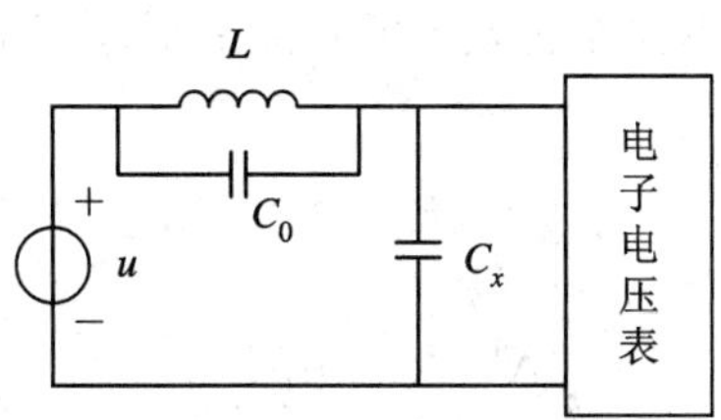

图 2.5-5　谐振法测电容

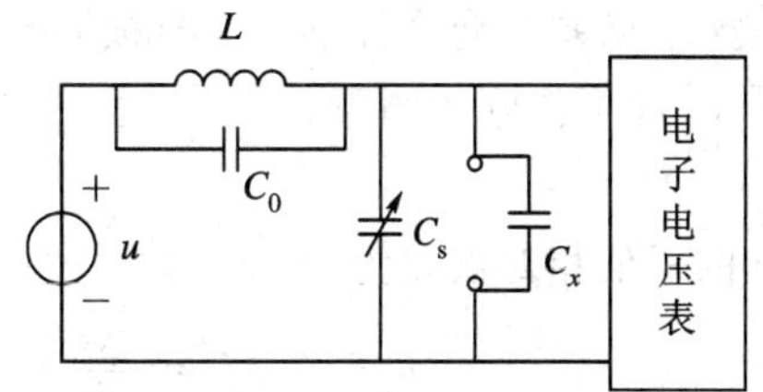

图 2.5-6　补偿法测电容

4. 对照法

对照法又称交换法，适于在对称的测量装置中用来检查其对称性是否良好，或从两次

测量结果的处理中削弱或消除系统误差。现以图 2.5－7 所示的等臂电桥为例说明这种方法。

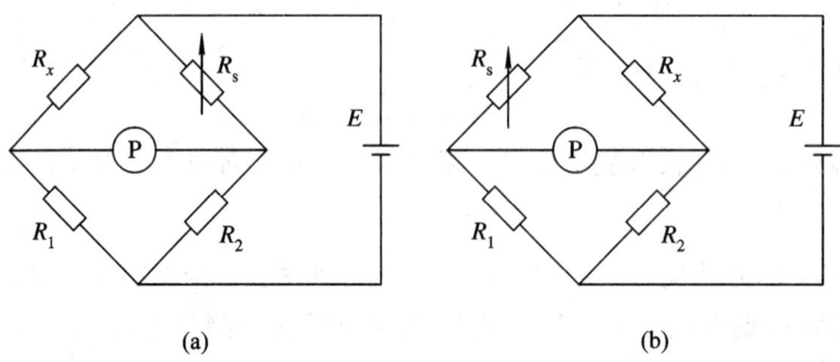

图 2.5－7　对照法测电阻

先按图 2.5－7(a)的接法调节标准电阻 R_s 使电桥平衡，设此时标准电阻阻值为 R_{s1}，因而

$$R_x = \frac{R_1}{R_2} \cdot R_{s1} \tag{2.5-14}$$

然后按图 2.5－7(b)交换 R_x、R_s 的位置，调节 R_s 使电桥平衡。设此时标准电阻阻值为 R_{s2}，因而

$$R_x = \frac{R_2}{R_1} \cdot R_{s2} \tag{2.5-15}$$

如果 $R_1=R_2$(故称为等臂电桥)，则由式(2.5－14)和式(2.5－15)可知 $R_{s1}=R_{s2}=R_s$，进而得到

$$R_x = R_s \tag{2.5-16}$$

如果 $R_1 \neq R_2$，则 $R_{s1} \neq R_{s2}$，可由式(2.5－14)和式(2.5－15)得到：

$$R_x = \sqrt{R_{s1} \cdot R_{s2}} \tag{2.5-17}$$

从而消除了 R_1、R_2 的误差对测量结果的影响。

5. 微差法

微差法又称虚零法或差值比较法，实质上是一种不彻底的零示法(见 1.3 节及图 1.3－2)。在零示法中必须仔细调节标准量 s 使之与 x 相等，这通常很费时间，有时甚至不可能做到。微差法允许标准量 s 与被测量 x 的效应不完全抵消，即相差一微小量 δ，测得 $\delta=x-s$，即可得到待测量：

$$x = s + \delta \tag{2.5-18}$$

x 的示值相对误差为

$$\frac{\Delta x}{x} = \frac{\Delta s}{x} + \frac{\Delta \delta}{x} = \frac{\Delta s}{s+\delta} + \frac{\delta}{x} \cdot \frac{\Delta \delta}{\delta} \tag{2.5-19}$$

由于 $\delta \ll s$，因此 $s+\delta \approx s$。又由于 $\delta \ll x$，所以有

$$\frac{\Delta x}{x} \approx \frac{\Delta s}{s} \tag{2.5-20}$$

即被测量的相对误差基本上等于标准量的相对误差，偏差式仪表产生的系差 $\Delta\delta/\delta$ 几乎可

以忽略。

6. 交叉读数法

交叉读数法是上述对照法的一种特殊形式。现以谐振频率测量为例，说明交叉读数法的具体应用。LC 谐振电路的谐振曲线如图 2.5-8 所示，由于在谐振点 $f_x=f_0$ 附近曲线平坦，电压变化很小，很难判断真正的谐振状态，所以会引入一定的方法误差：

$$\frac{\Delta f}{f_x}=\frac{1}{\sqrt{2}Q}\sqrt{\frac{\Delta U}{U_0}} \tag{2.5-21}$$

式中，Q 为电路品质因数，$\Delta U/U_0$ 主要是由于电压表分辨力不高造成的。如果 $Q=100$，$\Delta U/U_0=2\%$，则得到示值误差：

$$\frac{\Delta f}{f_x}=1\times 10^{-3}$$

为了削弱该误差，改用交叉读数法，在谐振点两旁曲线斜率较大处(一般取 $U=U_0/\sqrt{2}$)，分别测出两个失谐频率 f_1 和 f_2，则待测频率可用式(2.5-22)求出：

$$f_x=\frac{f_1+f_2}{2} \tag{2.5-22}$$

由此产生的理论误差为

$$\frac{\Delta f}{f_x}\approx\frac{1}{8Q^2} \tag{2.5-23}$$

若 Q 值仍为 100，可算得

$$\frac{\Delta f}{f_x}=1.25\times 10^{-5}$$

相对误差要比直接用谐振法测量小得多。

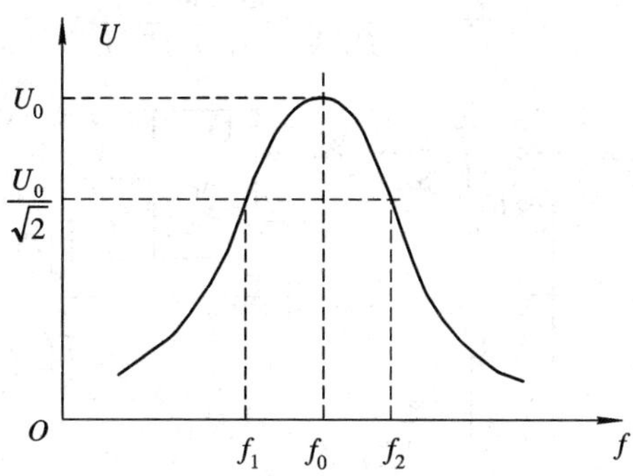

图 2.5-8　LC 谐振电路的谐振曲线

上面介绍的几种测试技术主要用来削弱或消除恒定系差。关于累进性系差和周期性系差的消除技术，可参考有关资料(如参考文献[3])。

2.5.5　消除或削弱系统误差的其他方法

1. 利用修正值或修正因数加以消除

根据测量仪器检定书中给出的校正曲线、校正数据或利用说明书中的校正公式对测量值进行修正，是实际测量中常用的办法，这种方法原则上适用于任何形式的系差(见 2.1 节的式(2.1-5))。

2. 随机化处理

所谓随机化处理，是指利用同一类型测量仪器的系统误差具有随机特性的特点，对同一被测量用多台仪器进行测量，取各台仪器测量值的平均值作为测量结果。通常这种方法用得并不多，首先费时较多，其次需要多台同类型仪器，这往往也是难以做到的。

3. 智能仪器中系统误差的消除

在智能仪器中，可利用微处理器的计算控制功能削弱或消除仪器的系统误差。利用微处理器削弱系差的方法很多，下面介绍两种常用的方法。

(1) 直流零位校准。这种方法的原理和实现都比较简单，首先测量输入端短路时的直流零电压(输入端直流短路时的输出电压)，并将测得的数据存储到校准数据存储器中，而后进行实际测量，并将测量值与从存储器中调出的直流零电压数值相减，从而得到测量结果。这种方法在数字电压表中得到了广泛应用。

(2) 自动校准。测量仪器中模拟电路部分的漂移、增益变化、放大器的失调电压和失调电流等都会给测量结果带来系差，可以利用微处理器实现自动校准或修正。图 2.5-9 是运算放大器误差修正原理图。图中，ε 表示由于温漂、时漂等造成的运算放大器等效失调电压；U_x 为被测电压；U_s为基准电压；R_1、R_2 为分压电阻。当开关 S 接于 U_x 处时，运放输出为

$$U_o = A_0\left[(U_x+\varepsilon)-U_o\frac{R_2}{R_1+R_2}\right] \tag{2.5-24}$$

式中，A_0 为运放开环增益。

设 $P=(R_1+R_2)/R_2$，代入式(2.5-24)得

$$U_o = \frac{P\cdot U_x}{1+P/A_0}+\frac{P\cdot\varepsilon}{1+P/A_0} \tag{2.5-25}$$

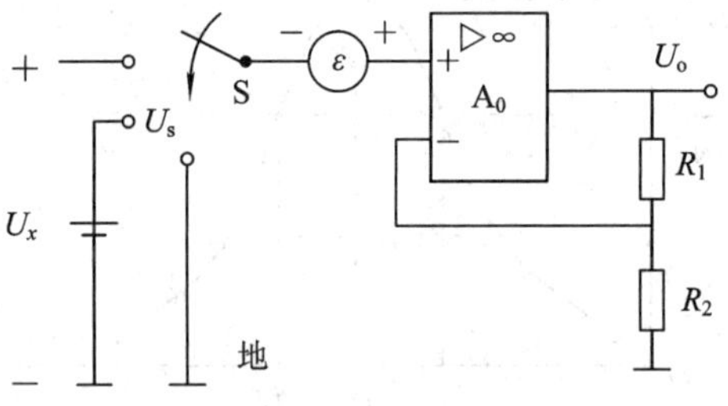

图 2.5-9　运放的自动校准原理

若想得到理想的稳定的闭环放大倍数比如 1(或 10)，则必须使 $P=1$(或 $P=10$)以及 $\varepsilon\to 0$ 和 $A_0\to\infty$。实际上，$A_0\to\infty$不可能做到，而由于温漂等因素，$\varepsilon\to 0$ 和 P 始终保持 1(或始终保持 10)也难以实现。此时，可以利用微处理器软件实现定时修正：通过程序控制输入端开关依次接通 U_x、U_s和地，分别得到输出电压 U_{ox}、U_{os}、U_{oz}并加以存储。输出电压为

$$U_{ox} = \frac{PU_x}{1+P/A_0}+\frac{P\cdot\varepsilon}{1+P/A_0} \tag{2.5-26}$$

$$U_{os} = \frac{P\cdot U_s}{1+P/A_0}+\frac{P\cdot\varepsilon}{1+P/A_0} \tag{2.5-27}$$

$$U_{oz} = \frac{P \cdot \varepsilon}{1 + P/A_0} \tag{2.5-28}$$

由上述三式解得

$$U_x = \frac{U_{ox} - U_{oz}}{U_{os} - U_{oz}} \cdot U_s \tag{2.5-29}$$

这就是最后的结果。与式(2.5－25)相比，式(2.5－29)中不含 P、ε、A_0 等，因而就不会受这些因素变化的影响而带来误差。

2.6　系统误差的合成

实际测量中，误差的来源是多方面的，单台仪器产生的误差也与该仪器的各个组成单元有关。以电桥法测电阻为例(参见图 2.5－4 和式(2.5－5))，若直接测电阻，则 $R_x = R_1 \cdot R_3 / R_2$，因此 R_x 的误差与 R_1、R_3、R_2 的误差都有关，这样就产生了两类问题：一是如果知道了 R_1、R_2、R_3 的误差，如何计算 R_x 的误差；二是如果对 R_x 的总的测量误差提出要求，那么如何决定 R_1、R_3、R_2 可容许的分项误差。前一类问题我们称为误差合成(或误差综合)，后一类问题称为误差分配。又如，当用间接法测量电阻消耗的功率时，需测量电阻 R、端电压 U 和流过电阻的电流 I 三个量中的任意两个量，也会产生同样的问题。本书仅讨论误差合成问题。

2.6.1　误差的合成

设最终测量结果为 y，各分项测量值为 x_1、x_2、…、x_n(分项测量值可以是单台仪器中各部件的标称值，如上述电桥中的 R_1、R_2 和 R_3，也可以是间接测量中各单项测量值，如上述功率测量中的 U、I，U、R 或 I、R)，它们满足函数关系：

$$y = f(x_1, x_2, \cdots, x_n) \tag{2.6-1}$$

设各 x_i 间彼此独立，x_i 的绝对误差为 Δx_i，y 的绝对误差为 Δy，则

$$y + \Delta y = f(x_1 + \Delta x_1, x_2 + \Delta x_2, \cdots, x_n + \Delta x_n) \tag{2.6-2}$$

将式(2.6－2)按泰勒级数展开得

$$\begin{aligned} y + \Delta y = {} & f(x_1, x_2, \cdots, x_n) + \frac{\partial f}{\partial x_1}\Delta x_1 + \frac{\partial f}{\partial x_2}\Delta x_2 + \cdots + \frac{\partial f}{\partial x_n}\Delta x_n + \\ & \frac{1}{2}\frac{\partial^2 f}{\partial x_1^2}(\Delta x_1)^2 + \frac{1}{2}\frac{\partial^2 f}{\partial x_2^2}(\Delta x_2)^2 + \cdots + \frac{1}{2}\frac{\partial^2 f}{\partial x_n^2}(\Delta x_n)^2 + \cdots \end{aligned}$$

略去上式右边(二阶以上)高阶项，得

$$y + \Delta y \approx y + \frac{\partial f}{\partial x_1}\Delta x_1 + \frac{\partial f}{\partial x_2}\Delta x_2 + \cdots + \frac{\partial f}{\partial x_n}\Delta x_n$$

所以

$$\begin{aligned} \Delta y & \approx \frac{\partial f}{\partial x_1}\Delta x_1 + \frac{\partial f}{\partial x_2}\Delta x_2 + \cdots + \frac{\partial f}{\partial x_n}\Delta x_n \\ & = \sum_{i=1}^{n} \frac{\partial f}{\partial x_i}\Delta x_i = \sum_{i=1}^{n} \frac{\partial y}{\partial x_i}\Delta x_i \end{aligned} \tag{2.6-3}$$

当式(2.6－3)中各分项的符号不能确定时，通常采用保守的办法计算误差，将式中各

分项取绝对值后再相加，即

$$\Delta y = \pm \sum_{i=1}^{n} \left| \frac{\partial y}{\partial x_i} \Delta x_i \right| \tag{2.6-4}$$

若用相对误差形式表示总的合成误差，则

$$\begin{aligned}\gamma_y &= \frac{\Delta y}{y} = \frac{\partial y}{\partial x_1} \cdot \frac{\Delta x_1}{y} + \frac{\partial y}{\partial x_2} \cdot \frac{\Delta x_2}{y} + \cdots + \frac{\partial y}{\partial x_n} \cdot \frac{\Delta x_n}{y} \\ &= \sum_{i=1}^{n} \frac{\partial y}{\partial x_i} \cdot \frac{\Delta x_i}{y} \end{aligned} \tag{2.6-5}$$

同样，当各分项符号不明确时，为可靠起见，取绝对值相加，即

$$\gamma_y = \pm \sum_{i=1}^{n} \left| \frac{\partial y}{\partial x_i} \cdot \frac{\Delta x_i}{y} \right| \tag{2.6-6}$$

式(2.6－3)～式(2.6－6)为系统误差合成公式，其中，式(2.6－3)、式(2.6－4)也称为绝对误差传递公式，式(2.6－5)、式(2.6－6)称为相对误差传递公式。

式(2.6－4)和式(2.6－6)取绝对值求和，主要考虑对误差“从严要求”，即宁可认为误差大，若这种大误差情况都能满足实际工程需要，那么小误差情况就更能满足实际工程需要。

2.6.2 常用函数的合成误差

1. 和差函数的合成误差

设

$$y = x_1 \pm x_2$$

$$y + \Delta y = (x_1 + \Delta x_1) \pm (x_2 + \Delta x_2)$$

以上两式相减得绝对误差为

$$\Delta y = \Delta x_1 \pm \Delta x_2 \tag{2.6-7}$$

当 Δx_1、Δx_2 符号不能确定时，同式(2.6－4)一样的考虑，取

$$\Delta y = \pm (|\Delta x_1| + |\Delta x_2|) \tag{2.6-8}$$

相对误差为

$$\gamma_y = \frac{\Delta y}{y} = \frac{\Delta x_1 \pm \Delta x_2}{x_1 \pm x_2} \tag{2.6-9}$$

或者写成：

$$\begin{aligned}\gamma_y &= \frac{\Delta x_1 \cdot x_1}{(x_1 \pm x_2)x_1} \pm \frac{\Delta x_2 \cdot x_2}{(x_1 \pm x_2)x_2} \\ &= \frac{x_1}{x_1 \pm x_2}\gamma_{x1} \pm \frac{x_2}{x_1 \pm x_2}\gamma_{x2}\end{aligned} \tag{2.6-10}$$

对于和函数，由式(2.6－8)得

$$\gamma_y = \pm \left(\frac{x_1}{x_1 + x_2} |\gamma_{x1}| + \frac{x_2}{x_1 + x_2} |\gamma_{x2}| \right) \tag{2.6-11}$$

对于差函数，有

$$\gamma_y = \pm \left(\frac{x_1}{x_1 - x_2} |\gamma_{x1}| + \frac{x_2}{x_1 - x_2} |\gamma_{x2}| \right) \tag{2.6-12}$$

由式(2.6－12)可见，对于差函数，当测量值 x_1、x_2 较接近时，可能造成较大的误差。

【例 2.6－1】 电阻 $R_1=1\ \text{k}\Omega$，$R_2=2\ \text{k}\Omega$，相对误差均为±5%，求串联等效电阻 R 的相对误差。

解：串联后的等效电阻为

$$R=R_1+R_2$$

由式(2.6－11)得串联后电阻的相对误差为

$$\begin{aligned}\gamma_R&=\pm\left(\frac{R_1}{R_1+R_2}\mid\gamma_{R1}\mid+\frac{R_2}{R_1+R_2}\mid\gamma_{R2}\mid\right)\\&=\pm\left(\frac{1}{3}\times5\%+\frac{2}{3}\times5\%\right)\\&=\pm5\%\end{aligned}$$

可见，相对误差相同的电阻串联，其等效电阻的相对误差与单个电阻的相同。

【例 2.6－2】 用指针式频率计测量放大电路的频带宽度，仪器的满度值 $f_{\text{m}}=10\ \text{MHz}$，准确度为±1%，测得高端截止频率 $f_{\text{h}}=10\ \text{MHz}$，低端截止频率 $f_{\text{l}}=9\ \text{MHz}$，试计算频带宽度的合成误差。

解：仪器的最大绝对误差为

$$\Delta f_{\text{m}}=\pm s\%\cdot f_{\text{m}}=\pm1\%\times10\ \text{MHz}=\pm0.1\ \text{MHz}$$

即

$$\Delta f_{\text{h}}\approx\Delta f_{\text{l}}=\pm0.1\ \text{MHz}$$

频带宽度的相对误差为

$$\begin{aligned}\gamma_B&=\pm\frac{\mid\Delta f_{\text{h}}\mid+\mid\Delta f_{\text{l}}\mid}{f_{\text{h}}-f_{\text{l}}}\\&=\pm\frac{0.1+0.1}{10-9}=\pm20\%\end{aligned}$$

由此可见，所用仪器为1.0级，准确度已很高，但最终测量结果的相对误差却很大。这是由于 f_{h}、f_{l} 比较接近的缘故，属于测量方法不当。

2. 积函数的合成误差

设 $y=x_1\cdot x_2$，由式(2.6－3)得绝对误差为

$$\begin{aligned}\Delta y&=\sum_{i=1}^{n}\frac{\partial y}{\partial x_i}\Delta x_i=\frac{\partial(x_1\cdot x_2)}{\partial x_1}\cdot\Delta x_1+\frac{\partial(x_1\cdot x_2)}{\partial x_2}\cdot\Delta x_2\\&=x_2\cdot\Delta x_1+x_1\cdot\Delta x_2\end{aligned}$$

相对误差为

$$\gamma_y=\frac{\Delta y}{y}=\frac{x_2\cdot\Delta x_1+x_1\cdot\Delta x_2}{x_1\cdot x_2}=\frac{\Delta x_1}{x_1}+\frac{\Delta x_2}{x_2}=\gamma_{x1}+\gamma_{x2}\qquad(2.6-13)$$

若 γ_{x1}、γ_{x2} 都有正负号，则

$$\gamma_y=\pm(\mid\gamma_{x1}\mid+\mid\gamma_{x2}\mid)\qquad(2.6-14)$$

【例 2.6－3】 已知电阻上电压及电流的相对误差分别为 $\gamma_U=\pm3\%$，$\gamma_I=\pm2\%$，用 $P=UI$ 计算功率，则 P 的相对误差是多少？

解：由式(2.6－14)积函数误差合成公式得

$$\gamma_P=\pm(3\%+2\%)=\pm5\%$$

3. 商函数的合成误差

设 $y=\frac{x_1}{x_2}$，x_1、x_2 的绝对误差分别为 Δx_1、Δx_2，则由式(2.6-3)得绝对误差为

$$\begin{aligned}\Delta y &= \frac{\partial\left(\frac{x_1}{x_2}\right)}{\partial x_1}\cdot\Delta x_1+\frac{\partial\left(\frac{x_1}{x_2}\right)}{\partial x_2}\cdot\Delta x_2\\ &=\frac{1}{x_2}\Delta x_1+\left(-\frac{x_1}{x_2^2}\right)\Delta x_2\end{aligned} \tag{2.6-15}$$

相对误差为

$$\gamma_y=\frac{\Delta y}{y}=\frac{\Delta x_1}{x_1}-\frac{\Delta x_2}{x_2}=\gamma_{x1}-\gamma_{x2} \tag{2.6-16}$$

若 γ_{x1}、γ_{x2} 都带有正负号，则

$$\gamma_y=\pm(|\gamma_{x1}|+|\gamma_{x2}|) \tag{2.6-17}$$

【例 2.6-4】 用间接法测电阻上的直流电流。已知电阻为 1 kΩ，标称值相对误差 $\gamma_R=\pm2\%$，电压表测得该电阻端电压 $U=2.0$ V，相对误差 $\gamma_U=\pm3\%$。求流过该电阻的电流 I 及其相对误差。

解：

$$I=\frac{U}{R}=\frac{2.0}{1\times10^3}=2\times10^{-3}\ \text{A}=2.0\ \text{mA}$$

由式(2.6-17)得相对误差：

$$\gamma_I=\pm(|\gamma_U|+|\gamma_R|)=\pm(3\%+2\%)=\pm5\%$$

4. 幂函数的合成误差

设 $y=kx_1^m\cdot x_2^n$，k 为常数，将积函数的合成误差公式略加推广得

$$\gamma_y=m\gamma_{x1}+n\gamma_{x2} \tag{2.6-18}$$

当 γ_{x1}、γ_{x2} 带有正负号时，有

$$\gamma_y=\pm(|m\gamma_{x1}|+|n\gamma_{x2}|) \tag{2.6-19}$$

【例 2.6-5】 电流流过电阻产生的热量 $Q=0.24I^2Rt$，若已知 $\gamma_I=\pm2\%$，$\gamma_R=\pm1\%$，$\gamma_t=\pm0.5\%$，求 γ_Q。

解： 直接引用式(2.6-14)和式(2.6-19)的结论，有

$$\begin{aligned}\gamma_Q &=\pm(|2\gamma_I|+|\gamma_R|+|\gamma_t|)\\ &=\pm(2\times2\%+1\%+0.5\%)\\ &=\pm5.5\%\end{aligned}$$

5. 积商幂函数的合成误差

设 $y=k\frac{x_1^m\cdot x_2^n}{x_3^p}$，式中 k、m、n、p 均为常数，综合上述各函数合成误差公式，直接得到

$$\gamma_y=m\gamma_{x1}+n\gamma_{x2}-p\gamma_{x3} \tag{2.6-20}$$

当 γ_{x1}、γ_{x2}、γ_{x3} 都有正负号时，有

$$\gamma_y=\pm(|m\gamma_{x1}|+|n\gamma_{x2}|+|p\gamma_{x3}|) \tag{2.6-21}$$

【例 2.6-6】 用电桥法测电阻，$R_x = R_1 \cdot R_3 / R_2$，已知 $R_1 = R_3 = 100\ \Omega$，$R_2 = 1000\ \Omega$，各电阻绝对误差均为正值，$\Delta R_1 = 0.01\ \Omega$，$\Delta R_3 = 0.1\ \Omega$，$\Delta R_2 = 1.0\ \Omega$，求测量值 R_x 的相对误差 γ_{Rx}。

解：各已知电阻的相对误差为

$$\gamma_{R1} = \frac{\Delta R_1}{R_1} \times 100\% = \frac{0.01}{100} \times 100\% = 0.01\%$$

$$\gamma_{R3} = \frac{\Delta R_3}{R_3} \times 100\% = \frac{0.1}{100} \times 100\% = 0.1\%$$

$$\gamma_{R2} = \frac{\Delta R_2}{R_2} \times 100\% = \frac{1.0}{1000} \times 100\% = 0.1\%$$

由于这里各误差符号均为已知，因此引用式(2.6-20)得

$$\begin{aligned}\gamma_{Rx} &= 1 \times \gamma_{R1} + 1 \times \gamma_{R3} - 1 \times \gamma_{R2} \\ &= 0.01\% + 0.1\% - 0.1\% \\ &= 0.01\%\end{aligned}$$

如果仅知道 $\Delta R_1 = \pm 0.01\ \Omega$，$\Delta R_3 = \pm 0.1\ \Omega$，$\Delta R_2 = \pm 1.0\ \Omega$，则应引用误差合成公式(2.6-21)，有

$$\begin{aligned}\gamma_{R1} &= \pm 0.01\% \\ \gamma_{R3} &= \pm 0.1\% \\ \gamma_{R2} &= \pm 0.1\% \\ \gamma_{Rx} &= \pm (|1 \times \gamma_{R1}| + |1 \times \gamma_{R3}| + |1 \times \gamma_{R2}|) = \pm 0.21\%\end{aligned}$$

2.6.3　系统不确定度

系统误差可能变化的最大幅度称为系统不确定度，用 ε_{ym} 表示，相对系统不确定度用 γ_{ym} 表示，例如测量仪器的基本误差、工作误差等都属此类。

1. 系统不确定度的绝对值合成法

用 ε_{im} 和 ε_{ym} 分别代替式(2.6-4)中的 Δx_i 和 Δy，用 γ_{ym} 代替式(2.6-6)中的 γ_y，得到

$$\varepsilon_{ym} = \pm \sum_{i=1}^{n} \left| \frac{\partial y}{\partial x_i} \varepsilon_{im} \right| \tag{2.6-22}$$

$$\gamma_{ym} = \pm \sum_{i=1}^{n} \left| \frac{\partial y}{\partial x_i} \cdot \frac{\varepsilon_{im}}{y} \right| \tag{2.6-23}$$

【例 2.6-7】 将 $R_1 = 100 \times (1 \pm 10\%)\ \Omega$ 和 $R_2 = 400 \times (1 \pm 5\%)\ \Omega$ 的电阻串联，求等效电阻的误差范围(系统不确定度)。

解：

$$\varepsilon_{1m} = \pm 100 \times 10\% = \pm 10\ \Omega$$

$$\varepsilon_{2m} = \pm 400 \times 5\% = \pm 20\ \Omega$$

按式(2.6-22)得

$$\begin{aligned}\varepsilon_{ym} &= \Delta R_m = \pm (|\varepsilon_{1m}| + |\varepsilon_{2m}|) \\ &= \pm 30\ \Omega\end{aligned}$$

由此例可以看出，用绝对值合成法求系统的不确定度公式简单，结果也非常“保险”，

但也过于保守。特别是分项比较多时，用这种方法估算出的不确定度往往比实际值偏大许多。因为在分项较多时，各分项 ε_{im} 全部同号的概率不大，通常总会出现正负误差相抵消的情况，所以实际上不确定度要小于式(2.6-22)和式(2.6-23)的计算结果。因此通常采用基于概率统计理论导出的均方根合成法。

2. 系统不确定度的均方根合成法

$$\varepsilon_{ym}=\pm\sqrt{\sum_{i=1}^{n}\left(\frac{\partial y}{\partial x_i}\varepsilon_{im}\right)^2} \tag{2.6-24}$$

$$\gamma_{ym}=\pm\sqrt{\sum_{i=1}^{n}\left(\frac{\partial y}{\partial x_i}\cdot\frac{\varepsilon_{im}}{y}\right)^2} \tag{2.6-25}$$

【例 2.6-8】 用均方根合成法求例 2.6-7 中两电阻串联后的总误差。

解：

$$\varepsilon_{ym}=\pm\sqrt{\varepsilon_{1m}^2+\varepsilon_{2m}^2}=\sqrt{10^2+20^2}=22.4\ \Omega$$

可见，用均方根合成法要比绝对值合成法计算的结果小。

【例 2.6-9】 某晶体管毫伏表的技术指标为：① 频率为 1 kHz 时，基本误差 $\gamma_m\leqslant\pm2.5\%$；② 以 20℃为参考的温度误差 $\gamma_t\leqslant\pm0.1\%/℃$；③ 在 50 Hz～50 kHz 范围内，频率附加误差 $\gamma_f\leqslant\pm2.5\%$；④ 电源电压 220 V 变化范围±10%时，附加误差 $\gamma_n\leqslant\pm2\%$；⑤ 每更换一只晶体管，附加误差 $\gamma_T\leqslant\pm1\%$。现已知该表已换过一只晶体管，用其 10 V 量程测30 kHz、5 V 信号，供电电源电压为 210 V，室温 30℃。求总的测量误差。

解： 本例题给出的技术指标包括基本误差和附加误差。基本误差的含义是指仪器在规定的正常条件下所具有的误差，同 2.1 节中叙述的固有误差含义相似，但这里的"正常工作条件"比"基准工作条件"的要求松。附加误差是指仪器超出正常工作条件时所增加的误差，与前述影响误差的含义相似。

在一般工程测量中，系统误差起主要作用，一般可按仪器的技术说明书提供的指标，用系统不确定度分析仪器测量误差。

各分项系统不确定度如下所述。

(1) 电压表基本示值的相对误差：

$$\frac{\Delta U_o}{U}=\pm2.5\%\times\left(\frac{10}{5}\right)=\pm5\%$$

(2) 30℃时的温度示值相对误差：

$$\frac{\Delta U_t}{U}=(30-20)\times(\pm0.1\%)=\pm1\%$$

(3) 频率附加误差：

$$\frac{\Delta U_f}{U}=\pm2.5\%$$

(4) 电源波动引起的相对误差：

$$\frac{\Delta U_n}{U}=\pm2\%$$

(5) 更换一晶体管引起的相对误差：

$$\frac{\Delta U_T}{U}=\pm1\%$$

绝对值合成法计算得到的测量误差为

$$\gamma_{U\mathrm{m}} = \frac{\Delta U}{U} = \pm[|\pm 5\%|+|\pm 1\%|+|\pm 2.5\%|+|\pm 2\%|+|\pm 1\%|]$$
$$= \pm 11.5\%$$

均方根合成法计算得到的测量误差为

$$\gamma_{U\mathrm{m}} = \frac{\Delta U}{U} = \pm\sqrt{(5\%)^2+(1\%)^2+(2.5\%)^2+(2\%)^2+(1\%)^2}$$
$$\approx 6.1\%$$

后者的结果较为合理。

2.7　测量数据的处理

所谓测量数据的处理，就是从测量所得到的原始数据中求出被测量的最佳估计值，并计算其精确程度。必要时还可把测量数据绘制成曲线或归纳成经验公式，以便得出正确结论。本节扼要介绍有效数字和等精度测量结果的处理。

2.7.1　有效数字的处理

1. 有效数字

由于含有误差，因此测量数据及由测量数据计算出来的算术平均值都是近似值。通常就从误差的观点来定义近似值的有效数字。若末位数字是个位，则包含的绝对误差值不大于 0.5；若末位是十位，则包含的绝对误差值不大于 5。对于其绝对误差不大于末位数字一半的数，从它左边第一个不为零的数字起，到右面最后一个数字(包括零)止，都称作有效数字。

例如：

3.1416：五位有效数字，极限(绝对)误差≤0.000 05。

3.142：四位有效数字，极限误差≤0.0005。

8700：四位有效数字，极限误差≤0.5。

87×10^2：两位有效数字，极限误差≤0.5×10^2。

0.087：两位有效数字，极限误差≤0.0005。

0.807：三位有效数字，极限误差≤0.0005。

由上述几个例子可以看出，位于数字中间和末尾的 0(零)都是有效数字，而位于第一个非零数字前面的 0 都不是有效数字。

数字末尾的“0”很重要，如写成 20.80 表示测量结果准确到百分位，最大绝对误差不大于 0.005；若写成 20.8，则表示测量结果准确到十分位，最大绝对误差不大于 0.05。因此上面两个测量值分别在(20.80－0.005)～(20.80＋0.005)和(20.8－0.05)～(20.8＋0.05)之间。可见，最末一位是欠准确的估计值，称为欠准数字。决定有效数字位数的标准是误差，多写则夸大了测量准确度，少写则带来附加误差。例如，如果某电流的测量结果写成

1000 mA，则为四位有效数字，表示测量准确度或绝对误差≤0.5 mA；如果将其写成 1 A，则为一位有效数字，表示绝对误差≤0.5 A。显然，后面的写法和前者含义不同，但如果写成 1.000 A，则仍为四位有效数字，绝对误差≤0.0005 A=0.5 mA，含义与第一种写法相同。

2. 多余数字的舍入规则

对测量结果中的多余有效数字，应按下面的舍入规则进行：

以保留数字的末位为单位，它后面的数字若大于 0.5 单位，末位进 1；小于 0.5 个单位，末位不变；恰为 0.5 个单位，则末位为奇数时加 1，末位为偶数时不变，即使末位凑成偶数。简单概括为“小于 5 舍，大于 5 入，等于 5 时采取偶数法则”。

【例 2.7－1】 将下列数字保留到小数点后一位：12.34，12.36，12.35，12.45。

解：12.34→12.3　(4<5，舍去)；

12.36→12.4　(6>5，进一)；

12.35→12.4　(3 是奇数，5 入)；

12.45→12.4　(4 是偶数，5 舍)。

之所以采用这样的舍入法则，是出于减小计算误差的考虑(见参考文献[1]、[3])。由例 2.7－1 可见，每个数字经舍入后，末位是欠准数字，末位之前是准确数字，最大舍入误差是末位的一半。因此当测量结果未注明误差时，就认为最末一位数字有“0.5”误差，称此为“0.5 误差法则”。

【例 2.7－2】 用一台 0.5 级电压表的 100 V 量程挡测量电压，电压表的指示值为 85.35 V，试确定有效位数。

解：该表在 100 V 挡的最大绝对误差为

$$\Delta U_m = \pm 0.5\% \times U_m = \pm 0.5\% \times 100 = 0.5 \text{ V}$$

可见，被测量实际值在 84.85～85.85 V 之间。因为绝对误差为±0.5 V，根据“0.5 误差法则”，测量结果的末位应是个位，即只应保留两位有效数字，根据舍入规则，示值末尾的 0.35<0.5，所以舍去，因而不标注误差时的测量报告值应为 85 V。附带说明一点，一般习惯上将测量记录值的末位与绝对误差对齐，本例中误差为 0.5 V，所以测量记录值写成 85.4 V(85.35 V 用舍入规则进行了舍入)，这不同于测量报告值。

3. 有效数字的运算规则

当需要对几个测量数据进行运算时，要考虑有效数字保留多少位的问题，以便不使运算过于麻烦而又能正确反映测量的精确度。保留的位数原则上取决于各数中精度最差的那一项。

(1) 加法运算：以小数点后位数最少的为准(若各项无小数点，则以有效位数最少者为准)，其余各数可多取一位。例如：

$$\begin{array}{r} 10.283\,8 \\ 15.03 \\ +\quad 8.695\,47 \\ \hline 34.009\,27 \approx 34.01 \end{array} \quad \rightarrow \quad \begin{array}{r} 10.28 \\ 15.03 \\ +\quad 8.70 \\ \hline 34.01 \end{array}$$

(2) 减法运算：当相减两数相差甚远时，原则同加法运算，当两数很接近时，有可能造成很大的相对误差(见 2.6 节例 2.6－2)，因此第一要尽量避免使用导致相近两数相减的测量方法，第二在运算中多一些有效数字。

(3) 乘除法运算：以有效数字位数最少的数为准，其余参与运算的数字及结果中的有效数字位数与之相等。例如：

$$\frac{517.43\times0.28}{4.08}=\frac{144.8804}{4.08}\approx35.5$$

$$\rightarrow\frac{517.43\times0.28}{4.08}\approx\frac{520\times0.28}{4.1}\approx35.51\approx35.5\approx36$$

为了保证必要的精度，参与乘除法运算的各数及最终运算结果也可以比有效数字位数最少者多保留一位有效数字。例如上面例子中的 517.43 和 4.08 各保留至 517 和 4.08，结果为 35.5。

(4) 乘方、开方运算：运算结果比原数多保留一位有效数字。例如：

$$(27.8)^2\approx772.8$$

$$(115)^2\approx1.322\times10^4$$

$$\sqrt{9.4}\approx3.07$$

$$\sqrt{265}\approx16.28$$

2.7.2　等精度测量结果的处理

当对某一量进行等精度测量时，测量值中可能含有系统误差、随机误差和疏失误差。为了给出正确合理的结果，应按下述基本步骤对测得的数据进行处理。

(1) 利用修正值等办法对测得值进行修正，将已减弱恒值系差影响的各数据 x_i 依次列成表格(见表 2.7－1)。

(2) 求出算术平均值 $\bar{x}=\frac{1}{n}\sum_{i=1}^{n}x_i$。

(3) 列出残差 $v_i=x_i-\bar{x}$，并验证 $\sum_{i=1}^{n}v_i=0$。

(4) 列出 v_i^2，按贝塞尔公式计算标准偏差(实际上是标准偏差 σ 的最佳估计值 $\hat{\sigma}$)：

$$\sigma=\sqrt{\frac{1}{n-1}\sum_{i=1}^{n}v_i^2}$$

(5) 按 $|v_i|>3\sigma$ 的原则，检查和剔除粗差(见 2.4 节式(2.4－25)和式(2.4－26))。如果存在坏值，则应当剔除不用，而后从第(2)步开始重新计算，直到所有 $|v_i|\leqslant3\sigma$ 为止。

(6) 判断有无系统误差。如有系差，则应查明原因，修正或消除系差后重新测量。

(7) 算出算术平均值的标准偏差(实际上是其最佳估计值)：

$$\sigma_{\bar{x}}=\frac{\sigma}{\sqrt{n}}$$

(8) 写出最后结果的表达式，即

$$A=\bar{x}\pm3\sigma_{\bar{x}}$$

【例 2.7－3】 对某电压进行了 16 次等精密度测量，测量数据 x_i 中已计入修正值，列于表 2.7-1 中。要求给出包括误差(即不确定度)在内的测量结果表达式。

表 2.7-1　测 量 数 据

N_0	x_i	v_i	v_i'	$(v_i')^2$
1	205.30	0.00	0.09	0.0081
2	204.94	−0.36	−0.27	0.0729
3	205.63	+0.33	+0.42	0.1764
4	205.24	−0.06	+0.03	0.0009
5	206.65	+1.35	—	
6	204.97	−0.33	−0.24	0.0576
7	205.36	+0.06	+0.15	0.0225
8	205.16	−0.14	−0.05	0.0025
9	205.71	+0.41	+0.50	0.25
10	204.70	−0.60	−0.51	0.2601
11	204.86	−0.44	−0.35	0.1225
12	205.35	+0.05	+0.14	0.0196
13	205.21	−0.09	0.00	0.0000
14	205.19	−0.11	−0.02	0.0004
15	205.21	−0.09	0.00	0.0000
16	205.32	+0.02	+0.11	0.0121
计算值		$\sum v_i = 0$	$\sum v_i' = 0$	

解：(1) 求出算术平均值 $\bar{x}$=205.30 V。

(2) 计算 v_i，并列于表中。

(3) 计算标准差(估计值)：

$$\sigma = \sqrt{\frac{1}{n-1}\sum_{i=1}^{n} v_i^2} = 0.4434$$

(4) 按照 $\Delta=3\sigma$ 判断有无 $|v_i|>3\sigma=1.3302$，查表中第 5 个数据 $v_i=1.35>3\sigma$，应将此对应 $x_i=206.65$ 视为坏值加以剔除，现剩下 15 个数据。

(5) 重新计算剩余的 15 个数据的平均值：

$$\bar{x}' = 205.21$$

(6) 重新计算各残差 v_i' 并列于表中。

(7) 重新计算标准差：

$$\sigma' = \sqrt{\frac{1}{14}\sum_{i=1}^{n} v_i'^2} = 0.27$$

(8) 按照 $\Delta'=3\sigma'$ 再判断有无坏值，$3\sigma'=0.81$，各 $|v_i'|$ 均小于 Δ'，则认为剩余的 15 个

数据中不再含有坏值。

(9) 对 v_i' 作图，判断有无变值系差，见图 2.7－1。从图中可见无明显累进性或周期性系差。

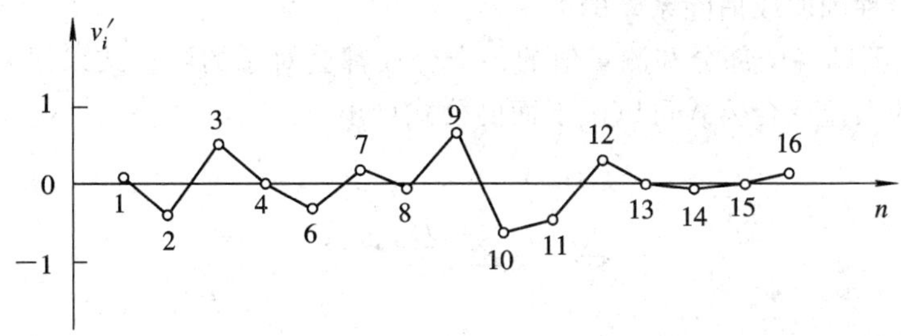

图 2.7－1　v_i' 的变化情况

(10) 计算算术平均值标准偏差(估计值)：

$$\sigma_{\bar{x}} = \frac{\sigma'}{\sqrt{15}} = \frac{0.27}{\sqrt{15}} \approx 0.07$$

(11) 写出测量结果表达式：

$$x = \bar{x}' \pm 3\sigma_{\bar{x}} = 205.2 \pm 0.2\ \text{V}$$

小　　结

(1) 误差表示测量仪器测量值与被测量真值间的差异。

绝对误差仅能说明差异的大小和方向。相对误差可以说明测量的准确程度，可分为实际相对误差、示值相对误差、满度相对误差和分贝相对误差。满度相对误差实际上给出了仪器的最大绝对误差。分贝相对误差多用来表示增益、衰减量的误差。

容许误差表示在规定使用条件下仪器误差的范围，是测量仪器最主要的技术指标。

(2) 从来源划分，误差可分为仪器误差、使用误差、人身误差、影响误差和方法误差。有些误差不可避免，有些误差可以设法消除或削弱。

(3) 按照特点和表现形式，误差可分为系统误差、随机误差和粗大误差，在任何单次或多次测量中，它们都可能存在，在一定条件下还可相互转化。粗差将严重掩盖测量结果的真实性，含有粗差的坏值一旦确认应剔除不用。

(4) 随机误差反映了测量的精密度，体现了各种客观、主观因素的随机变化对测量结果的影响，具有有界性、对称性和抵偿性。

随机误差满足统计规律，大多数情况下其概率密度函数服从正态分布。σ 和 $\sigma_{\bar{x}}$ 分别反映正态分布情况下测量值序列和测量平均值序列以其数学期望(被测量真值)为中心的概率密度变化的快慢。

当测量次数足够多时，可近似认为测量值的算术平均值等于其真值，绝对误差小于 3σ 的概率大于 99%，因此当残差 $v_i = x_i - \bar{x}$ 大于 3σ 时，可以考虑此 x_i 为坏值而予以剔除。

(5) 系统误差不具备抵偿性，当测量次数足够多时，各次测量误差的算术平均值体现了系差大小。

可以用理论分析、比对、残差变化规律及公式法等判断系差的存在及类型。

零示法、替代法、补偿法、对照法、微差法和交叉读数法等是削弱或消除系差的典型测量技术。

利用修正值、修正公式削弱系差是一种常用的方便的方法。在智能仪表中，可利用微处理器设计出多种削弱或消除系差的方法。

(6) 测量仪器的各个部分和测量值的各个分项都会对总的测量结果误差产生影响。各种函数关系下的误差综合公式可以由下面的公式导出：

绝对误差：

$$\Delta y = \sum_{i=1}^{n} \frac{\partial y}{\partial x_i} \cdot \Delta x_i$$

相对误差：

$$\gamma_y = \sum_{i=1}^{n} \frac{\partial y}{\partial x_i} \cdot \frac{\Delta x_i}{y}$$

当无法判断各分项误差的符号时，保险的综合公式分别如下：

绝对误差：

$$\Delta y = \pm \sum_{i=1}^{n} \left| \frac{\partial y}{\partial x_i} \cdot \Delta x_i \right|$$

相对误差：

$$\gamma_y = \pm \sum_{i=1}^{n} \left| \frac{\partial y}{\partial x_i} \cdot \frac{\Delta x_i}{y} \right|$$

(7) 系统的不确定度是测量时总的系统误差的极限。

当分项较少时可采用保险的绝对值合成公式计算系统的不确定度，不过得到的数值往往比实际值要大。绝对值合成公式为

$$\varepsilon_{ym} = \pm \sum_{i=1}^{n} \left| \frac{\partial y}{\partial x_i} \varepsilon_{im} \right|, \quad \gamma_{ym} = \pm \sum_{i=1}^{n} \left| \frac{\partial y}{\partial x_i} \cdot \gamma_{im} \right|$$

当分项较多时，可采用均方根合成法：

$$\varepsilon_{ym} = \pm \sqrt{\sum_{i=1}^{n} \left(\frac{\partial y}{\partial x_i} \cdot \varepsilon_{im} \right)^2}, \quad \gamma_{ym} = \pm \sqrt{\sum_{i=1}^{n} \left(\frac{\partial y}{\partial x_i} \cdot \gamma_{im} \right)^2}$$

(8) 测量结果中有效数字的位数反映了测量的精确程度，应结合实际情况加以考虑。

测量数据在计算过程中采用“小于 5 舍，大于 5 入，等于 5 取偶数”的舍入法则，以减小总的运算误差。

(9) 在精密的多次等精度测量中，对测量数据要先按残差不大于 3σ 的原则剔除坏值，然后计算 $\bar{x}$、σ、$\sigma_{\bar{x}}$，最后写出测量结果表达式(测量报告值)：

$$A = \bar{x} \pm 3\sigma_{\bar{x}}$$

习 题 2

2.1 解释下列名词术语的含义：真值、实际值、标称值、示值、测量误差、修正值。

2.2 什么是等精度测量？什么是不等精度测量？

2.3 按表示方法的不同，测量误差分为哪几类？

2.4 说明系统误差、随机误差和粗差的主要特点。

2.5　有两个电容器，其中 $C_1=2000\pm40$ pF，$C_2=470\times(1\pm5\%)$pF，哪个电容器的误差大？为什么？

2.6　某电阻衰减器的衰减量为 20±0.1 dB，若输入端电压为 1000 mV，则输出端电压等于多少？

2.7　用电压表测量电压，测量值为 5.42 V，改用标准电压表测量示值为 5.60 V，求前一只电压表测量的绝对误差 ΔU、示值相对误差 γ_x 和实际相对误差 γ_A。

2.8　标称值为 1.2 kΩ，容许误差为±5%的电阻，其实际值范围是多少？

2.9　现检定一只 2.5 级量程为 100 V 的电压表，在 50 V 刻度上标准电压表读数为 48 V，那么在这一点上电压表是否合格？

2.10　现校准一个量程为 100 mV、表盘为 100 等份刻度的毫伏表，测得的数据如表 2.1 所示。

表 2.1　题 2.10 表

仪表刻度值/mV	0	10	20	30	40	50	60	70	80	90	100
标准仪表示值/mV	0.0	9.9	20.2	30.4	39.8	50.2	60.4	70.3	80.0	89.7	100.0
绝对误差 ΔU/mV											
修正值 c/mV											

(1) 将各校准点的绝对误差 ΔU 和修正值 c 填在表格中。

(2) 确定 10 mV 刻度点上的示值相对误差 γ_x 和实际相对误差 γ_A。

(3) 确定仪表的准确度等级。

(4) 确定仪表的灵敏度。

2.11　WQ-1 型电桥在 $f=1$ kHz 的条件下测 0.1～110 pF 的电容时，允许误差为 ±1.0%×(读数值)±0.01%×(满量程值)，求该电桥测量值分别为 1 pF、10 pF、100 pF 时的绝对误差、相对误差。

2.12　如图 2.1 所示，用内阻为 R_V 的电压表测量 A、B 两点间的电压，忽略电源 E 和电阻 R_1、R_2 的误差。

(1) 试求不接电压表时 A、B 间实际电压 U_{AB}。

(2) 若 $R_V=20$ kΩ，由它引入的示值相对误差和实际相对误差分别为多少？

(3) 若 $R_V=1$ MΩ，由它引入的示值相对误差和实际相对误差分别为多少？

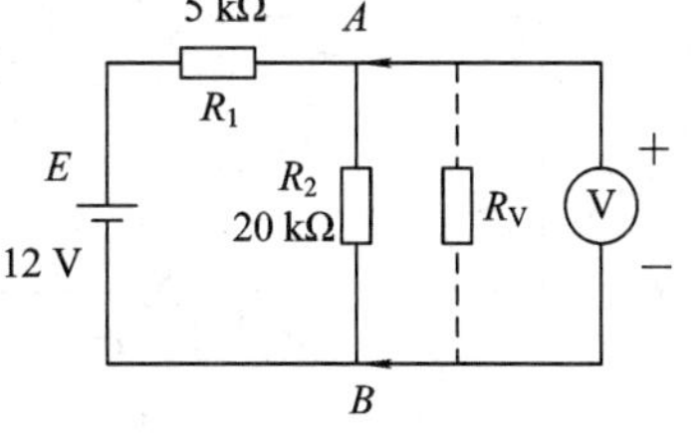

图 2.1　题 2.12 图

2.13　用准确度 $s=1.0$ 级，满度值为 100 μA 的电流表测电流，求示值分别为 80 μA 和 40 μA 时的绝对误差和相对误差。

2.14　某 $4\frac{1}{2}$ 位(最大显示数字为 19 999)数字电压表测电压，该表 2 V 挡的工作误差为±0.025%(示值)±1 个字，现测得值分别为 0.0012 V 和 1.9888 V，则两种情况下的绝对误差和示值相对误差分别为多少？

2.15　伏安法测电阻的两种电路如图 2.2(a)、(b)所示，图中Ⓐ为电流表，内阻为 R_A，Ⓥ为电压表，内阻为 R_V。

(1) 两种测量电路中，由于 R_A、R_V 的影响，R_x 的绝对误差和相对误差各为多少？

(2) 比较两种测量结果，指出两种电路各自适用的范围。

2.16　被测电压为 8 V 左右，现有两只电压表，一只量程为 0～10 V，准确度 $s_1=1.5$ 级，另一只量程为 0～50 V，准确度 $s_2=1.0$ 级，选用哪一只电压表测量结果较为准确？

2.17　利用微差法测量一个 10 V 电源，使用 9 V、标称相对误差为±0.1%的稳压源和一只准确度为 s 的电压表，如图 2.3 所示。要求测量误差 $\frac{\Delta U}{U_o}\leqslant\pm0.5\%$，那么 $s=$？

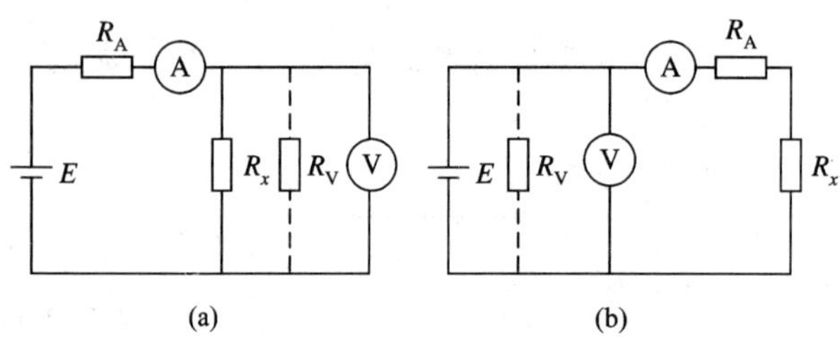

图 2.2　题 2.15 图

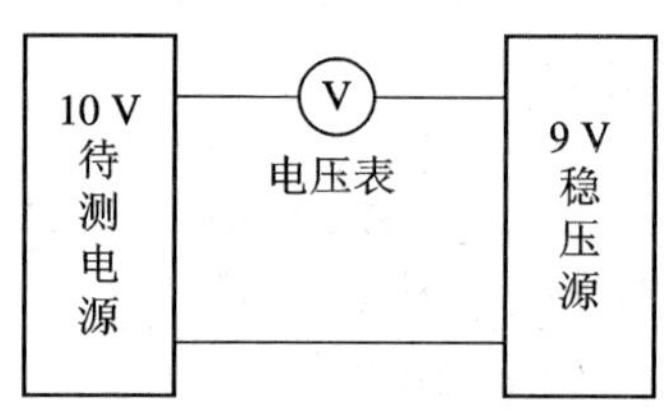

图 2.3　题 2.17 图

2.18　图 2.4 为普通万用表电阻挡示意图，R_i 称为中值电阻，R_x 为待测电阻，E 为表内电压源(干电池)。试分析当指针在什么位置时，测量电阻的误差最小。

2.19　两只电阻分别为 $R_1=20\times(1\pm2\%)\Omega$，$R_2=100\pm0.4\ \Omega$，求两电阻串联及并联两种接法时的总电阻和相对误差。

2.20　用一只量程为 5 V、准确度 $s=1.5$ 级的电压表测量图 2.5 中 a、b 点的电位分别为 $U_a=4.26$ V 和 $U_b=4.19$ V。忽略电压表的负载效应。

(1) U_a、U_b 的绝对误差、相对误差分别为多少？

(2) 利用 $U_{ab}=U_a-U_b$ 计算，则电压 U_{ab} 的绝对误差和相对误差分别为多少？

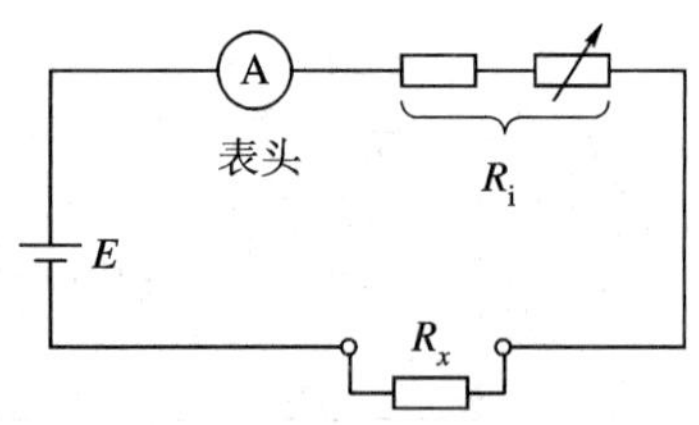

图 2.4　题 2.18 图

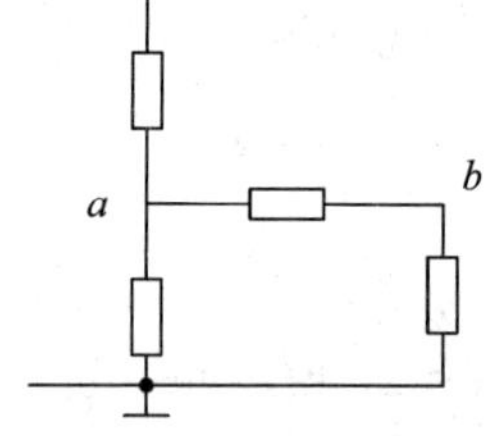

图 2.5　题 2.20 图

2.21　用电桥法测电阻时，利用公式 $R_x=R_1\cdot R_3/R_2$。已知 $R_1=100\ \Omega$，$\Delta R_1=\pm0.1\ \Omega$；$R_3=100\ \Omega$，$\Delta R_3=\pm0.1\ \Omega$；$R_2=1000\ \Omega$，$\Delta R_2=\pm1\ \Omega$。求测量值 R_x 的相对误差。

2.22　电阻上消耗的电能 $W=\frac{U^2}{R}\cdot t$，已知 $\gamma_U=\pm1\%$，$\gamma_R=\pm0.5\%$，$\gamma_t=\pm1.5\%$，求 γ_W。

2.23　金属导体的电导率可用公式 $\sigma=\frac{4L}{\pi d^2 R}$ 计算，式中 L(cm)、d(cm)、R(Ω)分别为

导线的长度、直径和电阻值。试分析在什么条件下 σ 的误差最小，对哪个参数的测量准确度要求最高。

2.24　用电桥测一个 50 mH 左右的电感，由于随机误差的影响，电感的测量值在 $L_0\pm0.8$ mH 的范围内变化。若希望测量值的不确定度范围减小到 0.3 mH 以内，仍使用该电桥，那么可采用什么办法？

2.25　图 2.6 中，用 50 V 量程交流电压表通过测量 U_1、U_2 获得 U 值，现 $U_1=U_2=40$ V，若允许 U 的误差为±2%，那么电压表的准确度应为几级？

2.26　用示波器测量图 2.7 所示调幅波的调幅系数 $M\%=\dfrac{A-B}{A+B}\times100\%$，已知 A、B 测量误差为±10%，则调幅系数误差为多少？

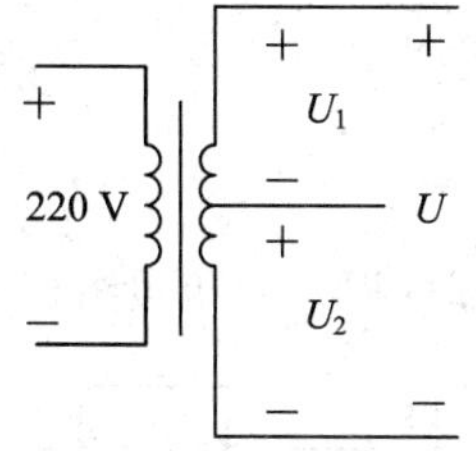

图 2.6　题 2.25 图

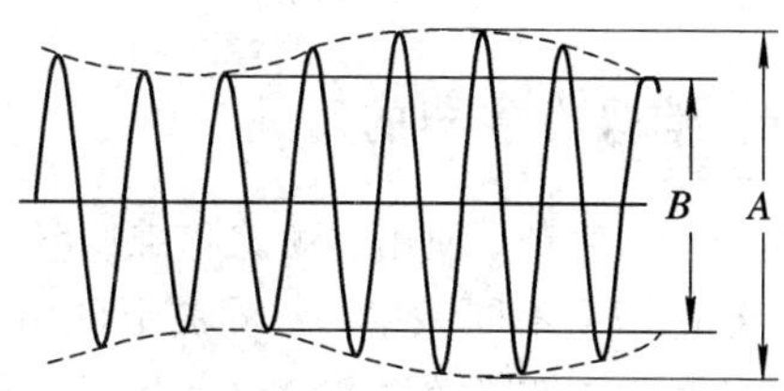

图 2.7　题 2.26 图

2.27　用数字电压表测得一组电压值如表 2.2 所示。

表 2.2　题 2.27 表

n	x_i	n	x_i	n	x_i
1	20.42	6	20.43	11	20.42
2	20.43	7	20.39	12	20.41
3	20.40	8	20.30	13	20.39
4	20.43	9	20.40	14	20.39
5	20.42	10	20.43	15	20.40

试判断有无坏值，写出测量报告值。

2.28　按照舍入法则，对下列数据进行处理，使其各保留三位有效数字。

86.3724，8.9145，3.1750，0.003 125，59.450

2.29　按照有效数字的运算法则，计算下列式子的结果。

(1) 1.0713×3.2；

(2) 1.0713×3.20；

(3) 40.313×4.52；

(4) 51.4×3.7；

(5) 56.09+4.6532；

(6) 70.4−0.453。

2.30　某电压放大器，测量输入端电压 $U_i=1.0$ mV，输出端电压 $U_o=1200$ mV，两者相对误差均为±2%，求放大器增益的分贝误差。

第3章　信号发生器

3.1　信号发生器概述

3.1.1　信号发生器的用途

在研制、生产、使用、测试和维修各种电子元器件、部件以及整机设备时，都需要有信号源，由它产生不同频率、不同波形的电压、电流信号并加到被测器件、设备上，用其他测量仪器观察、测量被测者的输出响应，以分析和确定它们的性能参数，如图 3.1－1 所示。这种提供测试用电信号的装置统称为信号发生器，用在电子测量领域，也称为测试信号发生器。和示波器、电压表、频率计等仪器一样，信号发生器是电子测量领域最基本、应用最广泛的一类电子仪器。信号发生器在其他领域也有广泛应用，例如机械部门的超声波探伤，医疗部门的超声波诊断、频谱治疗仪等。

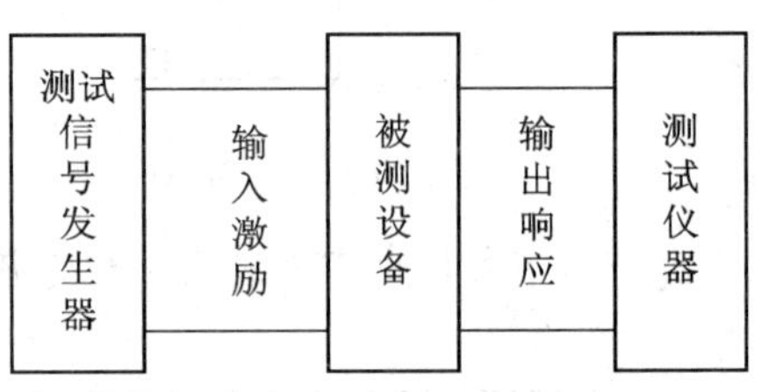

图 3.1－1　测试信号发生器

3.1.2　信号发生器的分类

信号发生器应用广泛，种类、型号繁多，性能各异，分类方法也不尽一致，下面介绍几种常见的分类。

1. 按频率范围分类

按照输出信号的频率范围，信号发生器的划分如表 3.1－1 所示。

表 3.1－1　信号发生器的分类

名　称	频率范围	主要应用领域
超低频信号发生器	30 kHz 以下	电声学、声呐
低频信号发生器	30～300 kHz	电报通信
视频信号发生器	300 kHz～6 MHz	无线电广播
高频信号发生器	6～30 MHz	广播、电报
甚高频信号发生器	30～300 MHz	电视、调频广播、导航
超高频信号发生器	300～3000 MHz	雷达、导航、气象

表 3.1－1 中频段的划分不是绝对的。比如在电子仪器的门类划分中，“低频信号发生器”指 1 Hz～1 MHz 频段，波形以正弦波为主，或兼有方波及其他波形的信号发生器；“射频信号发生器”则指能产生正弦信号，频率范围部分或全部覆盖 30 kHz～1 GHz(允许向外延伸)，并且具有一种或一种以上调制功能的信号发生器。可见，这里两类信号发生器的频率范围有重叠，而所谓“射频信号发生器”包含了表 3.1－1 中视频以上各类信号发生器。就是完全按照表 3.1－1 中频段术语进行的分类中，频率范围也不尽相同。例如，有些文献就将表 3.1－1 中 6 个频段的范围分别定义为：1 kHz 以下，1 MHz 以下，20 Hz～10 MHz，100 kHz～30 MHz，4～300 MHz 和 300 MHz 以上。

2. 按输出波形分类

根据使用要求，信号发生器可以输出不同波形的信号，图 3.1－2 是其中几种典型波形。按照输出信号的波形特性，信号发生器可分为正弦信号发生器和非正弦信号发生器。非正弦信号发生器又包括脉冲信号发生器、函数信号发生器、扫频信号发生器、数字序列信号发生器、图形信号发生器、噪声信号发生器等。

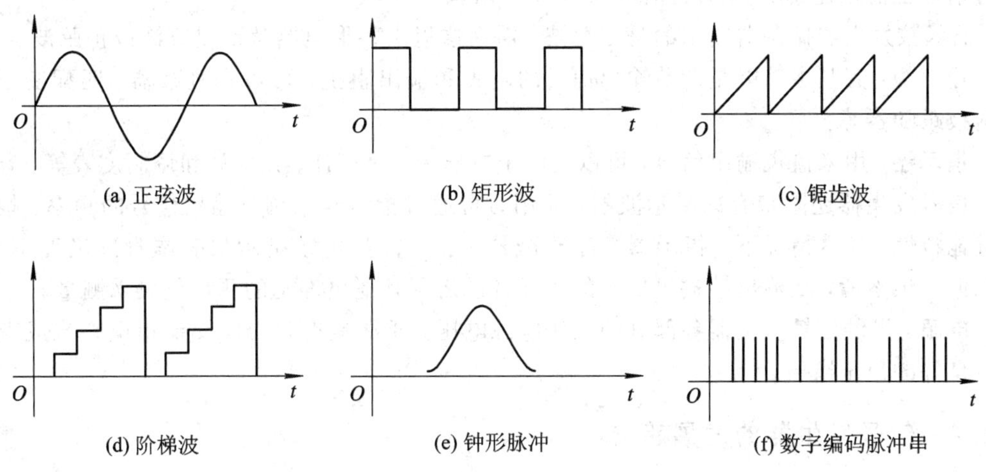

图 3.1－2　几种典型的信号波形

3. 按信号发生器的性能分类

按信号发生器的性能指标，可分为一般信号发生器和标准信号发生器。前者指对其输出信号的频率、幅度的准确度和稳定度以及波形失真等要求不高的一类发生器；后者是指其输出信号的频率、幅度、调制系数等在一定范围内连续可调，并且读数准确、稳定，屏蔽良好的中、高档信号发生器。

此外，还有其他分类方法。比如按照使用范围，可分为通用和专用信号发生器(例如电声行业中使用的立体声和调频立体声信号发生器就属于专用信号发生器)；按照调节方式，可分为普通信号发生器、扫频信号发生器和程控信号发生器；按照频率的产生方法又可分为谐振信号发生器、锁相信号发生器及合成信号发生器等。

上面所述仅是常用的几种分类方式，而且是大致的分类。随着电子技术水平的不断发展，信号发生器的功能越来越齐全，性能越来越优良，同一台信号发生器往往具有相当宽的频率覆盖范围，又具有输出多种波形信号的功能。例如，国产 EE1631 型函数信号发生器的频率覆盖范围为 0.005 Hz～40 MHz，跨越了超低频、低频、视频、高频到甚高频几个频段，可以输出包括正弦波、三角波、方波、锯齿波、脉冲波、调幅波、调频波等多种波形的信号。

3.1.3　信号发生器的基本构成

虽然各类信号发生器产生信号的方法及功能各有不同，但其基本的构成一般都可用图 3.1-3 的框图描述。下面对框图中各个部分作扼要介绍。

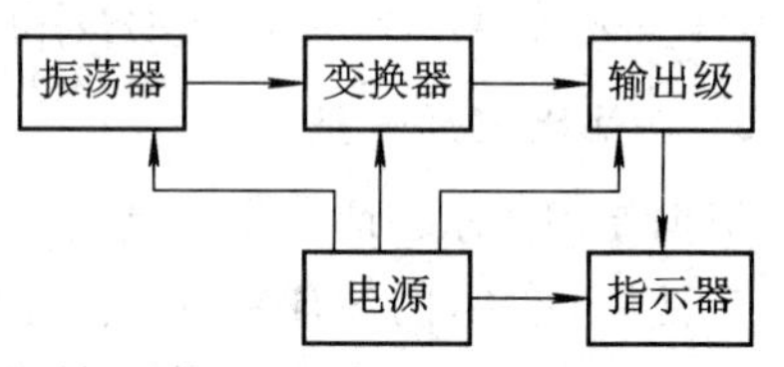

图 3.1-3　信号发生器原理框图

振荡器：是信号发生器的核心部分，由它产生不同频率、不同波形的信号。产生不同频段、不同波形信号的振荡器其原理、结构差别很大。

变换器：可以是电压放大器、功率放大器、调制器或整形器。一般情况下，振荡器输出的信号都较微弱，需在该部分加以放大。此外，调幅、调频等信号也需在这部分由调制信号对载频加以调制，而函数发生器振荡器输出的是三角波，需在这里由整形电路整形成方波或正弦波。

输出级：其基本功能是调节输出信号的电平和输出阻抗，可以是衰减器、匹配变压器和射极跟随器等。

指示器：用来监视输出信号，可以是电子电压表、功率计、频率计和调制度表等。有些脉冲信号发生器还附带有简易示波器，使用时可通过指示器来调整输出信号的频率、幅度及其他特性。通常情况下，指示器接于衰减器之前，并且由于指示仪表本身准确度不高，其示值仅供参考，从输出端输出信号的实际特性需用其他更准确的测量仪表来测量。

电源：提供信号发生器各部分的工作电源电压。通常是将 50 Hz 交流市电整流成直流并有良好的稳压措施。

3.1.4　信号发生器的发展趋势

电子测量及其他部门对各类信号发生器的广泛需求及电子技术的迅速发展，促使信号发生器种类日益增多，性能日益提高，尤其近代微处理器的迅速发展更促使信号发生器向着自动化、智能化的方向发展。现在，许多信号发生器除带有微处理器(因而具备了自校、自检、自动故障诊断、自动波形形成和修正等功能)外，还带有 IEEE-488 或 RS232 总线，可以和控制计算机及其他测量仪器一起方便地构成自动测试系统。当前信号发生器总的趋势是向着宽频率覆盖范围、高频率精度、多功能、多用途、自动化和智能化方向发展。我们将在后面各节陆续介绍当前各类有代表性的信号发生器的性能指标。

3.2　正弦信号发生器的性能指标

在各类信号发生器中，正弦信号发生器是最普通、应用最广泛的一类，几乎渗透到所有的电子学实验及测量中。其原因是：正弦信号容易产生，容易描述，又是应用最广的载波信号，任何线性双口网络的特性都可以用它对正弦信号的响应来表征。显然，由于信号发生器作为测量系统的激励源，因此它的性能的优劣将直接影响对被测器件、设备的各项性能参数的测量质量。通常用频率特性、输出特性和调制特性(俗称三大指标)来评价正弦信号发生器的性能，其中包括30余项具体指标。不过由于各种仪器的用途不同，精度等级不同，并非每类每台产品都用全部指标进行考核。另外，各生产厂家出厂检验标准及技术说明书中的术语也不尽一致。本节仅介绍信号发生器中几项最基本、最常用的性能指标。

3.2.1 频率范围

频率范围指信号发生器所产生的信号频率范围，该范围内既可连续，又可由若干频段或一系列离散频率覆盖，在此范围内应满足全部误差要求。例如，国产XD1型信号发生器的输出信号频率范围为1 Hz～1 MHz，分六挡，即六个频段。为了保证有效频率范围连续，两相邻频段间有相互衔接的公共部分，即频段重叠。又如，(美)HP公司HP-8660C型频率合成器产生的正弦信号的频率范围为10 kHz～2600 MHz，可提供间隔为1 Hz总共近26亿个分立频率。

3.2.2 频率准确度

频率准确度是指信号发生器度盘(或数字显示)数值与实际输出信号频率间的偏差，通常用相对误差表示：

$$\Delta = \frac{f_0 - f_1}{f_1} \times 100\% \tag{3.2-1}$$

式中，f_0 为度盘或数字显示数值，也称预调值；f_1 是输出正弦信号频率的实际值。频率准确度实际上是输出信号频率的工作误差。用度盘读数的信号发生器的频率准确度约为±(1%～10%)，精密低频信号发生器的频率准确度可达±0.5%。例如，调谐式XFC-6型标准信号发生器的频率准确度优于±1%，而一些采用频率合成技术带有数字显示的信号发生器其输出频率具有基准频率(晶振)的准确度，若机内采用高稳定度晶体振荡器，则输出频率的准确度为10^{-8}～10^{-10}。

3.2.3 频率稳定度

频率稳定度指标要求与频率准确度相关。频率稳定度是指其他外界条件恒定不变的情况下，在规定时间内，信号发生器输出频率相对于预调值变化的大小。按照国家标准，频率稳定度又分为频率短期稳定度和频率长期稳定度。频率短期稳定度定义为信号发生器经过规定的预热时间后，信号频率在任意15 min内所发生的最大变化，表示为

$$\delta = \frac{f_{\max} - f_{\min}}{f_0} \times 100\% \tag{3.2-2}$$

式中，f_0 为预调频率；$f_{\max}$、$f_{\min}$分别为任意15 min信号频率的最大值和最小值。频率长期稳定度定义为信号发生器经过规定的预热时间后，信号频率在任意3 h内所发生的最大变化，表示为

$$\text{频率长期稳定度} = \text{预调频率的}\ x \times 10^{-6} + y\ (\text{Hz}) \tag{3.2-3}$$

式中，x、y是由厂家确定的性能指标值。也可以用式(3.2-2)表示频率长期稳定度。需要指出，许多厂商的产品技术说明书中并未按上述方式给出频率稳定度指标。例如，国产

HG1010 信号发生器和(美)KH4024 信号发生器的频率稳定度都是 0.01%/h，含义是经过规定预热时间后，两种信号发生器每小时(h)的频率漂移($f_{max}-f_{min}$)与预调值 f_0 之比为 0.01%。有些信号发生器以天为时间单位表示稳定度，例如国产 QF1480 合成信号发生器的频率稳定度为 5×10^{-10}/天。QF1076 调谐信号发生器(频率范围为 10～520 MHz)的频率稳定度为 $\pm50\times10^{-6}$/5 min+1 kHz，这是用相对值和绝对值的组合形式来表示稳定度。又如，国产 XD-1 型低频信号发生器加电预热 30 min 后，第一小时内频率漂移不超过 $0.1\%\cdot f_0$(Hz)，其后 7 小时内不超过 $0.2\%\cdot f_0$(Hz)。一般地，常用信号发生器的频率稳定度为 $10^{-2}\sim10^{-4}$，用于精密测量的高精度高稳定度信号发生器的频率稳定度应高于 $10^{-6}\sim10^{-7}$，而且要求频率稳定度一般应比频率准确度高 1～2 个数量级。例如，XD-2 型低频信号发生器的频率稳定度优于 0.1%，频率准确度优于±(1～3)%。

3.2.4　由温度、电源、负载变化引起的频率变动量

在 1.4 节中曾提到测量仪器的稳定性指标，其一为稳定度，其二为影响量。前述规定时间间隔内的频率漂移即为稳定度，而由温度、电源、负载变化等外界因素造成的频率漂移(或变动)即为影响量。

1. 温度引起的频率变动量

环境温度每变化 1℃所产生的相对频率变化表示为预调频率的 $x\cdot10^{-6}$/℃，即

$$\Delta=\frac{(f_1-f_0)\times10^6}{f_0\cdot\Delta t}\times10^{-6}/℃ \tag{3.2-4}$$

式中，Δt 为温度变化值；f_0 为预调值；f_1 为温度改变后的频率值。

2. 电源引起的频率变动量

供电电源变化±10%所产生的相对频率变化表示为 $x\cdot10^{-6}$，即

$$\Delta=\frac{(f_1-f_0)\times10^6}{f_0}\times10^{-6} \tag{3.2-5}$$

3. 负载变化引起的频率变动量

负载电阻从开路变化到额定值时所引起的相对频率变化表示为 $x\cdot10^{-6}$，即

$$\Delta=\frac{(f_2-f_1)\times10^6}{f_1}\times10^{-6} \tag{3.2-6}$$

式中，f_1 为空载(负载开路)时的输出频率；f_2 为额定负载时的输出频率。

上述温度、电源、负载变动引起的频率变动量在有些厂商的产品技术说明书中称为稳定度，而且大多只对精密信号发生器才给出。例如，X010A 精密信号发生器在环境温度 20℃±2℃条件下，电源变化±10%时，稳定度≤±0.005%，负载由空载到满载时，稳定度≤0.005%；EE1610 高稳定度石英晶体振荡器在环境温度为 10～35℃时，频率漂移≤ 1×10^{-9}。

3.2.5　非线性失真系数(失真度)

正弦信号发生器的输出在理想情况下应为单一频率的正弦波，但信号发生器内部放大器等元器件的非线性会使输出信号产生非线性失真，除了所需要的正弦波频率外，还有其

他谐波分量。人们通常用信号频谱纯度来说明输出信号波形接近正弦波的程度，并用非线性失真系数 γ 表示：

$$\gamma=\frac{\sqrt{U_2^2+U_3^2+\cdots+U_n^2}}{U_1}\times 100\% \tag{3.2-7}$$

式中，U_1 为输出信号基波有效值，U_2、U_3、…、U_n 为各次谐波有效值。由于 U_2、U_3、…、U_n 等较 U_1 小得多，因此为了便于测量，也用下面公式定义 γ：

$$\gamma=\frac{\sqrt{U_2^2+U_3^2+\cdots+U_n^2}}{\sqrt{U_1^2+U_2^2+\cdots+U_n^2}}\times 100\% \tag{3.2-8}$$

一般低频正弦信号发生器的失真度为0.1%～1%，高档正弦信号发生器的失真度可低于0.005%。例如，XD-2型低频信号发生器在电压输出时的失真度≤0.1%，而ZN1030的非线性失真系数≤0.003%。对于高频信号发生器，这项指标要求较低，作为工程测量用仪器，其非线性失真≤5%，即用眼睛观察不到明显的波形失真即可。另外，人们通常只用非线性失真来评价低频信号发生器，而用频谱纯度来评价高频信号发生器。频谱纯度不仅要考虑高次谐波造成的失真，还要考虑由非谐波噪声造成的正弦波失真。

3.2.6 输出阻抗

输出阻抗的概念在“电路”或“电子线路”课程中都有说明。这里所述信号发生器的输出阻抗视其类型不同而异：低频信号发生器电压输出端的输出阻抗一般为600 Ω(或1 kΩ)，功率输出端依输出匹配变压器的设计而定，通常有50 Ω、75 Ω、150 Ω、600 Ω和5 kΩ等几挡；高频信号发生器一般仅有50 Ω或75 Ω两挡。当使用高频信号发生器时，要特别注意阻抗的匹配。

3.2.7 输出电平

输出电平指的是输出信号幅度的有效范围，即由产品标准规定的信号发生器的最大输出电压和最大输出功率及其衰减范围所得到的输出幅度的有效范围。输出幅度可用电压(V、mV、μV)或分贝表示。例如XD-1型低频信号发生器的最大电压输出为1 Hz～1 MHz范围内大于5 V，最大功率输出为10 Hz～700 kHz范围内，对各挡输出阻抗(50 Ω、75 Ω、150 Ω、600 Ω)大于4 W。

在图3.1-3所示的信号发生器框图的输出级一般都包括衰减器，其目的是获得从微伏级(μV)到毫伏级(mV)的小信号电压。例如XD-1型信号发生器的最大信号电压为5 V，通过0～80 dB的步进衰减输出，可获得500 μV的小信号电压。在信号发生器的性能指标中，就包括“衰减器特性”这一指标，主要指衰减范围和衰减误差。例如，上述XD-1型信号发生器的衰减特性为：电压输出为1 Hz～1 MHz范围内衰减≤(80±1.5) dB。

与频率稳定度指标类似，还有输出信号幅度稳定度及平坦度指标。幅度稳定度是指信号发生器经规定时间预热后，在规定时间间隔内输出信号幅度对预调幅度值的相对变化量。例如HG1010信号发生器的幅度稳定度为0.01%/h。平坦度分别指温度、电源、频率等引起的输出幅度变动量。使用者通常主要关心输出幅度随频率变化的情况，用静态“点频法”测量放大器的幅频特性就是如此。现代信号发生器一般都有自动电平控制电路

(ALC)，可以使平坦度保持在±1 dB以内，即将幅度波动控制在±10%以内。例如XD8B超低频信号发生器的幅频特性≤3%。

3.2.8 调制特性

高频信号发生器在输出正弦波的同时，一般还能输出一种或一种以上已被调制的信号，多数情况下是调幅信号和调频信号，有些还带有调相和脉冲调制等功能。当调制信号由信号发生器内部产生时，称为内调制；当调制信号由外部加到信号发生器进行调制时，称为外调制。这类带有输出已调波功能的信号发生器是测试无线电收发设备不可缺少的仪器。例如，XFC-6标准信号发生器就具备内、外调幅，内、外调频，或进行内调幅时同时进行外调频，或同时进行外调幅与外调频等功能。HP8663这类高档合成信号发生器同时具有调幅、调频、调相、脉冲调制等多种调制功能。

本节开始时已经指出，评价信号发生器性能的指标不止上述各项，这里仅就最常用、最重要的项目作了概括介绍。由于使用目的、制造工艺、工作机制等诸多方面的不同，各类信号发生器的性能指标相差是很悬殊的，因而价格相差也很大，所以在选用信号发生器时(选用其他测量仪器也是如此)必须考虑合理性和经济性。以对频率的准确度要求为例，当测试谐振回路的频率特性、电阻值和电容损耗角随频率变化时，仅需要$\pm1\times10^{-2}$～$\pm1\times10^{-3}$的准确度，而当测试广播通信设备时，则要求$\pm10^{-5}$～$\pm10^{-7}$的准确度。显然，两种场合应当选用不同档次的信号发生器。

3.3 低频、超低频信号发生器

低频信号发生器是信号发生器大家族中一个非常重要的组成部分，在模拟电子线路与系统的设计、测试和维修中获得了广泛应用，其中最明显的一个例子是收音机、电视机、有线广播和音响设备中的音频放大器。事实上，“低频”就是从“音频”(20 Hz～20 kHz)的含义演化而来的，由于其他电路测试的需要，频率向下、向上分别延伸至超低频和高频段。现在一般“低频信号发生器”是指1 Hz～1 MHz频段，输出波形以正弦波为主，或兼有方波及其他波形的发生器。

3.3.1 低频信号发生器

1. 低频信号发生器的主要性能指标

通用低频信号发生器的主要性能指标：① 频率范围为1 Hz～1 MHz连续可调；② 频率稳定度为(0.1%～0.4%)/h；③ 频率准确度为±(1%～2%)；④ 输出电压为0～10 V连续可调；⑤ 输出功率约为0.5～5 W连续可调；⑥ 非线性失真为0.1%～1%；⑦ 输出阻抗可为50 Ω、75 Ω、150 Ω、600 Ω和5 kΩ。

2. 低频信号发生器的组成框图

通用低频信号发生器的组成框图如图3.3-1所示。图(a)仅包括电压输出，带负载能力弱；图(b)除包括电压输出外，还有功率输出能力。

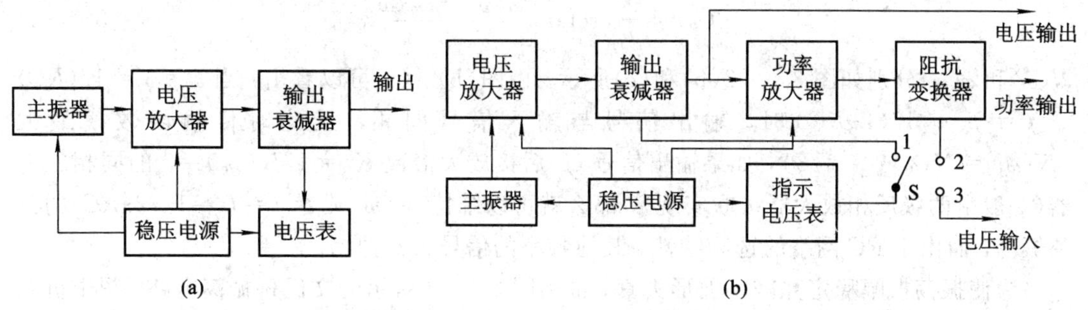

图 3.3－1　低频信号发生器的组成框图

3. 通用 RC 振荡器

低频信号发生器中产生振荡信号(图 3.3－1 中的主振器)的方法有多种。在通用信号发生器(如 XD－1、XD－2、XD－7)中，主振器通常使用 RC 振荡器，而其中应用最多的当属文氏桥振荡器。

图 3.3－2 给出了文氏桥式网络及其传输函数的幅频、相频特性。我们简要分析其工作原理。在图(a)中，$\dot{U}_i$ 是网络的输入电压，$\dot{U}_o$ 是输出电压，Z_1 为 R、C 串联阻抗，Z_2 为 R、C 并联阻抗，则网络的传输函数：

$$N(j\omega)=\frac{\dot{U}_o}{\dot{U}_i}=\frac{Z_2}{Z_1+Z_2}=\frac{1}{3+j\left(R\omega C-\dfrac{1}{R\omega C}\right)}$$

$$=\frac{1}{3+j\left(\dfrac{\omega}{\omega_0}-\dfrac{\omega_0}{\omega}\right)}=\frac{1}{3+j\left(\dfrac{f}{f_0}-\dfrac{f_0}{f}\right)} \tag{3.3-1}$$

式中：

$$\omega_0=\frac{1}{RC},\quad f_0=\frac{1}{2\pi RC} \tag{3.3-2}$$

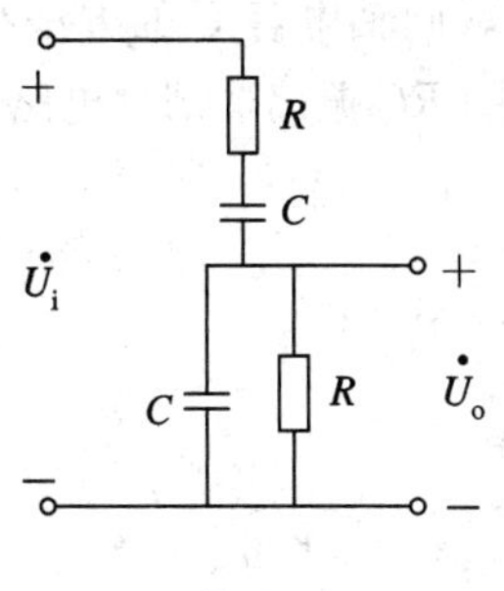

(a) 文氏桥式网络

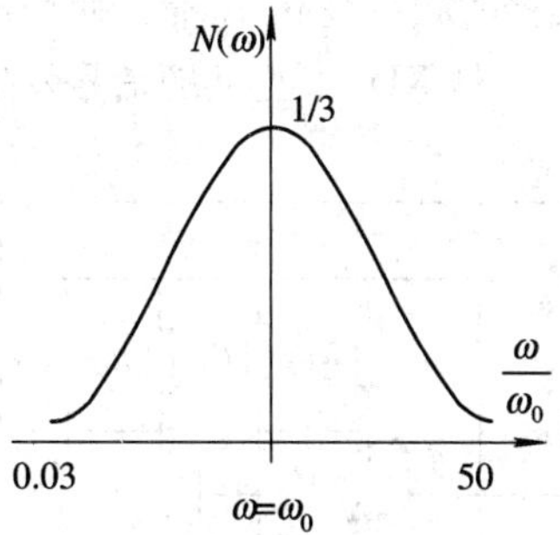

(b) 幅频特性

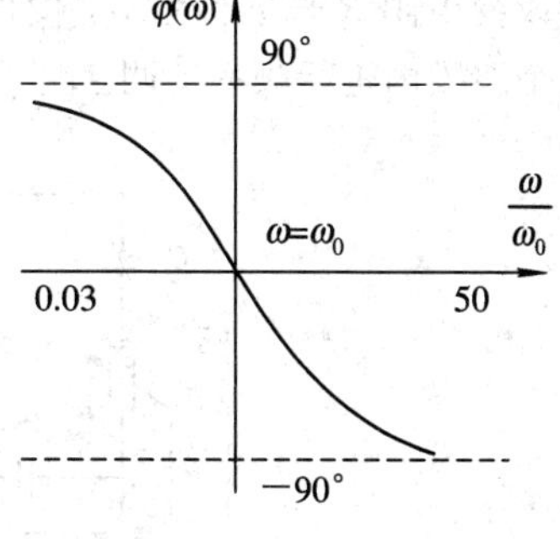

(c) 相频特性

图 3.3－2　RC 文氏桥网络

由式(3.3－1)得到传输函数的幅频特性 $N(\omega)$和相频特性 $\varphi(\omega)$分别为

$$N(\omega)=|N(j\omega)|=\frac{1}{\sqrt{3^2+\left(\dfrac{\omega}{\omega_0}-\dfrac{\omega_0}{\omega}\right)^2}} \tag{3.3-3}$$

$$\varphi(\omega)=-\arctan\left[\frac{\omega/\omega_0-\omega_0/\omega}{3}\right] \tag{3.3-4}$$

$N(\omega)$和$\varphi(\omega)$分别如图3.3-2(b)和(c)所示。由图(b)、(c)可以看出：当$\omega=\omega_0=1/(RC)$或$f=f_0=1/(2\pi RC)$时，输出信号与输入信号同相，且此时传输函数模最大($N(\omega_0)=N(\omega)_{max}=1/3$)，如果输出信号$\dot{U}_o$后接放大倍数$K_V=1/N(\omega_0)=3$的同相放大器(一般由两级反相放大器级联实现)，那么就可以维持$\omega=\omega_0$或者$f=f_0=1/(2\pi RC)$的正弦振荡，而由于RC网络的选频特性，其他频率的信号将被抑制。

为使振荡振幅稳定并减小波形失真，常用图3.3-3所示的文氏桥振荡电路。图中负温度系数热敏电阻R_t和电阻R_f就构成了电压负反馈电路。热敏电阻R_t的阻值随环境温度升高或流过的电流增加而减小，当由于各种原因引起输出电压增大时，由于该电压也直接接在R_t、R_f串联电路，流过R_t的电流也随之增加而导致R_t阻值降低，负反馈加大，放大器总增益降低，使输出电压减小，达到稳定输出信号振幅的目的，在振荡器起振阶段，由于R_t温度低，阻值大，负反馈小，放大器实际总增益大于3，振荡器容易起振。

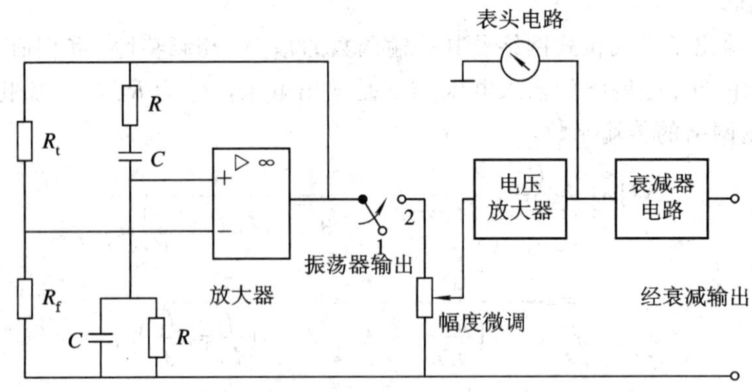

图3.3-3　使用热敏电阻R_t作为增益控制器件的文氏桥式振荡器方框图

由式(3.3-2)可知，改变电阻R和电容C的数值可调节振荡频率。可以使用同轴电阻器改变电阻R来进行粗调，使得换挡时频率变化10倍，而用改变双联同轴电容C的方法在一个波段内进行频率细调。图3.3-4是XD-2型低频信号发生器中的RC振荡器部分电路。

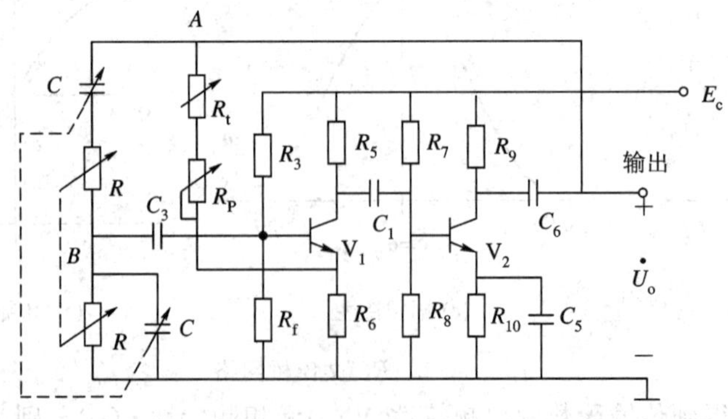

图3.3-4　XD-2型低频信号发生器中的RC振荡器

在上面的分析中，没有考虑放大器的输入电阻R_i和输出电阻R_o的影响，R_i和R_o对

RC网络的影响如图3.3-5所示。由图3.3-5不难看出，应使R_i尽可能大，而使R_o尽可能小。为此实际振荡器电路中放大器输入级常采用场效应管，以提高输入电阻R_i，输出时加接射极跟随器，以降低输出电阻R_o。

如果仅提供电压输出，那么RC振荡器后接电压放大器即可，如图3.3-3所示。如果要求功率输出，则还应接功率放大器和阻抗变换器，如图3.3-1(b)所示。

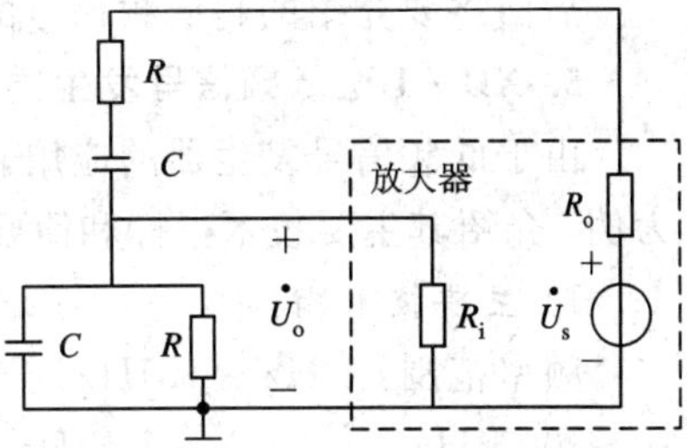

图3.3-5　放大器输入、输出阻抗对RC网络的影响

4. 其他低频振荡器

1) *LC振荡器*

当谈到正弦振荡时，很容易想到用L、C构成谐振电路和晶体管放大器来实现。实际上基本不用这种电路作为低频信号发生器的主振荡器。这是因为对LC振荡电路来说，振荡频率$f_0=\frac{1}{2\pi\sqrt{LC}}$，当频率较低时，L、C的体积都相当大，分布电容、漏电导等也都相应很大，而品质因数Q值降低很多，谐振特性变坏，且调节困难。其次，由于f_0与$\sqrt{LC}$成反比，因而同一频段内的频率覆盖系数很小。例如L固定，调节电容C改变振荡频率，设电容调节范围为40～450 pF，则频率覆盖系数为

$$K=\frac{f_{max}}{f_{min}}=\sqrt{\frac{C_{max}}{C_{min}}}=\sqrt{\frac{450}{40}}\approx 3 \tag{3.3-5}$$

如果用RC桥式振荡器，仍以上面的情况为例，则根据式(3.3-2)可以得到频率覆盖系数：

$$K=\frac{f_{max}}{f_{min}}=\frac{C_{max}}{C_{min}}=\frac{450}{40}\approx 11 \tag{3.3-6}$$

事实上，以RC文氏桥电路构成振荡器的XD-1型低频信号源的信号频率范围为1 kHz～1 MHz，分为6个频段，每个频段内的频率覆盖系数均为10。

2) *差频式振荡器*

差频式低频信号发生器框图如图3.3-6所示。框图中可变频率振荡器和固定频率振荡器分别产生可变频率的高频振荡f_1和固定频率的高频振荡f_2，经过混频器M产生差频信号$f=f_1-f_2$，后面的低通滤波器滤除混频器输出中含有的高频分量。当可变频率振荡器频率从f_{1max}变成f_{1min}时，低通滤波器后就得到了f_{max}～f_{min}的低频信号，再经放大器和输出衰减器后就得到了所需要的低频信号。这种方法的主要缺点是电路复杂，频率准确度、稳定度较差，波形失真较大；最大的优点是容易做到在整个低频段内频率连续调节而不用更换波段，输出电平也较均匀，所以常用在扫频振荡器中。

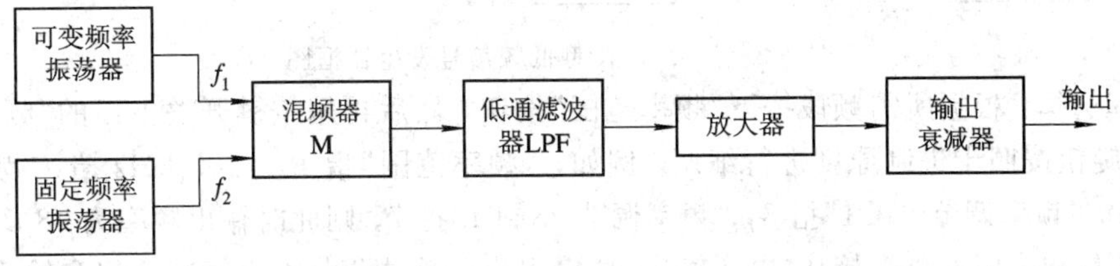

图3.3-6　差频式低频信号发生器框图

后面将要介绍的超低频信号的产生方法也可用在低频信号发生器中。

5. XD-1 型低频信号发生器

由于低频信号发生器的应用非常广泛和频繁，下面我们以 XD-1 型低频信号发生器为例，介绍其主要技术指标和简要使用方法。

1）主要技术指标

频率范围：1 Hz～1 MHz，分成 1～10 Hz、10～100 Hz、100 Hz～1 kHz、1～10 kHz、10～100 kHz、100 kHz～1 MHz 六个频段(六挡)。

频率漂移：预热 30 min 后，第一小时内，Ⅰ≤0.4%，Ⅵ≤0.2%，Ⅱ～Ⅴ≤0.1%；其后 7 小时内，Ⅰ≤0.8%，Ⅵ≤0.4%，Ⅱ～Ⅴ≤0.2%。

频率特性(输出信号幅频特性)：电压输出<±1 dB；功率输出在 10 Hz～100 kHz (50 Ω、75 Ω、150 Ω、600 Ω、5 kΩ)内≤±2 dB，100～700 kHz(50 Ω、75 Ω、150 Ω、600 Ω)内≤±3 dB，100～200 kHz(5 kΩ)内≤±3 dB。

输出：电压输出，1 Hz～1 MHz，>5 V；最大功率输出，10 Hz～700 kHz(50 Ω、75 Ω、150 Ω、600 Ω)，10 Hz～200 kHz(5 kΩ)，>4 W。

非线性失真：电压输出，20 Hz～20 kHz，<0.1%；功率输出，20 Hz～20 kHz，<0.5%。

衰减器：电压输出，1 Hz～1 MHz 衰减≤80 dB±1.5 dB；功率输出，10 Hz～100 kHz 衰减≤80 dB+3 dB，100～700 kHz 衰减≤80 dB±3.5 dB。。

交流电压表：5 V、15 V、50 V、150 V 四挡，≤±5%，电压表输入电阻≥100 kΩ，电容≤50 pF。

电源：220×(1±10%) V，50 Hz，50 V·A。

2）使用方法

图 3.3-7 所示为 XD-1 型低频信号发生器框图。

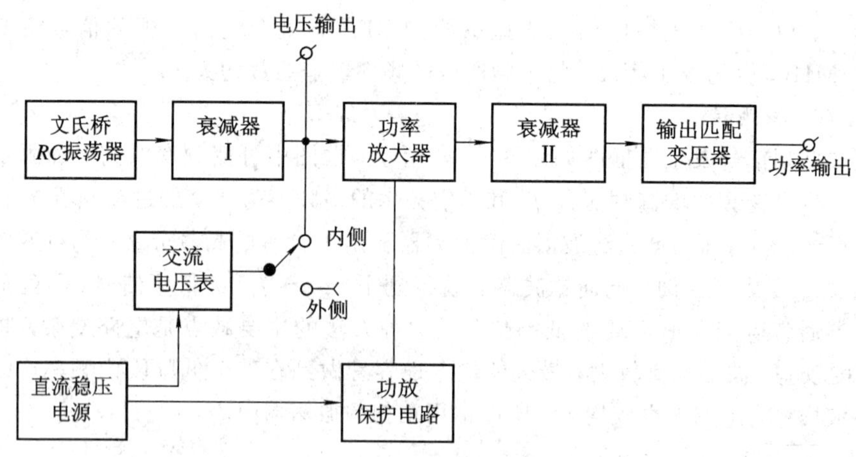

图 3.3-7　XD-1 型低频信号发生器框图

频率选择：根据所需频段按下“频率范围”按钮，然后再用按键开关上面的“频率调节”1、2、3 旋钮按照十进制原则进行细调。例如，“频率范围”指 10～100 kHz 挡，“频率调节×1”指 4，“频率调节×0.1”指 8，“频率调节×0.01”指 7，则此时输出频率为 48.7 kHz。

电压输出：用电缆直接从“电压输出”插口引出。通过调节输出衰减旋钮和输出细调旋钮可以得到较好的非线性失真(<0.1%)、较小的电压输出(<200 μV)和小电压下较高的

信噪比。最大电压输出为5 V。输出阻抗随输出衰减的分贝数变化而变化。为了保证衰减的准确性及输出波形不变坏，电压输出端的负载应大于5 kΩ。

功率输出：将功率开关按下，用电缆直接从功率输出插口引出。为了获得大功率输出，应考虑阻抗匹配，适当选择输出阻抗。当负载为高阻抗且输出频率接近低、高两端，即接近10 Hz或几百kHz时，为保证有足够的功率输出，应将面板右侧"内负载"键按下，接通内负载。

过载保护：刚开机时，过载保护指示灯亮，约5～6 s后熄灭，表示进入工作状态。若负载阻抗过小，则过载指示灯会再次闪亮，表示已经过载，机内过载保护电路动作，此时应加大负载阻抗值(即减轻负载)，使灯熄灭。

交流电压表：该电压表可拨向"内测"与"外测"挡。当测量开关拨向"外测"时，它作为一般交流电压表测量外部电压大小。当开关拨向"内测"时，它作为信号发生器输出指示。由于它位于输出衰减器之前，因此实际输出电压应根据电压表指示值与输出衰减分贝数按表3.3-1计算。

表3.3-1 衰减分贝值和电压衰减倍数

衰减分贝值	电压衰减倍数	衰减分贝值	电压衰减倍数
10	3.16	60	1000
20	10	70	3160
30	31.6	80	10 000
40	100	90	31 600
50	316		

3.3.2 超低频信号发生器

超低频信号发生器实际上仍属于低频信号发生器，只是输出信号频率低端较一般低频信号发生器更低一些，通常将能产生1 Hz以下频率的信号源称为超低频信号发生器。目前超低频信号发生器的频率低端已可低于10^{-8} Hz。这类信号发生器主要用于自动控制系统的测试。在电子测量仪器的门类划分中，并不把超低频信号发生器单列为一类，我们仅从产生低频振荡的方法不同这个角度考虑，将其单独列出加以介绍，其实这些产生低频振荡的方法有时也用在一般低频信号发生器中。除了输出信号频率范围往低端延伸外，超低频信号发生器和一般低频信号发生器的技术指标基本相同。下面我们主要介绍产生超低频振荡的几种常用方法。

1. 用积分器构成的超低频信号发生器

1) 运算放大器及其理想化模型

图3.3-8(a)中虚框内表示运算放大器，图(b)中虚框内部分为其等效电路。其中，R_i为运算放大器(以后简称运放)的输入电阻；A为运放的开环放大倍数；R_2、R_1为构成实际放大器的反馈电阻。由于电子技术的发展，现在运放的性能可以达到很高，比如输入电阻R_i和开环放大倍数A可分别为10^6～10^8 Ω及10^5～10^8甚至更高。输出电压受到偏置直流电压限制，一般在-15～$+15$ V范围内。当运放工作在线性区时，$u_2=Au_i$，由此可推算出u_i在几个微伏到几十微伏之间，相比输入电压u_1(几十毫伏到几伏)可以小到忽略，又因R_i很大，

所以流入运放的电流 i 更是在 10^{-8} A 以下。为了便于分析，在计算时就认为：$u_i\approx0$（习惯上称为虚短路，因为 u_i 并不真正等于零），$i\approx0$（习惯上称为虚开路）时，输入电阻、开环放大倍数分别近似认为 $R_i\to\infty$，$A\to\infty$，这样就得到了图 3.3－8(c)所示的理想化运放模型。

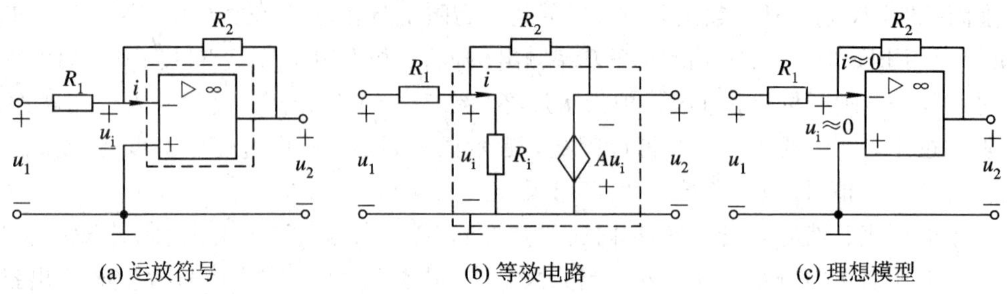

图 3.3－8　运算放大器及其理想化模型

现在使用理想化运放模型分析图 3.3－9 中三个电路的功能。

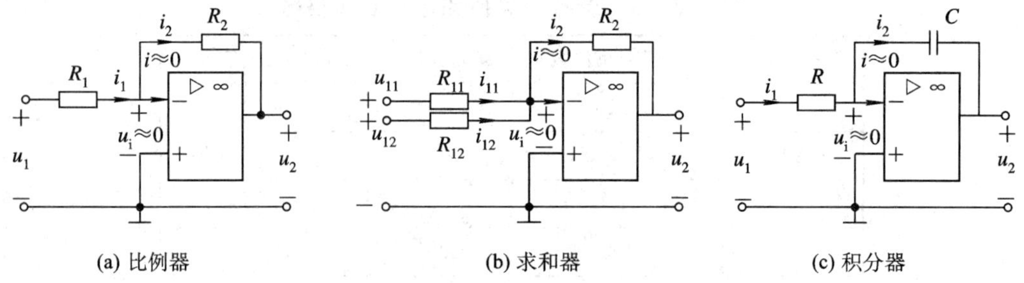

图 3.3－9　运算放大器的运算功能

图(a)中考虑虚开路$i\approx0$，则 $i_1=i_2$，联系虚短路 $u_i\approx0$，有 $u_2=-R_2i_2$，$u_1=R_1i_1$，所以

$$\frac{u_2}{u_1}=\frac{-R_2i_2}{R_1i_1}=-\frac{R_2}{R_1} \tag{3.3-7}$$

因此图(a)所示电路具有比例乘法功能。

在图(b)中，同样考虑虚开路、虚短路的概念，有$i_2=i_{11}+i_{12}$，$u_{11}=R_{11}i_{11}$，$u_{12}=R_{12}i_{12}$，$u_2=-R_2i_2$，所以

$$u_2=-R_2\left[\frac{u_{11}}{R_{11}}+\frac{u_{12}}{R_{12}}\right] \tag{3.3-8}$$

若取 $R_2=R_{11}=R_{12}$，则式(3.3－8)可写为

$$u_2=-(u_{11}+u_{12}) \tag{3.3-9}$$

由式(3.3－8)和式(3.3－9)可见，图(b)电路具有加法功能。

在图(c)中，同样考虑虚开路、虚短路的理想化条件，可以得到：

$$i_1=i_2$$

$$u_1=Ri_1$$

$$u_2=-\frac{1}{C}\int i_2(t)\,\mathrm{d}t=-\frac{1}{C}\int i_1(t)\,\mathrm{d}t=-\frac{1}{RC}\int u_1(t)\,\mathrm{d}t \tag{3.3-10}$$

由式(3.3－10)可看到，图(c)所示电路具有积分功能，积分时常数由 R、C 决定，如果在积分区间 $u_1(t)$为常数 U，则输出电压 u_2 为

$$u_2=-\frac{t}{RC}\cdot U \tag{3.3-11}$$

由上面的分析可以得出结论，由于运放反馈通路的构成不同，它可以具有乘、加、减、微分、积分等运算功能，运算放大器因此而得名。

2) 用运放构成的超低频信号发生器

仍考虑图 3.3-9(c)所示的积分电路和式(3.3-10)，当输入 $u_1(t)$为角频率 ω 的正弦函数时，$u_2(t)$也为同频率正弦函数，用相量表示为

$$\dot{U}_2=-\frac{1}{\mathrm{j}RC\omega}\dot{U}_1$$

或

$$\dot{K}=\frac{\dot{U}_2}{\dot{U}_1}=\mathrm{j}\frac{1}{\omega RC} \tag{3.3-12}$$

即积分器产生 π/2 相移，增益为 $1/(\omega RC)$。如果用两级积分器级联并在反馈环路中接一个反相器($\dot{K}_1=-1$)，如图 3.3-10(a)所示，则闭环增益为

$$\dot{K}=\frac{1}{\omega^2 R_1R_2C_1C_2} \tag{3.3-13}$$

或者当

$$\omega=\omega_0=\frac{1}{\sqrt{R_1R_2C_1C_2}},\quad f=f_0=\frac{1}{2\pi\sqrt{R_1R_2C_1C_2}} \tag{3.3-14}$$

时，闭环增益 $\dot{K}=1$，这正好是维持振荡的相位和振幅条件。也就是说，图 3.3-10(a)所示的电路可产生频率如式(3.3-14)所示的正弦振荡。在实际振荡器中，为了调节方便，使结构简单，一般取 $R_1=R_2=R$，$C_1=C_2=C$，并在两级积分器前各加一个由同轴电位器构成的分压电路，分压比均为 α，如图 3.3-10(b)所示，不难得出其振荡频率为

$$\omega_0=\frac{\alpha}{RC},\quad f_0=\frac{\alpha}{2\pi RC} \tag{3.3-15}$$

实际振荡器中，用改变 R 或 C 的办法改变频段，改变 α 进行频率细调。

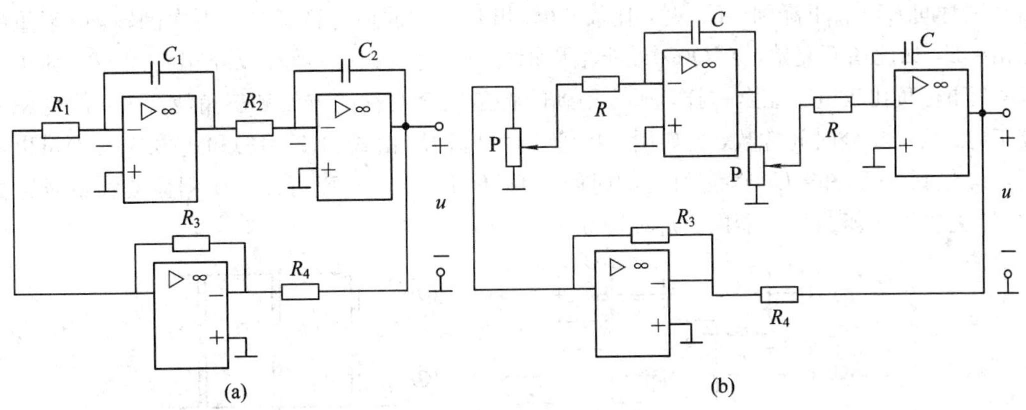

图 3.3-10 用积分器构成的超低频信号发生器

2. 函数发生器

在低频(或超低频)信号发生器的家族中，还有一种函数发生器。它在输出正弦波的同时，还能输出同频率的三角波、方波、锯齿波等波形，以满足不同的测试需要。函数发生器的基本工作原理是先由积分电路和触发电路产生三角波和方波，然后通过函数转换器(例如二极管整形网络)，将三角波整形成正弦波。

图 3.3－11 是函数发生器的原理图，图中由双稳态触发器，比较器Ⅰ、Ⅱ和积分器构成方波及三角波振荡电路，然后由二极管整形网络将三角波整形成正弦波。其简要工作原理如下：

设开始工作时，双稳态触发电路的 $\bar{Q}$ 输出端电压为$-E$，经过电位器 R_P 分压，设分压系数 $\alpha=\dfrac{R_2}{R_1+R_2}$，根据式(3.3－11)，积分器输出端 D 点电位随时间 t 正比例上升，即

$$u_D=\frac{\alpha\cdot E}{RC}\cdot t \tag{3.3-16}$$

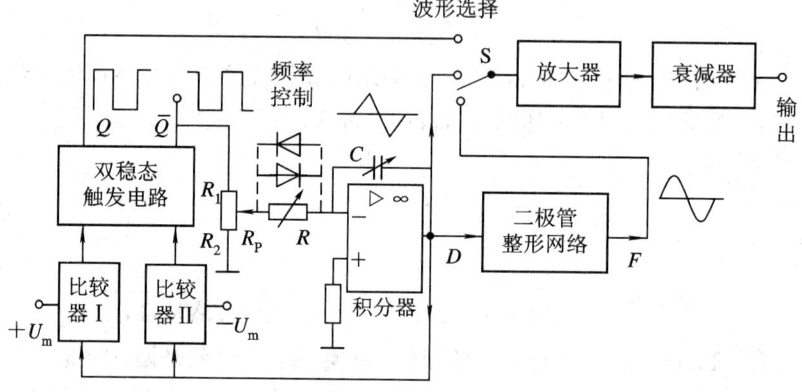

图 3.3－11　函数发生器的原理图

当经过时间 t_1，u_D 上升到 U_m 时，比较器Ⅰ输出触发脉冲使双稳态电路翻转，$\bar{Q}$ 端输出电压为 E 并输入给积分器，则积分器输出端 D 点电位为

$$u_D=-\frac{\alpha\cdot E}{RC}\cdot t \tag{3.3-17}$$

再经过时间 t_2，u_D 下降到$-U_m$ 时，比较器Ⅱ输出触发脉冲使双稳态电路再次翻转，$\bar{Q}$ 端重新输出$-E$，如此周而复始，在 $Q(\bar{Q})$端产生周期性方波，在积分器输出端产生三角波。如果比较器Ⅰ、Ⅱ正负比较电平完全一样，那么得到的将是完全对称的方波和三角波。如果改变积分器正向、反向积分时间常数，比如用二极管代替电阻 R，由式(3.3－16)和式(3.3－17)可以看到，u_D 达到$+U_m$ 和$-U_m$ 各自所需的时间 t_1 将不等于 t_2，从而可以产生锯齿波和不对称方波。上述情况下函数发生器的波形如图 3.3－12 所示。

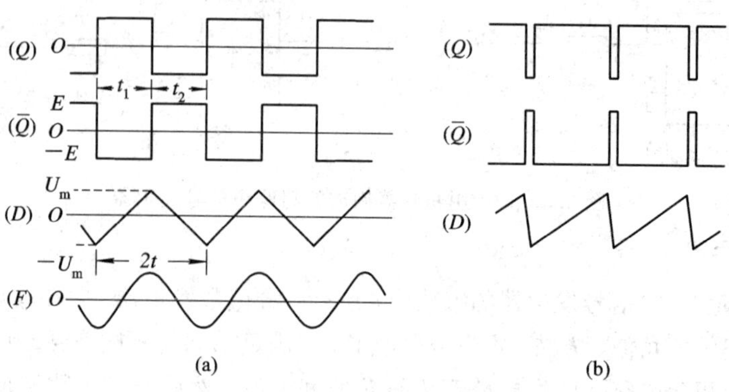

图 3.3－12　函数发生器波形图

将对称三角波转换为正弦波的原理如图 3.3-13(a)所示。正弦波可看成是由许多斜率不同的直线段组成的，只要直线段足够多，由折线构成的波形就可以相当好地近似正弦波形，斜率不同的直线段可由三角波经电阻分压得到(各段相应的分压系数不同)。因此，只要将三角波 u_i 通过一个分压网络，根据 u_i 的大小改变分压网络的分压系数，便可以得到近似的正弦波输出。二极管整形网络可实现这种功能，我们用图 3.3-13(b)所示的二极管整形网络来说明其工作原理。图 3.3-13(b)中，U_1、U_2、U_3 及 $-U_1$、$-U_2$、$-U_3$ 等为由正负电源 $+E$ 和 $-E$ 通过分压电阻 R_7、R_8、…、R_{14} 分压得到的不同电位，和各二极管串联的电阻 R_1、R_2、…、R_6 及 R_0 都比 R_7、R_8、…、R_{14} 大得多，因而它们的接入不会影响 U_1、U_2 等值。开始阶段($t<t_1$)，$u_i<U_1$，二极管 V_1～V_6 全部截止，输出电压 u_o 等于输入电压 u_i；$t_1<t<t_2$ 阶段，$U_1<u_i<U_2$，二极管 V_3 导通，此阶段 u_o 等于 u_i 经 R_0 和 R_3 分压输出，u_o 上升斜率减小；在 $t_2<t<t_3$ 阶段，$U_2<u_i<U_3$，此时 V_3、V_2 都导通，u_o 等于 u_i 经 R_0 和 $R_2/\!/R_3$ 分压输出，上升斜率进一步减小；在 $u_i>E_3$ 即 $t>t_3$ 后，V_3、V_2、V_1 全部导通，u_o 等于 u_i 经 R_0 和 $R_3/\!/R_2/\!/R_1$ 分压输出，上升斜率最小；当到达 $t=t_3'$ 后，u_i 逐渐减小，二极管 V_1、V_2、V_3 依次截止，u_o 下降斜率又逐步增大，完成正弦波的正半周近似。负半周情况类似，不再赘述。通常将正弦波一个周期分成 22 段或 26 段，用 10 个或 12 个二极管组成整形网络，只要电路参数选择得合理、对称，就可以得到非线性失真小于 0.5%的波形良好的正弦波。

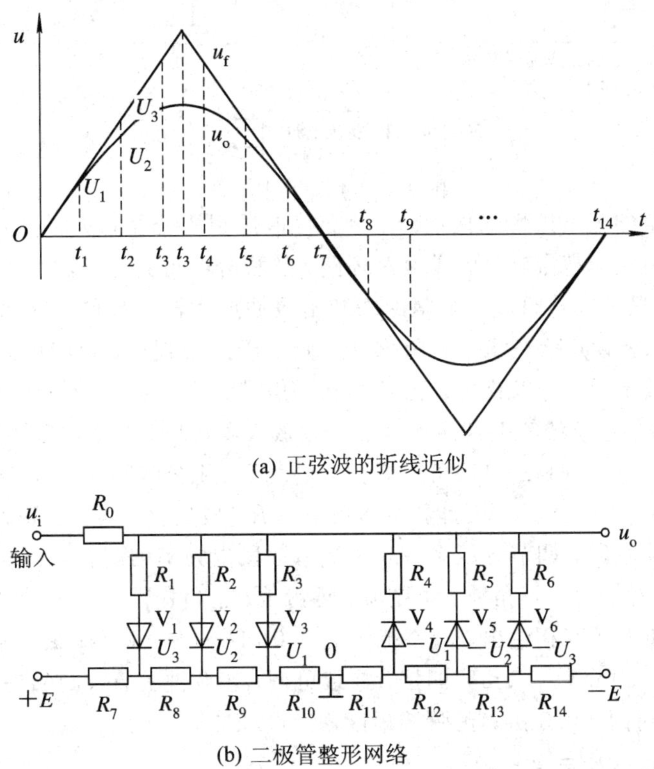

(a) 正弦波的折线近似

(b) 二极管整形网络

图 3.3-13 由三角波整形成正弦波

图 3.3-14 为 XD8B 超低频信号发生器(函数发生器)框图，它由积分器、比较器、正弦波成形网络、功率放大器及稳压电源等部分组成。

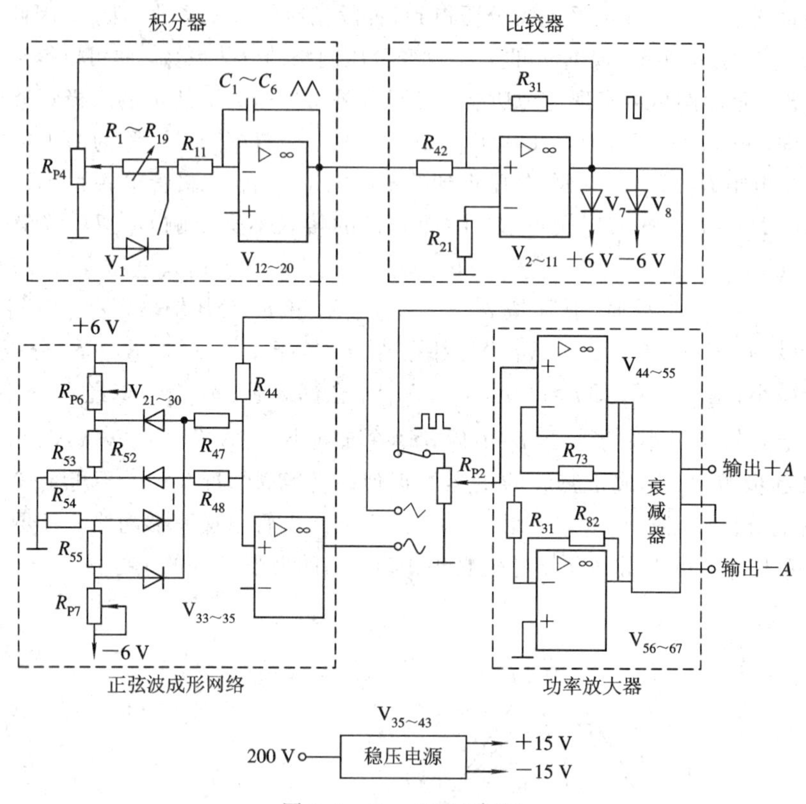

图 3.3-14　XD8B 框图

比较器把恒定的正负极性电位(±6 V)交替地送到积分器，从而得到三角波，三角波又反馈到比较器使它交替翻转，形成振荡环路，从积分器得到三角波，从比较器得到方波。三角波经过由 10 只二极管组成的电阻网络和由缓冲放大器组成的正弦波成形网络变换成正弦波。如果将二极管并接在积分电阻 R 上，则由于二极管正、反向电阻的巨大差异而使正负积分时间常数不同，可以获得锯齿波和脉冲信号。

方波、三角波、正弦波等七种波形经过功率放大器输出，输出幅度可通过衰减器调节。

由式(3.3-16)和式(3.3-17)可以看到，正、反向积分时间 T_1、T_2 和 RC 成正比，与 α 成反比，而周期 $T=T_1+T_2$，因此，振荡频率与 RC 成反比，与 α 成正比，通常可用改变 R 或 C 的办法改换频段，调节分压系数 α 来进行频段内频率细调。

XD8B 可以产生方波、三角波、正弦波、锯齿波、正负极性的矩形脉冲等七种波形的信号，同时具有 0°和 180°双相输出；频率范围为 0.01 Hz～100 kHz；最大输出电压为 15 V，分 15 V、1.5 V、150 mV、15 mV 四挡，连续可调；正弦波失真<1%；三角波非线性失真<1%；方波上升时间<0.3 μs；正弦波幅度稳定度<0.3%/h。

3. 数字合成低频信号发生器

RC 文氏桥振荡器以及以积分器为基础的函数发生器，其突出优点是电路简单，但频率准确度及稳定度较差，非线性失真较大，而且输出信号的幅频特性不太平坦。数字合成低频信号发生器可以有效地提高上述性能指标。在这种仪器中，正弦波由阶梯波合成，如

图3.3－15 所示，而阶梯波的形成是由存储在只读存储器(ROM)中的数字信息经数/模转换器(DAC)形成的。图 3.3－16 是基于这种方法的数字合成低频信号发生器方框图。下面我们简要分析其工作原理。设要产生的正弦波为 $u(t)=U_m \sin 2\pi ft$，周期 $T=1/f$，我们把它的每个周期平均分成 p 个区间，每个区间间隔为 $\Delta T=T/p$。在每个 ΔT 区间内，$u(t)$的值看作不变的常数，即认为当 $0\leqslant t<\Delta T$ 时，$u(t)=u(0)$，当 $\Delta T\leqslant t<2\Delta T$ 时，$u(t)=U_m \sin 2\pi f\cdot\Delta T$，当 $2\Delta T\leqslant t<3\Delta T$ 时，$u(t)=U_m \sin 2\pi f\cdot 2\Delta T$，以此类推。也就是在$n\Delta T\leqslant t<(n+1)\Delta T$ 区间，$n=0, \cdots, p-1$，有

$$u(t)=U_m \sin 2\pi f\cdot n\Delta T \tag{3.3-18}$$

由于

$$f=\frac{1}{T}=\frac{1}{p\cdot\Delta T} \tag{3.3-19}$$

因此

$$u(t)=U_m \sin 2\pi\cdot\frac{n}{p}=u(n) \tag{3.3-20}$$

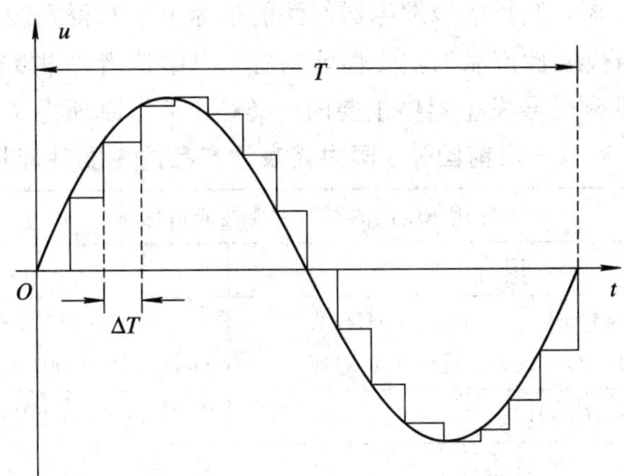

图 3.3－15　正弦波的阶梯近似

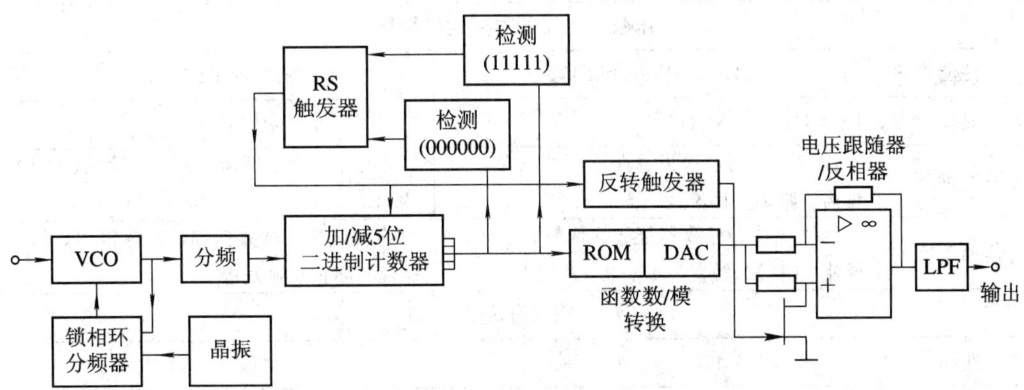

图 3.3－16　数字合成低频信号发生器框图

通常正弦信号峰值电压恒定，比如设 $U_m=255$ mV，这样我们可以用 32 个字节 8 比特的存储器(ROM)来储存 n 等于不同数值时的电压 $u(t)$或 $u(n)$，最小分辨率为 1 mV。由于正弦信号四个象限内数值具有对称性，一个周期分成 $p=128$ 等份，只有 32 个独立的数值，因此

用 32 个字节的 ROM 存储数据就够了。由式(3.3-19)看出，输出信号的频率与 ΔT 有关，改变 ΔT 即可得到不同的输出频率，这通过图 3.3-16 中的晶体振荡器和分频器实现。由分频器输出的计数脉冲周期为 ΔT，设晶体振荡器振荡频率为 f_0，分频系数为 q，则输出信号频率为

$$f = \frac{1}{p \cdot \Delta T} = \frac{1}{p \cdot q} \cdot f_0 \tag{3.3-21}$$

图 3.3-16 中加/减 5 位二进制计数器、RS 触发器、检测器等构成 ROM 的地址译码器，根据译出地址从 ROM 中取出相对应的数字量幅度值，经数/模转换器(DAC)转换成模拟电压，配合以相应的倒相电路，生成如图 3.3-15 所示的阶梯波，再经低通滤波器加以“平滑”，即滤除阶梯波中的高次谐波，得到正弦波输出。这种方法的主要优点：① 输出频率准确度高，基本上等于机内晶体振荡器的频率准确度和稳定度；② 因为各区间的振幅值以数字形式存于 ROM 中不会改变，加上现在的数/模转换器性能稳定，因此输出信号的幅频特性很好；③ 输出信号的非线性失真很小，可低于 0.1%。

3.3.3　低频信号发生器的发展现状

随着电子技术的发展，低频信号发生器的性能指标也不断得到改进与提高，表 3.3-2 列出了当前国外、国内代表性产品的主要性能指标，以给读者一些数量上的概念。表中所列的频率合成器也是低频信号发生器中重要的一类，其工作原理将在后面予以介绍。

表 3.3-2　当前国外、国内代表性产品的主要性能指标

通用 *RC* 振荡器的主要性能指标		
性能	国　外	国　内
频率覆盖范围	(美)KH4300A　10 Hz～10 MHz KH4024　0.001 Hz～110 kHz	HG1030　0.1 Hz～1 MHz HG1010　0.001 Hz～110 kHz
失真	KH4024　0.001%	ZN1030　0.003%
幅度稳定度	KH4024　0.01%/h	HG1010　0.01%/h
其他功能	KH4024　快速稳幅，0°，90°双相输出	HG1010　快速稳幅，0°，90°双相输出
函数发生器的主要性能指标		
性能	国外(美)Wavetek 178	国内 EE1631
频率覆盖范围	10^{-6} Hz～50 MHz	5×10^{-3} Hz～40 MHz
波形种类	正弦、三角、锯齿、方波、半三角、半锯齿、调幅、直流	正弦、三角、锯齿、方波、脉冲、调幅、调频、TTL
其他功能	连续线性、对数扫描、频标输出、相位调制、门控、触发等	连续线性、对数扫描、频标输出、相位调制、门控、触发等
频率合成器		
性能	国　外	国　内
频率覆盖范围	(美)HP3325A　DC～21 MHz HP3335A　200 Hz～80 MHz	PO-17　0.1 Hz～50 MHz
失真	HP8904A　＜－66 dB	DF1412　＜－45 dB
频率精度	HP3335A　5×10^{-10}/天	PO-17　5×10^{-9}/天

3.4 射频信号发生器

射频信号发生器是指能产生正弦信号，频率范围部分或全部覆盖300 kHz～1 GHz(允许向外延伸)，并且具有一种或一种以上调制或组合调制(正弦调幅、正弦调频、断续脉冲调制)的信号发生器，也称为高频信号发生器。

按照国家标准GB 12114—89《高频信号发生器通用技术条件》的规定，射频信号发生器分为调谐信号发生器、锁相信号发生器及合成信号发生器三类。和低频信号发生器相比，高频信号发生器的输出幅度调节范围较大。为了适应对接收机等设备的测试需要，要求高频信号发生器能有可调节的微弱信号的输出(可小于1 μV)，同时要求该类信号发生器有良好的屏蔽，以免信号泄漏而影响测量准确性。出于对各类接收设备性能测试的需要，高频信号发生器应有调制功能，以输出所需的已调高频信号。

高频信号发生器框图如图3.4-1所示。不同类别的发生器的主要区别在于振荡器，即产生高频正弦波的方法不同。

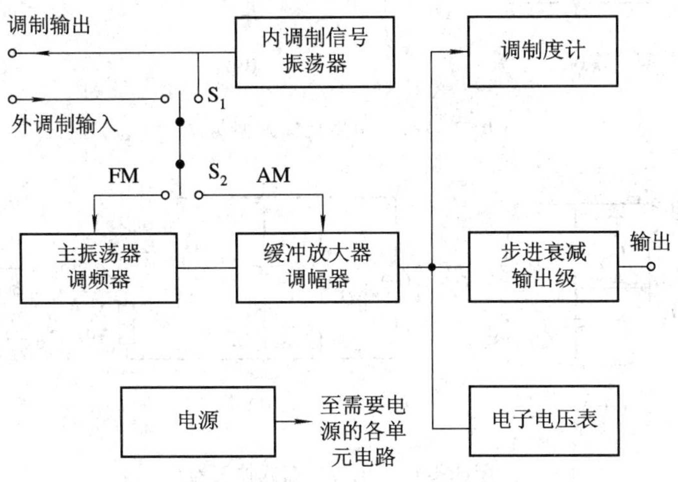

图3.4-1 高频信号发生器框图

3.4.1 调谐信号发生器

调谐信号发生器的振荡器通常为LC振荡器，根据反馈方式，又可分为变压器反馈式、电感反馈式(也称电感三点式或哈特莱式)及电容反馈式(也称电容三点式或考毕兹式)三种振荡器形式。

图3.4-2～图3.4-4分别给出了三种振荡器的电路及其交流等效电路，并注明了各种方式下的振荡频率。通常通过改变电感L来改变频段，改变电容C进行频段内频率细调。放大器通常采用调谐放大器，其作用一是放大振荡器输出的高频信号电压；二是在输出器和振荡器间起隔离作用(因此也称缓冲放大器)，以提高振荡频率稳定性；三是兼作调幅信号的调幅器。

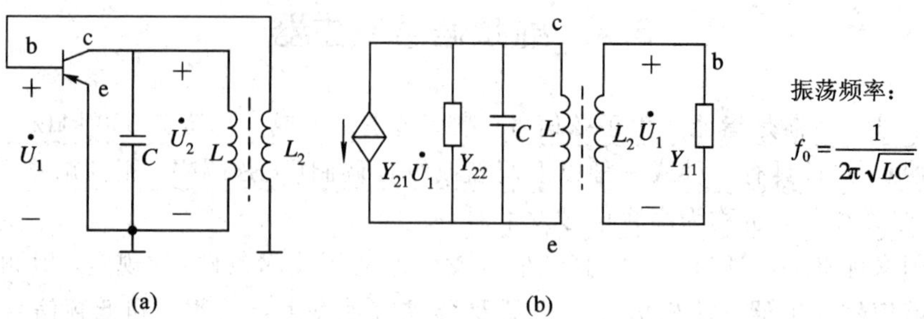

图 3.4-2　变压器反馈式振荡器

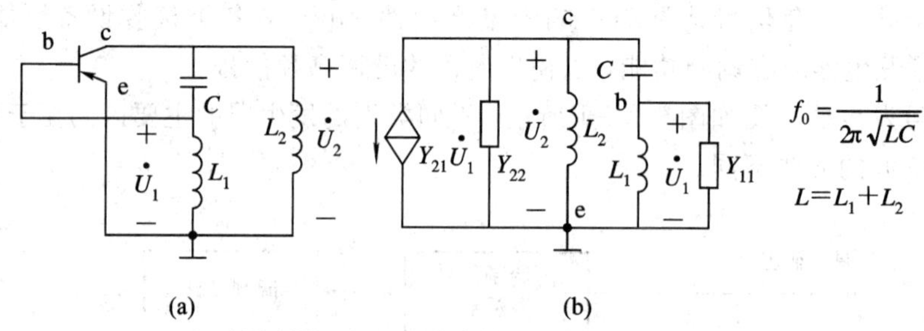

图 3.4-3　电感反馈式振荡器

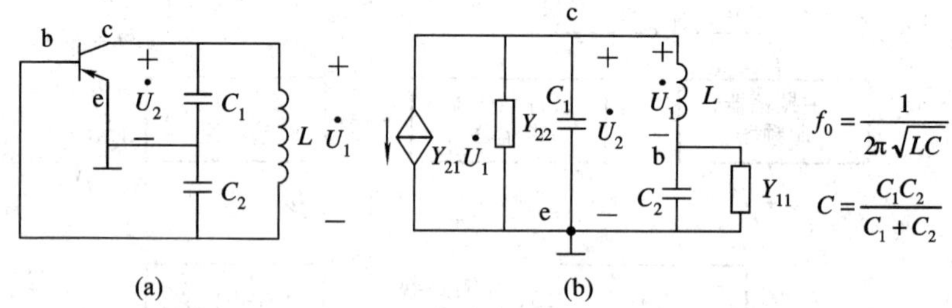

图 3.4-4　电容反馈式振荡器

调频一般是在振荡级直接进行，比如用改变偏压的方法改变 LC 振荡器中的电容以达到调频的目的。20 世纪 70 年代后，逐步用宽频带放大器、宽频带调制器和相应的滤波器替代传统的调谐放大器，省去了多联可变电容等元件，提高了高频信号发生器的可靠性、稳定性及调幅特性。国产 QF1074、QF1076 等信号发生器就采用了这些技术，由于使用元件少，可靠性、稳定性较好，而且价格较低，因而受到了要求不高的用户的欢迎。

XFC-6 标准信号发生器可看作高频信号发生器的一个典型例子，其主要技术性能为：① 频率范围为 4～300 MHz，分八挡；② 频率稳定度$\leqslant 2\times10^{-4}$/10 min；③ 输出电压在端接 75 Ω 负载上为 0.05 μV～50 mV，连续可调；④ 具有内调幅、外调幅、内调频、外调频及外部视频信号调幅等功能。该信号发生器主要用来测试、调整及维修相应频率范围内的各种无线电接收设备。

图 3.4-5 是 XFC-6 标准信号发生器的组成框图。

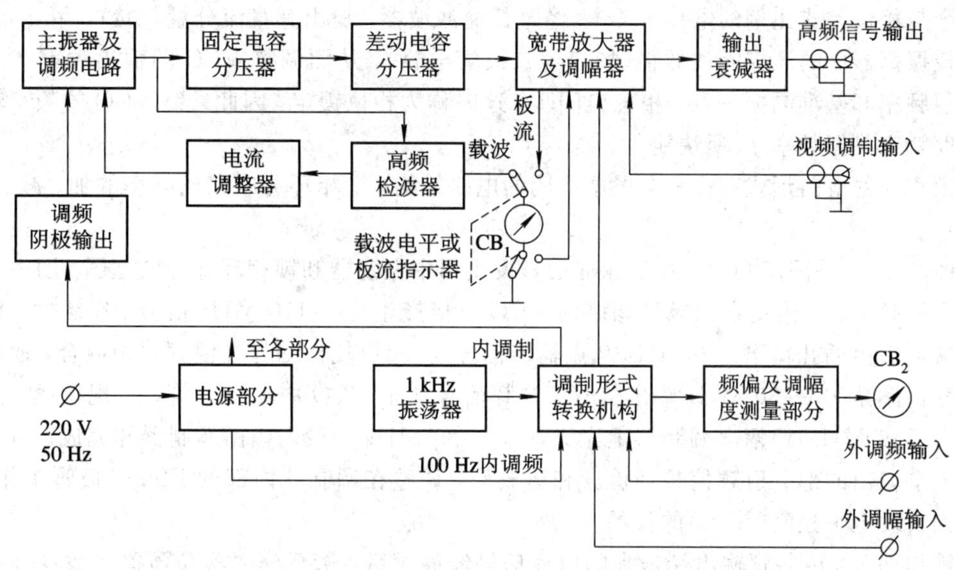

图 3.4-5　XFC-6标准信号发生器的组成框图

3.4.2　锁相信号发生器

随着通信及电子测量水平的发展与提高，需要信号发生器有足够宽的频率覆盖范围、足够高的频率准确度和稳定度。上述由 LC 振荡电路或 RC 振荡器为主振器的信号发生器已不能适应更高的要求。

锁相信号发生器是在高性能的调谐式信号发生器中增加频率计数器，并将信号源的振荡频率利用锁相原理锁定在频率计数器的时基上，而频率计数器又以高稳定度的石英晶体振荡器为基准，从而使锁相信号发生器的输出频率的稳定度和准确度大大提高，信号频谱纯度等性能特性也得到了很大的改善。

图 3.4-6 是锁相环路的基本方框图，主要由压控振荡器(简称 VCO，其振荡频率可由偏置电压改变。比如改变变容二极管两端的直流电压，就可改变其等效电容，从而改变由它构成的振荡器的频率)、鉴相器(简称 PD，其输出端直流电压随其两个输入信号的相位差改变)、低通滤波器(简称 PLF，在这里的作用是滤除高频成分，留下随相位差变化的直流电压)及晶体振荡器等部分构成。

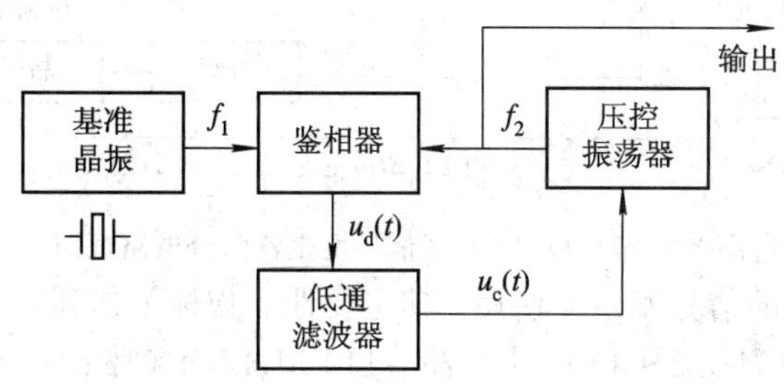

图 3.4-6　锁相环路的基本方框图

该锁相环的基本工作原理为：当压控振荡器输出频率 f_2 由于某种原因变化时，相应相位也产生变化，该相位变化在鉴相器中与基准晶振频率 f_1 的稳定相位相比较，使鉴相器输出一个与相位差成比例的电压 $u_d(t)$，经过低通滤波器，检出其直流分量 $u_c(t)$，用 $u_c(t)$ 控制压控振荡器中的压控元件数值(如变容二极管电容)，从而调整 VCO 的输出频率 f_2，使其不但频率和基准晶振一致，相位也同步，这时称为相位锁定，因此最终 VCO 的频率输出稳定度就由晶振频率 f_1 所决定。

锁相环的电路形式有多种，根据不同的电路结构，锁相环可以完成频率的加、减、乘、除运算。

图 3.4-7 是国产 QF1050 型标准信号发生器中振荡器和锁相环部分的框图。图中上半部分为射频部分：由变容二极管调谐的 VCO 直接产生 75～110 MHz 信号，经缓冲、放大和衰减器后由插孔输出。80 MHz 晶振输出信号与 VCO 输出信号在混频器中混合，取出差频信号，获得 0.3～30 MHz 输出信号。调频信号加至 VCO 中的变容管，实现调频，高频段(75～110 MHz)调幅由调制器Ⅰ完成，0.3～30 MHz 频段调幅由调制器Ⅱ完成。由衰减器输入端取出的部分射频信号经检波和运放后，调整在调制Ⅱ内部的 PIN 二极管工作点，以达到自动电平控制(ALC)的目的。

锁相部分：由射频输出端送来的取样信号经放大后，送至分频器和预置计数器进行分频，变成 50 Hz 信号，送入鉴相器。预置计数器的分频比是由控制部分设定的频率值的代码决定的，并且分频比可变。由 16 MHz 基准晶振产生的信号经分频后得到的 50 Hz 信号也送入鉴相器，并与取样信号进行同频鉴相，其输出的误差电压经有源低通滤波器滤波后，反馈到 VCO 中的变容二极管，以达到锁相的目的。

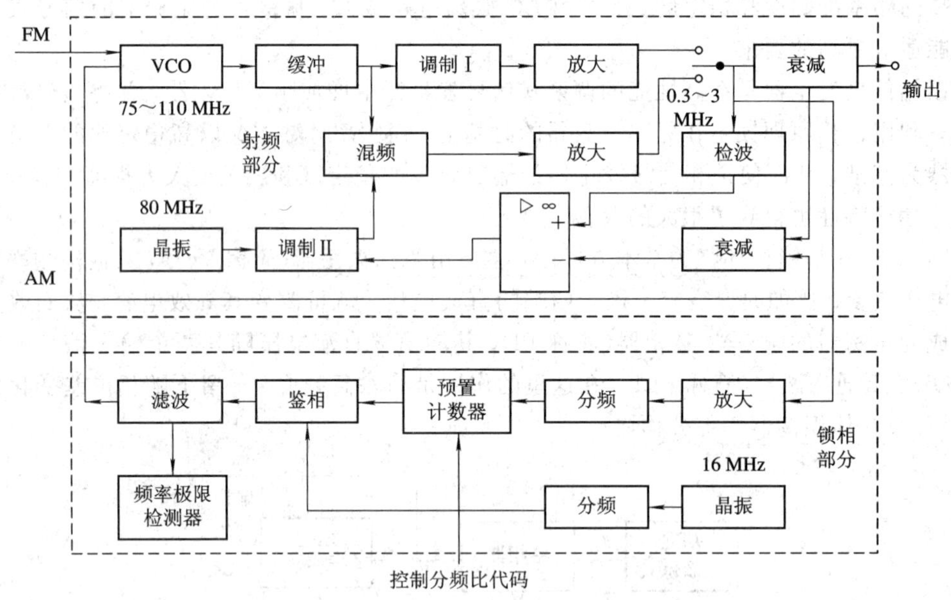

图 3.4-7　QF1050 型信号发生器部分电路框图

QF1050 可作为标准信号发生器使用。其主要性能指标可达到：

(1) 有效频率范围为 0.3～30 MHz、75～110 MHz 两频段；

(2) 6 位 LED 显示；

(3) 频率精度：0.3～30 MHz 为 $\pm(50\times10^{-6}+100)$ Hz，75～110 MHz 为 $\pm(50\times10^{-6}+1)$ kHz；

(4) 频率稳定度为 $5\times10^{-9}/15\ \text{min}+30\ \text{Hz}$；

(5) 相对谐波含量与非谐波含量均不大于－30 dBc。

3.4.3 合成信号发生器

合成信号发生器用频率合成器代替信号发生器中的主振荡器。它既有信号发生器良好的输出特性和调制特性，又有频率合成器的高稳定度、高分辨率的优点，同时输出信号的频率、电平、调制深度等均可程控，是一种先进的、高档次的信号发生器。为了保证良好的性能，合成信号发生器的电路一般都相当复杂，但其核心是频率合成器。

频率合成器是把一个(或少数几个)高稳定度频率源 f_s 经过加、减、乘、除及其组合运算，以产生在一定频率范围内，按一定的频率间隔(或称频率跳步)的一系列离散频率的信号发生器。频率合成的方法分为直接合成法和间接合成法两类。

直接合成法是将基准晶体振荡器产生的标准频率信号，利用倍频器、分频器、混频器及滤波器等进行一系列四则运算以获得所需要的频率输出。在这种合成法中，又可分为非相干式直接合成器和相干式直接合成器。若用多个石英晶体产生基准频率，则产生混频的两个基准频率之间相互独立，称作非相干式直接合成器。如果只用一个石英晶体产生基准频率，然后通过分频、倍频等，使加入混频器的频率之间是相关的，则称为相干式频率合成器。图 3.4－8 是相干式直接频率合成器的原理图。图中晶振产生 1 MHz 的基准信号，并由谐波发生器产生相关的 1 MHz、2 MHz、…、9 MHz 等基准频率，然后通过十进制分频器(完成÷10 运算)、混频器和滤波器(完成加法或减法运算)，最后产生 4.628 MHz 的输出信号。只要选取不同次谐波进行合适的组合，就能得到所需频率的高稳定度信号，频率间隔可以做到 0.1 Hz 以下。这种方法频率转换速度快，频谱纯度高。但它需要众多的混频器和滤波器，因而显得笨重。目前，这种方法多用在实验室、固定通信、电子对抗和自动测试等领域。

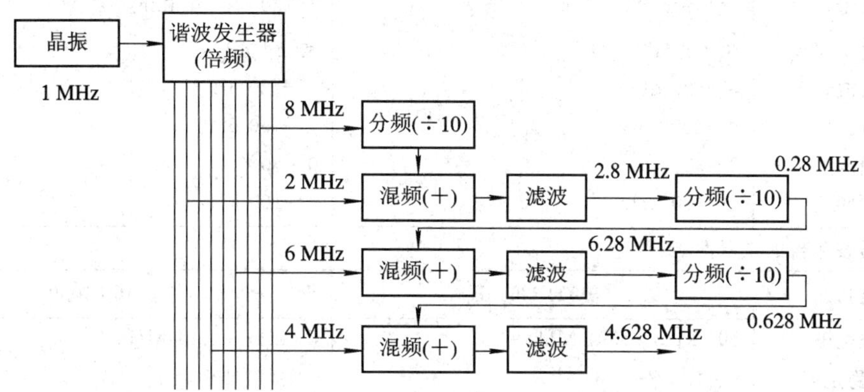

图 3.4－8 相干式直接频率合成器的原理框图

间接合成法即锁相环路法，图 3.4－9 是它的原理框图。图中，压控振荡器输出频率经分频后得到频率为 f/n_1 的信号，该信号被送往鉴相器，与来自晶振输出经 n_2 次分频的频率为 f_0/n_2 的信号进行相位比较。由前面关于锁相环路的介绍可知，当 $f/n_1=f_0/n_2$，即

$$f=\frac{n_1}{n_2}f_0 \tag{3.4-1}$$

时，相位锁定，输出信号按式(3.4－1)的频率输出，且具有与 f_0(即晶振信号)同样的稳定

度。为了有效地锁相，需要鉴相器的两输入信号频率足够接近。如果两信号频率相差较大，则可先进行鉴频，用鉴频器的输出控制 VCO 实现频率粗调，而后利用鉴相器的输出控制 VCO 实现频率细调。间接式频率合成器的优点是省去了滤波器和混频器，因而电路简单，价格便宜，但频率转换速度较慢，这是它的缺陷。

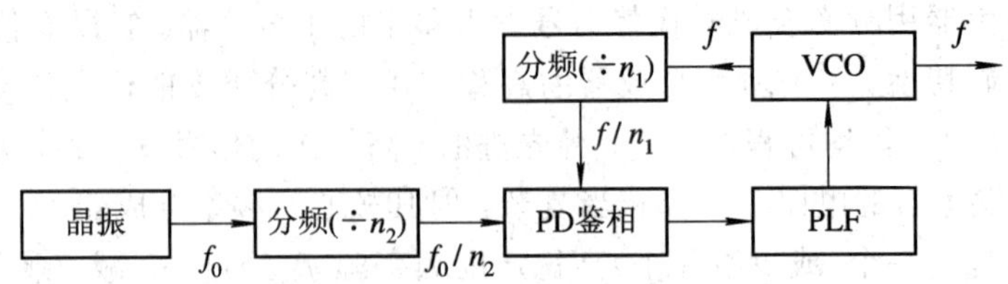

图 3.4-9　间接式频率合成器的原理框图

实际应用的合成信号发生器往往是多种方案的组合，以解决频率覆盖范围、频率调节、频率跳步、频率转换时间及噪声抑制等问题。当前合成信号发生器的发展趋势仍是宽频率覆盖范围、高频率稳定度和准确度、高可靠性、数字化、自动化及小型化。

3.4.4　射频信号发生器代表性产品的性能介绍

表 3.4-1 列出了当前几类射频信号发生器代表性产品的主要性能，以供参考。

表 3.4-1　射频信号发生器代表性产品的主要性能

调谐信号发生器的主要性能		
性能指标	(美)HP8654	(中国)QF1076
频率范围	10～520 MHz	10～520 MHz
频率精度	±3%	6 位数显，示值×10^{-3}+1 kHz
频率稳定度	±20×10^{-6}/5 min±1 kHz	±50×10^{-6}/5 min+1 kHz
输出电平范围	−130～+10 dBm	−120～+10 dBm
输出电平误差	≤±1 dB	≤±1 dB
相对谐波含量	≤−20 dBc	≤−20 dBc
非谐波含量	≤−100 dBc	≤−50 dBc
调幅深度	0～90%	0～80%
调频频偏	0～100 kHz	0～100 kHz
锁相信号发生器的主要性能		
性能指标	(美)HP8640B	(中国)QF1090
频率范围	500 kHz～1024 MHz	50 kHz～1024 MHz
频率稳定度	5×10^{-8}/h	2×10^{-9}/天
频率分辨率	1 Hz～10 kHz	5～100 kHz
输出电平范围	−145～+19 dBm	−143～+17 dBm
输出电平误差	±1.5～±4.5 dB	±1.7～±3.5 dB
谐波含量	0.5～512 MHz，<−30 dBc >512 MHz，<−12 dBc	<−30～−40 dBc
调幅深度	0～100%	0～100%
调频频偏	5～520 kHz	200 kHz

续表

合成信号发生器的主要性能		
性能指标	(美)HP8663	(中国)QF1480
频率范围	100 kHz～2560 MHz	10 kHz～1050 MHz
频率分辨力	0.1～0.4 Hz	10 Hz
频率准确度	同基准振荡器$\left(10\frac{1}{2}\right.$数显$\left.\right)$	同基准振荡器$\left(8\frac{1}{2}\right.$数显$\left.\right)$
频率稳定度	5×10^{-10}/天	5×10^{-10}/天
输出电平范围	－129.9＋16 dBm	－127～＋13 dBm
输出电平误差	±1 dB	±1 dB
谐波含量	＜－30 dBc	＜－30 dBc
非谐波含量	＜－84～－100 dBc	＜－60 dBc
调幅深度	0～95%	0～99%
调频频偏	25～200 kHz	0～99.9 kHz
调相	±25°～±40°	—
脉冲调制	通断比＞80 dB	—
	上升/下降时间 250～780 ns	—
程控功能	前面板所有功能均可程控	除电源、调制输出幅度外，其他前面板功能均可程控，具有自检、自诊断、自修正功能

3.5 扫频信号发生器

扫频信号发生器是一种输出信号的频率随时间在一定范围内反复变化的正弦信号发生器，它是频率特性测试仪(扫频仪)的核心，主要用于直接测量各种网络的频率响应特性。

3.5.1 线性电路幅频特性的测量

在测量技术分类中，频域测量占有重要地位，其主要原因是线性电路对正弦激励的响应仍是正弦信号，只是与输入相比其振幅和相位发生了变化，一般情况下都是频率的函数。我们已经知道，正弦稳态下的系统函数或传输函数 $N(\mathrm{j}\omega)$ 反映了该系统激励与响应间的频率关系，即

$$N(\mathrm{j}\omega)=\frac{U_{\mathrm{o}}(\mathrm{j}\omega)}{U_{\mathrm{i}}(\mathrm{j}\omega)}=\frac{\dot{U}_{\mathrm{o}}}{\dot{U}_{\mathrm{i}}}=N(\omega)\mathrm{e}^{\mathrm{j}\varphi(\omega)} \tag{3.5-1}$$

式中，$N(\omega)$(或写成 $N(f)$)与 $\varphi(\omega)$(或写成 $\phi(f)$)分别称为电路(系统)的幅频特性和相频特性。

1. 点频法测量幅频特性

所谓点频法，简单地说就是“逐点”测量幅频特性或相频特性的方法，如图 3.5-1(a)所示。图中，u_i 为正弦信号源，接于被测电路输入端，由低到高不断改变信号源频率，信号电压不应超过被测电路的线性工作范围，用测量仪器在各个频率点上测出输出信号与输入信号的振幅比(幅频特性)和相位差(相频特性)。以 f 为横坐标，以振幅比(或相位差)为纵坐标，就可以逐点描绘出如图 3.5-1(b)所示的频率特性曲线。点频法原理简单，需要的设备也不复杂。但由于要逐点测量，操作繁琐费时，并且由于频率离散而不连续，非常容易遗漏掉某些特性突变点，而这常常是我们在测试和分析电路性能时非常关注之处。另外，当我们试图改变电路的结构或元件参数时，任何改变都必然导致重新逐点测量。

如果能够在测试过程中使信号源输出信号的频率按特定规律自动连续改变并且周期性重复，利用检波器将输出包络检出送到示波器上显示，就得到了被测电路的幅频特性曲线。这种快速、直观的测量方法就是扫频法测量的基本思想。提供频率可自动连续变化的正弦波信号源称为扫频信号源或扫频振荡器。

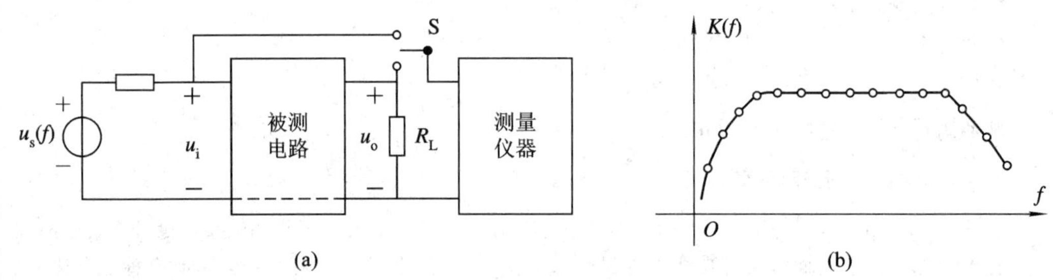

图 3.5-1　点频法测量系统的幅频特性

2. 扫频法测量幅频特性

扫频法测量电路幅频特性的原理图如图 3.5-2 所示，在图(a)所示的原理框图中，除被测网络外，其余部分通常都安装于称为频率特性测试仪(也称扫频仪)的同一仪器中，扫频信号发生器实际上是频率可控的正弦振荡器，比如前面所说的压控振荡器(VCO)，它的振荡频率受扫描电压 u_s 控制。若扫描电压为三角波(见图(b))，则扫频信号发生器的瞬时频率在扫描正程期间将随扫描电压的线性增加由 f_{min} 线性地变到 f_{max}，在回扫期间，又由 f_{max} 线性地变到 f_{min}，如此周期性反复，而扫描信号的幅度则始终保持不变。常用的扫描信号还有锯齿波和对数型波等。

振幅不变而频率在一定范围内连续变化的正弦信号加到被测网络(例如调谐放大器)的输入端，由于调谐放大器的增益随频率而变，因此其输出信号 u_o 的振幅也将随频率而改变，u_o 的包络就反映了该放大器的幅频特性(见图(d))，经峰值检波器检出输出信号的包络 u_o'(见图(e))，将它送至示波管的垂直偏转系统，同时扫描信号 u_s 加到示波管的水平系统作为扫描时基信号，由于扫频信号 u_i 的瞬时频率和水平扫描电压 u_s 的瞬时值一一对应，因此示波管的水平轴成为线性的频率坐标轴。这样在 u_s 和 u_o' 的共同作用下，示波管荧光屏上就直接显示出该调谐放大器的幅频特性。

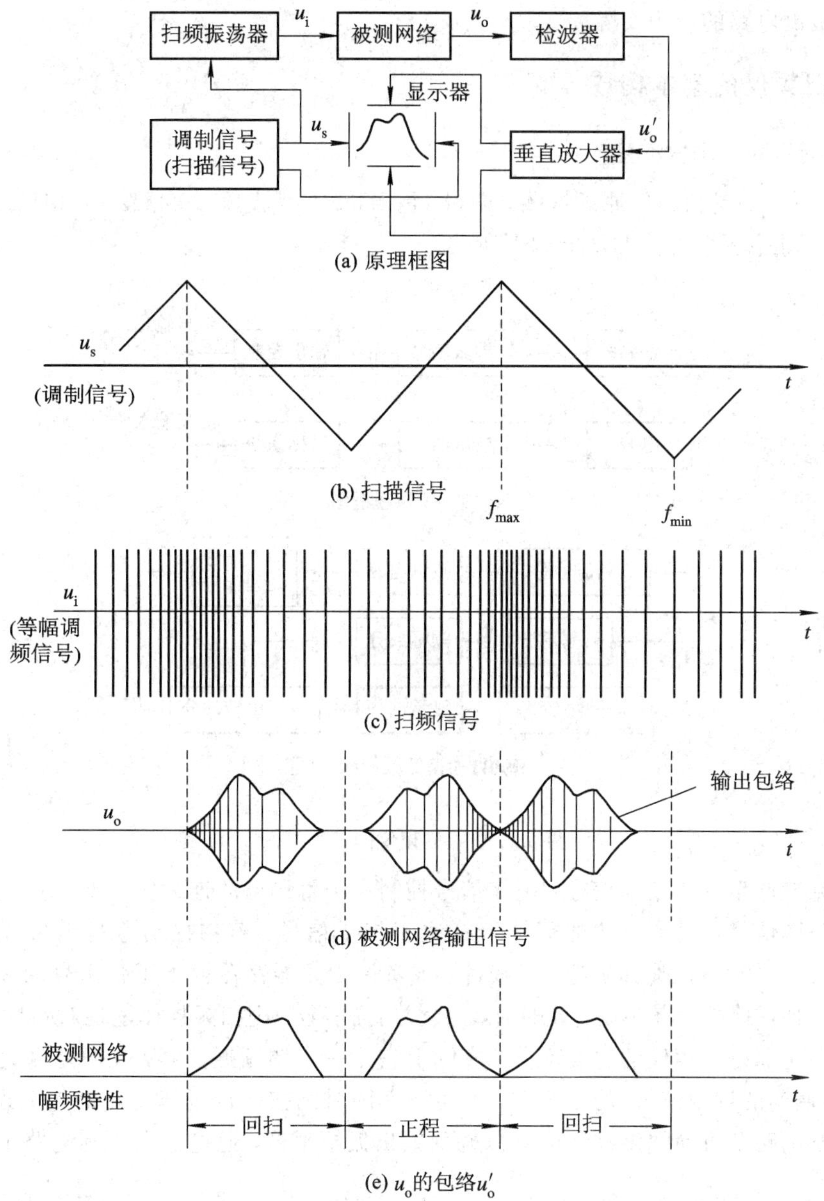

图 3.5-2 扫频法测量电路幅频特性的原理图

和点频法相比，扫频法具有以下优点：

(1) 可实现网络的频率特性的自动或半自动测量，特别是在进行电路调试时，人们可以一面调节电路中的有关元件，一面观察荧光屏上频率特性曲线的变化，从而迅速地将电路性能调整到满足预定的频率特性要求。

(2) 由于扫频信号的频率是连续变化的，因此所得到的被测网络的频率特性曲线也是连续的，不会出现由于点频法中的频率点离散而遗漏掉人们感兴趣的某些“细节”问题。

(3) 采用点频法时，人工逐点改变输入信号的频率，速度慢，得到的是被测电路稳态情况下的频率特性曲线；扫频法是在一定扫描速度下获得被测电路的动态频率特性。扫频法更符合被测电路的应用实际。

3.5.2 扫频仪的基本构成

1. 扫频仪的基本方框图

图 3.5-3(a)是扫频仪原理框图，图(b)是 BT-4 型低频(200 Hz～2 MHz)扫频仪框图。图(a)中几个主要部分的功能如下所述。

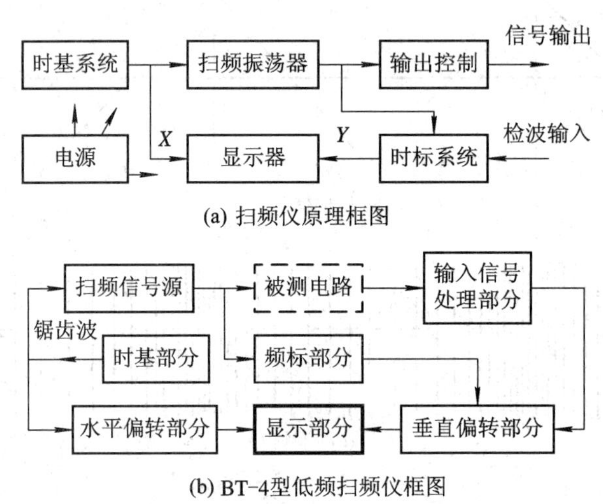

图 3.5-3 扫频仪的基本框图

时基系统产生一个扫描信号，由该信号控制一个可调谐的连续振荡源以产生频率随时间变化的正弦信号，频率变化的规律就取决于扫描信号。若扫描信号是锯齿波或三角波(这是最常用的情况)，则扫频规律呈线性，或者说扫频振荡器输出正弦信号的瞬时频率随时间线性增加或降低。有些场合也使用对数型扫描信号，则扫频规律呈现对数性。

扫频振荡器是扫频仪的主要部分，实际上它是一个调频振荡器，在时基系统产生的扫描信号(即调频的调制信号)的作用下，产生频率随时间按一定规律变化的扫频振荡，并利用电平限制电路及自动幅度控制电路以确保输出振幅平稳，通过输出控制电路来控制系统的输出。

时标系统用来产生频率标记(简称频标)信号，以便在示波管荧光屏上确定扫频信号发生器的瞬时频率和扫频宽度。扫频信号施加于被测网络输入端，输出响应经检波，包络上加上频标信号，就可在示波管荧光屏上的频率特性曲线上找到对应的频率。

2. 扫频振荡器的工作原理

实现扫频振荡的方法很多，常用的有磁调电感法、变容二极管法以及微波波段使用的返波管法、YIG 谐振法等。下面简单介绍前两种方法。

1) *磁调电感法*

磁调电感法原理图如图 3.5-4 所示，图(a)中 L_2、C 谐振回路的谐振频率 f_0 为

$$f_0 = \frac{1}{2\pi\sqrt{L_2 C}} \tag{3.5-2}$$

式中，L_2 为绕在高频磁芯 M_H 上线圈的电感量。若能用时基系统产生的扫描信号改变 L_2，那么也就改变了谐振频率。由电磁学理论可知，带磁芯线圈的电感量与磁芯的磁导率 μ_0 成正比：

$$L_2 = \mu_0 L \tag{3.5-3}$$

式中，L 为空芯线圈的电感量。由于高频磁芯 M_H 接在低频磁芯 M_L 的磁路中，而绕在 M_L 上的线圈中的电流是交流和直流两部分扫描电流，如图(b)所示，因此当扫描电流随时间变化时，磁芯的有效磁导率 μ_0 也随着改变，再由式(3.5-2)和式(3.5-3)可知，扫描电流的变化就导致了 L_2 及谐振频率 f_0 的变化，从而实现了"扫频"。

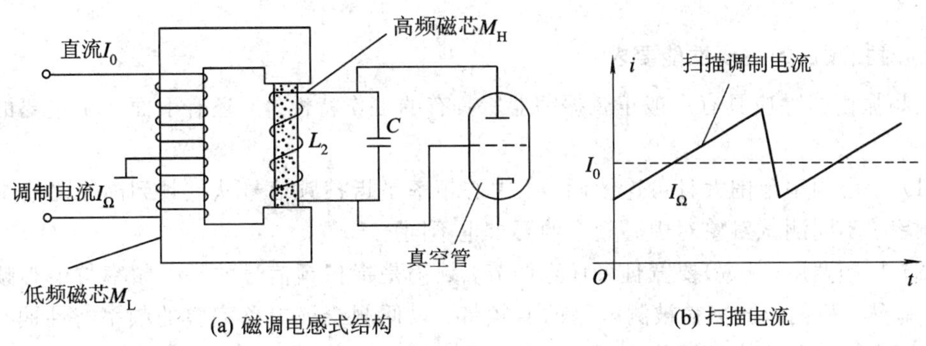

图 3.5-4　磁调电感法原理图

2) 变容二极管法

由式(3.5-2)可知，如果能用扫描信号改变谐振电路中电容量 C 的大小，那么也能使谐振频率随之改变，变容二极管法扫频振荡器就是基于这一原理设计制造的。图 3.5-5 是变容二极管的特性曲线，这种二极管的特性可表示为

$$C = \frac{C_{j0}}{\left(1 + \frac{U}{U_D}\right)^r} \tag{3.5-4}$$

式中，C_{j0} 为变容二极管反向电压为零时的结电容；r 为电容变化系数；U_D 为 PN 结势垒电压；U 为加到变容二极管两端的反向电压。

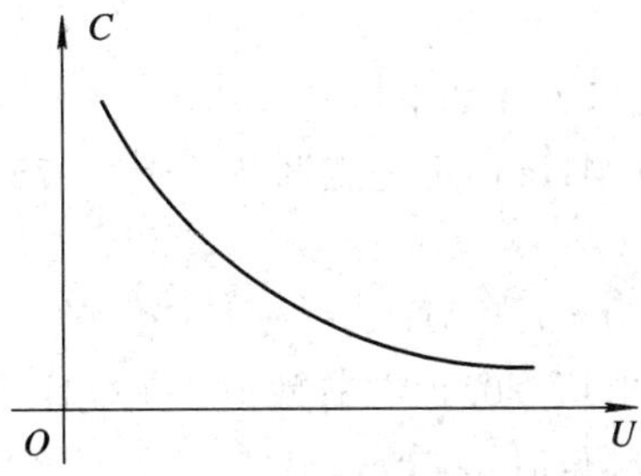

图 3.5-5　变容二极管的特性曲线

若使用突变结的变容二极管，则 $r=1/2$，此时电容为

$$C=\frac{C_{j0}}{\sqrt{1+U/U_D}} \tag{3.5-5}$$

因此，用扫描信号电压 U 反向加于变容二极管，当 U 随时间变化时，电容 C 也随之改变，从而也就改变了谐振频率，获得了扫频信号。

当然，前面所叙述的仅是磁调电感法和变容二极管法产生扫频振荡的最基本原理，实际中扫频振荡器还有许多其他电路，用以增大扫频振荡的频率覆盖系数，改善扫频线性度等。许多扫频仪还将扫频振荡器分成几个波段，用以扩大扫频范围，而在不同扫频波段可能采用不同的扫频振荡方式，手工切换或自动切换各个频段。

3.5.3 BT-3 型扫频仪

1. 对扫频仪的主要性能要求

扫频振荡器除应具有一般正弦振荡器所具有的工作特性外，还有下面几个主要的性能要求。

(1) 中心频率范围大且可连续调节。中心频率是指扫频信号从低频到高频之间中心位置的频率。不同测试对象对中心频率的要求也不同。

(2) 扫频宽度(频宽)要宽且可任意调节。频偏是指扫频信号的瞬时频率与中心频率的差值。显然，频偏应能覆盖被测电路的通频带，以便测绘该电路完整的频率特性曲线。例如，测试电视接收机中的图像中频通道要求频偏达±5 MHz，测试伴音中频频道时，频偏只需±0.5 MHz。

(3) 寄生调幅要小。理想的调频波应是等幅波，因为只有在扫频信号幅度保持恒定不变的情况下，被测电路输出信号的包络才能表征该电路的幅频特性曲线。

(4) 扫描线性度要好。当扫频信号的频率和调制信号间成直线关系时，示波管的水平轴变换成线性的频率轴。这时幅频特性曲线上的频率标尺将均匀分布，便于观察。而在测试宽带放大器时，常使用对数幅频特性，则要求扫频规律和扫频电压之间是对数关系。

2. BT-3 型频率特性测试仪(扫频仪)

BT-3 型扫频仪主要用来测试宽带放大器、雷达接收机的高频放大器、电视接收机等的各通道频率特性，也可用于鉴频器测试，是一种较为典型的频率特性测试仪，其框图如图 3.5-6 所示，主要由扫频信号发生器、频率标尺、显示装置及电源等四部分组成。BT-3 型扫频仪的面板图如图 3.5-7 所示。

BT-3 型扫频仪的主要技术性能如下：

(1) 中心频率：在 1～300 MHz 内可任意调节，分 1～75 MHz、75～150 MHz、150～300 MHz 三个波段。

(2) 扫频频偏：最大频偏为±7.5 MHz。

(3) 扫频信号输出：输出电压≥0.1 V(有效值)，输出阻抗为 75 Ω。

(4) 寄生调幅系数：最大频偏时，<±7.5%。

(5) 调频非线性系数：最大频偏时，<20%。

(6) 频标信号：1 MHz、10 MHz 和外接频标三种。

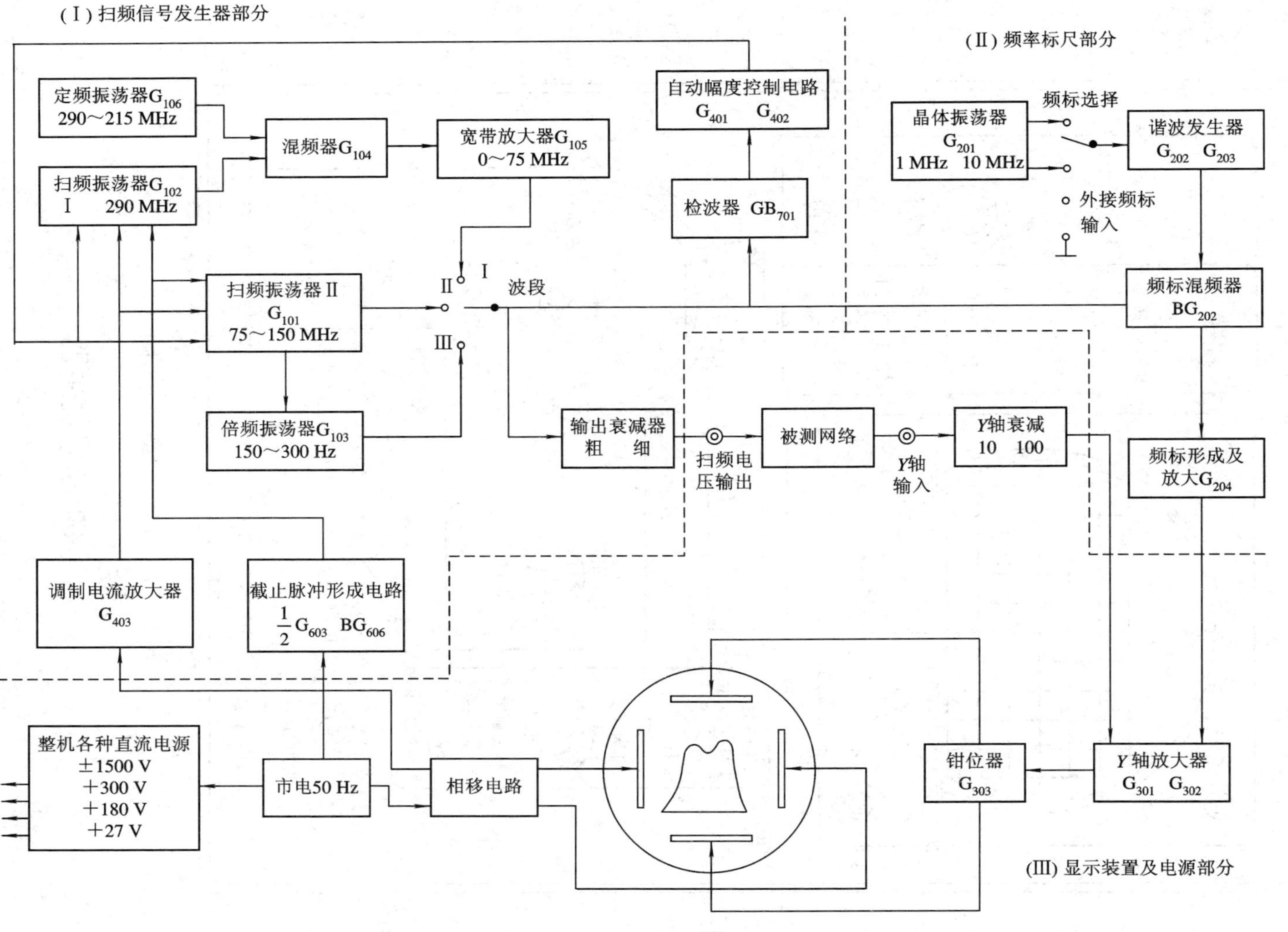

图 3.5-6 BT-3 型扫频仪原理框图

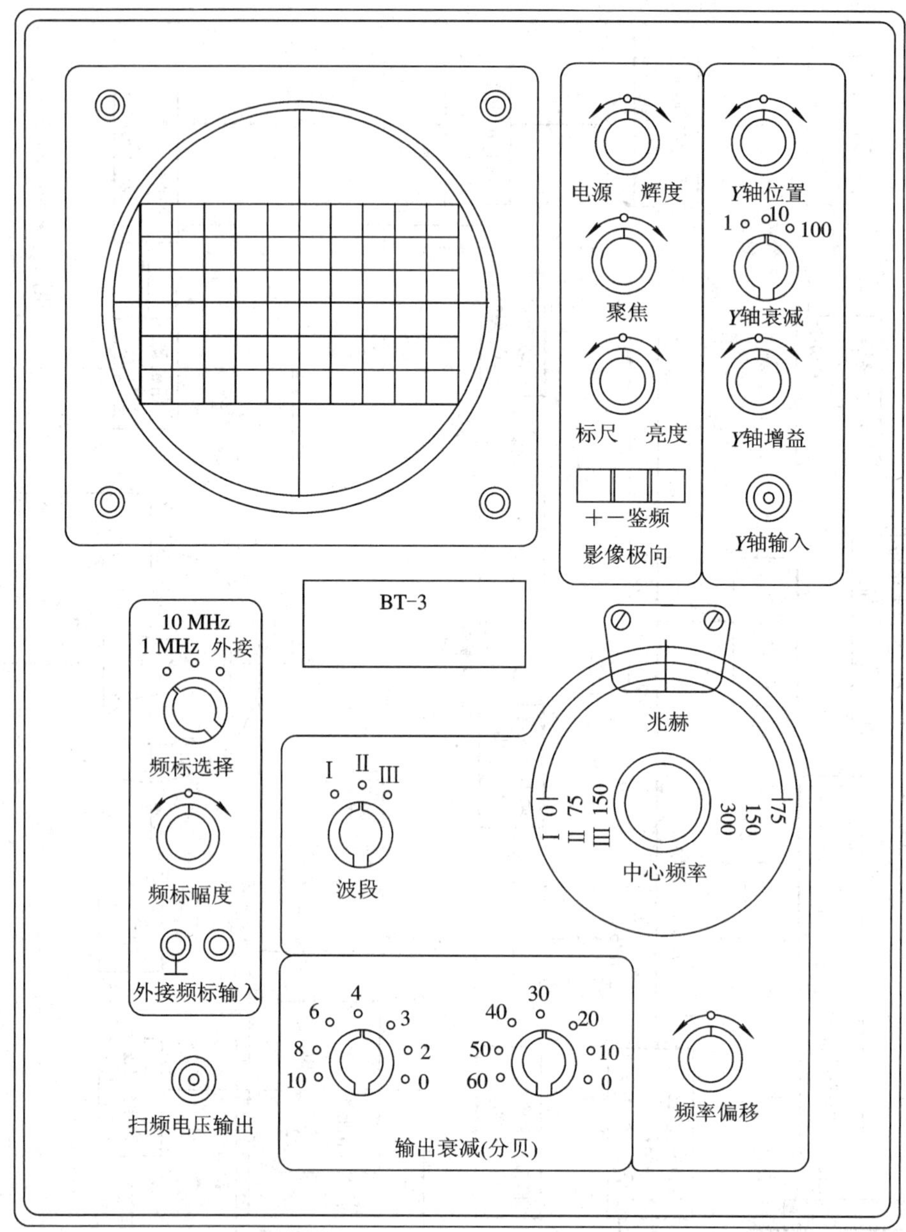

图 3.5-7　BT-3 型扫频仪的面板图

3.6　脉冲信号发生器

3.6.1　脉冲信号

脉冲具有脉动和冲击的含义，脉冲信号通常指持续时间较短且有特定变化规律的电压或电流信号。常见的脉冲信号有矩形、锯齿形、阶梯形、钟形、数字编码序列等(参见图

3.1-2)，其中最基本的脉冲信号是矩形脉冲信号，如图 3.6-1 所示。下面就以矩形脉冲为例，介绍表征脉冲信号的主要参数。

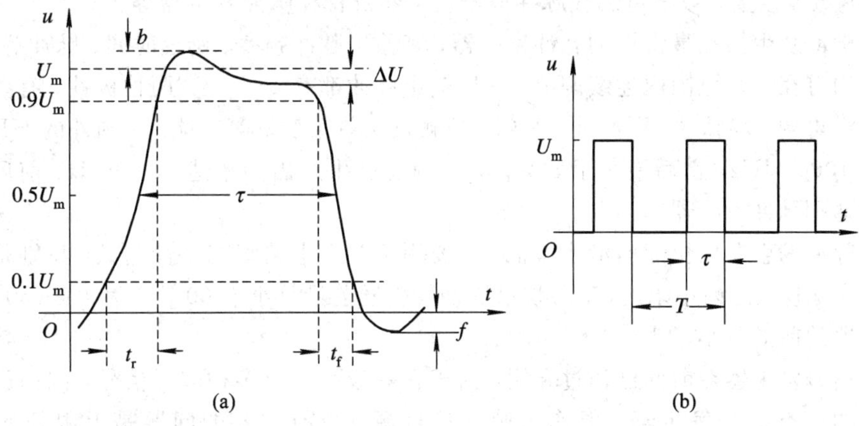

图 3.6-1 矩形脉冲信号

(1) 脉冲幅度 U_m：脉冲波从底部到顶部之间的数值。

(2) 脉冲上升时间 t_r：脉冲波从 $0.1U_m$ 上升到 $0.9U_m$ 所经历的时间，也称脉冲前沿。

(3) 脉冲下降时间 t_f：脉冲波从 $0.9U_m$ 下降到 $0.1U_m$ 所经历的时间，也称脉冲后沿。

(4) 脉冲宽度 τ：即脉冲的持续时间，一般指脉冲前、后沿分别等于 $0.5U_m$ 时相应的时间间隔。

(5) 平顶降落 ΔU：表征脉冲顶部不能保持平直而呈现倾斜降落的数值，也常用其对脉冲幅度的百分比值来表示。

(6) 脉冲过冲：包括上冲和下冲。上冲指上升边超过顶值 U_m 所呈现的突出部分，如图 3.6-1(a)中的 b；下冲是指下降边超过底值所呈现的向下突出部分，如图 3.6-1(a)中的 f。

(7) 脉冲周期和重复频率：周期性脉冲相邻两脉冲之间的时间间隔称为脉冲周期，用 T 表示，脉冲周期的倒数称为重复频率，用 f 表示。

(8) 脉冲的占空系数 ε：脉冲宽度 τ 与脉冲周期 T 的比值称为占空系数或空度比，即

$$\varepsilon=\frac{\tau}{T} \tag{3.6-1}$$

国际电工委员会于 1974 年公布了 IEC469-1 号标准(脉冲技术与仪器的第一部分：脉冲术语及定义)和 IEC468-2 号标准(脉冲技术与仪器标准的第二部分：脉冲测量与分析的一般考虑)两个标准文件，标准中给出了统一的、数学上严密的而且通用的脉冲及其测量技术的术语和定义(见参考文献[5]的第二章)。本书仍采用目前国内较通用的一些标准和术语。

3.6.2 脉冲信号发生器的分类

脉冲信号发生器是专门用来产生脉冲波形的信号源，是电子测量仪器中的一个重要门类。脉冲信号发生器广泛应用于电子测量系统以及数字通信、雷达、激光、航天、计算机技术、自动控制等领域。具体来说，它可用于测试视频放大器、宽带电路的振幅特性和过渡

特性，逻辑元件的开关速度，还可用于示波器的检定与测试等。

按照用途和产生脉冲的方法不同，脉冲信号发生器可分为通用脉冲发生器、快沿脉冲发生器、函数发生器、数字可编程脉冲信号发生器及特种脉冲发生器等。

通用脉冲发生器是最常用的脉冲发生器，其输出脉冲频率、延迟时间、脉冲持续时间、脉冲幅度均可在一定范围内连续调节，一般输出脉冲都有“＋”“－”两种极性，有些产品还具有前后沿可调、双脉冲、群脉冲、闸门、外触发及单次触发等功能。像国外的 HP8080A，其频率达 1000 MHz，前后沿小于 300 ps，国内也已生产出频率达 500 MHz，前后沿小于 100 ps 的通用脉冲发生器。

快沿脉冲发生器以快速前沿为特征，主要用于各类电路瞬态特性测试，特别是测试示波器的瞬态响应。国内小幅度(5 V)快沿脉冲发生器前沿可小于 60 ps，大幅度(50 V)快沿脉冲发生器的前沿可小于 1 ns。

函数信号发生器在前面已作过介绍，由于它一般可输出多种波形信号，因而已成为通用性极强的一类信号发生器。但作为脉冲信号源，当前主要的问题是上限频率不够高(50 MHz 左右)，前、后沿时间也难以缩短宽度，不能完全取代通用脉冲信号发生器。

数字可编程脉冲信号发生器是随着集成电路技术、微处理器技术发展而产生的一代新型脉冲发生器，一般带有 GPIB 接口，可编程控制，在现代化的自动测试系统中常用。

特种脉冲信号发生器是指那些具有特殊用途，对某些性能指标有特定要求的脉冲信号源，如稳幅、高压、精密延迟等脉冲发生器以及功率脉冲发生器和数字序列发生器等。

3.6.3　脉冲信号发生器的结构

1. 基本的脉冲信号发生器

一台基本的脉冲信号发生器由图 3.6－2 中的主要单元构成。XC－15 型及 XC－20 型脉冲信号发生器均采用了这种结构，可输出频率、脉冲宽度可调的正、负极性矩形脉冲。图3.6－2 中各单元的主要功能如下所述。

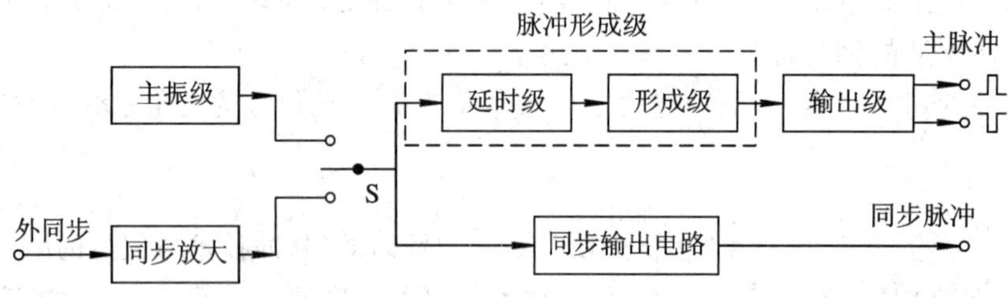

图 3.6－2　基本脉冲信号发生器框图

(1) 主振级：该单元是脉冲信号源的核心——振荡源，一般采用恒流源射极耦合自激多谐振荡器产生矩形波，调节振荡器中电容和钳位电压可进行振荡频率(频段)粗调和细调。也可采用正弦振荡、限幅放大和积分电路等构成主振级。

(2) 脉冲形成级：脉冲形成级主要由延时级和形成级构成。延时级将主振级送来的信号转换成形成级所需的延时脉冲，如 XC－15 型脉冲发生器中采用电子延迟电路，用一积分器对主振级送来的脉冲信号进行积分，待积分电压值增大到一定值时，使其中一稳压管导通，输出一个延时脉冲。形成级在延时脉冲的作用下，形成宽度准确、波形良好的矩形脉冲，脉冲宽度可在该级进行独立调节。通常采用单稳态触发器作为脉冲形成电路。

(3) 输出级：通常包括脉冲放大器、倒相器等。输出信号的幅度、极性在输出级进行调节。

XC-20型脉冲信号发生器采用上述基本结构，性能指标为：频率范围为3 kHz～200 MHz；延迟时间为2.5 ns～100 μs；脉冲宽度为2.5 ns～100 μs；输出幅度为150 mV～5 V；前、后沿为1.5 ns；输出波形有正、负矩形脉冲，正、负倒置矩形脉冲；直流偏置为−1～+1 V；有外触发输入端(可手动单次脉冲触发)。

2. 前、后沿可调节的脉冲信号发生器

除矩形脉冲外，有时还需要其他波形的脉冲信号，如梯形、三角形、锯齿形等，这些信号可通过改变矩形脉冲的前、后沿宽度来实现，如图3.6-3所示。因此在前面所述的基本脉冲发生器中，增加相应的脉冲前、后沿调节电路，即可获得不同波形的脉冲信号输出。

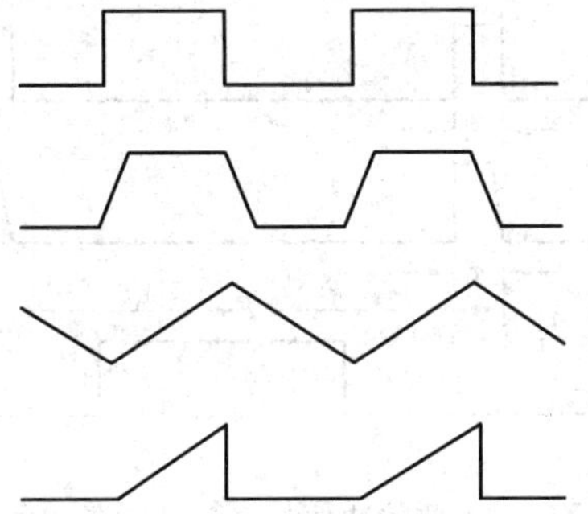

图3.6-3 前、后沿宽度不同的波形

图3.6-4是XC-14型脉冲信号发生器的原理框图。和XC-13、XC-19等型号一样，XC-14属于通用脉冲信号发生器门类。下面简要介绍其工作原理，各单元电路的输出波形如图3.6-5所示。

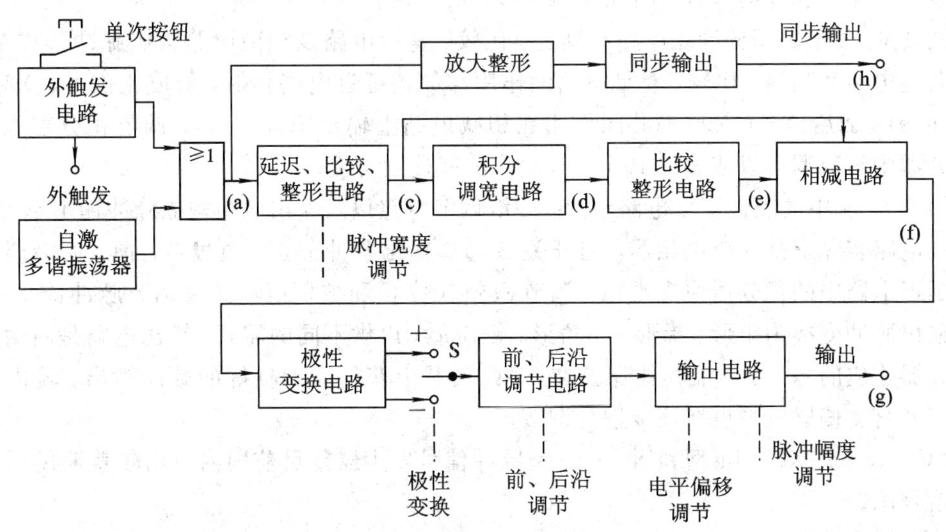

图3.6-4 XC-14型脉冲信号发生器的原理框图

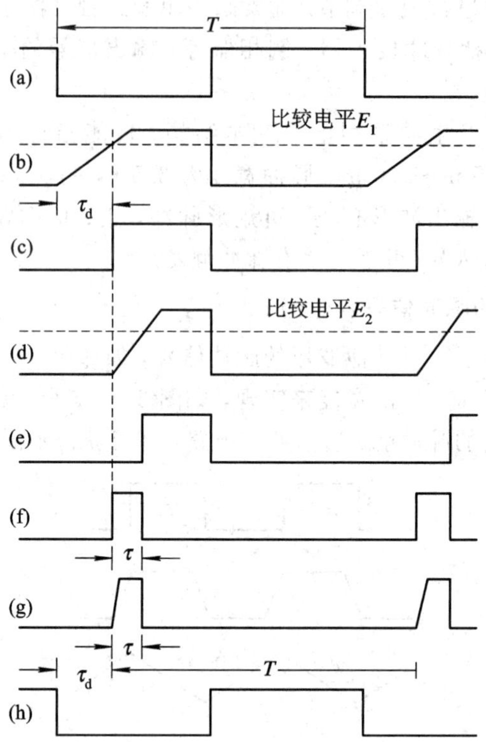

图 3.6－5　XC－14 型脉冲信号发生器中各单元的输出波形

图 3.6－4 中的外触发电路，自激多谐振荡器，延迟、比较、整形电路构成触发脉冲产生单元。延迟电路和前述延时级的电路形式及延时调节方法相同，输出波形(c)比自激多谐振荡器或外触发脉冲信号(a)延迟了 τ_d，(b)波形表示(a)信号进行积分并与一比较电平 E_1 相比较产生延迟脉冲的过程。图 3.6－4 中未标出(b)。

图 3.6－4 中的积分调宽电路和延迟、比较、整形电路及相减电路构成脉冲形成单元。积分调宽电路和延迟、比较、整形电路的作用与前述延迟电路相似，形成比信号(c)延时 τ 的脉冲(e)，而后信号(c)、(e)共同作用在相减电路上输出窄脉冲(f)，调节积分器电容 C 和积分器中恒流源可以使 τ 在 10 ns～1000 μs 间连续可变。

图 3.6－4 中的极性变换电路和前、后沿调节电路以及输出电路构成脉冲输出单元。极性变换电路实际上是一个倒相器，用开关 S 选择输出脉冲的正、负极性。前、后沿调节电路和延迟电路中的积分器原理类似，调节积分电容 C 和被积恒流源来调节脉冲前、后沿，可使输出脉冲变换为矩形、梯形、三角形、锯齿形，以供不同的需要。输出电路是由两极电流放大器构成的脉冲放大器，能保证在 50 Ω 负载上获得波形良好的脉冲输出。输出脉冲的幅度和直流偏置电平也在该级进行调节。

XC－13 型、XC－14 型和 XC－19 型脉冲信号发生器是目前国内应用较普遍的通用型脉冲信号源。

表 3.6－1 列出了其主要性能指标，以供参考。

表 3.6-1 XC-13 型、XC-14 型和 XC-19 型的主要性能指标

性能指标	XC-13	XC-14	XC-19
频率范围	100 Hz～10 MHz	1 kHz～50 MHz	300 Hz～30 MHz
延迟时间	30 ns～3000 μs	10 ns～1000 μs	15 ns～1000 μs
脉冲宽度	30 ns～3000 μs	10 ns～1000 μs	15 ns～1000 μs
前、后沿时间	10 ns～1000 μs	4 ns～300 μs	5 ns～300 μs
输出波形	正、负脉冲，正、负倒置脉冲，直流偏置−1～+1 V 连续可调		
输出幅度	200 mV～5 V 连续可调		
外触发	有		
单次触发	手动		

3. 多用信号源

在前面讲述的脉冲信号源分类中包括函数发生器，实际上它是一种多用信号源，在一些要求不高的场合，这种“一机多用”而价格不高的信号源还是很受欢迎的。图 3.6-6 给出了 XD-11 型多用信号源的框图。

和前面的脉冲信号源不同，这里首先由文氏桥电路产生正弦振荡，在正弦波单元经缓冲、放大由按键开关 S 选择输出。后面各单元的功能在框图中已有说明，不再赘述。

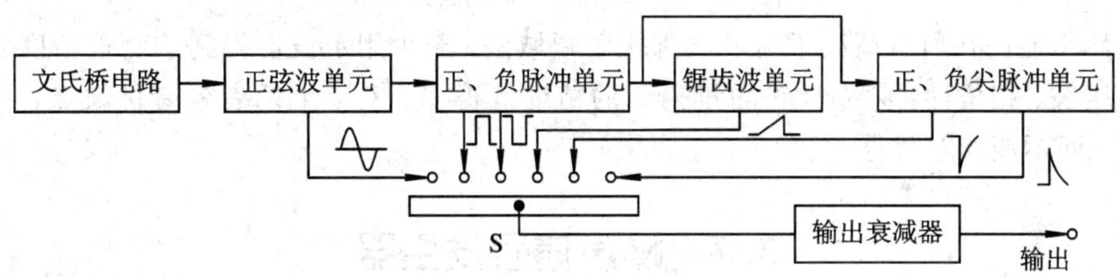

图 3.6-6 XD-11 型多用信号源的框图

3.6.4 脉冲信号源的应用

在 1.3 节测量方法的分类中，我们曾按被测量的性质将测量分为频域、时域、数据域和随机测量。随机测量又称统计测量，已超出本书范围。数据域测量将在第 10 章作简要介绍。频域测量实质上就是系统正弦稳态特性的测量，包括系统的幅频特性、相频特性。在正弦测量中，最重要的信号源就是正弦信号发生器，最常用的测量仪器是电子电压表(点频法测量时)或扫频仪(扫频法测量时)。正弦测量能够全面、精确地确定被测系统的特性。不过如前面所述，点频法测量费时、费事，扫频法测量用的扫频仪又很昂贵，而且正弦测量不能直观地表征系统的瞬态响应特性，时域测量恰在这方面有其突出的优点。时域测量的原理如图 3.6-7 所示，图中的脉冲信号发生器输出方波等脉冲信号施加于被测系统，用示波器观测系统的输出波形(为便于分析比较，通常使用双踪示波器以便同时显示输入和输出波形)，即可非常直观地获得被测系统的瞬态响应特性，而且可边调

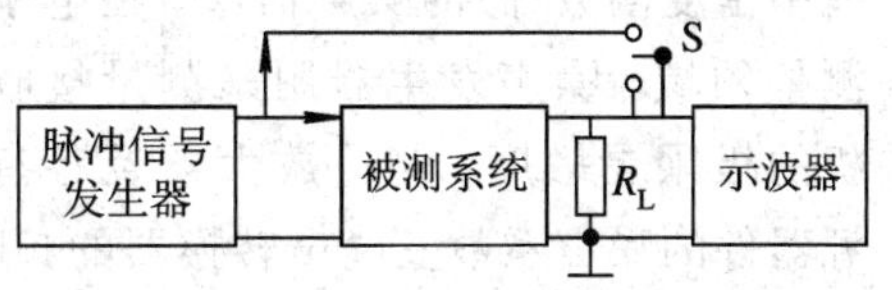

图 3.6-7 时域测量的原理

试电路边进行观测比较，这是正弦点频法所不具有的。虽然从理论上讲，系统的频率特性和瞬态响应特性间有一一对应的关系，但通过测量结果从频率特性推断出瞬态响应特性的过程繁琐且困难。

作为一个简单的例子，我们考察图 3.6－8(a)中阻容分压器的瞬态响应特性，这种阻容分压器常用作示波器的输入端。最常用的方法是由脉冲信号发生器输出方波脉冲施加于分压器，理想情况下的 u_2 输出波形的形状应与输入 u_1 波形的形状完全相同，如图(b)所示，可以证明此时 $R_1C_1=R_2C_2$。一旦 $R_1C_1\neq R_2C_2$，u_2 相对于 u_1 就产生失真，如图(c)、(d)所示的有失真的波形。此时我们可以一边调节输入补偿电容 C_1，一边用示波器观察输出波形，一直到满足要求为止，这显然要比正弦法测量直观、简捷得多。

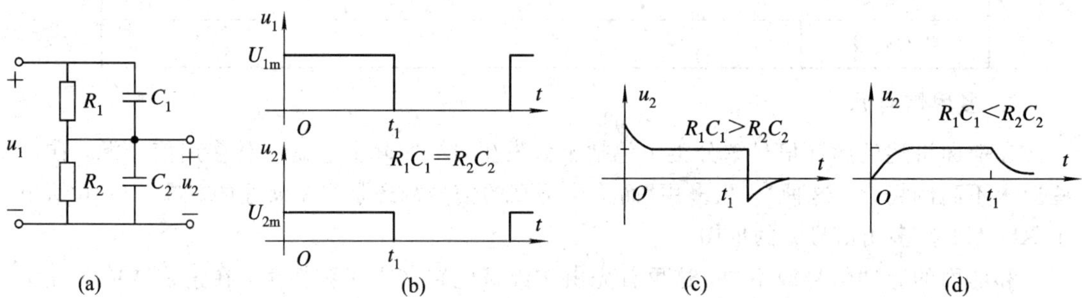

图 3.6－8　阻容分压器的瞬态响应

当然不能说在所有情况下时域法都优于频域法，至少用示波器得到的测量精度要比用电子电压表、相位计、频率计等测量得到的精度低得多。实际上两者各有优缺点，可以相互补充，而不能相互代替。

3.7　噪声信号发生器

噪声和信号是两个对立统一的概念。噪声通常指干扰有用信号的、不期望的、不可预测的扰动，它使有用信号受到干扰而造成失真，降低了信号观察和测量的可靠性。许多情况下，人们希望克服或降低噪声，而有些情况下，噪声又可被人们所利用，因而噪声测量技术就成为电子测量领域的一个重要组成部分，并且已在国防、能源、水文、海洋、地理、气象及医疗等部门得到了广泛应用。

噪声信号发生器是噪声测量中必需的仪器，它能在特定的频率范围内提供足够的输出电平并具有所要求的统计参数(如功率密度谱、均方根值、概率密度函数等)的噪声信号。在电子测量领域，噪声发生器用来测量接收机的极限灵敏度，测量放大器及各有源器件的噪声系数及电声转换器的频响及失真度等。噪声发生器的结构如图 3.7－1 所示，主要由噪声源、变换器及输出衰减器等部分组成。

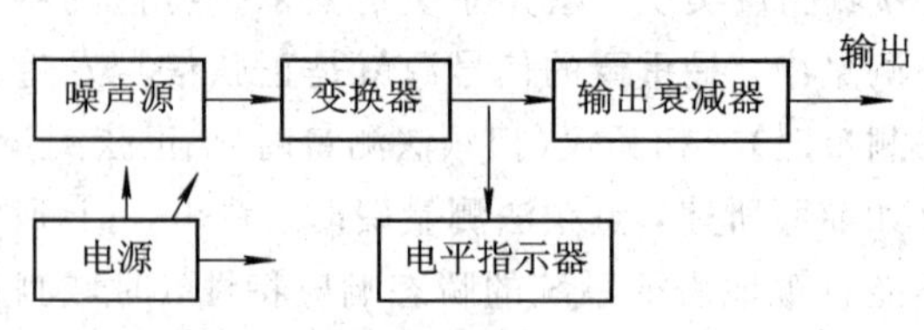

图 3.7－1　噪声发生器的结构

3.7.1 噪声源

噪声源是噪声发生器的核心，提供在一定频率范围内有足够高电平和噪声统计特性的噪声信号。噪声可有不同的统计参数。其中，应用最多的是频谱分布均匀的白噪声(又称无色噪声)。可产生白噪声的噪声源通常有下面几种。

1. 电阻器噪声源

任何电阻在一定温度下都会产生热噪声，这是由于导体中电子无规则的热运动而引起的噪声，其大小取决于导体(电阻)的热力学状态。噪声电压的均方根值为

$$\sqrt{\overline{u_k^2}} = \sqrt{4kTR \cdot \Delta f} \qquad (3.7-1)$$

式中，R 为电阻值；k 为玻耳兹曼常数(1.38×10^{-23} J/K)；T 为绝对温度；Δf 为系统工作带宽。例如当室温 17℃(T=290 K)，R=50 Ω，Δf=1 MHz 时，噪声电压的均方根值为

$$\sqrt{\overline{u_k^2}} = \sqrt{4\times1.38\times10^{-23}\times290\times50\times10^6} \approx 0.9\ \mu\text{V}$$

可见，电阻的噪声均方根值很小。但由于在相当宽的频率范围内，其噪声功率谱密度均匀(白噪声)，且实际值与设计值吻合程度好，因此常用作噪声电压标准。改变电阻的温度，即可调节输出的噪声均方电压。如果将电阻置于低温下(如放在液态氮中)，则它输出的噪声电压极低，可用来测量低噪声放大器的噪声系数。

2. 饱和二极管(噪声二极管)噪声源

在真空二极管饱和区，如阴极温度一定，则电流也维持恒定，在单元时间内，阴极发射的电子数围绕着平均值起伏变化，这种现象称为“散弹效应”。电子发射的时间、速度和运动过程是随机的，因而阳极直流电流上就叠加有随机起伏的噪声电流，其均方值为

$$\overline{i_n^2} = 2eI_{av} \cdot \Delta f \qquad (3.7-2)$$

式中，e 为电子电荷量($e=1.6\times10^{-19}$ C)；I_{av} 为二极管阳极平均电流；Δf 为系统工作带宽。例如当 I_{av}=1 mA，Δf=1 MHz 时，$\sqrt{\overline{i_n^2}}$=0.057 μA，可以在 50 Ω 的电阻上产生均方根值为 2.8 μV 的噪声电压。一般可用改变阳极电流的方法调整噪声输出电平。在数千赫兹到数百兆赫兹范围内，上述散弹噪声具有白噪声特性。

3. 气体放电管噪声源

气体放电管是一种离子器件，由灯丝(阴极)和阳极构成，管内充有一定气压的惰性气体(氩或氖)，当放电管点燃后，管内气体放电，在电场的作用下，电子不断地加速，在高速运动中又与其他离子和中性粒子碰撞，在碰撞中，一方面使气体进一步电离，另一方面电子本身运动速度急剧减慢，损失掉的能量就转化成一定形式的电磁辐射。由于电子运动速度(大小、方向)和碰撞都是随机的，因此这种电磁辐射就具有噪声的性质，并在极宽的频率范围内具有均匀的谱密度。如果是同轴线结构，则其应用频率范围为 0.2～5 GHz；如果是波导管结构，则其应用频率范围为 2.6～75 GHz，是微波波段应用的噪声源。

4. 固态噪声源

固态噪声源的主要器件是固态噪声二极管，它是一种 PN 结器件，当工作于反偏压，处于雪崩击穿状态时，载流子倍增的电流起伏产生雪崩散弹噪声，这种噪声在工作频率远低于雪崩频率时，近似为白噪声。固态噪声源除频率覆盖范围宽外，还具有体积小、重量

轻、功耗低等优点。

3.7.2　变换器

噪声源输出的噪声功率有限，频谱密度等也由噪声源类型决定。为了使输出的噪声满足一定的要求，包括输出功率、谱密度特性等，需要在噪声源后连接变换器，它包括宽带放大器、非线性电路(改变噪声特性，如概率密度函数)、滤波器、频谱变换器等。

3.7.3　输出衰减器

在噪声发生器中，常用已校准好刻度的衰减器作为输出级，其衰减量在系统工作频率范围内保持恒定。信号电平指示仪表接在衰减器之前，由电平指示仪表的示值和输出衰减倍乘即可得知输出噪声的均方根值或均方值。当需要的噪声电平较小时，也可直接由噪声源输出噪声信号。

ZF－C 型噪声发生器采用饱和二极管作噪声源，用改变饱和平均电流的方法调节输出噪声电平，噪声信号在 1～100 MHz 范围内具有均匀的功率谱密度，可用来测量接收机的噪声系数。

部分新型信号发生器

小　　结

(1) 信号发生器用作测试系统的测试信号源，可以按照输出信号的频率范围、输出信号波形及信号发生器的性能进行分类。电子测量中使用最频繁的当属正弦信号发生器和脉冲信号发生器，它们分别是频域测量和时域测量中不可缺少的设备。

(2) 信号发生器中最基本的工作单元包括振荡器、变换器和输出级，分别完成信号的产生，信号的放大、调制、整形，信号输出电平调节和阻抗匹配等功能。

(3) 正弦信号发生器最主要的性能指标有：频率范围，频率准确度和稳定度，温度、电源和负载变化引起的频率波动，非线性失真，输出阻抗，输出电平及所具有的调制信号种类和特性。正弦信号发生器的性能指标可概括为频率特性、输出特性和调制特性。

(4) 低频信号发生器泛指频率范围为 1 Hz～1 MHz 的正弦信号发生器，实际的信号发生器的频率范围可能向低端和高端延伸。大多数低频信号发生器采用 RC 文氏桥振荡器，振荡频率为 $f_0=1/(2\pi RC)$，文氏桥电路中通常用非线性元件(如热敏电阻)来稳定信号振幅和促使振荡器起振。

(5) 能产生 1 Hz 以下频率的信号发生器称为超低频信号发生器，常用两级由运放构成的积分器和反相器来构成振荡器。

(6) 函数信号发生器是一种多用信号源，它的振荡级由积分电路和触发电路构成，同时产生方波和三角波，再由二极管整形电路将三角波整形成正弦波。

(7) 数字合成低频信号发生器的基本原理是利用阶梯波近似正弦波，而阶梯波可用数据存储器和数/模变换器实现，其突出的优点是频率准确度和稳定度高，并且幅频特性平坦。

(8) 射频或高频信号发生器广泛用于无线电领域，除频率范围宽以外，还具有一种或多种调制信号输出功能。射频信号发生器主要有调谐式、锁相式和频率合成式三种。调谐式振荡器的最基本原理是 LC 振荡回路的选频特性。锁相式信号发生器是将调谐式振荡器的输出锁定在频率计数器的时基上，因而提高了频率准确度和稳定度。频率合成器通常是将直接合成和间接合成等技术集于一体，以获得良好的性能指标。

(9) 扫频式信号源的输出频率在一定范围内可连续自动调节，其核心是VCO，最基本的思想是利用调制信号(如锯齿形电压)、电流信号改变谐振回路中电感L(如磁调电感法)或电容C(如变容二极管法)的大小，以达到改变振荡频率的目的。和点频法相比，扫频法测量系统的频率特性具有快速、直观并且是动态测试的优点。

(10) 脉冲信号发生器和矩形脉冲信号在时域测量中占有极其重要的地位。基本的脉冲发生器由主振级产生频率可调的方波脉冲，在形成级形成宽度可调的矩形脉冲，通过输出级的脉冲放大器、倒相器等对输出信号的幅度、极性进行调节。在通用脉冲信号发生器中可用改变前后沿的方法将矩形波变换成三角波、梯形波、锯齿波等脉冲信号。

(11) 噪声发生器提供具有一定统计参数的噪声信号。白噪声具有均匀的频谱密度。最常用的噪声源有电阻器、饱和二极管、气体放电管、固态噪声源等。噪声发生器中的变换器可用来改变噪声的频谱特性、概率密度函数，以及进行频谱搬移。

习 题 3

3.1 如何按信号频段和信号波形对测量用信号源进行分类？

3.2 正弦信号发生器的主要性能指标有哪些？各自具有什么含义？

3.3 文氏桥振荡器的振荡原理是什么？

3.4 某文氏桥RC振荡器如图3.1所示，其中R_3、R_4是热敏电阻，试确定它们各自应具有什么性质的温度系数。

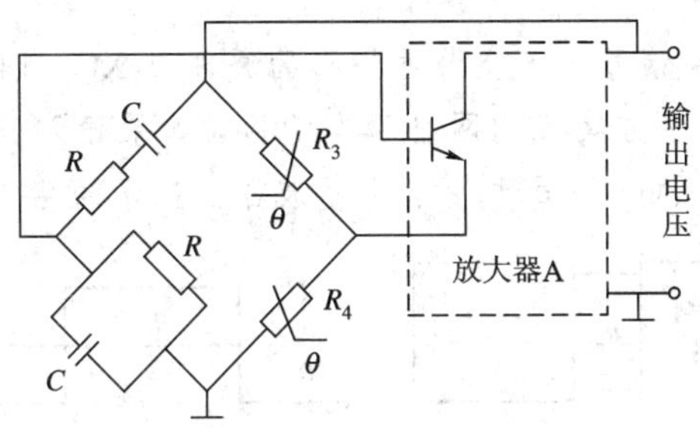

图3.1 题3.4图

3.5 差频式振荡器作低频信号发生器振荡源的原理和优点是什么？

3.6 XD-1型低频信号发生器表头指示分别为2 V和5 V，当输出衰减旋钮分别指向如表3.1所示的各位置时，实际输出电压值为多大？

表3.1 题3.6表

表头指示	电平位置									
	0 dB	10 dB	20 dB	30 dB	40 dB	50 dB	60 dB	70 dB	80 dB	90 dB
2 V										
5 V										

3.7　参照图3.3-11说明函数信号发生器的工作原理和过程。欲产生正向锯齿波，图中的二极管应如何连接？

3.8　说明图3.3-14所示的XD8B框图中R_{P4}和R_{P2}两个电位器的功能。

3.9　说明图3.4-1所示的高频信号发生器各单元的主要作用。

3.10　调谐式高频振荡器主要有哪三种类型？如何确定和调节振荡频率？

3.11　图3.2是简化了的频率合成器框图，f_1为基准频率，f_2为输出频率，试确定两者之间的关系。如f_1=1 MHz，则分频器$\div n$和$\div m$中的n、m可以从1变到10，步长为1，试确定f_2的频率范围。

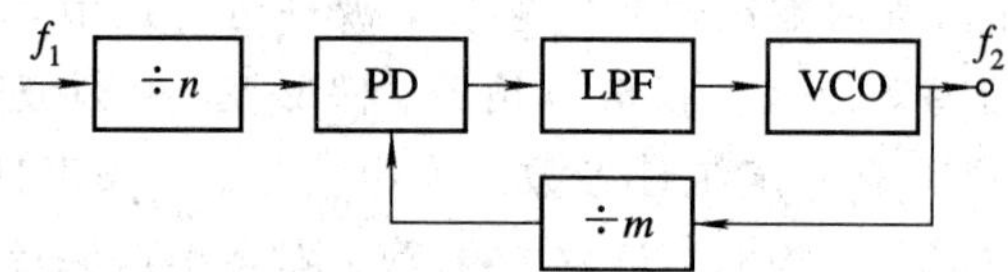

图3.2　题3.11图

3.12　解释下列术语：频率合成、相干式频率合成、非相干式频率合成。

3.13　说明点频法和扫频法测量网络频率特性的原理及各自的特点。

3.14　扫频仪中如何产生扫频信号？如何在示波管荧光屏上获得网络的幅频特性？

3.15　对于矩形脉冲信号，说明下列参数的含义：脉冲幅度、脉冲宽度、脉冲上升时间和下降时间、脉冲占空系数、脉冲过冲、平顶降落。

3.16　以图3.6-4所示的XC-14型脉冲信号发生器的原理框图为例，说明通用脉冲信号发生器的工作原理。在通用脉冲信号发生器中，如何由方波（矩形波）信号获得梯形波、锯齿波和三角波？

3.17　XD-11型多用信号源产生脉冲波形的原理与XC-14型脉冲发生器有何不同？

3.18　用图3.3(a)所示方案观测网络瞬态响应，如果输入波形是矩形脉冲，如图(b)所示，被观测网络分别如图(c)、(d)所示，则示波器上显示的输出波形分别是什么样子的？

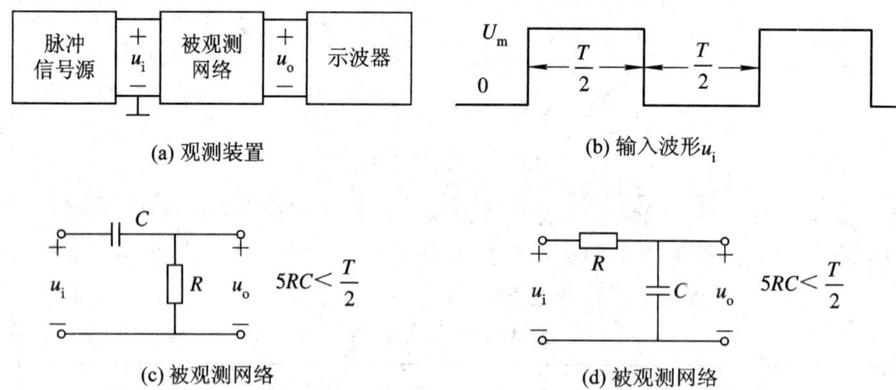

图3.3　题3.18图

3.19　简要说明白噪声的特点，产生白噪声的主要噪声源以及如何进行噪声频谱搬移。

第4章　电子示波器

4.1　电子示波器概述

电子示波器简称示波器。它是一种用荧光屏显示电量随时间变化过程的电子测量仪器。它能把人的肉眼无法直接观察到的电信号转换成人眼能够看到的波形，具体显示在荧光屏上，以便对电信号进行定性和定量观测，其他非电物理量亦可经传感器转换成为电量，使用示波器进行观测，因此示波器是一种广泛应用的电子测量仪器，它普遍地应用于国防、科研、学校以及工、农、商业、交通等领域。

电子示波器的基本特点如下：

(1) 能显示信号波形，可测量瞬时值，具有直观性。

(2) 输入阻抗高，对被测信号影响小。测量灵敏度高，并有较强的过载能力，目前示波器的最高灵敏度可达到10 μV/div(微伏/格)。

(3) 工作频带宽，速度快，便于观察高速变化的波形的细节。目前示波器的工作频带最宽可达1000 MHz，预计不久将研制出带宽为2 GHz以上的示波器。

(4) 在示波器的荧光屏上可描绘出任意两个电压或电流量的函数关系，可作为比较信号用的高速 $X-Y$ 记录仪。

由于示波器的上述特点，电子示波器除直接用于电量测试外，也可配以其他设备组成综合测量仪器。

电子示波器的主要用途如下：

(1) 观测电信号波形。

(2) 测量电压和电流的幅度、频率、时间、相位等电量参数。

(3) 显示电子网络的频率特性。

(4) 显示电子器件的伏安特性。

总之，电子示波器是测量电子电路工作情况的不可或缺的重要工具。

电子示波器的发展可溯源到19世纪末研制成的第一支冷阴极静电偏转电子射线示波管。20世纪40年代末，逐渐建立起专门生产示波器的厂家。几十年来，示波器由电子管示波器发展到晶体管、集成电路的示波器，由模拟电路发展到数字电路，由通用宽带示波器发展到高速取样示波器、记忆示波器、数字存储示波器、逻辑示波器等多种类型示波器，它还可与微型计算机连接组成智能测量系统。

建国以后，我国示波器工业也有了很大的发展，有些已接近世界先进水平，但与工业先进的国家相比还有一定的差距。目前电子示波器的主要生产厂家和产品系列如表 4.1－1 所示。

本章在介绍示波器组成结构的基础上，介绍示波器的工作原理、种类及应用。

表 4.1－1　示波器的生产厂家和产品系列

门类与指标	生产厂家				
	美国 Tek 公司	美国 HP 公司	荷兰 Philips 公司	日本 岩通公司	中国 上无二十一厂
宽带示波器 带宽	7104 1000 MHz	1722 B 275 MHz	PM3263 100 MHz	SS5421 350 MHz	SR13A 300 MHz
取样示波器 带宽	7000/7 S11 14 GHz	180/1811A 18 GHz		SAS－601B 12.4 GHz	SQ20 12.4 GHz
记忆示波器 带宽 最高记录速度	7934 500 MHz 4000 cm/μs	1744A 100 MHz 1800 cm/μs	PM3266 100 MHz 1000 cm/μs	MS－5511 50 MHz 100 div/μs	SJ6 30 MHz 2 div/μs
高灵敏度示波器 最高灵敏度	7000/7A32 10 μV/div	180/1806A 100 μV/div		SS8120/V－811 10 μV/div	SG1 10 μV/div
数字存储示波器 存储带宽	2430 40 MHz		PM3311 30 MHz	DMS－6440 100 kHz	SS1 50 kHz
信息处理示波器 带宽	7854 400 MHz	1980 100 MHz			
二线示波器 带宽	7344 400 MHz			DS－3122 100 MHz	
逻辑分析仪 时钟频率 通道数	DAS9200 2000 MHz 540	16500 1000 MHz 400	PM3500 100 MHz 16	SI－4602 20 MHz 34	SL4 5 MHz 16

4.2　示　波　管

示波器的核心部件是示波管，它在很大程度上决定了整机的性能。示波管是一种整个被密封在玻璃壳内的大型真空电子器件，也称阴极射线管。先前的电视机的彩色显像管和计算机的监视器都是在电子示波管的基础上发展起来的，它们的组成结构与原理基本相同。

示波管由电子枪、偏转系统和荧光屏三部分组成，如图 4.2－1 所示。其用途是将电信号转变成光信号并在荧光屏上显示。电子枪的作用是发射电子并形成很细的高速电子束；偏转系统由 X 方向和 Y 方向两对偏转板组成，它的作用是决定电子束怎样偏转；荧光屏的作用则是显示偏转电信号的波形。

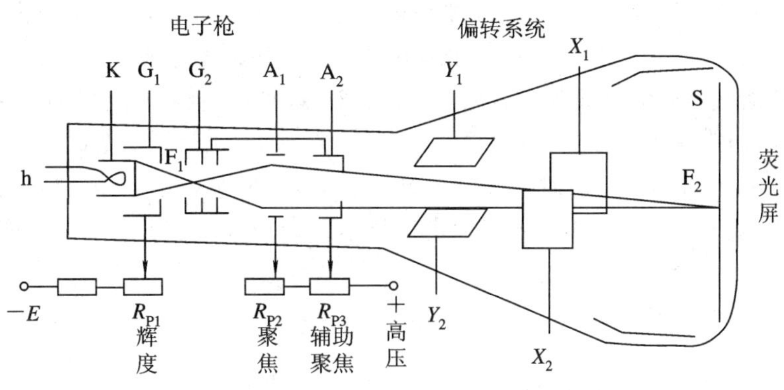

图 4.2-1 示波管及电子束控制电路

4.2.1 电子枪

电子枪由灯丝(h)、阴极(K)、栅极(G_1)、前加速极(G_2)、第一阳极(A_1)和第二阳极(A_2)组成。

灯丝 h 用于对阴极 K 加热，加热后的阴极发射电子。栅极 G_1 电位比阴极 K 低，对电子形成排斥力，使电子朝轴向运动，形成交叉点 F_1，并且只有初速度较高的电子能够穿过栅极奔向荧光屏，初速度较低的电子则返回阴极，被阴极吸收。如果栅极 G_1 电位足够低，则可使发射出的电子全部返回阴极，因此，调节栅极 G_1 的电位可控制射向荧光屏的电子流密度，从而改变荧光屏亮点的辉度。图 4.2-1 中辉度调节旋钮控制电位器 R_{P1} 进行分压调节，即调节栅极 G_1 的电位。控制辉度的另一种方法是以外加电信号控制栅阴极间电压，使亮点辉度随电信号强弱而变化(像电视显像管那样)，这种工作方式称为“辉度调制”。这个外加电信号的控制形成了除 X 方向和 Y 方向之外的三维图形显示，称为 Z 轴控制。

G_2、A_1、A_2 构成一个对电子束的控制系统。这三个极板上都加有较高的正电位，并且 G_2 与 A_2 相连。穿过栅极交叉点 F_1 的电子束由于电子间的相互排斥作用而散开。进入 G_2、A_1、A_2 构成的静电场后，一方面受到阳极正电压的作用加速向荧光屏运动，另一方面由于 A_1 与 G_2、A_1 与 A_2 形成的电子透镜的作用向轴线聚拢，形成很细的电子束。如果电压调节得适当，则电子束恰好聚焦在荧光屏 S 的中心点 F_2 处。图 4.2-1 中 R_{P2} 和 R_{P3} 分别是“聚焦”和“辅助聚焦”旋钮所对应的电位器，调节这两个旋钮使得电子束具有较细的截面，射到荧光屏上，以便在荧光屏上显示出清晰的、聚焦很好的波形曲线。

4.2.2 偏转系统

偏转系统由水平偏转板 X_1、X_2 和垂直偏转板 Y_1、Y_2 这两对相互垂直的偏转板组成。垂直偏转板 Y 在前，水平偏转板 X 在后，如果仅在 Y_1、Y_2 偏转板间加电压，则电子束将根据所形成的电场强弱与极性在垂直方向上运动。如果 Y_1 为正，Y_2 为负，则电子束向上运动，电场强，运动距离大，电场弱，运动距离小；若 Y_1 为负，Y_2 为正，则电子束向下运动。同理，在 X_1、X_2 间加电压，电子束将根据电场的强弱与极性在水平方向上运动，电子束最终的运动情况取决于水平方向和垂直方向电压的合成作用，当 X、Y 偏转板所加电压改变时，荧光屏上的亮点随之移动，可以移动到屏面上的任一位置。

为了显示电信号的波形，通常在水平偏转板上加一线性锯齿波扫描电压 u_x，该扫描电压将 Y 方向所加信号电压 u_y 作用的电子束在屏幕上按时间沿水平方向展开，形成一条“信号电压-时间”曲线，即信号波形，参见图 4.2-2。水平偏转板 X 上所加锯齿形电压称为“时基信号”或“扫描信号”。

例如，当 u_y 信号为正弦波时，只有在扫描电压 u_x 的频率 f_x 与被观察的信号电压 u_y 的频率 f_y 相等或成整倍数 n 时，才能稳定地显示一个或 n 个正弦波形，如图 4.2-2(b)、(c)所示。

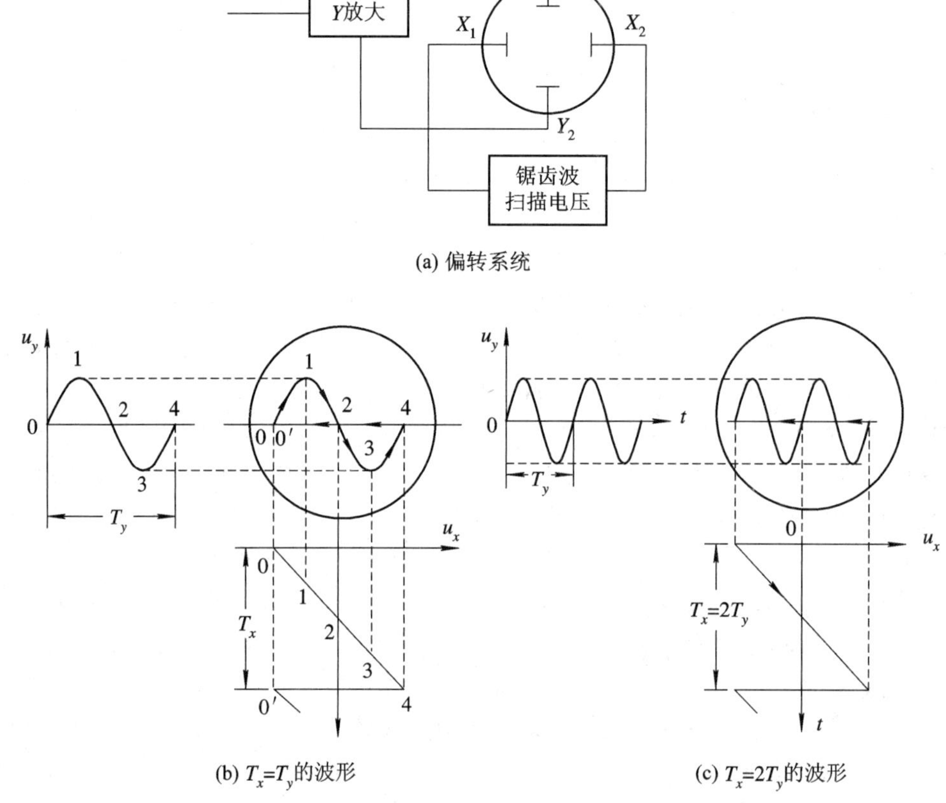

图 4.2-2　偏转系统工作原理图

4.2.3　荧光屏

在荧光屏的玻壳内侧涂上荧光粉，就形成了荧光屏，它不是导电体。当电子束轰击荧光粉时，激发产生荧光形成亮点。不同成分的荧光粉，发光的颜色不尽相同，一般示波器选用人眼最为敏感的黄绿色。荧光粉从电子激发停止时的瞬间亮度下降到该亮度的 10%所经过的时间称为余辉时间。荧光粉的成分不同，余辉时间也不同，为适应不同需要，将余辉时间分为长余辉(100 ms～1 s)、中余辉(1～100 ms)和短余辉(10 μs～10 ms)等不同规格。普通示波器需采用中余辉示波管，而慢扫描示波器则采用长余辉示波管。

4.3 电子示波器的结构框图与性能

本节首先介绍电子示波器的结构框图，然后说明电子示波器的主要技术性能指标。

4.3.1 电子示波器的结构框图

电子示波器的基本组成框图如图 4.3－1 所示。电子示波器由 Y 通道、X 通道、Z 通道、示波管、幅度校正器、扫描时间校正器、电源几部分组成。被观察的波形通过 Y 通道探头，经过衰减加到垂直前置放大器的输入端①，垂直前置放大器的推挽输出信号②和③经过延迟线、垂直末级放大器，输出足够大的推挽信号⑨、⑩加到示波管的垂直偏转板 Y_1、Y_2 上。由时基发生器产生线性扫描电压，经水平末级放大器放大后，输出推挽的锯齿波信号⑦、⑧加到水平偏转板 X_1、X_2 上。

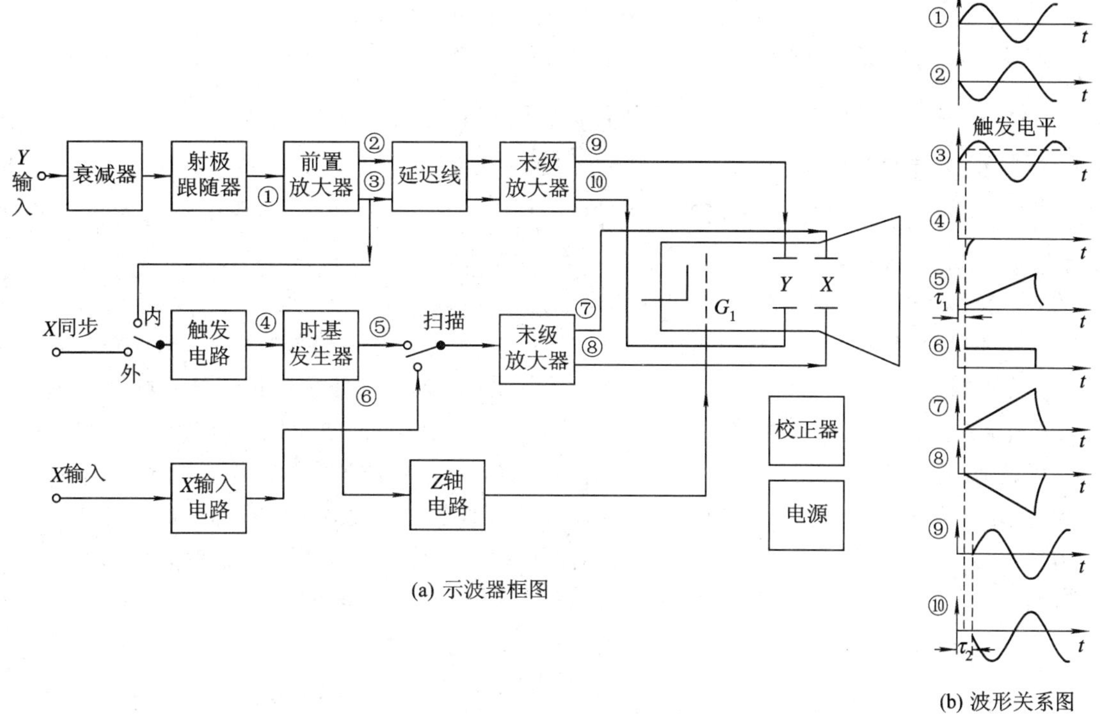

(a) 示波器框图

(b) 波形关系图

图 4.3－1 示波器组成框图及波形关系图

为了在示波管上得到稳定的显示波形，要求每次扫描的锯齿波信号起点应对应于周期性被显示信号的同一相应点，因此，将被显示信号③的一部分送到触发同步电路，当该电路得到的信号相应于输入信号的某个电平和极性时，触发同步电路即产生触发信号④去启动时基发生器，产生一个由触发信号控制的扫描电压⑤。Z 轴电路应在时基发生器输出的正程时间内产生加亮（增辉）信号⑥加到示波管控制栅极上，使得示波管在扫描正程加亮光迹，在扫描回程使光迹消隐。

由图 4.3－1(b)中的波形③、④、⑤可见，触发点即锯齿波的扫描起点并不在被显示信号的起始过零点，因此，信号前沿无法观察。为了克服此缺点，在垂直前置放大器之后加入延迟线，对 Y 方向加入的信号进行延迟，并且使其延迟时间 τ_2 略大于由水平通道引起的固有触发延迟 τ_1，以确保触发扫描与显示信号同步。

来自 Y 通道的同步信号(即被观察信号)被称为“内”同步；来自仪器外部的同步信号被称为“外”同步。示波器除了用于观察信号波形外，当用于其他测量时，X 偏转板上也可不加时基信号，而是加上待测的或参考的信号，这个信号可从 X 输入端直接接入示波器，经过输入电路和放大器后加于 X 偏转板。输入电路一般由衰减器、射极跟随器和放大器组成。

校正器用来校准示波器的主要特性，常用的有幅度校正器和扫描时间校正器。

电源一般由两个整流器组成。高压整流器供给示波管高压电极电压，低压整流器供给示波器所有其他电路的电压和示波管低压电极电压。通常低压电源采用稳压器，较精密的示波器高压电源也采取稳压措施。

电子束控制电路与电源连在一起，包括亮度、聚焦、辅助聚焦和光点位置控制。

4.3.2 示波器的主要性能指标

为了正确选择和使用示波器，必须了解以下六项最重要的性能指标。

1. 频带宽度(f_B)

示波器最重要的工作特性就是频带宽度，又称带宽。其定义是：垂直偏转通道(Y 方向放大器)对正弦波的幅频响应值下降到中心频率幅频响应值的 0.707(−3 dB)倍时所对应的频率范围，也常以最高工作频率 f_h 简述之。

由于信号通过线性电路时，输出信号的频谱 $G(\omega)$等于输入信号的频谱 $F(\omega)$乘以电路的频率特性 $K(\omega)$，即 $G(\omega)=K(\omega)\times F(\omega)$，因此，如果要求任意形状信号通过该电路时不产生幅度失真，则要求电路对被传输信号的所有频谱分量的幅频特性为常数。示波器垂直偏转通道的带宽必须足够宽，如果通道的带宽不够，则对于信号的不同频率分量，通道的增益不同，信号波形便会产生幅度失真。因此，为了能够显示宽频谱的窄脉冲，示波器 Y 通道带宽必须很宽，应涵盖窄脉冲的频谱。例如，SR-8 型双踪示波器的带宽 $f_h=15$ MHz，SBM-10A 型示波器的带宽 $f_h=30$ MHz，目前最宽的示波器频率范围 f_h 已达到 1000 MHz。

2. 偏转灵敏度(S)

单位输入信号电压 u_y 引起光点在荧光屏上偏转的距离 H 称为偏转灵敏度 S，即

$$S=\frac{H}{u_y} \tag{4.3-1}$$

则

$$u_y=\frac{H}{S}=H\cdot d \tag{4.3-2}$$

式中，d 为灵敏度的倒数 $1/S$，称为偏转因数。S 的单位为 cm/V、cm/mV 或 div/V(格/伏)，d 的单位为 V/cm。在测量时，从示波器垂直通道衰减器刻度可读得它的偏转因数 d，根据显示的波形高度 H，按式(4.3-2)可求得显示波形的电压幅度。例如，$d=2$ V/cm，荧光屏上 u_y 波形高度 $H=2.6$ cm，则所观察波形 u_y 的幅度 $U_{ym}=2\ \text{V/cm}\times 2.6\ \text{cm}=5.2$ V。

3. 扫描频率

示波器屏幕上光点水平扫描速度的高低可用扫描速度、时基因数、扫描频率等指标来描述。扫描速度就是光点水平移动的速度，其单位是 cm/s 或 div/s(格/秒)。扫描速度的倒数称为时基因数，它表示光点水平移动单位长度(cm 或 div)所需的时间。扫描频率表示水平扫描的锯齿波的频率。一般示波器 X 方向扫描频率可由 t/cm 或 t/div 分挡开关进行调节，此开关标注的是时基因数。SR－8 型双踪示波器的时基因数范围为 0.2 s/div～1 μs/div，SBM－10A 型示波器的时基因数范围为 0.05 s/cm～0.5 μs/cm。

扫描速度越高，表示在用示波器观察波形时能够展开高频信号或窄脉冲信号波形的能力越强。为了观察缓慢变化的信号，要求示波器具有较低的扫描速度，因此，示波器的扫描频率范围越宽越好。

4. 输入阻抗

输入阻抗是指示波器输入端对地的电阻 R_i 和分布电容 C_i 的并联阻抗。在观测信号波形时，把示波器输入探头接到被测电路的观察点，输入阻抗越大，示波器对被测电路的影响就越小，所以要求输入电阻 R_i 大而输入电容 C_i 小。输入电容 C_i 在频率越高时，对被测电路的影响越大。

以 SBM－10 型多用示波器为例，垂直偏转通道的输入电阻 $R_i=1\ \text{M}\Omega$，电容 $C_i=27\ \text{pF}$。

5. 示波器的瞬态响应

示波器的瞬态响应就是示波器的垂直系统电路在方波脉冲输入信号作用下的过渡特性。图 4.3－2 显示了一个正向标准方波脉冲经过示波器后波形发生畸变的情况，与图 3.6－1 (a)相似。示波器的瞬态响应特性一般可用脉冲的上升时间 t_r、下降时间 t_f、上冲 s_0、下冲 s_n、预冲 s_p 及下垂 δ 等参数表示。

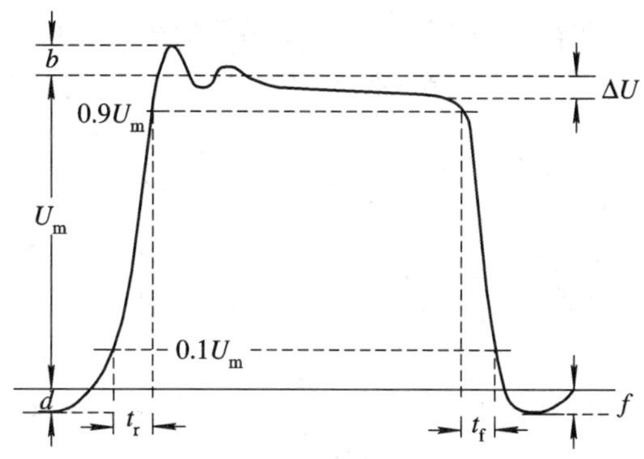

图 4.3－2　示波器的瞬态响应

图 4.3－2 中 U_m 是标准方波脉冲的基本幅度(简称脉冲幅度)，b 是上冲量(脉冲前沿高出 U_m 部分的冲击量)，f 是下冲量(脉冲后沿低于脉冲底值的突出部分)，ΔU 是平顶降落量(方波持续期间顶部幅度的下降量，也称下垂)。第 3 章曾提到，脉冲的上冲、下冲、平顶降落等也可以分别用它们对脉冲幅度的百分比值表示，因而可以分别定义如下：

上冲 s_0 是脉冲前沿的上冲量 b 与 U_m 的百分比值，即

$$s_o = \frac{b}{U_m} \times 100\%$$

下冲 s_n 是脉冲后沿的下冲量 f 与 U_m 的百分比值，即

$$s_n = \frac{f}{U_m} \times 100\%$$

下垂 δ 是脉冲平顶降落量 ΔU 与 U_m 的百分比值，即

$$\delta = \frac{\Delta U}{U_m} \times 100\%$$

预冲 s_p 是脉冲波阶跃之前的预冲量 d 与 U_m 的百分比值，即

$$s_p = \frac{d}{U_m} \times 100\%$$

脉冲上升时间 t_r 和脉冲下降时间 t_f 与第 3 章中的定义相同，不再重复。

示波器说明书中通常只标示出上升时间 t_r 及上冲 s_0 的数值。由于示波器中的放大器是线性网络，因此放大器的频带宽度 f_B 与上升时间 t_r 有确定的关系：$f_B \times t_r \approx 350$。当知道了频带宽度 f_B 时，可计算出 $t_r \approx 350/f_B$，式中 f_B 的单位为 MHz，t_r 的单位为 ns。示波器中，$f_B \approx f_h$。例如，SBM－10A 型示波器的 $f_h = 30$ MHz，由此可求得上升时间为

$$t_r \approx \frac{350}{f_h} = \frac{350}{30 \times 10^6} = 12\ \mu s$$

不难理解，上升时间 t_r 越小越好。

瞬态响应指标在相当大的程度上决定了示波器所能观测的脉冲信号的最小宽度。

6. 扫描方式

示波器中的扫描电压锯齿波是一种线性时间基线。线性时基扫描可分成连续扫描和触发扫描两种方式。图 4.3－3 是连续扫描电压波形，回扫后没有等待时间，故适用于观测连续信号。图 4.3－4 是触发扫描电压波形，它只在触发信号的激励下才开始扫描，每完成一次扫描后就处于等待状态，直到下一次触发信号到来时再进行扫描。

图 4.3－3　连续扫描电压波形

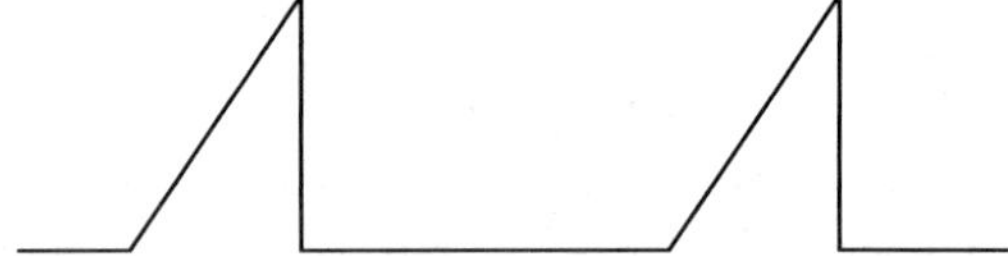

图 4.3－4　触发扫描电压波形

为了测量信号间的时间关系，只有单路扫描信号是不够的，因此在扩展功能的双踪或双线示波器中，发展了多种形式的双时基扫描，主要有延迟扫描、混合扫描、交替扫描等。它可同时提供两种 X 扫描时基信号，显示两种信号波形。

4.4　电子示波器的 Y、X 通道及校正器

电子示波器的基本部件由垂直偏转通道（Y 通道）、水平偏转通道（X 通道）、增辉和 Z 轴调制、校正器及电源组成。

4.4.1 垂直偏转通道(Y 通道)

垂直通道的任务是检测被观察的信号，并将它无失真或失真很小地传输到示波管的垂直偏转板上。同时，为了与水平偏转系统配合工作，要将被测信号进行一定的延迟。为了完成上述任务，垂直偏转系统由输入电路、阻抗变换器、延迟线和垂直偏转放大器组成，如图4.3-1(a)所示。

1. 输入电路

输入电路由探头、衰减器等组成。被测信号通过垂直偏转通道加到示波管的 Y 偏转板上，整个输入电路可以看成一个二端网络，为了不失真地传输信号，此二端网络应是一个交直流耦合电路，通过该耦合电路后，信号再加到放大器进行放大。下面先说明输入耦合方式，再说明对于大信号必须加入衰减器的情况。

1）输入耦合方式

对于通频带下限不是0的示波器，放大器为交流耦合放大器，其输入端也用电容耦合；对于通频带从0开始的示波器，可以观察信号的直流分量或变化极慢的信号，放大器是直接耦合的(直流放大器)。被测信号输入端的耦合则视需要而定，可以是直流耦合，也可以是交流耦合，可用开关S来控制，如图4.4-1所示。当开关S打向DC位置时，耦合电容 C 短接，成为直流耦合，否则为交流耦合。

2）衰减器

由于经常需要观察幅度较小的电压波形，因此示波器的灵敏度设计得较高，但当需要观察幅度较大的信号时，就必须接入衰减器对信号先进行衰减。

对衰减器的要求是输入阻抗高，同时在示波器的整个通频带内衰减的分压比均匀不变。要达到这个要求，仅用简单的电阻分压是达不到目的的。因为在下一级的输入端及引线都存在分布电容，这个分布电容的存在对于被测信号高频分量有严重的衰减，会造成信号的高频分量的失真(脉冲上升时间变慢)。为此，必须采用图4.4-1所示的阻容补偿分压器，图中 R_1、R_2 为分压电阻(R_2 包括下一级的输入电阻)，C_2 为下一级的输入电容和分布电容，C_1 为补偿电容。调节 C_1，当满足关系式 $C_1R_1=C_2R_2$ 时，分压比 K_0 在整个通频带内是均匀的，它可表示为

$$K_0=\frac{R_2}{R_1+R_2}=\frac{C_1}{C_1+C_2} \qquad (4.4-1)$$

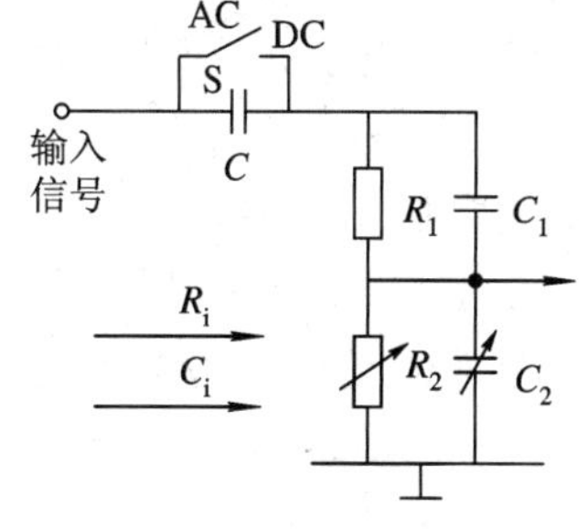

图4.4-1 阻容补偿分压器

这样的分压器做成的衰减器就可以无畸变地传输窄脉冲信号，仅仅是信号幅度降为原幅度的 $1/K_0$。

大多数示波器的输入电阻 R_i 都设计在1 MΩ左右，它的大小主要取决于 R_1，因为 $R_i=R_1+R_2$，而 $R_2 \ll R_1$。输入电容 C_i 为 C_1、C_2 的串联值和引线分布电容 C_0 之并联值，即 $C_i=[C_1C_2/(C_1+C_2)]+C_0$，约为几十皮法。

通常用一个多量程开关换接不同的 R_2、C_2 来改变衰减量。早期的示波器开关位置都标有衰减量，如衰减30、100等，现在都标以偏转因数值。例如，当示波器最高灵敏度为0.02 cm/mV时，最小偏转因数为50 mV/cm，衰减2、4、10倍时，分别标以偏转因数

100 mV/cm、200 mV/cm、0.5 V/cm。设计示波器应做到开关在不同位置时，示波器的输入阻抗不变。

3）探头

用示波器观察高频信号波形时，长长的引线往往会引起各种杂散干扰，所以通常使用同轴电缆作为输入引线，以避免干扰影响。因同轴电缆内外导体间存在电容使输入电容 C_i 显著增加，这对观察高频电路或窄脉冲是很不利的，因此，高频示波器常用图 4.4－2 所示的探头检测被观察信号。探头里有一可调的小电容 C(5～10 pF)和大电阻 R 并联。如果设计示波器输入电阻 R_i 为 1 MΩ，R 应取 9 MΩ，同时调整补偿电容 C 可以得到最佳补偿，即满足 $CR \approx R_iC_i$，则调整补偿电容 C 时的波形如图 4.4－3 所示，图(a)为理想补偿的波形，图(b)为过补偿的波形，图(c)为欠补偿的波形。通常调整 C，以达到图(a)所示的理想补偿波形。

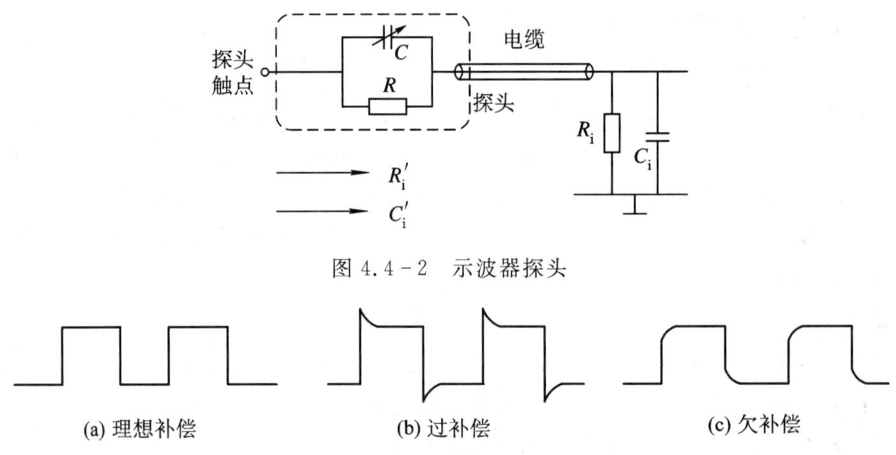

图 4.4－2　示波器探头

图 4.4－3　补偿电容的波形

探头中的电阻电容 R、C 与示波器的输入阻抗 R_i、C_i 形成补偿式分压器，一般分压比做成 10∶1，此时分压器不会引起被测信号的失真。同时，探头和电缆都是屏蔽的，不会引入干扰，输入阻抗也大为增加，$R_i'=10$ MΩ，$C_i'=10$ pF。唯一的缺点是送到示波器输入端的信号减小到原信号的十分之一，计算脉冲幅度时，应将偏转因数乘以 10。为了克服这一缺点，可采用有源探头，即探头内有一个场效应管源极跟随器，它的传输系数近似为 1，同时又具有高输入阻抗和屏蔽性。另外，必须强调的是，探头里的微调电容是对每台出厂示波器调定的，各台示波器的 C_i 值一般都不相同，所以探头不能互换使用，否则会引入明显的波形畸变。

2. 阻抗变换器

阻抗变换器一般可由射极跟随器构成。射极跟随器的高输入阻抗使得示波器对外呈现高输入阻抗，射极跟随器的低输出阻抗容易与后接的低阻延迟线相匹配，亦可在发射极接一个电位器，以便微调所显示波形的幅度。

3. 延迟线

当示波器工作在“内”触发状态时，利用垂直通道输入的被测信号去触发水平偏转系统产生扫描电压波，从接受触发到开始扫描需要一小段时间，这样就会出现被测信号到达 Y 偏转板而扫描信号尚未到达 X 偏转板的情况(参看图 4.3－4)，为了正确显示波形，必须将接入 Y 通道的被测信号进行一定的延迟，以便与水平系统的扫描电压在时间上相匹配。通常延迟时间在50～200 ns之间，这个延迟准确性要求不高，但延迟应稳定，否则会导致图像的水平漂移和晃动。

对延迟线的基本要求是在垂直系统的工作频带内，它能够无失真地并有一定延时地传递信号。在带宽较窄的示波器里，一般采用多节 LC 网络作延迟线，在带宽较宽(大于15 MHz)时，则采用平衡螺旋线作延迟线。无论采用哪种延迟线，其特性阻抗均在几百欧姆以下，延迟线的前边必须用低输出阻抗的电路作驱动级，延迟线的后边用低输入阻抗的电路作缓冲器。在示波器的实际电路中，还要接入各种补偿电路，以补偿延迟线及安装过程中引起的失真。

4. 垂直偏转放大器

被测信号经探头检测引入示波器后，微弱的信号必须经放大器放大后加到示波器的垂直偏转板，使电子束有足够大的偏转能量。当示波管灵敏度及示波器偏转因数一定时，放大器的增益 K 的计算如下：

$$K = \frac{S}{S_V} \times 1000 \tag{4.4-2}$$

式中，S 为示波器的偏转因数，S_V 为示波管的灵敏度。当 S 为1 cm/50 mV时，高灵敏度示波管的 S_V＝0.5 cm/V，此时，要求放大器的放大倍数 K＝40；一般示波管的 S_V＝0.04 cm/V，要求放大器的放大倍数 K＝500。

垂直偏转放大器设计中除了要考虑放大器应具有足够大的信号放大倍数外，还要考虑波形无失真地被放大，即放大器应具有足够的带宽。换句话说，就是具有足够低的低频截止频率和足够高的高频截止频率。

放大器的低频截止频率受耦合电容或射极旁路电容的限制，必须加大这些电容以降低低频截止频率或采用可放大直流信号的直接耦合放大器。高频截止频率受两个因素限制：其一是晶体管放大倍数随频率升高而下降；其二是晶体管输出端分布电容 C_0(集电结电容和引线分布电容之和)及负载电容 C_L 对高频的分流使高频增益下降，由它造成的高频截止频率为

$$f_h = \frac{1}{2\pi R_L' C_L'} \tag{4.4-3}$$

式中，R_L' 和 C_L' 分别是放大器的等效负载电阻及等效负载电容。

为了展宽通频带宽度，必须采取下列措施：

(1) 选用截止频率高的器件，尽量减小负载电容和分布电容，并选取小的集电极电阻。

(2) 电路中引入强的负反馈，如放大器开环增益为 K_0，反馈系数为 F，则加负反馈后，高频截止频率扩展为原来的 $1+K_0F$ 倍。

(3) 在电路中用电抗元件(电容或电感)加以补偿，使放大器截止频率高一些，使总的频率响应在高频端有所提升。

采用以上各种措施后，放大器的通带宽度可大大提高，若要求更高的带宽，如大于1 GHz，则可采用取样的方法把观察信号“减慢”，然后再用带宽较窄的放大器放大，这就是设计新一类取样示波器的基本思想。

垂直偏转系统的末级放大器都采用推挽式放大器，它输出一对平衡的交流电压加到偏转板，这样当被测电压幅度任意改变时，偏转的基线电位(即偏转板之间的中心电位)保持不变。

垂直偏转通道放大器可以设计成输入端为单端放大器，而在接到示波管之前变换成差动放大器，也可以从输入端到输出端都设计成差动放大器。这是因为差动放大器抑制寄生信号的能力强，而不管这种寄生信号由附近的干扰源通过空间耦合而来，还是通过传导而来。此外，差动放大器还能大大改善因环境温度、电源电压、晶体管参数等变化而引起的漂移。

示波器后面一般都有插孔，幅度较大的信号可以不经过垂直偏转通道从插孔直接加到偏转板上，以减少显示波形的畸变。

4.4.2 水平偏转通道(X 通道)

水平偏转通道即 X 通道，其作用是产生一个与时间呈线性关系的电压，并加到示波管的 X 偏转板上，使电子射线沿水平方向线性地偏移，形成时间基线。设 S_x 为水平方向的偏转灵敏度，水平板上所加电压为 $U_x(t)$，则偏转距离 x 为

$$x = S_x U_x(t)$$

由上式可知，随时间线性增长的扫描电压加在水平偏转板上，屏幕电子束即能由左向右随时间作水平扫描，这种扫描称为线性时基扫描。本书着重介绍线性时基扫描方式，对于其他扫描方式如圆扫描、对数扫描等不作介绍。

1. 扫描分类

线性时基扫描方式可分为连续扫描和触发扫描两类。

1) 连续扫描

该方式的扫描电压是周期性的锯齿波电压。在扫描电压的作用下，示波管光点将在屏幕上作连续重复周期的扫描，若没有 Y 通道的信号电压，则屏幕上只显示出一条时间基线。在时域测量中，在 Y 通道加入周期变化的信号电压，即可显示信号波形。连续扫描最主要的问题是如何保证在屏幕上显示出稳定的信号波形。

为了得到稳定的波形显示，必须使扫描锯齿波电压周期 T 与被测信号周期 T_y 保持整数倍的关系，即 $T=nT_y$。由于扫描电压是由示波器本身的时基电路产生的，它与被测信号电压不相关，因此一般采用被测信号(或与被测信号相关的信号)控制、触发时基电路，使 $T=nT_y$，这个过程称为同步。利用这种同步方法可使扫描信号发生器在一定频率稳定度范围内保证 T 与 T_y 的整数倍关系，实现稳定显示。显示情况如图 4.4-4 所示。

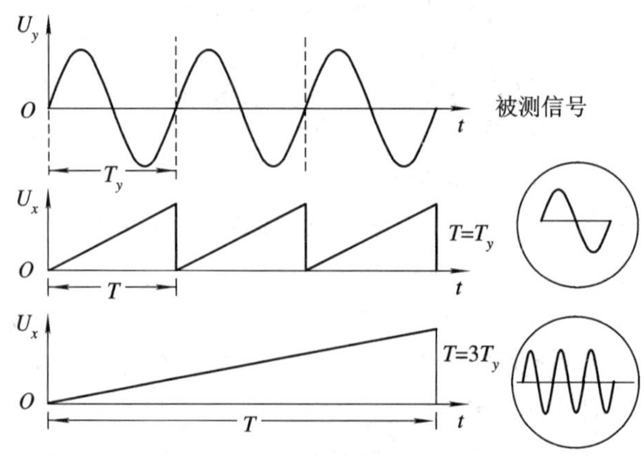

图 4.4-4 连续扫描的波形显示

2）触发扫描

被测波形与扫描电压的同步问题在观测脉冲波形时尤为突出。图4.4-5是连续扫描和触发扫描观测脉冲波形的比较。其中，图(a)是被测脉冲波形，可看到脉冲的持续时间与重复周期比(t_0/T_y)很小，t_0为被测脉冲底宽。图(b)、(c)是用连续扫描方式显示被测脉冲波形，扫描周期分别为$T=T_y$和$T=t_0$。从图(b)上很难看清波形的细节，特别是脉冲波的上升沿。如果增加扫描频率(如图(c)所示的波形)，则虽可以观察被测脉冲的细节，但光点在水平方向多次扫描中只有一次扫描出脉冲波形，因此显示的脉冲波形本身很黯淡，而时基线却很亮，这不仅观察困难，而且同步也较难。图(d)所示是触发扫描的情形，扫描发生器平时处于等待工作状态，只有送入触发脉冲时才产生一次扫描电压，在屏幕上扫出一个展宽的脉冲波形，而不显示出时间基线。

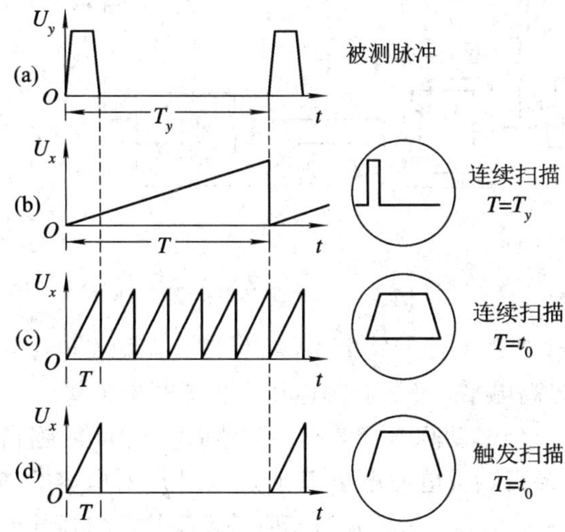

图4.4-5 脉冲信号的连续扫描与触发扫描显示

2. 水平通道的组成框图

如图4.4-6所示，示波器的水平通道包括三部分：① 触发电路，其中包括触发方式选择、脉冲整形电路；② 时基发生器，由时基闸门电路、扫描电压发生器、电压比较器和释抑电路组成；③ 水平放大器。

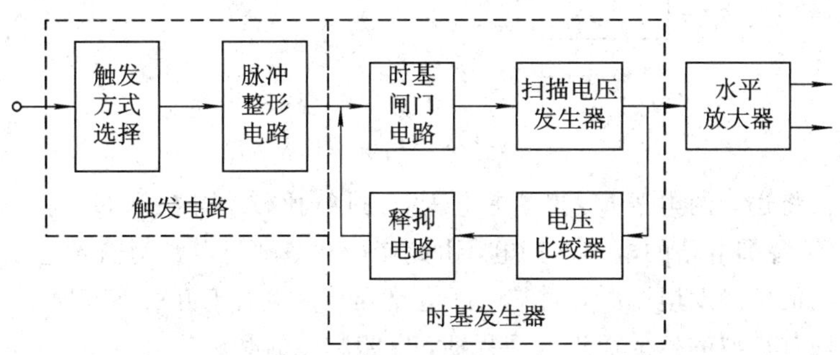

图4.4-6 水平通道的结构框图

时基发生器是水平通道的核心，用来产生线性度好、频率稳定、幅度相等的锯齿波电压；水平放大器用来放大锯齿波电压，输出对称的锯齿波电压，加至水平偏转板；触发电路控制时基的扫描闸门，以实现与被测信号的严格同步。

3. 时基发生器

时基发生器由时基闸门电路、扫描电压发生器、电压比较器和释抑电路组成，其结构框图及各点波形如图 4.4－7 所示。

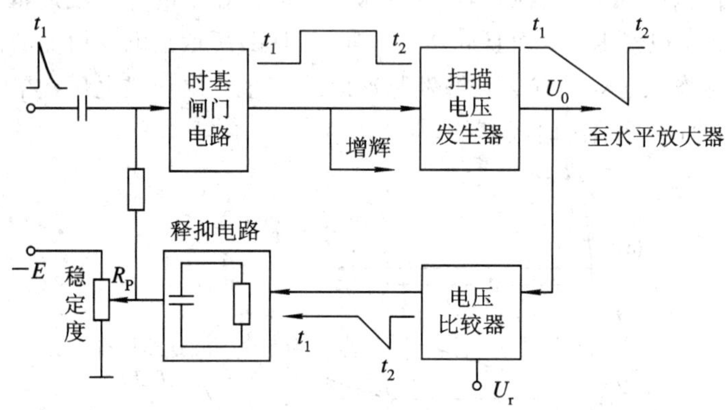

图 4.4－7　时基发生器

时基闸门电路是一个典型的施密特电路，它是双稳态触发电路，当触发脉冲在 t_1 时刻到来时，电路翻转，输出高电平，使得扫描电压发生器开始工作。

扫描电压发生器是一个密勒积分器，它能产生高线性度的锯齿波电压，其原理如图 4.4－8 所示。当开关 S 断开时，电源电压 E 通过电阻 R 对电容 C 充电，产生负向锯齿波 U_0，此电压一路送至水平放大器，另一路送到时基发生器的电压比较器(见图 4.4－7)。时基闸门电路的两个稳态相当于开关 S 的断开和闭合，开关 S 闭合时，电容 C 迅速放电，使 U_0 迅速回升，形成扫描回程电压。

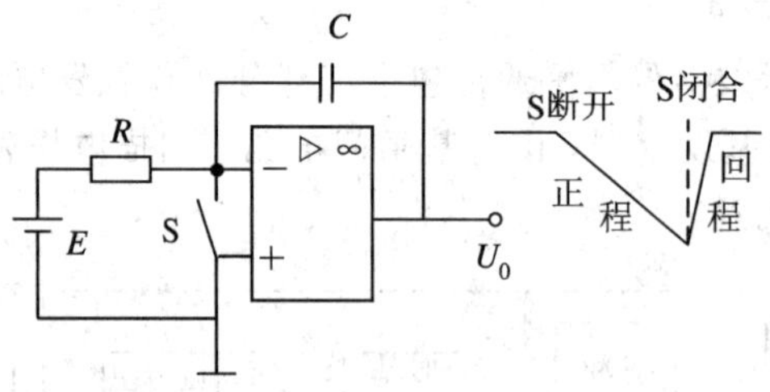

图 4.4－8　密勒积分电路

电压比较器将送入的电压 U_0 与参考电压 U_r 进行比较，当 $U_0 < U_r$ 时，电压比较器输出随 U_0 下降，给释抑电路的电容器充电，由此使得时基闸门电路的输入电压下降，当降到双稳态时基闸门的负触发电平时，时基闸门电路翻转，相当于开关 S 接通，控制扫描电压发生器结束负向锯齿波的生成而进入回程期，电路翻转的时刻为 t_2。

释抑电路的作用是保证每次扫描都开始在同样的起始电平上。通常最简单的释抑电路是一个 RC 电路，该电路保持了电压比较器送来的负的电平。在扫描回程期，扫描电压 U_0

迅速回升，但由于电容的电荷存储效应使得时基闸门输入保持一个较低的电平，从而保证密勒电路的电容 C 有足够的放电时间，以保证下一次积分在同样的起始电平上开始。利用电位器 R_P 适当调节预置电平，就可以改变释抑时间，有助于时基信号发生器与触发信号同步，从而建立稳定的显示图像，故调节电位器 R_P 被称为“稳定度”调节。

4. 触发电路

触发电路包括触发源、触发耦合方式、触发方式及触发整形电路。

1）触发源

触发信号有如下三种来源：

(1) 内触发。内触发信号来自示波器内的 Y 通道触发放大器，它位于延迟线前。当需要利用被测信号触发扫描发生器时，采用这种方式。

(2) 外触发。用外接信号触发扫描，该信号由触发“输入”端接入。当被测信号不适于作触发信号或比较两个信号的时间关系时，可用外触发。例如，观测微分电路输出的尖峰脉冲时，可以用产生此脉冲的矩形波电压进行触发，这便于使波形稳定。

(3) 电源触发。50 Hz 交流电源(经变压器)产生的触发脉冲用于观察与交流电源频率有时间关系的信号。例如，观察整流滤波的波纹电压等波形或在判断电源电压干扰时也可以用电源触发。

2）触发耦合方式

为了适应不同的信号频率，示波器设有四种触发耦合方式，可用开关进行选择，见图4.4-9。

(1)“DC”直流耦合：用于接入直流或缓慢变化的信号，或者频率较低并且有直流成分的信号，一般用外触发或连续扫描方式。

(2)“AC”交流耦合：触发信号经电容 C_1 接入，用于观察由低频到较高频率的信号，用内触发或外触发均可，使用方便，所以常用这一耦合方式。

(3)“AC 低频抑制”：触发信号经电容 C_1 及 C_2 接入，因电容串联，故等效电容量减小，阻抗增大，用于抑制 2 kHz 以下的低频成分。例如观测有低频干扰(50 Hz 噪声)的信号时，用这一种耦合方式较合适，可以避免波形晃动。

图 4.4-10 所示为具有低频干扰的信号。

(4)“HF”高频耦合：触发信号经电容 C_1 及 C_3 接入，其等效电容量较小，用于观测大于5 MHz 的信号。

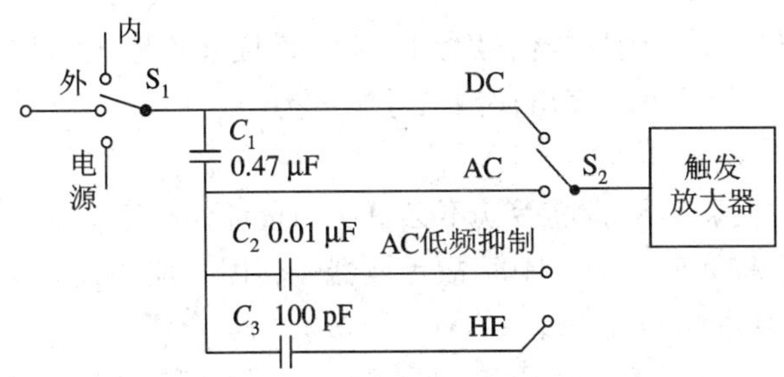

图 4.4-9 触发源与触发耦合方式

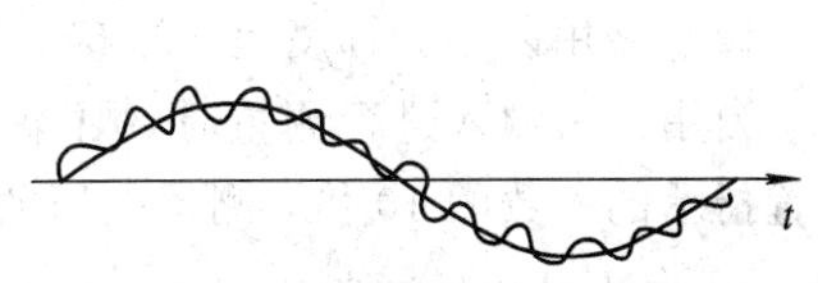

图 4.4-10 具有低频干扰的信号

3）触发方式及触发整形电路

示波器的触发方式通常有常态、自动和高频三种方式，这三种方式控制触发整形电路，以便产生不同形式的扫描触发信号，由该触发信号去触发扫描电压发生器，形成不同形式的扫描电压。

（1）常态触发方式。常态触发方式是将触发信号输入整形电路，以便经整形后，输出足以触发扫描电压电路的触发脉冲。它的触发极性是可调的，上升沿触发即为正极性触发，下降沿触发即为负极性触发，另外还可调节触发电平。

这种触发方式的缺点是：在没有输入信号或触发电平不适当时，就没有触发脉冲输出，因而也无扫描基线。

（2）自动触发方式。采用自动触发方式时，整形电路为一射极定时的自激多谐振荡器，振荡器的固有频率由电路时间参数决定。该自激多谐振荡器的输出经变换后去驱动扫描电压发生器，所以在无被测信号输入时仍有扫描，一旦有触发信号且其频率高于自激频率，则自激多谐振荡器由触发信号同步而形成触发扫描。一般测量均使用自动触发方式。

（3）高频触发方式。高频触发方式的原理同自动触发方式，不同的是射极定时电容较小，自激振荡频率较高，当用高频触发信号去与它同步时，同步分频比不需要太高，这使得同步较为稳定。高频触发方式常用于观测高频信号。

4.4.3　校正器

校正器是示波器内设的标准，用来校准或检验示波器 X 轴和 Y 轴标尺的刻度，一般 Y 轴的校正单位为电压，X 轴的校正单位为时间。当示波器 X、Y 轴标尺经校正后，就可根据该标尺方便地测量未知电压、脉冲宽度、信号周期等参数。

一般示波器设有两个校正器，分别用于调整幅度和扫描速度。

1. 幅度校正器

幅度校正器产生幅度稳定不变并经过校正的电压（一般为方波），用于校正 Y 通道灵敏度。设校正器的输出电压幅度为 $U_{校}$，把它加到 Y 输入端，荧光屏上显示电压波形的高度为 $H_{校}$，则示波器偏转灵敏度为

$$S = \frac{H_{校}}{U_{校}} \quad (\text{cm/V})$$

偏转因数为

$$d = \frac{1}{S} = \frac{U_{校}}{H_{校}} \quad (\text{V/cm})$$

此时可调节 Y 轴的灵敏度旋钮，使 d 为整数。一般校准信号为 1 V，灵敏度开关置于“1”挡上，波形显示为 1 cm，当被测信号为 5 cm 时，可计算出被测信号幅度为

$$U_y = H_y \times d = 5 \times 1 = 5\ \text{V}$$

校正器用以检验标度是否准确，每次实验前检验过后就不必每次测量都作校正。

当用探头输入进行测量时，因探头衰减为原来的 1/10，故示波器偏转因数应当是开关位置指示的读数的 10 倍，测量电压的计算也应乘以 10。

2. 扫描时间校正器

扫描时间校正器产生的信号用于校正 X 轴时间标度，或用来检验扫描因数是否正确。

该信号由示波器内设的晶体振荡器或稳定度较高的 LC 振荡器提供。它产生频率 f 固定而稳定度高的正弦波(例如 20 MHz)。在检验示波器扫描因数时，把它的输出接到 Y 输入端，在荧光屏上便显示出它的波形。当调节扫描时间开关，使显示波形的一个周期正好占据标尺上 1 cm(或 1 格)时，扫描因数便等于 $1/f$(s/cm)。一般水平标尺全长为 10 cm，为减小读数误差，应调到标尺的满度范围内正好显示 10 个周期。例如，校准正弦波的 $f=20$ MHz，按上述方法校正后扫描因数为 50 ns/cm，因而扫描开关的位置应指示 50 ns/cm，如果准确，则可以进行下一步测量，否则就要打开示波器重新调整。

注意，进行上述两种校正时，需将 Y 轴幅度校正的 V/div 的微调旋钮旋到校准位置，将 X 轴时间校正的 t/div 的微调旋钮亦旋到校准位置。

4.5　双踪和双线示波器

双踪和双线示波器都可在一个示波管荧光屏上同时显示出两个信号波形，用来比较被测系统的输出和输入信号，研究波形变换器的各级信号，观察脉冲电路各点的波形和信号通过网络时的波形畸变，测量相移等。

4.5.1　双踪示波器

双踪示波器也称双迹示波器，它的垂直偏转通道由 A 和 B 两个通道组成。如图 4.5-1 所示，两个通道的输出信号在电子开关控制下，交替通过主通道加于示波管的同一对垂直偏转板上。A、B 两个通道是相同的，包括衰减器、射极跟随器、前置放大器以及平衡倒相器。平衡倒相器的作用是把输入信号转换为对称的波形输出。与单踪示波器不同的是，前置放大器中设有移位控制，可分别控制两个显示图形的上、下位置。电子开关由触发电路控制的一对放大器(或射极跟随器)构成，触发电路的两个稳定状态分别控制两个放大器，把通道 A 或通道 B 接于主通道。主通道由中间放大器、延迟线、末级放大器组成，它对两个通道是公用的。

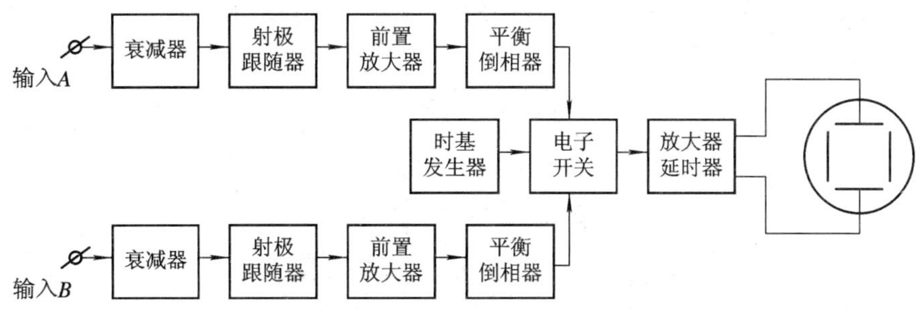

图 4.5-1　双踪示波器垂直偏转通道框图

由面板开关控制的电子开关可使双踪示波器工作于五种不同的状态："A"、"B"、交替、断续、"$A+B$"。

(1) "A"：电子开关将 A 通道信号接于 Y 偏转板，形成 A 通道独立工作的状态。

(2) "B"：电子开关将 B 通道信号接于 Y 偏转板，形成 B 通道独立工作的状态。

(3) 交替：将 A、B 两通道信号轮流加于 Y 偏转板，荧光屏上显示两个通道的信号波形。具体实现时，以时基发生器的回扫脉冲控制电子开关的触发电路，每次扫描后，改变所接通道，使得每两次扫描分别显示一次 A 通道波形和一次 B 通道波形。

(4) 断续：当输入信号频率较低时，交替显示会发生明显的闪烁。采用断续工作方式，使电子开关工作于自激振荡状态，振荡频率为500 kHz～1 MHz，自动地轮流将A、B两通道信号加于 Y 偏转板上，显示图形由点线组成，这样就可每扫描一次，完成两个通道波形的显示。

(5) “$A+B$”：A、B 两通道信号代数相加后，接到 Y 偏转板，显示两信号叠加后的波形。

双踪示波器的时基与一般示波器的相同，可以是简单的时基发生器，也可以采用有延迟扫描的双扫描时基。时基可以分别由 A 通道触发、B 通道触发或外触发。

SR－8 型双踪示波器是较典型的双踪示波器，它的 Y 通道带宽为 0～15 MHz(上升时间为 24 ns)，最小偏转因数为 10 mV/div，采用单一时基扫描，扫描因数为 0.2 μs/div～1 s/div。SR－37 型双踪宽带示波器的 Y 通道带宽为 0～100 MHz，偏转因数为 10 mV/cm～5 V/cm，双时基扫描，扫描因数在 20 ns/cm～0.5 s/cm 间可调。

参照双踪示波器的原理，可以设计多踪示波器，由于示波管尺寸的限制，最多可为 8 踪示波器，显示 8 个波形。实现上以 8 位计数器轮流接通 8 个放大器，把 8 路信号轮流加于 Y 偏转板。多踪示波器可以同时显示多个信号波形，以便研究同一波形通过不同电路时的时间关系。

4.5.2　双线示波器

双线示波器采用双线示波管构成。双线示波管在一个玻璃壳内装有两个完全独立的电子枪和偏转系统，每个电子枪发出的电子束经加速聚焦后，通过“自己”的偏转系统射于荧光屏上，相当于把两个示波管封装在一个玻璃壳内共用一个荧光屏，因而可以同时观察两个相互独立的信号波形。双线示波器内有两个相互无关的 Y 通道 A 和 B，如图 4.5－2 所示，每个通道的组成与普通示波器相同。多数双线示波器的两组 X 偏转系统共用一个时基发生器，以观察两个“同步”的信号。如果上述每个通道都改为用电子开关控制的两通道，则仪器成为等效的 4 踪示波器。

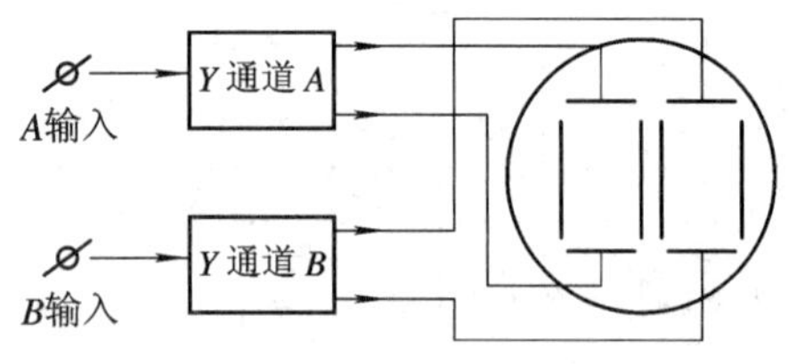

图 4.5－2　双线示波器框图

SR－46 型高灵敏度双线示波器的带宽为 0～1 MHz，灵敏度为 50 μV/div～5 V/div。SR－54 型示波器是一种高灵敏度、长余辉的超低频双线示波器，其垂直放大器为两组，带宽为 0～1 MHz，输入灵敏度为 220 μV/cm，能同时观察和测量两个低频、超低频信号或持续时间较长的脉冲和单次过程，并设有外控扫描装置，可对脉冲或单次过程进行摄影。

双踪和双线示波器各有优缺点。双踪示波器比普通示波器增加的部件不多，可以达到较高指标，价格只增加15%，现在生产的示波器几乎都具有双踪功能。它的缺点是工作于交替方式时，需两次扫描才能显示两个波形，因而无法观察两个快速的单次信号或短时间的非周期信号。双线示波器的两个通道是完全独立的，可以弥补上述不足，并且两个偏转系统可以用不同的时基发生器，使仪器更为灵活。但由于示波管性能的限制，双线示波器的技术指标一般较低。

4.5.3 SR-8型双踪示波器

SR-8型双踪示波器可以观察和测定两种不同电信号的瞬变过程，并把两种不同的电信号的波形同时显示在屏幕上，进行分析比较，而且还可以把两个电信号叠加后显示出来，也可作为单踪示波器使用。

1. 主要技术性能

1) Y轴放大器

输入灵敏度：10 mV/div～20 V/div，按1-2-5进制分成11挡，误差≤5%，微调增益比≥2.5∶1。

频带宽度：输入耦合为DC时，0～15 MHz，-3 dB；输入耦合为AC时，10 Hz～15 MHz，-3 dB。

输入阻抗：直接耦合为1 MΩ，15 pF；经探极耦合为10 MΩ，15 pF。

最大输入电压：400 V($DC+AC_{p\text{-}p}$)。

2) X轴系统

扫描速度：0.2 μs/div～1 s/div，按1-2-5进制分成16挡，误差≤5%，微调比>2.5∶1。

扩展“×10”时，其最快扫描速度可以达到20 ns/div，误差除0.2 μs/div挡≤15%外，其余各挡均≤10%。

X外接：灵敏度≤3 V/div；频带宽度为100 Hz～250 kHz，≤3 dB；输入阻抗为1 MΩ，40 pF。

触发同步性能如表4.5-1所示。

表4.5-1 触发同步性能

方式	频率范围	内触发	外触发
常态触发	10 Hz～5 MHz	≤1 div	$U_{p\text{-}p}$≤0.5 V
自动触发	5～15 MHz		

3) 主机

示波管12SJ102型矩形屏示波管的加速电压为2 kV，屏幕有效工作面积为6 div×10 div(1 div=0.8 cm)，中余辉。

校准信号：矩形波。频率为1 kHz，误差≤2%。幅度为1 V，误差≤3%。

2. 使用

SR-8型双踪示波器的面板布置如图4.5-3所示。

接通电源时，将各控制件置于适中位置，如果看到光点，即可调整辉度，使光点或时基线的亮度适当；如果找不到光点，则可按下“寻迹”按键，以辨别光点的偏向，再调整“Y

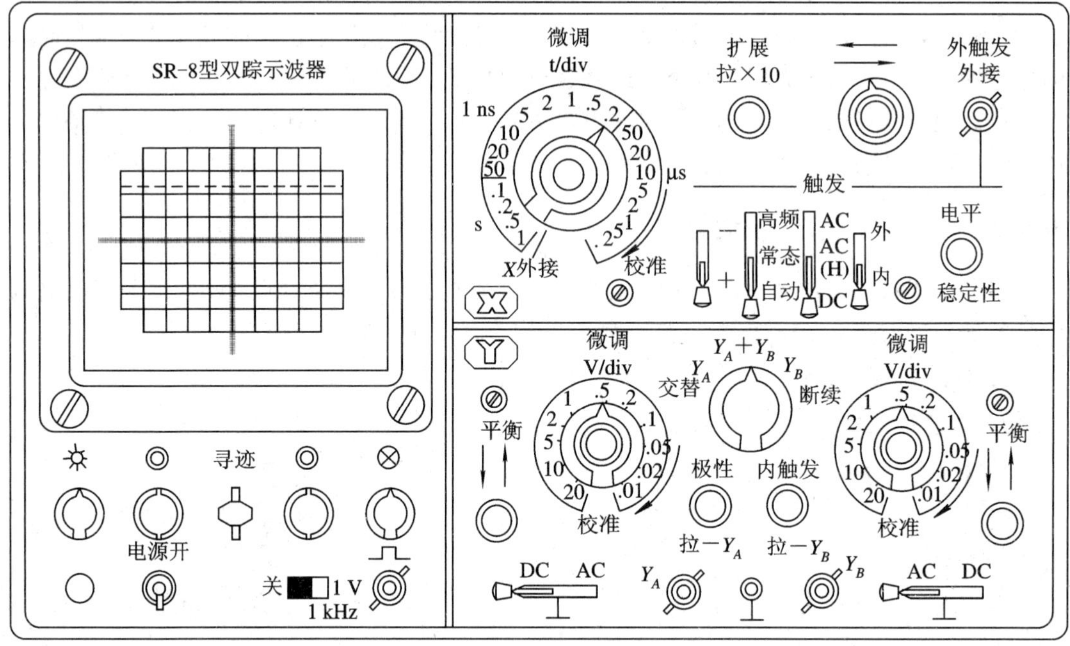

图 4.5－3　SR－8 型双踪示波器的面板布置图

轴移位"或"X 轴移位"使光点居中。

1) 电压测量

示波器的 Y 轴灵敏度开关"V/div"位于 0.2 挡，其"微调"位于"校准"位置，此时如果被测波形占 Y 轴的坐标幅度 H 为 5 div，则信号电压 U_y 幅度(见图 4.5－4)为

$$U_y = \text{V/div} \times H(\text{div})$$
$$= 0.2\ \text{V/div} \times 5\ \text{div}$$
$$= 1\ \text{V}$$

若被测信号经探头输入，则应将探头衰减 10 倍的因素考虑在内，被测信号 U_y 幅度为

$$U_y = 0.2\ \text{V/div} \times 5\ \text{div} \times 10$$
$$= 10\ \text{V}$$

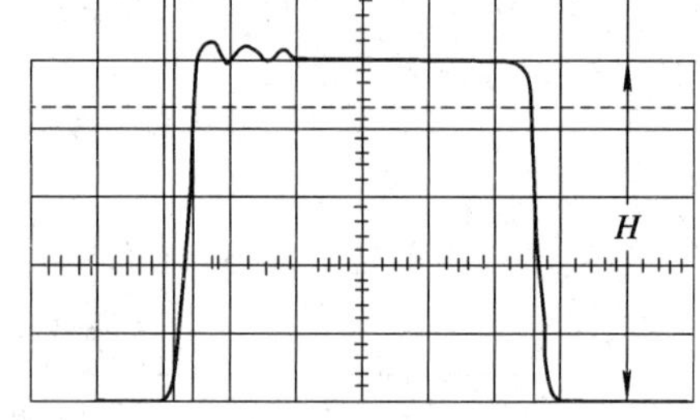

图 4.5－4　电压测量

直流电压的测量也可如此计算，将直流电压信号线与时基线比较，求出直流电压占 Y 轴的坐标幅度 H，得到直流电压幅度值。

2) 时间测量

首先将 X 通道扫描控制开关"t/div"的"微调"置于"校准"位置上，这样可以由开关的指示值直接计算出时基线上 X 方向被测两点之间距离 D 的时间间隔为

$$T = \text{t/div} \times D(\text{div})$$

例如，扫描控制开关置于 0.2 ms/div，被测波形两点间距离 D 为 6 div，则时间间隔 T(见图 4.5－5)为

$$T = 0.2\ \text{ms/div} \times 6\ \text{div} = 1.2\ \text{ms}$$

当距离 D 为某一周期波形的一个周期距离时，计算出的 T 为该波形的周期。

当距离 D 为某两个波形间的距离时，计算出的 T 为这两个波形间的时间差，参见图 4.5-6。

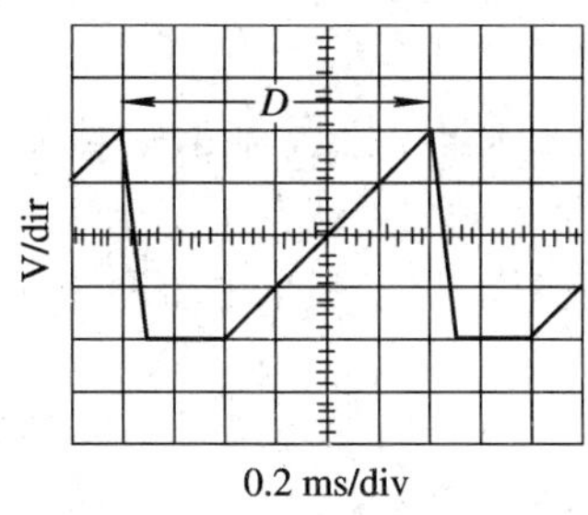

图 4.5-5　时间间隔测量

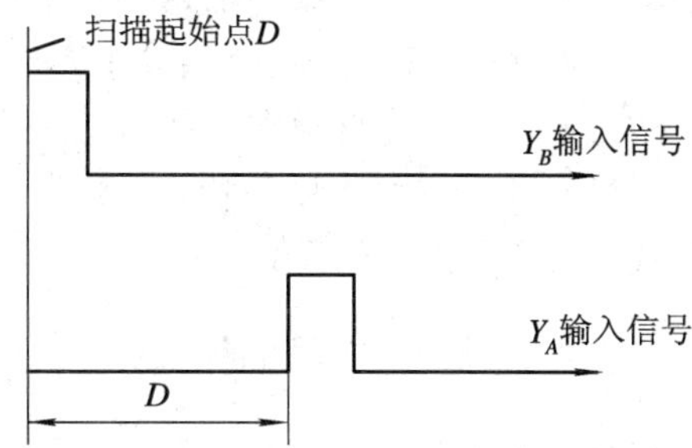

图 4.5-6　时间差测量

当距离 D 为脉冲宽度时，计算出的 T 为该脉冲的持续时间，见图 4.5-7。

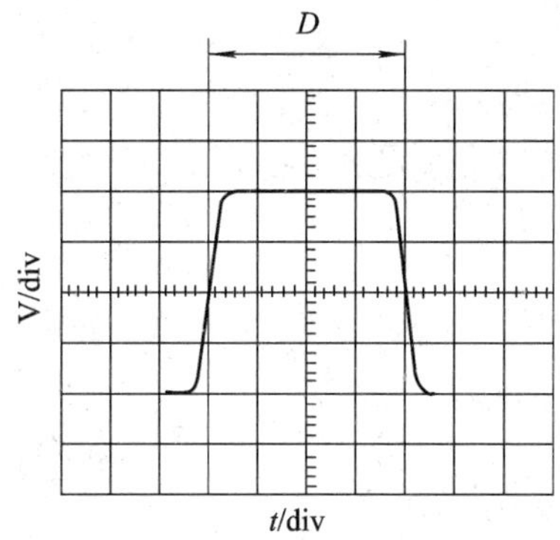

图 4.5-7　脉宽测量

3）频率测量

对周期性的重复频率来说，可按时间测量的公式测定其每一周的时间 T，按照频率 f 与周期 T 的倒数关系来计算频率，即

$$f = \frac{1}{T}$$

4）相位测量

双踪显示可测得两个相同频率信号的相位关系。测量相位时触发点正确与否很重要，应将 Y 轴触发源开关置于“Y_B”的位置，然后用内触发形式启动扫描，测两信号的相位差。

如图 4.5-8 所示的被测波形，其一个周期占横坐标刻度上 8 个 div，则 1 div 对应 45°相位，即 360°×1/8，两波形相位间隔 D 为 1.5 div，则两波形间相位差 ϕ 为

$$\phi = D(\text{div}) \times 45°/\text{div} = 1.5\ \text{div} \times 45°/\text{div} = 67.5°$$

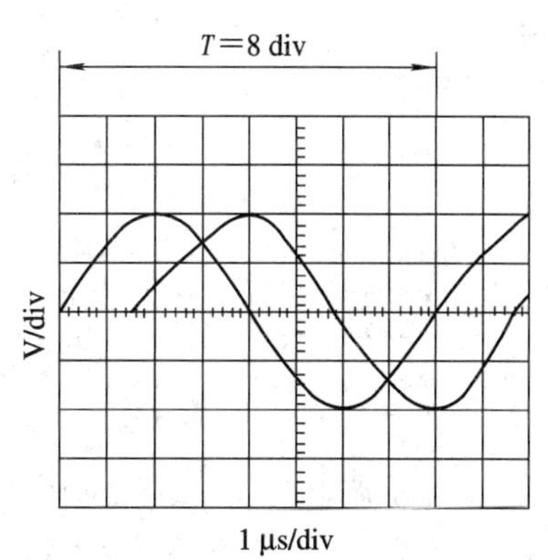

图 4.5-8　相位测量

4.6　数字存储示波器

数字存储示波器采用数字电路，将输入信号先经过 A/D 变换器，将模拟波形变换成数字信息，存储于数字存储器中，需要显示时，再从存储器中读出，通过 D/A 变换器，把数字信息变换成模拟波形显示在示波管上。因此，它具有存储时间长，能捕捉触发前的信号，可通过接口与计算机相连接等特点。数字存储示波器是一种可与计算机连成系统、分析复杂的单次瞬变信号的有效设备。这种示波器刚一问世就显示出了强大的生命力。

4.6.1　数字存储示波器的原理

数字存储示波器的基本框图如图 4.6－1 所示。图中，当选择开关 1 时，接通模拟信号显示方式，此时示波器与普通示波器的工作原理相同；当选择开关 2 时，接通数字存储工作方式。在数字存储工作方式下，输入的被测信号通过 A/D 变换器变成数字信号，由地址计数脉冲选通存储器的存储地址，将该数字信号存入存储器。存储器中的信息每 256 个单元组成一页(即一个地址页面)，当显示信息时，给出页面地址，存储器则从该页面的 0 号单元开始，读出数字信息，送到 D/A 变换器，变换成模拟信号送往垂直放大器进行显示，同时，地址信号经过 D/A 变换器，送入水平放大器，以控制 y 方向信号显示的水平位置。

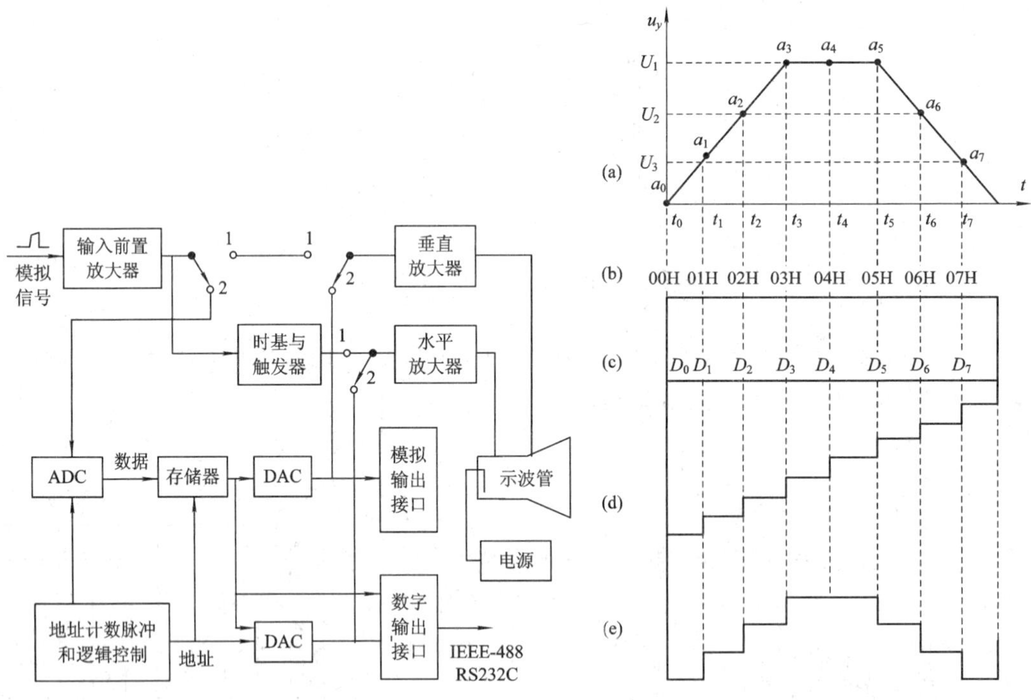

图 4.6－1　数字存储示波器基本框图　　　　图 4.6－2　存储示波器的工作过程

存储示波器的工作过程如图 4.6－2 所示。当被测信号接入时，首先对模拟量进行取样，图 4.6－2(a)中的 a_0～a_7 点即对应于被测信号 u_y 的 8 个取样点，这种取样是“实时取样”，是对一个周期内信号的不同点的取样，8 个取样点得到的数字量(即二进制数字，01

数列)分别存储于地址从00开始的8个存储单元中，地址号为00～07，其存储的内容为$D_0 \sim D_7$。在显示时，取出$D_0 \sim D_7$数据，进行D/A变换，同时存储单元地址号从00～07也经过D/A变换，形成图(d)所示的阶梯波，加上水平放大器的扫描电压，这样就将被测波形u_y重现于荧光屏上，如图(e)所示。只要x方向和y方向的量化程度足够精细，图(e)所示的波形就能够准确地代表图(a)的波形。

随着微处理器的发展，将微处理器芯片CPU用于数字存储示波器中，可以大大扩展示波器的存储容量，可以存储多个波形，并且可利用CPU的数据处理功能进行显示波形的处理，大大提高显示波形的质量。

4.6.2　数字存储示波器的特点

与模拟存储示波器(记忆示波器)相比，数字存储示波器具有以下优点：

(1) 可以永久地存储信息，可以反复读出这些数据，反复在荧光屏上再现波形信息，迹线既不会衰减，也不会模糊。

(2) 由于信息在存储器中存储，所以它是动态的，而不是静态的，即更新存储器的内容，就会改变所存储的波形，在完成了波形的记录、显示分析之后，即可更新存储器的内容。

(3) 既能观测触发后的信息，又能观测触发前的信息。因为用户可根据需要调用存储器中的信息进行显示，所以数字存储示波器的触发点只是一个参考点，而不是获取的第一个数据点。因而，它可以用来检修故障，记录故障发生前后的情况。

(4) 可将微处理器芯片CPU应用于数字存储示波器中，可以大大扩展示波器的存储容量，可以存储多个波形，并且可利用CPU的数据处理功能进行显示波形的处理，显著提高波形显示的质量。

数字存储示波器的迅猛发展与新的数据采样技术的发展密切相关，实时采样技术和非实时采样技术以及CCD技术(电荷耦合器件)的运用，使变换速率大大提高。例如，美国泰克等公司生产的示波器的单次采样率高达20 GS/s，目前数字存储示波器的实时带宽超过了10 GHz；国内普源精电公司研发生产的DS1000A的带宽达300 MHz。

部分新型示波器

小　结

(1) 电子示波器能够在荧光屏上显示电信号的波形，同时示波器输入阻抗高，对被测信号影响小，具有高灵敏度和高工作通频带，因此被广泛地应用于国防、工业、科研等领域，是一种测量电压或电流波形的不可缺少的重要仪器。

本章的重点在于掌握示波器的基本组成结构及显示波形的工作原理，以便学会使用示波器进行电压和电流的幅度、频率、时间、相位等电量参数的测量。

(2) 示波管由电子枪、偏转系统(X偏转板和Y偏转板)、荧光屏三部分组成。电子枪的作用是发射电子束，并使它聚焦，形成很细的电子束以便轰击荧光屏产生亮迹，显示电信号波形；偏转系统的作用是确定电子束在荧光屏上移动的方向，Y偏转板上接入被测信号，X偏转板上接入线性时基扫描电压(即锯齿电压波)，使被测信号在X方向展开，形成

“电压-时基”波形；荧光屏的作用是将电信号变为光信号进行显示。

(3) 电子示波器由 Y 通道、X 通道、Z 通道、示波管、幅度校正器、时间校正器和电源等部分组成。

Y 通道由探头、衰减器、耦合电路、延迟线和放大器组成。为了保证电子示波器的高灵敏度，以便检测微弱的电信号，必须设置前置放大器和末级推挽放大器；为了保证大信号加到示波器输入端能够得到显示而不至于烧坏示波器，必须加衰减器，将经过衰减后的信号引入示波器内部。

示波器探头分为无源探头和有源探头。无源探头对输入信号具有10倍的衰减作用，有源探头对输入信号不进行衰减。

延迟线的作用是将被测信号进行一定的延时，以便在 X 轴时基信号产生之后，再将被测信号接到 Y 轴偏转板上，以保证被测信号的前沿亦能得到完全的观察。

X 通道由触发电路、时基发生器和水平放大器组成。

时基发生器的作用是产生线性度好的稳定的锯齿波扫描电压。其扫描方式分为连续扫描和触发扫描。触发源可分为内触发、外触发和电源触发。触发耦合方式可分为 DC(直流)、AC(交流)、AC 低频抑制和 HF(高频)四种。

Z 通道为辉度调整电路，在锯齿波扫描正程期间使被测信号亮度加亮，在扫描回程期间使回扫消隐。

校正器的用途是将扫描时间和幅度进行校正，以便对被测信号进行测量。

电源电路供给示波管工作所需的高、低压和示波器工作的低压。

(4) 电信号的测量是借助 Y 轴灵敏度开关“V/div”和 X 轴扫描控制开关“t/div”进行的。测量时，这两个开关都应将“微调”开关置于“校准”位置上。

电压幅度的测量是以 V/div$\times H$(div)计算的。

信号的时间、时间差、相位、频率都是以测量扫描距离 D 为基础的。

(5) 双踪和双线示波器可以在同一个荧光屏上同时显示两个波形，以便于对波形进行观测和比较。双踪示波器的示波管与普通示波器的示波管一样，只有一对 X、Y 偏转板，而双线示波器的示波管内有两对 X、Y 偏转板，分别显示两个被测波形。双踪示波器是在两个 Y 通道信号间加电子开关，对两个波形显示进行分时控制。

(6) 高速示波器的特点是它的构成部件示波管、Y 轴放大器和时基发生器均采用高速部件。取样示波器是将高速的、重复性的周期信号进行跨周期的非实时取样，经过取样变换成低频的、重复性的周期信号，再运用通用示波器进行显示和观测。它能显示高频的周期信号，但不能显示单次性的信号。

(7) 记忆示波器和数字存储示波器都可以捕捉和显示高频的、单次性的信号。记忆示波器采用有记忆功能的示波管实现模拟信号的存储、记忆和反复显示。数字存储示波器对被测波形进行实时取样、数字存储及反复显示。数字技术的发展使得示波器功能得以大大提高。

习　题　4

4.1　电子示波器有哪些特点？

4.2　电子枪的结构由几部分组成？各部分的主要用途是什么？

4.3　说明电压调整电路怎样调节“辉度”“聚焦”和“辅助聚焦”。

4.4　如果要达到稳定显示重复波形的目的，扫描锯齿波与被测信号间应具有怎样的时序和时间关系？

4.5　荧光屏按显示余辉长短可分为几种？各用于何种场合？

4.6　电子示波器由哪几个部分组成？各部分的作用是什么？

4.7　示波器的主要技术指标有哪些？各表示什么意义？

4.8　现有下列三种示波器，测量上升时间 t_r 为 80 ns 的脉冲波形，选用哪一种好？为什么？

(1) SBT－5 型同步示波器 f_h=10 MHz，$t_r \leqslant 40$ ns。

(2) SBM－10 型通用示波器 f_h=30 MHz，$t_r \leqslant 12$ ns。

(3) SR－8 型双踪示波器 f_h=15 MHz，$t_r \leqslant 24$ ns。

4.9　什么是内同步？什么是外同步？

4.10　与示波器 A 配套使用的阻容式无源探头是否可与另一台示波器 B 配套使用？为什么？

4.11　延迟线的作用是什么？内触发信号可否在延迟线后引出去触发时基电路？为什么？

4.12　示波器Y通道内为什么既接入衰减器又接入放大器？它们各起什么作用？

4.13　什么是连续扫描和触发扫描？如何选择扫描方式？

4.14　时基发生器由几部分组成？各部分电路起什么作用？为什么线性时基信号能展开波形？

4.15　如何进行示波器的幅度校正和扫描时间校正？

4.16　双踪与双线示波器的区别是什么？

4.17　计算下列波形的幅度和频率(经探头接入)：

(1) V/div 位于 0.2 挡，t/div 位于 2 μs 挡。

① H=2 div，D=3 div；② H=5 div，D=2 div；③ H=3 div，D=5 div。

(2) V/div 位于 0.05 挡，t/div 位于 50 μs 挡。

① H=5 div，D=6 div；② H=4 div，D=4 div；③ H=2 div，D=5 div。

(3) V/div 位于 20 挡，t/div 位于 0.5 s 挡。

① H=2 div，D=0.5 div；② H=1 div，D=1 div；③ H=0.5 div，D=2 div。

4.18　有两个周期相同的正弦波，在屏幕上显示一个周期为 6 个 div，两波形间相位间隔如下时，求两波形间的相位差。

(1) 0.5 div；(2) 2 div；(3) 1 div；(4) 1.5 div；(5) 1.2 div；(6) 1.8 div。

4.19　数字存储示波器是怎样工作的？

第 5 章　频率时间测量

随着无线电技术的发展与普及，“频率”已成为广大群众所熟悉的物理量。调节收音机上的频率刻度盘可选听到喜欢的电台节目，调节电视机上的微调旋钮可使电视机对准电视台的广播频率，获得图像清晰的收看效果，这些已成为人们的生活常识。

人们在日常生活、工作中更离不开计时。学校何时上、下课，工厂几时上、下班，火车几时开，航班何时起飞，出差的亲人几日能归来……这些都涉及计时。

频率、时间的应用在当代高科技中显得尤为重要。例如，邮电通信，大地测量，地震预报，人造卫星、宇宙飞船、航天飞机的导航定位控制都与频率、时间密切相关，只是其精密度和准确度比人们日常生活中的要求高得多罢了。

本章先介绍频率、时间的基本概念，然后重点讨论频率、时间测量的数字方法，最后概要介绍频率、时间测量的模拟方法。

5.1　频率时间测量概述

5.1.1　时间、频率的基本概念

1. 时间的定义与标准

时间是国际单位制中七个基本物理量之一，它的基本单位是秒，用 s 表示。在年历计时中因秒的单位太小，故常用日、星期、月、年；在电子测量中有时又因秒的单位太大，故常用毫秒(ms，10^{-3} s)、微秒(μs，10^{-6} s)、纳秒(ns，10^{-9} s)、皮秒(ps，10^{-12} s)。“时间”在一般概念中有两种含义：一是指“时刻”，回答某事件或现象何时发生，例如图 5.1-1 中的矩形脉冲信号在 t_1 时刻开始出现，在 t_2 时刻消失；二是指“间隔”，即两个时刻之间的间隔，回答某现象或事件持续多久，例如图 5.1-1 中，$\Delta t=t_2-t_1$ 表示 t_1、t_2 这两个时刻之间的间隔，即矩形脉冲持续的时间长度。“时刻”与“间隔”二者的测量方法是不同的。

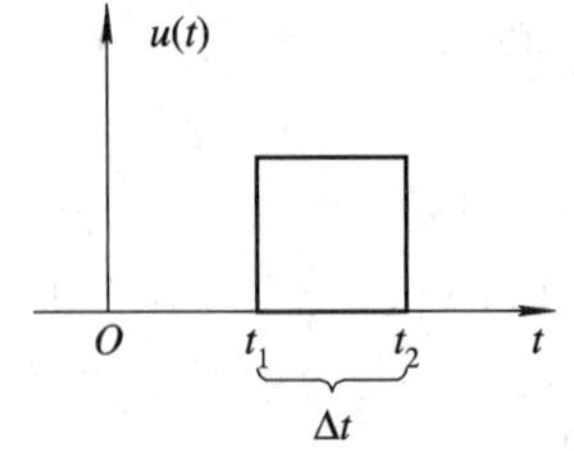

图 5.1-1　时刻、间隔示意图

人们早期把地球自转一周所需要的时间定为一天，把它的 1/86 400 定为 1 秒。地球自转速度受季节等因素的影响，要经常进行修正。地球的公转周期相当稳定，在 1956 年正式定义 1899 年 12 月 31 日 12 时起始的回归年(太阳连续两

次“经过”春分点所经历的时间)长度的 1/31 556 925.974 7 为 1 秒。由于回归年不受地球自转速度的影响，因此秒的定义更加确切。但观测比较困难，不能立即得到，不便于作为测量过程的参照标准。近几十年来，出现了以原子秒为基础的时间标准，称为原子时标，简称为原子钟。在 1967 年第十三届国际计量大会上通过的秒的定义为:“秒是铯 133 原子(Cs^{133})基态的两个超精细能级之间跃迁所对应的辐射的 9 192 631 770 个周期所持续的时间。”现在各国标准时间标准频率发播台所发送的是协调世界时标(UTC)，其准确度优于 $\pm 2\times 10^{-11}$。我国陕西天文台是规模较大的现代化授时中心，它有发播时间与频率的专用电台。台内有铯原子钟作为我国原子时间标准，它能够保持三万年以上才有正负一秒的偏差。中央人民广播电台的北京报时声就是由陕西天文台授时给北京天文台，再通过中央人民广播电台播发的。需要说明的是，时间标准并不像米尺或砝码那样标准，因为“时间”具有流逝性。换言之，时间总是在改变着，不可能让其停留或保持住。用标准尺校准普通尺子时，可以把它们靠在一起作任意多次的测量，从而得到较高的测量准确度。但在测量“时刻”时却不能这样，当延长测量时间时，所要测量的“时刻”已经流逝成为“过去”了。对于时间间隔的测量也是如此。所以说，时间标准具有不同于其他物理量标准的特性，这在测量方法和误差处理中表现得尤为明显。

2. 频率的定义与标准

人们对生活中的“周期”现象早已熟悉，如地球自转的日出、日落现象是确定的周期现象，重力摆或平衡摆轮的摆动、电子学中的电磁振荡也都是确定的周期现象。自然界中类似上述周而复始重复出现的事物或事件还可以举出很多，这里不能一一列举。周期过程重复出现一次所需要的时间称为它的周期，记为 T。在数学中，把这类具有周期性的现象概括为一种函数关系来描述，即

$$F(t) = F(t + mT) \tag{5.1-1}$$

式中，m 为整实数，即 $m=0$，± 1，…；t 为描述周期过程的时间变量；T 为周期过程的周期。

频率是单位时间内周期性过程重复、循环或振动的次数，记为 f。联系周期与频率的定义，不难看出 f 与 T 之间有下述重要关系，即

$$f = \frac{1}{T} \tag{5.1-2}$$

若周期 T 的单位是秒，那么由式(5.1-2)可知频率的单位就是 1/秒，即赫兹(Hz)。

对于简谐振动、电磁振荡这类周期现象，可用更加明确的三角函数关系描述。设函数为电压函数，则可写为

$$u(t) = U_m \sin(\omega t + \varphi) \tag{5.1-3}$$

式中，U_m 为电压的振幅；ω 为角频率，$\omega=2\pi f$；φ 为初相位。

整个电磁频谱有各种各样的划分方式。表 5.1-1 给出了国际无线电咨询委员会规定的频段划分范围。

在微波技术中，通常按波长划分为米、分米、厘米、毫米、亚毫米波。在无线电广播中，则划分为长、中、短三个波段。在电视中，把 48.5～223 MHz 按每频道占据 8 MHz 范围带宽划分为 1～12 频道。总之，频率的划分完全是根据各部门、各学科的需要来划分的。在电子测量技术中，常以 100 kHz 为界，以下称低频测量，以上称高频测量。

表 5.1-1　无线电频段的划分

名　　称	频率范围	波　　长	名称
甚低频(VLF)	3～30 kHz	10^5～10^4 m	超长波
低频(LF)	30～300 kHz	10^4～10^3 m	长波
中频(MF)	300～3000 kHz	10^3～10^2 m	中波
高频(HF)	3～30 MHz	10^2～10 m	短波
甚高频(VHF)	30～300 MHz	10～1 m	米波
超高频(UHF)	300～3000 MHz	1～0.1 m	分米波

常用的频率标准为晶体振荡石英钟，它使用在一般的电子设备与系统中。由于石英有很高的机械稳定性和热稳定性，它的振荡频率受外界因素的影响小，因而比较稳定，可以达到 10^{-10} 的频率稳定度，又加之石英振荡器结构简单，制造、维护、使用都较方便，其精确度能满足大多数电子设备的需要，所以已成为人们青睐的频率标准源。近代最准确的频率标准是原子频率标准，简称为原子频标。原子频标有许多种，其中铯束原子频标的稳定性、制造重复性较好，因而高标准的频率标准源大多采用铯束原子频标。原子频标的原理是：原子处于一定的量子能级，当它从一个能级跃迁到另一个能级时，将辐射或吸收一定频率的电磁波，由于原子本身结构及其运动具有永恒性，因此原子频标比天文频标和石英钟频标都稳定。铯-133 原子两个能级之间的跃迁频率为 9192.631 770 MHz，利用铯原子源射出的原子束在磁间隙中获得偏转，在谐振腔中激励起微波交变磁场，当其频率等于跃迁频率时，原子束穿过间隙，向检测器汇集，从而就获得了铯束原子频标。原子频标的准确度可达 10^{-13}，它广泛应用于航天飞行器的导航、监测、控制的频标源。这里应明确，时间标准和频率标准具有同一性，可由时间标准导出频率标准，也可由频率标准导出时间标准。由前面所述的铯原子时标秒的定义与铯原子频标赫兹的定义很容易理解这一点。一般情况下不再区分时间和频率标准，而统称为时频标准。

3. 标准时频的传递

在当代实际生活、工作和科学研究中，人们越来越感觉到有统一的时间频率标准的重要性。一个群体或一个系统的各部件的同步运作或确定运作的先后次序都迫切需要一个统一的时频标准。例如我国铁路、航空、航海运行时刻表是由“北京时间”即我国铯原子时频标准来制订的，我国各省、各地区乃至每个单位、家庭、个人的“时频”都应统一在这一时频标准上。如何统一呢？通常时频标准采用下述两类方法提供给用户使用：其一，称为本地比较法，就是用户把自己要校准的装置搬到拥有标准源的地方，或者由有标准源的主控室通过电缆把标准信号送到需要的地方，然后通过中间测试设备进行比对。使用这类方法时，由于环境条件可控制得很好，外界干扰可减至最小，因此标准的性能得以最充分利用。缺点是作用距离有限，远距离用户要将自己的装置搬来搬去，会带来许多问题和麻烦。其二是发送-接收标准电磁波法。这里所说的标准电磁波是指其时间频率受标准源控制的电磁波，或含有标准时频信息的电磁波。拥有标准源的地方通过发射设备将上述标准电磁波发送出去，用户用相应的接收设备将标准电磁波接收下来，便可得到标准时频信号，并与自己的装置进行比对测量。现在，从甚长波到微波的无线电的各频段都有标准电磁波广播。例如，甚长波中有美国海军导航台的 NWC 信号(22.3 kHz)、英国的 GBR 信号(16 kHz)，长波中有美国的罗兰 C 信号(100 kHz)、中国的 BPL 信号(100 kHz)，短波中有日本的 JJY 信号、中国的 BPM 信号(5、10、15 MHz)，微波中有电视网络等。用标准电磁波传送标准时频量值与其他物理量传递方法显著不同的地方是，它极大地扩大了时频精确测量的范围，大大提高了远距离时频的精确测量水平。

与其他物理量的测量相比，频率(时间)的测量具有下述几个特点：

(1) 测量精度高。由于有着各种等级的时频标准源(如前述的晶体振荡器时钟、铯原子时钟等)，而且采用无线电波传递标准时频方便、迅速、实用，因此在人们能进行测量的成千上万个物理量中，频率(时间)测量所能达到的分辨率和准确度是最高的。

(2) 测量范围广。现代科学技术中所涉及的频率范围是极其宽广的，从百分之一赫兹甚至更低频率开始，一直到 10^{12} Hz 以上。处于这么宽范围内的频率都可以做到高精度的测量。

(3) 频率信息的传输和处理(如倍频、分频和混频等)都比较容易，并且精确度也很高，这使得对各不同频段的频率测量能机动、灵活地实施。

正因为如此，人们想到了通过巧妙的数学方法和先进的电子技术，将其他物理量的测量转换为频率(时间)的测量，以提高其测量精度。这也是电子测量技术应用中一个令人注目的研究课题。

5.1.2　频率测量方法概述

对于频率测量所提出的要求，取决于所测频率范围和测量任务。例如，在实验室中研究频率对谐振回路、电阻值、电容的损耗角或其他被研究电参量的影响时，能将频率测到 $\pm1\times10^{-2}$ 量级的精确度或稍高一点也就足够了；对于广播发射机的频率测量，其精确度应达到 $\pm1\times10^{-5}$ 量级；对于单边带通信机，则应优于 $\pm1\times10^{-7}$ 量级；对于各种等级的频率标准，则应在 $\pm1\times10^{-13}\sim\pm1\times10^{-8}$ 量级之间。由此可见，对频率测量来讲，不同的测量对象与任务对其测量精确度的要求悬殊。测试方法是否可以简单，所使用的仪器是否可以低廉，完全取决于对测量精确度的要求。

根据测量方法的原理，对测量频率的方法大体上可作如图 5.1－2 所示的分类。

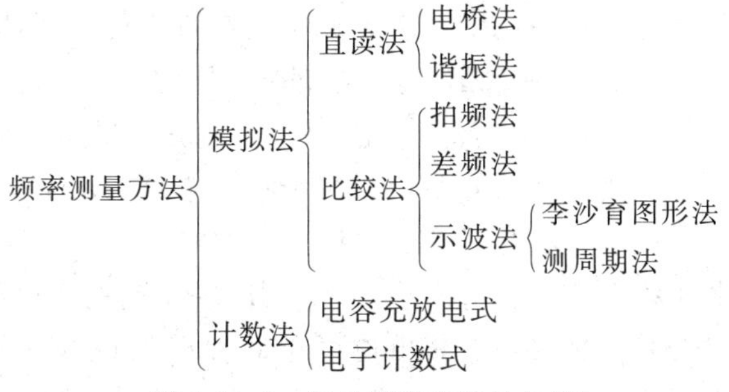

图 5.1－2　测量频率方法的分类

直读法又称利用无源网络频率特性测频法，它包含有电桥法和谐振法。比较法是将被测频率信号与已知频率信号相比较，通过观、听比较结果，获得被测信号的频率。属比较法的有拍频法、差频法和示波法。关于模拟法测频诸方法的原理将在 5.6 节中作介绍。

计数法有电容充放电式和电子计数式两种。前者利用电子电路控制电容器充、放电的次数，再用磁电式仪表测量充、放电电流的大小，从而指示出被测信号的频率值；后者是根据频率的定义进行测量的一种方法，它用电子计数器显示单位时间内通过被测信号的周期个数来实现频率的测量。由于数字电路的飞速发展和数字集成电路的普及，计数器的应用已十分广泛。利用电子计数器测量频率具有精确度高，显示醒目直观，测量迅速，以及便于实现测量过程自动化等一系列突出优点，所以该法是目前最好的，也是我们将要重点、详细讨论的测频方法。

5.2 电子计数法测量频率

5.2.1 电子计数法测量频率的原理

若某一信号在 T 秒时间内重复变化了 N 次，则根据频率的定义可知该信号的频率 f_x 为

$$f_x = \frac{N}{T} \tag{5.2-1}$$

通常 T 取 1 s 或其他十进制时间，如 10 s、0.1 s、0.01 s 等。

图 5.2-1(a)是计数式频率计测频的框图。它主要由下列三部分组成。

(1) 时间基准 T 产生电路。这部分的作用就是提供准确的计数时间 T。它一般由高稳定度的石英晶体振荡器、分频整形电路与门控(双稳)电路组成。晶体振荡器输出的正弦信号(频率为 f_c，周期为 T_c)经 m 次分频、整形得周期为 $T=mT_c$ 的窄脉冲，以此窄脉冲触发一个双稳(即门控)电路，从门控电路输出端即得所需要的宽度为基准时间 T 的脉冲，它又称为闸门时间脉冲。为了测量需要，在实际的电子计数式频率计中，时间基准选择开关分若干个挡位，例如 10 ms、0.1 s、1 s、10 s 等。

(2) 计数脉冲形成电路。这部分电路的作用是将被测的周期信号转换为可计数的窄脉冲。它一般由放大整形电路和主门(与门)电路组成。被测输入周期信号(频率为 f_x，周期为 T_x)经放大整形得周期为 T_x 的窄脉冲，送主门的一个输入端。主门的另一控制端输入的是时间基准产生电路产生的闸门脉冲。在闸门脉冲开启主门期间，周期为 T_x 的窄脉冲才能经过主门，在主门的输出端产生输出。在闸门脉冲关闭主门期间，周期为 T_x 的窄脉冲不能在主门的输出端产生输出。在闸门脉冲控制下主门输出的脉冲将输入计数器计数，所以将主门输出的脉冲称为计数脉冲。相应地，这部分电路称为计数脉冲形成电路。

(3) 计数显示电路。简单地说，这部分电路的作用就是计数被测周期信号重复的次数，显示被测信号的频率。它一般由计数电路、控制(逻辑)电路、译码器和显示器组成。在控制(逻辑)电路的控制下，计数器对主门输出的计数脉冲实施二进制计数，其输出经译码器转换为十进制数，输出到数码管或显示器件显示。因时基 T 都是 10 的整次幂倍秒，所以显示出的十进制数就是被测信号的频率，其单位可能是 Hz、kHz 或 MHz。这部分电路中的逻辑控制电路用来控制计数器的工作程序(准备→计数→显示→复零→准备下一次测量)。逻辑控制电路一般由若干门电路和触发器组成的时序逻辑电路构成。时序逻辑电路的时基也由闸门脉冲提供。

方框图中一些主要端点的波形如图 5.2-1(b)所示。

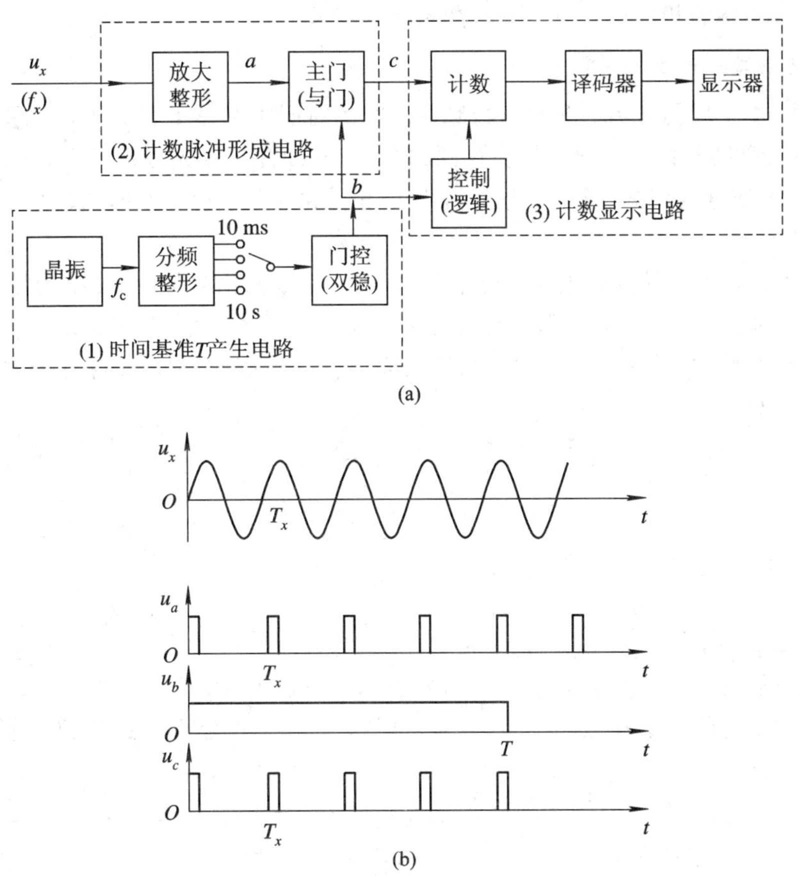

图 5.2-1　计数式频率计测频的框图和波形图

电子计数器的测频原理实质上是以比较法为基础的。它将被测信号频率 f_x 和已知的时基信号频率 f_c 相比，将相比的结果以数字的形式显示出来。

5.2.2　误差分析计算

在测量中，误差分析计算是必不可少的。从理论上讲，不管对什么物理量的测量，不管采用什么样的测量方法，只要进行测量，就有误差存在。误差分析的目的就是要找出引起测量误差的主要原因，从而有针对性地采取有效措施，减小测量误差，提高测量的精确度。在 5.1 节中曾明确介绍过计数式测量频率的方法有许多优点，但这种测量方法也存在着测量误差。下面我们来分析电子计数测频的测量误差。

将式(5.2-1)中的 T、N 均视为变量，按复合函数求导规则运算，得 $\mathrm{d}f_x=\frac{\mathrm{d}N}{T}-\frac{N}{T^2}\mathrm{d}T$，再用增量符号代替微分符号，并考虑 $\frac{N}{T}=f_x$，$T=\frac{N}{f_x}$ 关系，得

$$\frac{\Delta f_x}{f_x}=\frac{\Delta N}{N}-\frac{\Delta T}{T} \tag{5.2-2}$$

从式(5.2-2)可以看出：电子计数测量频率方法引起的频率测量相对误差，由计数器累计脉冲数相对误差和标准时间相对误差两部分组成。因此，对这两种相对误差我们可以

分别加以讨论，然后相加得到总的频率测量相对误差。

1. 量化误差——±1 误差

在测频时，主门的开启时刻与计数脉冲之间的时间关系是不相关的，即它们在时间轴上的相对位置是随机的。这样即便在相同的主门开启时间 T(先假定标准时间相对误差为零)内，计数器所计得的数也不一定相同，这便是量化误差(又称脉冲计数误差)即±1 误差产生的原因。

图 5.2-2 中 T 为计数器的主门开启时间，T_x 为被测信号周期，Δt_1 为主门开启时刻至第一个计数脉冲前沿的时间(假设计数脉冲前沿使计数器翻转计数)，Δt_2 为闸门关闭时刻至下一个计数脉冲前沿的时间。设计数值为 N(处在 T 区间之内的窄脉冲个数，图 5.2-2 中 $N=6$)，由图 5.2-2 可见：

$$T = NT_x + \Delta t_1 - \Delta t_2 = \left[N + \frac{\Delta t_1 - \Delta t_2}{T_x}\right]T_x \tag{5.2-3}$$

$$\Delta N = \frac{\Delta t_1 - \Delta t_2}{T_x} \tag{5.2-4}$$

考虑 Δt_1 和 Δt_2 都是不大于 T_x 的正时间量，由式(5.2-4)可以看出：$\Delta t_1 - \Delta t_2$ 虽然可能为正或负，但它们的绝对值不会大于 T_x，ΔN 的绝对值也不会大于 1，即 $|\Delta N| \leqslant 1$。再联系 ΔN 为计数增量，它只能为实整数，读者可对照图 5.2-2 作分析，在 T、T_x 为定值的情况下，可以令 $\Delta t_1 \to 0$ 或 $\Delta t_1 \to T_x$ 变化，也可令 $\Delta t_2 \to 0$ 或 $\Delta t_2 \to T_x$ 变化，经如上讨论可得 ΔN 的取值只有三个可能值，即 $\Delta N=0, 1, -1$。所以，脉冲计数的最大绝对误差为±1 误差，即

$$\Delta N = \pm 1 \tag{5.2-5}$$

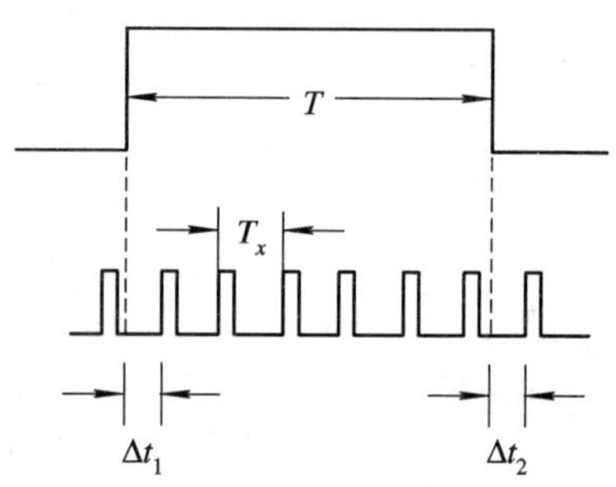

图 5.2-2　脉冲计数误差示意图

联系式(5.2-5)，脉冲计数的最大相对误差为

$$\frac{\Delta N}{N} = \pm\frac{1}{N} = \pm\frac{1}{f_x T} \tag{5.2-6}$$

式中，f_x 为被测信号频率；T 为闸门时间。由式(5.2-6)不难得到如下结论：脉冲计数的相对误差与被测信号频率成反比，与闸门时间成反比。也就是说，被测信号频率越高，闸门时间越宽，此项相对误差越小。例如，T 选为 1 s，若被测频率 f_x 为 100 Hz，则±1 误差为±1 Hz；若 f_x 为 1000 Hz，则±1 误差也为±1 Hz。若计算其相对误差，前者是±1%，而后者是±0.1%。显然被测频率高，相对误差小。再如，若被测频率 $f_x=100$ Hz，则当 $T=1$ s 时，±1 误差为±1 Hz，其相对误差为±1%；当 $T=10$ s 时，±1 误差为±0.1 Hz，其相对误差为±0.1%。本例用数据表明：当 f_x 一定时，增大闸门时间 T 可减小脉冲计数的相对误差。

2. 闸门时间误差(标准时间误差)

闸门时间不准会造成主门启闭时间或长或短，这显然会产生测频误差。闸门信号 T 由晶振信号分频而得。设晶振频率为 f_c(周期为 T_c)，分频系数为 m，所以有

$$T = mT_c = m\frac{1}{f_c} \tag{5.2-7}$$

对式(5.2-7)进行微分，得

$$dT = -m\frac{df_c}{f_c^2} \tag{5.2-8}$$

由式(5.2-8)、式(5.2-7)可知

$$\frac{dT}{T} = -\frac{df_c}{f_c} \tag{5.2-9}$$

考虑相对误差定义中使用的是增量符号Δ，所以用增量符号代替式(5.2-9)中的微分符号，改写为

$$\frac{\Delta T}{T} = -\frac{\Delta f_c}{f_c} \tag{5.2-10}$$

式(5.2-10)表明：闸门时间的相对误差在数值上等于晶振频率的相对误差。

将式(5.2-6)、式(5.2-10)代入式(5.2-2)，得

$$\frac{\Delta f_x}{f_x} = \pm\frac{1}{f_x T} + \frac{\Delta f_c}{f_c} \tag{5.2-11}$$

Δf_c 有可能大于零，也有可能小于零。若按最坏情况考虑，则测量频率的最大相对误差应写为

$$\frac{\Delta f_x}{f_x} = \pm\left(\frac{1}{f_x T} + \left|\frac{\Delta f_c}{f_c}\right|\right) \tag{5.2-12}$$

因此，要提高频率测量的准确度，应采取如下措施：① 提高晶振频率的准确度和稳定度以减小闸门时间误差；② 扩大闸门时间 T 或倍频被测信号频率 f_x 以减小±1误差；③ 被测信号频率较低时，采用测周期的方法测量(原理见5.3节)。

计数式频率计的测频准确度主要取决于仪器本身闸门时间的准确度、稳定度和闸门时间选择得是否恰当。用优质的石英晶体振荡器可以满足一般电子测量对闸门时间准确度、稳定度的要求。关于闸门时间，下面我们再举一个具体例子看如何选择才算是恰当的。

一台可显示8位数的计数式频率计，取单位为kHz。设 f_x=10 MHz，当选择闸门时间 T=1 s时，仪器显示值为10 000.000 kHz；当选 T=0.1 s时，显示值为010 000.00 kHz；当选 T=10 ms时，显示值为0 010 000.0 kHz。由此可见，选择 T 大一些，数据的有效位数多，同时量化误差小，因而测量准确度高。但是，在实际测频时并非闸门时间越长越好，它也是有限度的。本例如选 T=10 s，则仪器显示为0 000.000 0 kHz，把最高位丢了。造成虚假现象，当然也就说不上测量准确了。上例显示错误是由于实际的仪器显示的数字都是有限的，因而产生了溢出所造成的。所以，选择闸门时间的原则是：在不使计数器产生溢出现象的前提下，应取闸门时间尽量大一些，以减少量化误差的影响，使测量的准确度最高。

5.2.3　测量频率范围的扩大

电子计数器测量频率时，其测量的最高频率主要取决于计数器的工作速率，而这又是由数字集成电路器件的速度所决定的。目前计数器测量频率的上限为1 GHz左右，为了能测量高于1 GHz的频率，有许多种扩大测量频率范围的方法。这里我们只介绍一种称为外差法扩大频率测量范围的基本原理。

图 5.2-3 为外差法扩频测量的原理框图。设计数器直接计数的频率为 f_A，被测频率为 f_x，f_x 高于 f_A，本地振荡频率为 f_L，f_L 为标准频率 f_c 经 m 次倍频的频率。f_L 与 f_x 两者混频以后的差频为

$$f_A = f_x - f_L \tag{5.2-13}$$

用计数器频率计测得 f_A，再加上 f_L(即 mf_c)，便得被测频率为

$$f_x = f_L + f_A = mf_c + f_A \tag{5.2-14}$$

经此变频技术处理，可使实际所测频率高出计数器直接计数测频 mf_c。例如，设某计数式频率计直接计数最高能测频率 f_A=10 MHz，标准频率 f_c 取 10 MHz(通常由计数器内部标准频率时钟提供，它不一定恰好等于 f_A)，设被测频率 f_x 在 20～30 MHz 之间(已知其大概频率范围)。若取倍频次数 m=2，则其二倍频频率 $f_L=2f_c$=20 MHz，如果经混频输出计数，测得频率 f_A=5.213 MHz，则算得

$$f_x = f_A + f_L = 5.213 + 20 = 25.213 \text{ MHz}$$

根据倍频开关所处的位置，显示器直接显示的就是被测频率，并不需要人工再进行相加运算。图 5.2-3 所示的外差法扩频测量的原理很简单，但测试时必须知道 f_x 的大致频率范围，然后预置倍频器开关在适当的位置上。若不知 f_x 所处的大致频率范围，则倍频开关置于什么位置合适将无法知道。也许开关扳至两三个位置上都得到了计数，但三者不一致，还需判别哪一种情况是准确的。这样，在实际测试时很不方便。尤其当被测频率可能很高时，由于倍频器选择性不够高，本地振荡频率可能是第 m 次和第 $m\pm1$ 次谐波的混合，从而导致错误的测量结果。因此，应用这种方法扩展被测频率范围时，不可能扩得很宽。

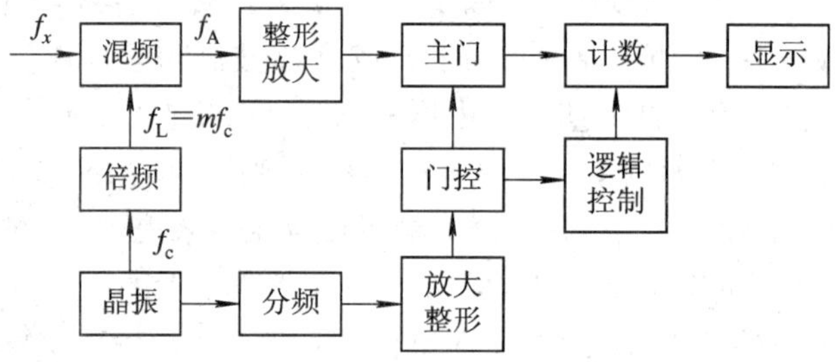

图 5.2-3　外差法扩频测量的原理框图

5.3　电子计数法测量周期

周期是频率的倒数。既然电子计数器能测量信号的频率，那么我们会自然联想到电子计数器也能测量信号的周期。二者在原理上有相似之处，但又不等同，下面进行具体讨论。

5.3.1　电子计数法测量周期的原理

图 5.3-1 是应用计数器测量信号周期的原理框图。将它与图 5.2-1 对照可以看出，它是将图 5.2-1 中的晶振标准频率信号和输入被测信号的位置对调而构成的。当输入信号为正弦波时，图中各点波形如图 5.3-2 所示。可以看出，被测信号经放大整形后，形成控制闸门脉冲信号，其宽度等于被测信号的周期 T_x。晶体振荡器的输出或经倍频后得到频

率为 f_c 的标准信号，其周期为 T_c，加于主门输入端，在闸门时间 T_x 内，标准频率脉冲信号通过闸门形成计数脉冲，送至计数器计数，经译码显示计数值 N。由图 5.3-2 所示的波形图可得

$$T_x = NT_c = \frac{N}{f_c} \tag{5.3-1}$$

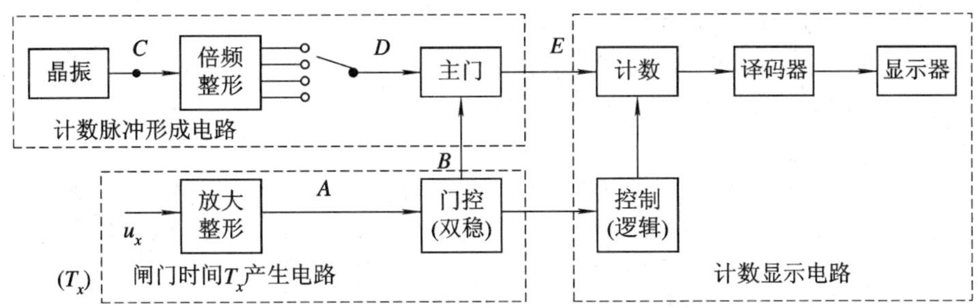

图 5.3-1　计数器测量周期原理框图

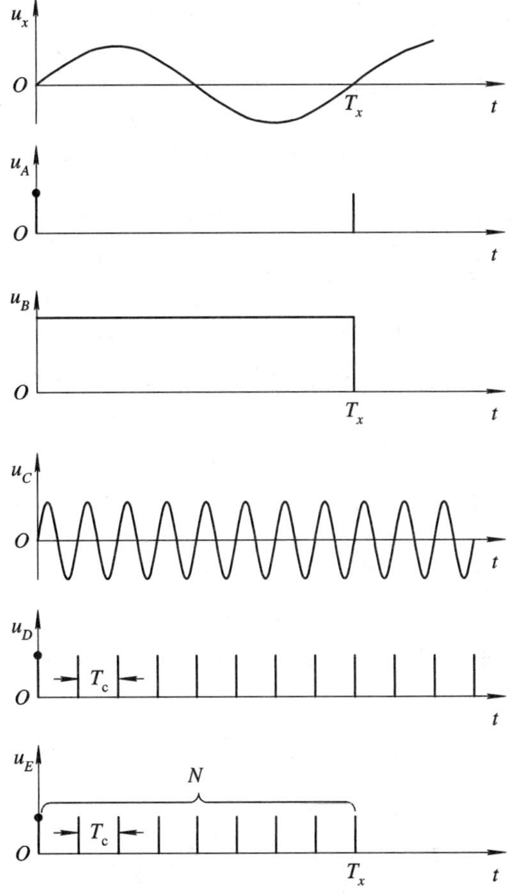

图 5.3-2　图 5.3-1 中各点波形

当 T_c 一定时，计数结果可直接表示为 T_x 值。例如 $T_c = 1\ \mu s$，$N = 562$ 时，则 $T_x =$

562 μs；T_c=0.1 μs，N=26 250 时，T_x=2625.0 μs。在实际电子计数器中，根据需要，T_c可以有几种数值，用有若干个挡位的开关实施转换，显示器能自动显示时间单位和小数点，使用起来非常方便。

5.3.2 电子计数器测量周期的误差分析

对式(5.3-1)进行微分，得

$$\mathrm{d}T_x = T_c\,\mathrm{d}N + N\,\mathrm{d}T_c \tag{5.3-2}$$

式(5.3-2)两端同除 NT_c 即 T_x，得

$$\frac{\mathrm{d}T_x}{NT_c} = \frac{\mathrm{d}N}{N} + \frac{\mathrm{d}T_c}{T_c}$$

即

$$\frac{\mathrm{d}T_x}{T_x} = \frac{\mathrm{d}N}{N} + \frac{\mathrm{d}T_c}{T_c} \tag{5.3-3}$$

用增量符号代替式(5.3-3)中的微分符号，得

$$\frac{\Delta T_x}{T_x} = \frac{\Delta N}{N} + \frac{\Delta T_c}{T_c} \tag{5.3-4}$$

因 $T_c=\frac{1}{f_c}$，T_c 上升时，f_c 下降，故有

$$\frac{\Delta T_c}{T_c} = -\frac{\Delta f_c}{f_c}$$

ΔN 为计数误差，在极限情况下，量化误差 $\Delta N=\pm 1$，所以

$$\frac{\Delta N}{N} = \pm\frac{1}{N} = \pm\frac{T_c}{NT_c} = \pm\frac{T_c}{T_x} = \pm\frac{1}{f_c T_x}$$

由于晶振频率误差 $\Delta f_c/f_c$ 的符号可能为正，也可能为负，考虑最坏情况，因此应用式(5.3-4)计算周期误差时，取绝对值相加，所以式(5.3-4)改写为

$$\frac{\Delta T_x}{T_x} = \pm\left(\left|\frac{\Delta f_c}{f_c}\right| + \frac{1}{N}\right) = \pm\left(\left|\frac{\Delta f_c}{f_c}\right| + \frac{T_c}{T_x}\right) \tag{5.3-5}$$

例如，某计数式频率计 $|\Delta f_c|/f_c=2\times 10^{-7}$，在测量周期时，取 T_c=1 μs，则当被测信号周期 T_x=1 s 时，有

$$\frac{\Delta T_x}{T_x} = \pm\left(2\times 10^{-7} + \frac{1}{10^6}\right) = \pm 1.2\times 10^{-6}$$

其测量精确度很高，接近晶振频率的准确度。当 T_x=1 ms(即 f_x=1000 Hz)时，测量误差为

$$\frac{\Delta T_x}{T_x} = \pm\left(2\times 10^{-7} + \frac{10^{-6}}{10^{-3}}\right) \approx \pm 0.1\%$$

当 T_x=10 μs(即 f_x=100 kHz)时，有

$$\frac{\Delta T_x}{T_x} = \pm\left(2\times 10^{-7} + \frac{1}{10}\right) \approx \pm 10\%$$

由这几个简单例子的数量计算结果可以明显看出，计数器测量周期时，其测量误差主要取决于量化误差，被测周期越长(f_x 越低)，误差越小。

为了减小测量误差，可以减小 T_c(增大 f_c)，但这受实际计数器计数速度的限制。在条

件许可的情况下，应尽量使 f_c 增大。另一种方法是把 T_x 扩大 m 倍，形成的闸门时间宽度为 mT_x，以它控制主门开启，实施计数。计数器的计数结果为

$$N=\frac{mT_x}{T_c} \tag{5.3-6}$$

由于 $\Delta N=\pm1$，并考虑式(5.3-6)，因此

$$\frac{\Delta N}{N}=\pm\frac{T_c}{mT_x} \tag{5.3-7}$$

将式(5.3-6)代入式(5.3-5)，得

$$\frac{\Delta T_x}{T_x}=\pm\left(\left|\frac{\Delta f_c}{f_c}\right|+\frac{T_c}{mT_x}\right)=\pm\left(\left|\frac{\Delta f_c}{f_c}\right|+\frac{1}{mT_xf_c}\right) \tag{5.3-8}$$

式(5.3-7)表明量化误差降低为原来的 $1/m$。

扩大待测信号的周期为 mT_x，这在仪器上称作“周期倍乘”，通常取 m 为 10^i($i=0$，1，2，…)。例如上例被测信号周期 $T_x=10\ \mu s$，即频率为 10^5 Hz，若采用四级十分频，把它分频成 10 Hz(周期为 $10^5\ \mu s$)，即周期倍乘 $m=10\ 000$，则这时测量周期的相对误差为

$$\frac{\Delta T_x}{T_x}=\pm\left(2\times10^{-7}+\frac{10^{-6}}{10\ 000\times10\times10^{-6}}\right)\approx\pm10^{-5}$$

由此可见，经“周期倍乘”再进行周期测量，其测量精确度大为提高。但也应注意到，所乘倍数要受仪器显示位数及测量时间的限制。

在通用电子计数器中，测频率和测周期的原理及其误差的表达式都是相似的，但是从信号的流通路径来说则完全不同。测频率时，标准时间由内部基准即晶体振荡器产生。一般选用高精确度的晶振，采取防干扰措施以及稳定触发器的触发电平，这样使标准时间的误差小到可以忽略。测频误差主要取决于量化误差(即±1 误差)。在测量周期时，信号的流通路径和测频时完全相反，这时内部的基准信号在闸门时间信号的控制下通过主门，进入计数器。闸门时间信号则由被测信号经整形产生，它的宽度不仅取决于被测信号周期 T_x，还与被测信号的幅度、波形陡直程度以及叠加噪声情况等有关，而这些因素在测量过程中是无法预先知道的，因此测量周期的误差因素比测量频率时要多。

在测量周期时，被测信号经放大整形后作为时间闸门的控制信号(简称门控信号)，因此，噪声将影响门控信号(即 T_x)的准确性，造成所谓的触发误差。如图 5.3-3 所示，若被测正弦信号为正常情况，在过零时刻触发，则开门时间为 T_x。若存在噪声，则有可能使触发时间提前 ΔT_1，也有可能使触发时间延迟 ΔT_2。若粗略分析，设正弦波形过零点的斜率为 $\tan\alpha$，α 如图 5.3-3 中虚线所示，则得

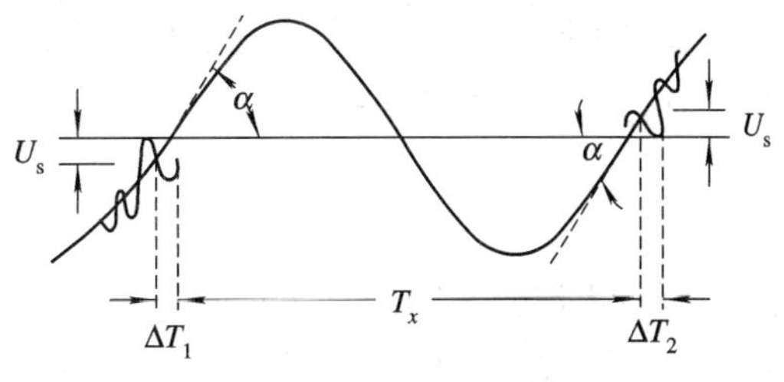

图 5.3-3　开门时间

$$\Delta T_1=\frac{U_n}{\tan\alpha} \tag{5.3-9}$$

$$\Delta T_2=\frac{U_n}{\tan\alpha} \tag{5.3-10}$$

式中，U_n 为被测信号上叠加的噪声“振幅值”。当被测信号为正弦波，即 $u_x=U_m\sin\omega_xt$，门控电路触发电平为 U_p 时，有

$$\tan\alpha = \left.\frac{\mathrm{d}u_x}{\mathrm{d}t}\right|_{u_x=U_p,\ t=t_p} = 2\pi f_x U_m \cos\omega_x t_p$$

$$= \frac{2\pi}{T_x}U_m\sqrt{1-\sin^2\omega_x t_p} = \frac{2\pi}{T_x}U_m\sqrt{1-\left(\frac{U_p}{U_m}\right)} \tag{5.3-11}$$

将式(5.3－11)代入式(5.3－9)和式(5.3－10)，可得

$$\Delta T_1 = \Delta T_2 = \frac{U_n T_x}{2\pi U_m\sqrt{1-\left(\frac{U_p}{U_m}\right)^2}} \tag{5.3-12}$$

因为一般门电路采用过零触发，即 $U_p=0$，所以

$$\Delta T_1 = \Delta T_2 = \frac{T_x}{2\pi}\cdot\frac{U_n}{U_m} \tag{5.3-13}$$

在极限情况下，开门的起点将提前 ΔT_1，关门的终点将延迟 ΔT_2，或者相反。根据随机误差的合成定律，可得总的触发误差为

$$\Delta T_n = \pm\sqrt{(\Delta T_1)^2+(\Delta T_2)^2} = \pm\sqrt{2}\,\frac{T_x}{2\pi}\cdot\frac{U_n}{U_m} = \pm\frac{T_x U_n}{\sqrt{2}\pi U_m} \tag{5.3-14}$$

若门控信号周期扩大 k 倍，则由随机噪声引起的触发相对误差可降低为

$$\frac{\Delta T_n}{T_x} = \pm\frac{1}{k\sqrt{2}\pi}\cdot\frac{U_n}{U_m} \tag{5.3-15}$$

式(5.3－15)表明：测量周期时的触发误差与信噪比成反比。例如，$U_m/U_n=10$ 时，$\Delta T_n/T_x=\pm 2.3\times 10^{-2}$；$U_m/U_n=100$ 时，$\Delta T_n/T_x=\pm 2.3\times 10^{-3}$。由本例数据计算的结果可更直观地看出，信噪比越大，其触发误差就越小。若对引起触发误差的主要因素分别单独考虑，则由式(5.3－9)～式(5.3－12)稍作推理分析即可看出：信号过零点斜率($\tan\alpha$)值大，则在相同噪声幅度 U_n 条件下引起的 ΔT_1、ΔT_2 小，从而使触发误差也小；信号过零点斜率一定，则噪声幅度大时引起的触发误差大。信号幅度 U_m 对触发误差的影响已隐含在信号过零点斜率因素当中。信号频率一定，当信号幅度值大时其过零点的斜率也大。至此推知：信号幅度 U_m 大时引起的触发误差小。触发误差还应与触发器的触发灵敏度有关，若触发器的触发灵敏度高，则可以想到，一个小的噪声扰动就可使触发器翻转，所以在相同的其他条件下，触发器触发灵敏度高，则引起的触发误差大。

分析至此，若考虑噪声引起的触发误差，那么用电子计数器测量信号周期的误差共有三项，即量化误差(±1 误差)、标准频率误差和触发误差。按最坏的可能情况考虑，在求其总误差时，可进行绝对值相加，即

$$\frac{\Delta T_x}{T_x} = \pm\left(\frac{1}{kT_x f_c}+\left|\frac{\Delta f_c}{f_c}\right|+\frac{1}{\sqrt{2}k\pi}\frac{U_n}{U_m}\right) \tag{5.3-16}$$

式中，k 为“周期倍乘”数。

5.3.3　中界频率

式(5.2－13)表明，被测信号频率 f_x 越高，用计数法测量频率的精确度越高，而式(5.3－5)表明，被测信号周期 T_x 越长，用计数法测量周期的测量精确度越高，显然这两个结论是对立的。因为频率与周期有互为倒数的关系，所以频率、周期的测量可以相互转换。

也就是说，测信号周期时，可以先测出频率，经倒数运算得到周期；测信号频率时，可以先测出周期，再经倒数运算得到频率。人们自然会想到，测高频信号频率时，用计数法直接测出频率；测低频信号频率时，用计数法先测其周期，再换算为频率，以期得到高精度的测量。若测信号的周期，则可以采取与上述相反的过程。高频、低频是以称为"中界频率"的频率为界来划分的。"中界频率"是这样定义的：对某信号使用测频法和测周法测量频率，两者引起的误差相等，则该信号的频率定义为中界频率，记为 f_0。

忽略周期测量时的触发误差，根据以上所述中界频率的定义，考虑$\frac{\Delta T_x}{T_x}=-\frac{\Delta f_x}{f_x}$的关系，令式(5.2-12)与式(5.3-5)取绝对值相等，即

$$\left|\frac{\Delta f_c}{f_c}\right|+\frac{T_c}{T_x}=\frac{1}{f_xT}+\left|\frac{\Delta f_c}{f_c}\right| \tag{5.3-17}$$

将式(5.3-17)中的 f_x 换为中界频率 f_0，将 T_x 换为 T_0 再写为$\frac{1}{f_0}$，将 T_c 写为$\frac{1}{f_c}$，则式(5.3-17)可写为

$$\frac{f_0}{f_c}=\frac{1}{f_0T} \tag{5.3-18}$$

由式(5.3-18)解得中界频率为

$$f_0=\sqrt{\frac{f_c}{T}} \tag{5.3-19}$$

若进行频率测量时以扩大闸门时间 n 倍(标准信号周期扩大 T_cn 倍)来提高频率测量精确度，则式(5.2-12)变为

$$\frac{\Delta f_x}{f_x}=\pm\left(\frac{1}{nf_xT}+\left|\frac{\Delta f_c}{f_c}\right|\right) \tag{5.3-20}$$

在进行周期测量时，以扩大闸门时间 k 倍(扩大待测信号周期 k 倍)来提高周期测量精确度，这时式(5.3-5)变为

$$\frac{\Delta T_x}{T_x}=\pm\left(\frac{T_c}{kT_x}+\left|\frac{\Delta f_c}{f_c}\right|\right) \tag{5.3-21}$$

仿照式(5.3-19)的推导过程，可得中介频率更一般的定义式，即

$$f_0=\sqrt{\frac{kf_c}{nT}} \tag{5.3-22}$$

式中，T 为直接测频时选用的闸门时间。若 $k=1$，$n=1$，则式(5.3-22)就成了式(5.3-19)。

【例 5.3-1】 某电子计数器，若可取的最大的 T、f_c 值分别为 10 s、100 MHz，并取 $k=10^4$，$n=10^2$，试确定该仪器可以选择的中界频率 f_0。

解：将题目中的条件代入式(5.3-22)，得

$$f_0=\sqrt{\frac{kf_c}{nT}}=\sqrt{\frac{10^4\times 100}{100\times 10}}=31.62\ \text{kHz}$$

所以本仪器可选择的中界频率 $f_0=31.62$ kHz。因此用该仪器测量低于 31.62 kHz 的信号频率时，最好采用测周期的方法。这里提醒读者注意，实际通用计数器如 E312 等面板上并无改变测频门控时间 Tn 倍的功能键，而是直接给出不同的闸门时间 T。测周期时，有周期倍乘 K 键。这时，若应用式(5.3-22)计算中界频率，则可将 nT 看作 T'，即仪器面板上直

接给出的闸门时间键位所标出的时间值。

5.4　电子计数法测量时间间隔

在对信号波形时域参数进行测量时，经常需要测量信号波形上升边时间、下降边时间、脉冲宽度、波形起伏波动的时间区间以及人们所感兴趣的波形中两点之间的时间间隔等。上述诸多所要求的测量都可归纳为时间间隔的测量。时间间隔的测量与5.3节讨论的信号周期的测量类似，本节着重讨论计数法测量时间间隔的原理和误差分析。

5.4.1　电子计数法测量时间间隔的原理

图5.4－1为时间间隔测量原理框图。它有两个独立的输入通道，即 A 通道和 B 通道。一个通道产生打开时间闸门的触发脉冲，另一个通道产生关闭时间闸门的触发脉冲。对两个通道的斜率开关和触发电平作不同的选择和调节，就可测量一个波形中任意两点间的时间间隔。每个通道都有一个倍乘器或衰减器，以及触发电平调节和触发斜率选择的门电路。图5.4－1中开关S用于选择两个通道输入信号的种类。S在“1”位置时，两个通道输入相同的信号，测量同一波形中两点间的时间间隔；S在“2”位置时，输入不同的波形，测量两个信号间的时间间隔。在开门期间，对频率为 f_c 或 nf_c 的时标脉冲计数，这与测周期时计数的情况相似。框图中衰减器将大信号降低到触发电平允许的范围内。A 和 B 两个通道的触发斜率可任意选择为正或负，触发电平可分别调节。触发电路用来将输入信号和触发电平进行比较，以产生启动和停止脉冲。

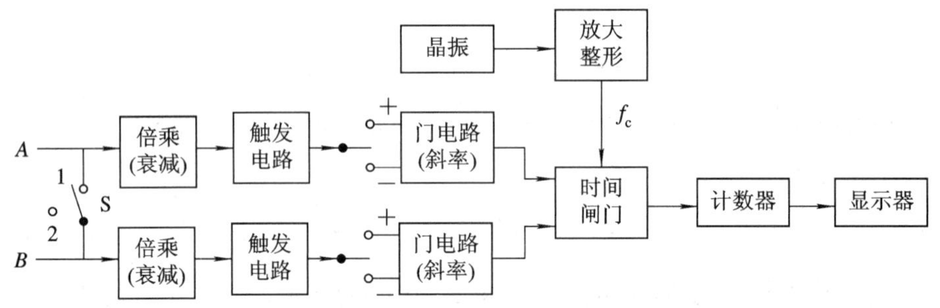

图5.4－1　时间间隔测量原理框图

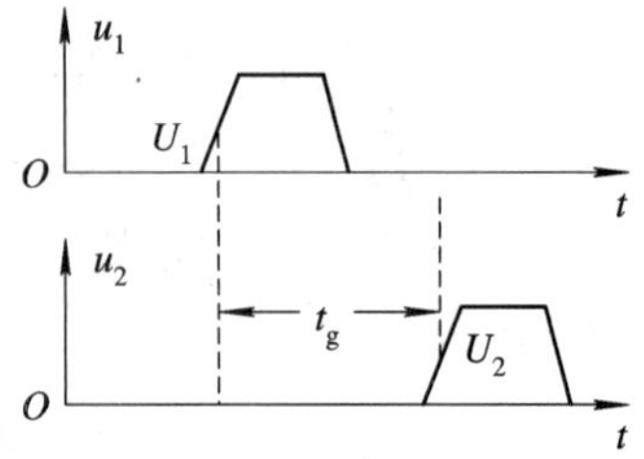

图5.4－2　测量两信号间的时间间隔

如需要测量两个输入信号 u_1 和 u_2 之间的时间间隔，则可使S置“2”，两个通道的触发斜率都选为“＋”，当分别用 U_1 和 U_2 完成开门和关门来对时标脉冲计数时，便能测出 U_2 相对于 U_1 的时间延迟 t_g，如图5.4－2所示，即完成了两输入信号 u_1 和 u_2 波形上对应两时间点之间的时间间隔的测量。

若需要测量某一个输入信号上任意两点之间的时间间隔，则把S置“1”位，如图5.4－3(a)、(b)所示。图(a)情况下，两通道的触发斜率也都选“＋”，U_1、U_2 分别为开门和关门电平。图(b)情况下，开门通道的触发斜率选“＋”，关门通道的触发斜率选“－”。同样，U_1、U_2 分别为开门和关门电平。

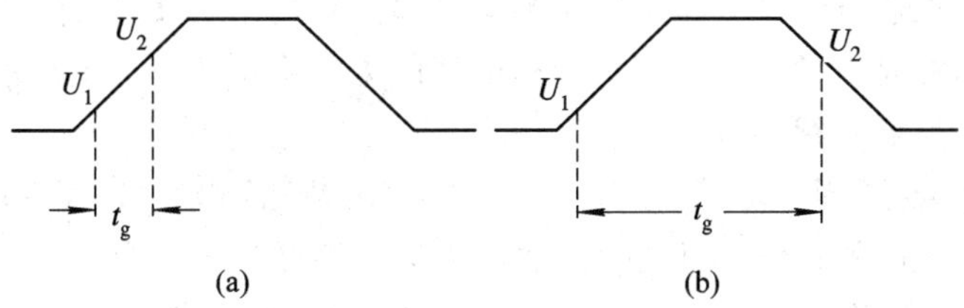

图5.4-3　测量同一信号波形上的任意两点间的时间间隔

5.4.2　电子计数器测量时间间隔的误差分析

电子计数器测量时间间隔的误差与测周期时类似，它主要由量化误差、触发误差和标准频率误差三部分构成。由时间间隔测量原理框图5.4-1可以看出，测时间间隔不能像测周期那样把被测时间 T_x 扩大 k 倍来减小量化误差。所以，测量时间间隔的误差一般来说要比测周期时大。下面作具体分析。

设测量时间间隔的真值即闸门时间为 T_x'，偏差为 $\Delta T_x'$，并考虑被测信号为正弦信号时的触发误差，类似测量周期时的推导过程，参照式(5.3-16)并取式中 $k=1$，可得测量时间间隔时误差表示式为

$$\frac{\Delta T_x'}{T_x'}=\pm\left(\frac{1}{T_x'f_c}+\left|\frac{\Delta f_c}{f_c}\right|+\frac{1}{\sqrt{2}\pi}\cdot\frac{U_n}{U_m}\right)\tag{5.4-1}$$

式中，U_m、U_n 分别为被测信号、噪声的幅值。

为了减小测量误差，通常尽可能地采取一些技术措施。例如，选用频率稳定度好的标准频率源以减小标准频率误差，提高信号噪声比以减小触发误差，适当提高标准频率 f_c 以减小量化误差。实际中，f_c 不能无限制地提高，它要受计数器计数速度的限制。

由式(5.4-1)不难看出，被测时间间隔 T_x' 比较小时，测量误差大。

【例5.4-1】　某计数器最高标准频率 $f_{cmax}=10$ MHz。若忽略标准频率误差与触发误差，则当被测时间间隔 $T_x'=50\ \mu s$ 时，其测量误差为

$$\frac{\Delta T_x'}{T_x'}=\pm\frac{1}{T_x'f_c}=\pm\frac{1}{50\times10^{-6}\times10\times10^{6}}=\pm0.2\%$$

当被测时间间隔 $T_x'=5\ \mu s$ 时，其测量误差为

$$\frac{\Delta T_x'}{T_x'}=\pm\frac{1}{T_x'f_c}=\pm\frac{1}{5\times10^{-6}\times10\times10^{6}}=\pm2\%$$

若最高标准频率 f_{cmax} 一定，且给定最大相对误差 r_{max}，则仅考虑量化误差所决定的最小可测量时间间隔 T_{xmin}' 可由下式给出：

$$T_{xmin}'=\frac{1}{f_{cmax}r_{max}}\tag{5.4-2}$$

【例5.4-2】　某计数器最高标准频率 $f_{cmax}=10$ MHz，要求最大相对误差 $r_{max}=\pm1\%$，若仅考虑量化误差，试确定用该计数器测量的最小时间间隔 T_{xmin}'。

解：将已知条件代入式(5.4-2)，得

$$T_{xmin}'=\frac{1}{f_{cmax}\,|\,r_{max}\,|}=\frac{1}{10\times10^{6}\times0.01}=10\ \mu s$$

在实际中还可以通过改进电路来提高测量时间间隔的精确度，当然这对提高测周期和测频率的精确度同样是有效的。提高测量精确度的方法有多种，这里仅就其中常用的一种“平均测量技术”作简要介绍。

若仅考虑量化误差，则当计数为 N 时，其相对误差范围为 $-1/N \sim 1/N$。根据闸门和被测信号脉冲时间上的随机性，当进行多次测量时，误差在该范围内出现 +1 和 −1 的概率是相等的，所以，其平均值必然随着测量次数的无限增多而趋于零。

若考虑触发误差，假定噪声信号是平稳随机的，则与上面类似，当进行多次测量时，由噪声信号引起的触发误差的均值也必然随着测量次数的无限增多而趋于零。

由随机性原因而引起的测量误差统称为随机误差 r。原则上说，若随机误差 r 的各次出现值分别为 r_1，r_2，…，r_n，则有

$$\lim_{n\to\infty}\frac{1}{n}\sum_{i=1}^{n}r_i = 0 \tag{5.4-3}$$

式中，n 为测量的次数；r_i 为随机误差第 i 次测量的取值。式(5.4-3)说明随机误差 r_i 的无限次测量的平均值等于零。

实际测量为有限多次，即 n 为有限值，其随机误差平均值不会是零，但只要测量次数 n 足够大，测量精确度就可大为提高。如果仅考虑量化误差，则可以证明 n 次测量的相对误差平均值为

$$\frac{\Delta T_x'}{T_x'} = \pm\frac{1}{\sqrt{n}}\cdot\frac{1}{N} \tag{5.4-4}$$

即误差为单次测量的 $1/\sqrt{n}$ 倍。测量次数 n 越大，其相对误差平均值越小，测量精确度越高。但 n 大，所需测量时间长(需要机时长)，与现代高科技中所要求的实时测量、实时处理、实时控制有矛盾。这种方法只有在近似自动快速测量实现的条件下才得以使用。

必须说明，要使平均测量技术付诸实用，应保证闸门开启时刻和被测信号之间具有真正的随机性。在实际测量中，可以采用如图 5.4-4 所示的方法，即利用齐纳二极管产生的噪声对标准频率进行随机相位调制，以使标准频率有随机的相位抖动。

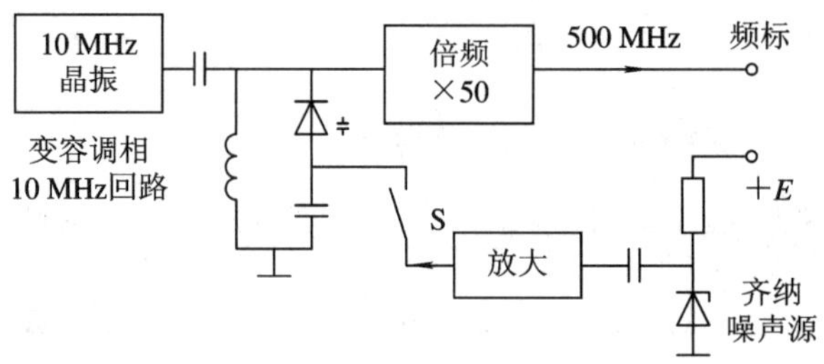

图 5.4-4　时基脉冲的随机调相

5.5　典型通用电子计数器 E-312

电子计数器测频率、周期、时间间隔的原理是相似的，所用主要部件也相同。因此，一般做成通用仪器，称为“通用计数器”或“电子计数式频率计”，可以用来测量待测信号的频率、周期、时间间隔、脉冲宽度、频率比等。若配置必要的插件，则还可以测量信号相位、

电压等。

本节以典型的E-312型电子计数式频率计为例，介绍电子计数式频率计的工作原理。

5.5.1　E-312型电子计数式频率计的主要技术指标

(1) 晶振频率：1 MHz，频率精确度为2×10^{-7}。

(2) 测量频率范围：10 Hz～10 MHz。

(3) 闸门时间：1 ms、10 ms、0.1 s、1 s、10 s五挡。

(4) 测量周期范围：1 μs～1 s。

(5) 时基频率周期：0.1 μs、1 μs、10 μs、100 μs、1 ms五种。

(6) 周期倍乘：×1、×10、$\times10^2$、$\times10^3$、$\times10^4$五挡。

(7) 显示：七位数字显示。

5.5.2　E-312型电子计数式频率计的原理

图5.5-1是该频率计的原理框图。S_1为功能选择开关，简称为功能开关，它由三个八挡位的分开关即S_{1-1}、S_{1-2}、S_{1-3}组成。S_{1-1}、S_{1-2}、S_{1-3}分别置于A、B、C三个通道中。当S_1置"1"～"8"位即S_{1-1}、S_{1-2}、S_{1-3}同时置"1"～"8"位时的功能分别为："1"位为计数；"2"位为$A/(B-C)$，即测量B、C通道输入信号之间的时间间隔内A通道输入信号脉冲的个数；"3"位为A/B，即测量A通道输入信号频率与B通道输入信号频率之比；"4"位为自校；"5"位为频率A，即测量A通道输入信号的频率；"6"位为时间$B-C$，即测量B、C两通道输入信号之间的时间间隔；"7"位为时间B，即测量B通道输入信号任意两时刻之间的间隔；"8"位为周期B，即测量B通道输入信号的周期。

S_2为测频率时的闸门时间选择开关和测周期时的周期倍乘开关，它是有五个挡位的开关，当S_2置于"1"～"5"位时分别对应1 ms或×1，10 ms或×10，0.1 s或$\times10^2$，1 s或$\times10^3$，10 s或$\times10^4$五挡。

S_3为测周期时使用的时标(时基)信号选择开关，它由两个有五挡位的分开关即S_{3-1}、S_{3-2}组成。S_{3-1}置于A通道中，S_{3-2}置于时基信号通道中。当S_3置于"1"～"5"位时，分别对应于0.1 μs、1 μs、10 μs、100 μs、1 ms。

这里需要说明的是，为了克服引线分布电容和分布电感对高频信号产生大的失真，增加测量误差，S_1、S_2、S_3三种类型的开关都采用"与或门"开关，如图5.5-1中的G_4、G_7、G_{10}、G_{12}和G_{15}等。现以G_{15}为例作说明。G_{15}和开关S_2配合用来选择门时间(1 ms～10 s)，其中五个与门分别由五个二极管V_{D1}～V_{D5}和五个电阻R_1～R_5组成，而或门由V_{D6}～V_{D10}和R_6组成，如图5.5-2所示。如开关S_2置在"4"位，则-9 V电源接电阻R_4，二极管V_{D4}、V_{D9}导通，1 s标准信号可以通过它们加到输出端。至于其他四对二极管，则因都是反向偏置而截止，信号则无法通过。类似地，开关S_2置"5"位就选通10 s标准信号。该电路所有元件都装在电路板上，连线短，信号通过时不会产生畸变失真。连到开关S_2的线(S_2装在仪器面板上)则为直流电源线，引线长也不会影响电路性能。显然，采用"与或门"开关对减小测量误差是有益的。

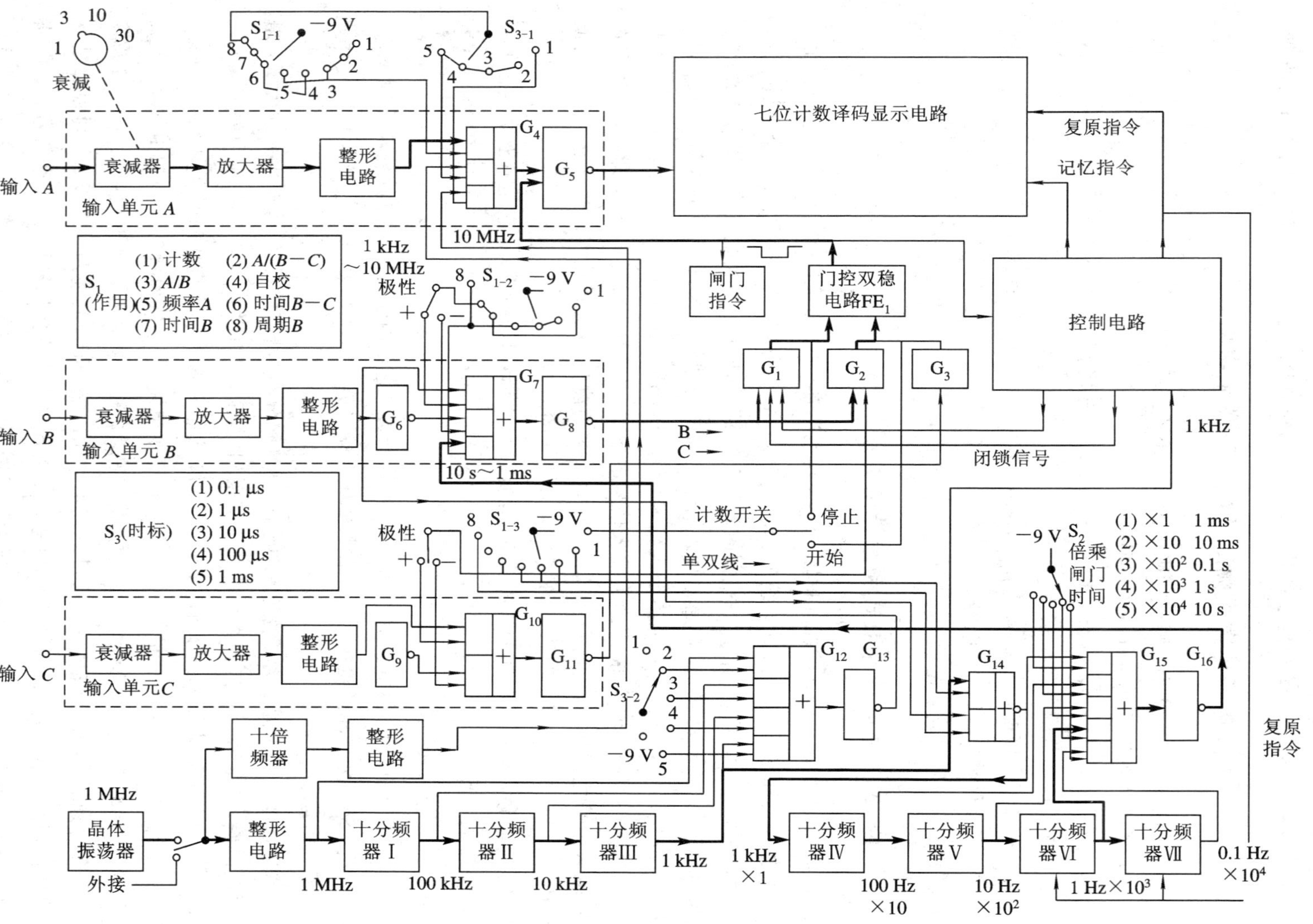

图 5.5-1　E-312型计数式频率计的原理框图

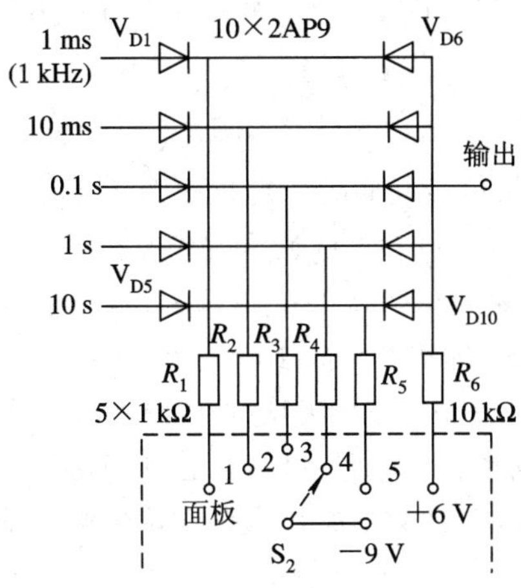

图 5.5-2　用与或门作开关

5.5.3　应用 E-312 进行测量

1. 测量频率

图 5.5-3 为 E-312 测量频率时的简化框图。这时“功能”开关 S_1 置“5”位，闸门时间开关 S_2 根据需要置于某一位置(图中 S_2 置“4”(1 s)位)，时标开关处任意位置。晶振信号(f_c=1 MHz)经整形后通过三个十分频器Ⅰ、Ⅱ、Ⅲ，得 1 kHz 信号；再经与或门 G_{14} 和三个十分频器Ⅳ、Ⅴ、Ⅵ，得 1 Hz 信号；最后经与或门 G_{15}、G_7 以及非门 G_{16}、G_8 加到门控双稳输入，使之形成 1 s 闸门信号加到时间闸门(主门)G_5。被测信号从 A 通道输入，经放

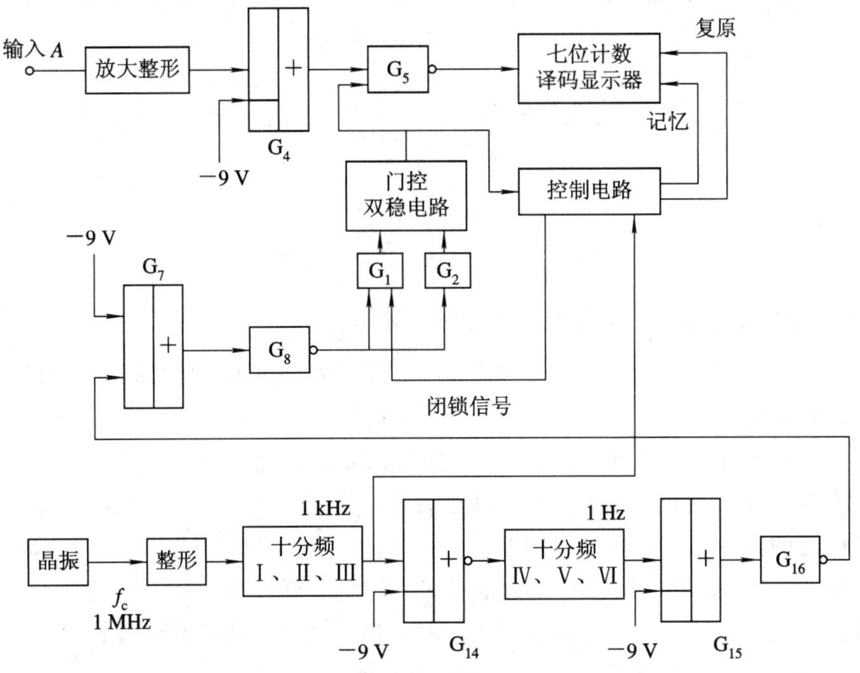

图 5.5-3　测量频率简化框图

大整形后通过与或门 G_4 和时间闸门 G_5，G_5 的输出加于七位计数译码显示器计数并用数码显示出测量结果。

2. 测量周期

图 5.5-4 为 E-312 测量信号周期时的简化框图。这时，“功能”开关 S_1 置“8”位；周期倍乘开关 S_2 根据需要选择在合适位，例如 S_2 置“3”(×100)位；时标开关 S_3 也置在合适位，例如 S_3 置“2”(1 μs)位。被测信号从 B 通道输入，经放大整形后通过与或门 G_{14} 加到十分频器Ⅳ、Ⅴ进行二次十分频，即周期倍乘 100 成为 $100T_x$，然后通过 G_{15}、G_{16}、G_7、G_8 加到门控双稳输入端形成宽度为 $100T_x$ 的闸门脉冲，加于时间闸门 G_5，以控制闸门的启闭。由晶振输出的 1 MHz 标准频率信号(T_c=1 μs)通过门电路 G_{12}、G_{13}、G_4 加到时间闸门 G_5，在 G_5 开通期间通过 G_5 加到计数器并用数码显示出测量结果。

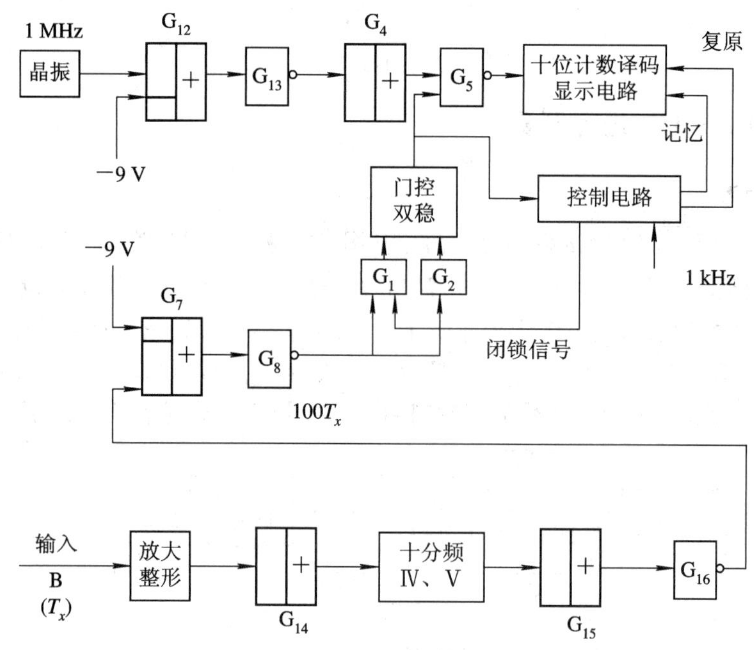

图 5.5-4　测量周期简化框图

3. 测量两个信号源产生的脉冲之间的时间间隔

图 5.5-5 为 E-312 测量两个信号源产生的脉冲之间的时间间隔的简化框图。这时，时间闸门起始和终止两个脉冲分别从 B、C 两通道输入，“功能”开关 S_1 置“6”位即 $B-C$，根据需要选择时标开关 S_3 的位置，例如 S_3 置“1”(0.1 μs)位，闸门时间开关 S_2 可处任意位置。起始脉冲(开启闸门的脉冲)由 B 通道输入，经放大整形后通过门电路 G_7、G_8 加到门控双稳电路的输入门 G_1、G_2，这时 G_2 的一个输入端接−9 V 而不通，因此起始脉冲通过 G_1 触发门控双稳电路，使其翻转。终止脉冲(关闭闸门的脉冲)从 C 通道输入，经放大整形后通过门电路 G_{10}、G_{11}、G_3 去触发门控双稳电路，使其又翻转回到起始状态。于是，一门控输出脉冲加到时间闸门 G_5，该脉冲的宽度为被测时间间隔 T_x'。晶振输出 1 MHz 信号经十倍频后得到 10 MHz 标准频率信号，再经整形后通过与或门 G_4 加到时间闸门 G_5，在

G_5 开启期间(即被测时间间隔 T_x' 内)通过 G_5 输入到计数器计数并用数码显示测量结果。如显示“0023400”，由 S_3 位置(“1”，0.1 μs)可知被测时间间隔 $T_x'=2340$ μs，即 2.34 ms。

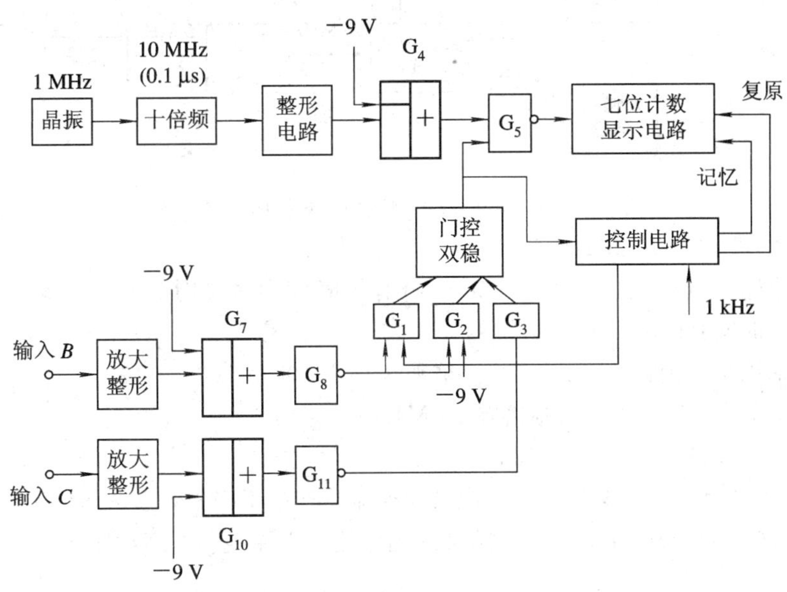

图 5.5－5　测量时间间隔简化框图

5.5.4　计数器的发展动态

E－312 是分立元件的电子计数式频率计，属早期的定型产品，它计数速度慢，可测频率范围为 10 MHz 以下，测量精确度也不算高，但由于它的应用面较为普及，且它采用分立元件，便于较清楚地讲清原理，因此选 E－312 型电子计数式频率计作为典型例子进行介绍。随着科学技术的发展，对实施测量所用的计数器的要求越来越高，即要求计数速度更快，可测频率范围更宽，测量精确度更高。另外，随着集成电路的发展，分立元件的数字电路被淘汰，目前都采用集成电路计数、译码、显示，特别是大规模集成电路的开发应用使仪器更为精巧。E－312A 型通用计数器就是采用大规模集成电路的仪器，它的计数控制逻辑单元就是一片 40 脚的大规模集成电路 ICM7226B，它有一个功能输入端，通过开关从该输入端送入特定的串行数字量，即可按需要测量频率、周期、时间间隔、A 和 B 两路间的时间间隔、频率比或进行计数等。通过开关在“闸门时间”(周期倍乘)输入端送入特定的数字量，可按需要选择闸门时间或周期倍乘。计数结果接到 8 位发光二极管显示器显示。同时还有 BCD 码等输出供记录或打印，标准频率由 5 MHz 晶振倍频提供。

因 E－312A 采用了大规模集成电路，故仪器体积、重量、耗电量等都大为减小，可靠性高。E－312A 与 E－312 的工作原理相似，技术指标略有改进。E－312A 型通用计数器的原理框图如图 5.5－6 所示。被测信号从 A 输入端或 B 输入端输入，经输入通道加到计数、控制逻辑单元。通过面板上开关控制选取 A 通道信号或 B 通道信号，或者两者同时加到计数器。

E－312A 型通用计数器的技术指标如下：

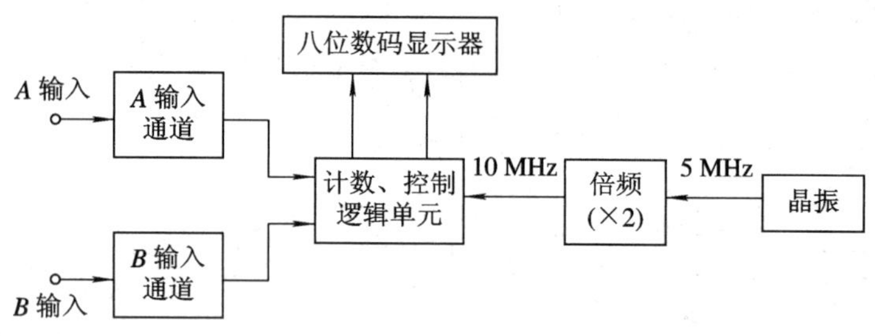

图 5.5－6　E－312A 型通用计数器的原理框图

(1) 测频：1 Hz～10 MHz。

(2) 最小输入电压：正弦波时为 30 mV(有效值)，脉冲波时为 0.1 V(峰-峰值)。

(3) 闸门时间：10 ms，0.1 s，1 s，10 s。

(4) 周期测量范围：0.4 μs～10 s，倍乘×1，×10，×100，$\times 10^3$。

(5) 标准频率：5 MHz，晶振倍频 10 MHz。

(6) 准确度和稳定度：$\pm 5\times 10^{-8}$。

2006 年我国南京新联电子设备有限公司研制生产的 EE33P5 型毫米波频率计数器，其测量范围为 10 Hz～110 GHz。该产品可广泛应用于卫星通信、高精度雷达及射电天文等领域。

5.6　测量频率的其他方法

部分新型频率计、计数器

计数式频率计测量频率的优点是测量方便、快速、直观，测量精确度较高；缺点是要求较高的信噪比，一般不能测调制波信号的频率，测量精确度还达不到晶振的精确度，且计数式频率计造价较高。因此，在要求测量精确度很高或要求简单、经济的场合，有时采用本节介绍的几种测频方法。

5.6.1　直读法测频

1. 电桥法测频

电桥法测频是指利用电桥的平衡条件和被测信号频率有关这一特性来实现测频。交流电桥能够达到平衡，电桥的四个臂中至少有两个电抗元件，其具体的线路有多种形式。这里以常见的文氏电桥线路为例，介绍电桥法测频的原理。图 5.6－1 为文氏桥的原理电路。图中，PA 为指示电桥平衡的检流计，该电桥的复平衡条件为

$$\left(R_1+\frac{1}{\mathrm{j}\omega_x C_1}\right)R_4=\left[\frac{1}{\dfrac{1}{R_2}+\mathrm{j}\omega_x C_2}\right]R_3 \tag{5.6-1}$$

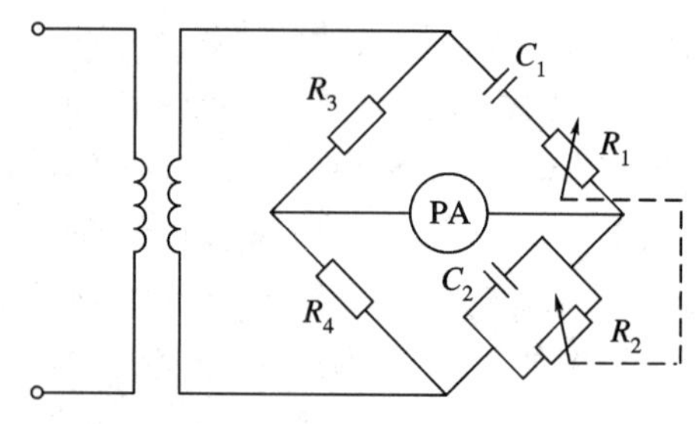

图 5.6－1　文氏桥的原理电路

即

$$\left(R_1+\frac{1}{\mathrm{j}\omega_x C_1}\right)\left(\frac{1}{R_2}+\mathrm{j}\omega_x C_2\right)=\frac{R_3}{R_4} \tag{5.6-2}$$

令式(5.6-2)左端实部等于 R_3/R_4，虚部等于零，得该电桥平衡的两个实平衡条件，即

$$\frac{R_1}{R_2}+\frac{C_2}{C_1}=\frac{R_3}{R_4} \tag{5.6-3(a)}$$

$$R_1\omega_x C_2-\frac{1}{R_2\omega_x C_1}=0 \tag{5.6-3(b)}$$

由式(5.6-3(b))得

$$\omega_x=\frac{1}{\sqrt{R_1R_2C_1C_2}}$$

或

$$f_x=\frac{1}{2\pi\sqrt{R_1R_2C_1C_2}}$$

若 $R_1=R_2=R$，$C_1=C_2=C$，则有

$$f_x=\frac{1}{2\pi RC} \tag{5.6-4}$$

如果调节 R(或 C)，可使电桥对 f_x 达到平衡(检流计指示最小)，在电桥面板所用的可变电阻(或电容)旋钮上就可按频率刻度，测试者即可直接读得被测信号的频率。

这种电桥法测频的精确度取决于电桥中各元件的精确度、判断电桥平衡的准确度(检流计的灵敏度及人眼观察误差)和被测信号的频谱纯度。它能达到的测频精确度大约为±(0.5%～1%)。在高频时，由于寄生参数影响严重，会使测量精确度大大下降，因此这种电桥法测频仅适用于 10 kHz 以下的音频范围。

2. 谐振法测频

谐振法测频就是利用电感、电容、电阻串联、并联谐振回路的谐振特性来实现测频。图 5.6-2 是这种测频方法的原理电路图。其中，图(a)为串联谐振测频原理图，图(b)为并联谐振测频原理图。两图中的电阻 R_L、R_C 为实际电感、电容的等效损耗电阻，在实际的谐振法测频电路中看不到这两个电阻的存在。

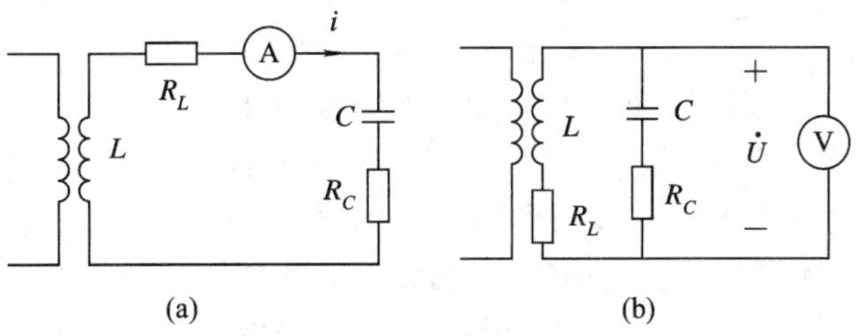

图 5.6-2　谐振法测频的原理电路

图 5.6-2(a)串联谐振电路的固有谐振频率为

$$f_0=\frac{1}{2\pi\sqrt{LC}} \tag{5.6-5}$$

当 f_0 和被测信号频率 f_x 相等时，电路发生谐振。此时，串联接入回路中的电流表Ⓐ将指示最大值 I_0。当被测频率偏离 f_0 时，指示值下降，据此可以判断谐振点。

当满足高 Q 条件时，图 5.6－2(b)并联谐振电路的固有谐振频率近似为

$$f_0 \approx \frac{1}{2\pi\sqrt{LC}} \tag{5.6-6}$$

当 f_0 和被测信号频率 f_x 相等时，电路发生谐振。此时，并联接于回路两端的电压表Ⓥ将指示最大值 U_0。当被测频率偏离 f_0 时，指示值下降，据此判断谐振点。

图 5.6－2(a)回路中电流 I 与频率 f 的关系、图(b)回路中两端电压 U 与频率 f 的关系分别如图 5.6－3(a)、(b)所示，二者分别称作串联谐振电路与并联谐振电路的谐振曲线。

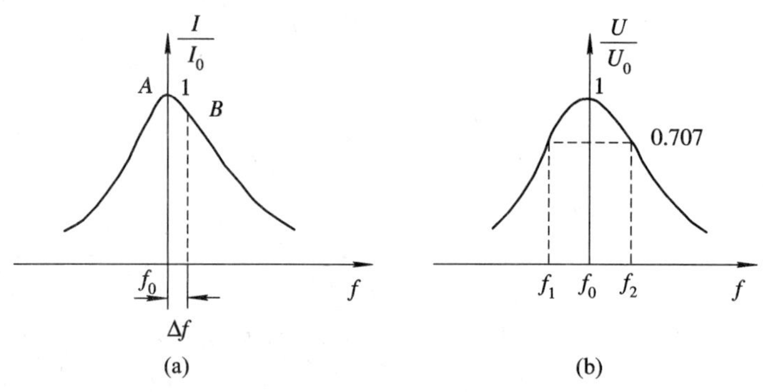

图 5.6－3　谐振电路的谐振曲线

被测频率信号接入电路后，调节图 5.6－2(a)或图(b)中的 C(或 L)，使图(a)中电流表或图(b)中电压表指示最大，表明电路达到谐振。由式(5.6－5)或式(5.6－6)可得

$$f_x = f_0 = \frac{1}{2\pi\sqrt{LC}} \tag{5.6-7}$$

其数值可从调节度盘上直接读出。谐振法测量频率的原理和测量方法都是比较简单的，应用较广泛。

这种测频方法的测量误差主要由下述几方面的原因造成：

(1) 式(5.6－6)表述的谐振频率计算公式是近似计算公式，因此，用该式来计算，其结果会有误差是必然的，只不过是误差大小的问题。回路中实际电感、电容的损耗越小，也可以说回路的品质因数 Q 越高，由此式计算的误差越小。

(2) 由图 5.6－3(a)谐振曲线可以看出，当回路 Q 值不太高时，靠近谐振点处曲线较钝，不容易准确找出真正的谐振点 A。例如若由于调谐不准把 B 点误认为谐振点，则串联在回路的电流表读数 I 与真正谐振时的读数 I_0 就存在偏差 ΔI，由此也就引起频率偏差 Δf，如图 5.6－3(a)所示。用电压表判断谐振点时，也有类似的情况。

(3) 在用式(5.6－5)～式(5.6－7)计算回路谐振频率或被测频率时，是在认定 L、C 是标准元件的条件下进行的，面板上频率刻度是在标准元件值条件下经计算刻度的。当环境温度、湿度以及可调元件磨损等因素变化时，将使电感、电容的实际元件值发生变化，从而使回路的固有频率发生变化，也就造成了测量误差。

(4) 通常用改变电感的办法来改变频段，用可变电容作频率细调。由于频率刻度不能分得无限细，因此人眼读数常常有一定的误差，这也是造成测量误差的一种因素。综合以上各因素，谐振法测量频率的误差大约在±(0.25%～1%)范围内，常作为频率粗测或某

些仪器的附属测频部件。

应当注意，利用谐振法进行测量时，频率源和回路的耦合应采取松耦合，以免两者互相牵引而改变谐振频率；同时作为指示器，电流表内阻要小，电压表内阻要大，并应采用部分接入方式，使谐振回路的 Q 值改变不大，当然这时也不能使电压表的灵敏度降低太多，所以部分接入系数要取得合适。当被测频率不是正弦波并且高次谐波分量强时，在较宽范围内调谐可变电容往往会出现几个频率成倍数的谐振点，一般被测频率为最低谐振频率或几个谐振指示点中电表指示最大的频率。

3. 频率-电压转换法测频

在直读式频率计里也可先把频率转换为电压或电流，然后用表盘刻度有频率的电压表或电流表来测量。图 5.6-4(a)是一种频率-电压($f-V$)转换法测量频率的原理框图。下面以测量正弦波频率 f_x 为例介绍它的工作原理。首先把正弦信号转换为频率与之相等的尖脉冲 u_A，然后加于单稳多谐振荡器，产生频率为 f_x、宽度为 τ、幅度为 U_m 的矩形脉冲列 $u_B(t)$，如图 5.6-4(b)所示。这一电压的平均值等于

$$U_0 = \frac{1}{T_x}\int_0^{T_x} u_B(t)\ \mathrm{d}t = \frac{U_m\tau}{T_x} = U_m\tau f_x \tag{5.6-8}$$

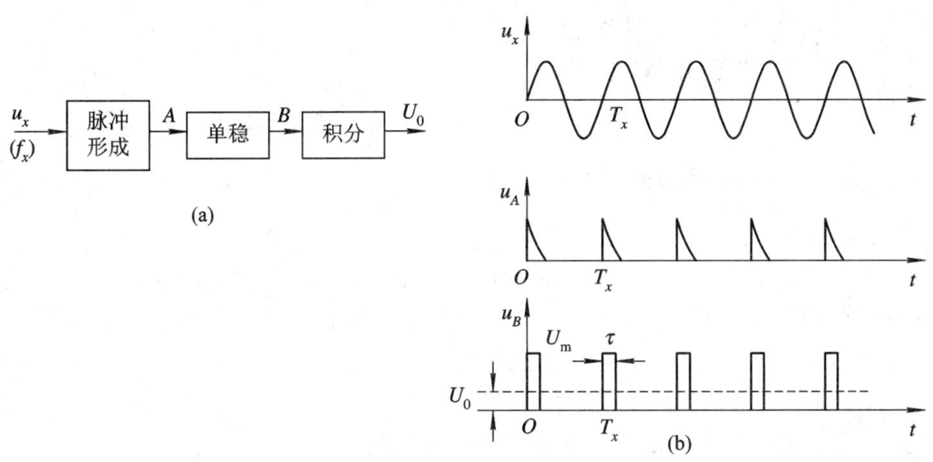

图 5.6-4　$f-V$ 转换法测量频率

当 U_m、τ 一定时，U_0 正比于 f_x。所以，经一积分电路求 $u(t)$的平均值 U_0，再由直流电压表指示就成为 $f-V$ 转换型直读式频率计，电压表直接按频率刻度。这种 $f-V$ 转换频率计的最高测量频率为几兆赫兹。测量误差主要取决于 U_m、τ 的稳定度以及电压表的误差，一般为百分之几。可以连续监视频率的变化是这种测量法的突出优点。

5.6.2　比较法测频

1. 拍频法测频

将待测频率为 f_x 的正弦信号 u_x 与标准频率为 f_c 的正弦信号 u_c 直接叠加在线性元件上，其合成信号 u 为近似的正弦波，但其振幅随时间变化，而变化的频率等于两频率之差，这种现象称为拍频。待测频率信号与标准频率信号线性合成形成拍频现象的波形如图

5.6-5 所示。一般用如图 5.6-6 所示的耳机、电压表或示波器作为指示器进行检测。调整 f_c，f_x 越接近 f_c，合成波振幅变化的周期越长。当两频率相差在 4～6 Hz 以下时，就分不出两个信号频率音调上的差别了，此时为零拍，这时只听到一个介于两个音调之间的音调。同时，声音的响度都随时间做周期性的变化。用电压表指示时可看到指针有规律地来回摆动；若用示波器检测，则可看到波形幅度随着两频率逐渐接近而趋于一条直线。这种现象在声学上称为拍，因为听起来就好像在有节奏地打拍子一样，“拍频”“拍频法”这些名词就来源于此。

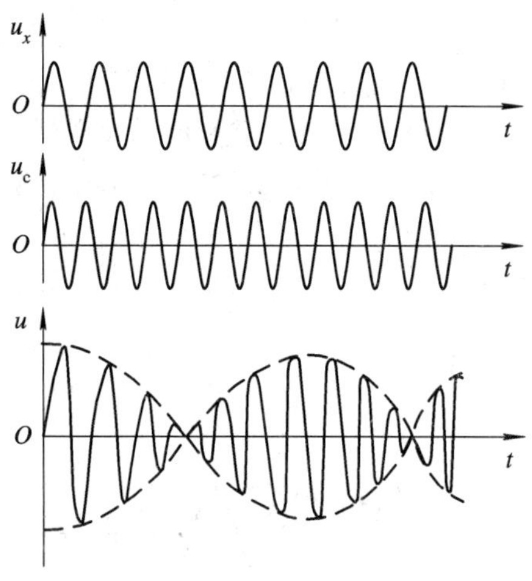

图 5.6-5　拍频现象波形图

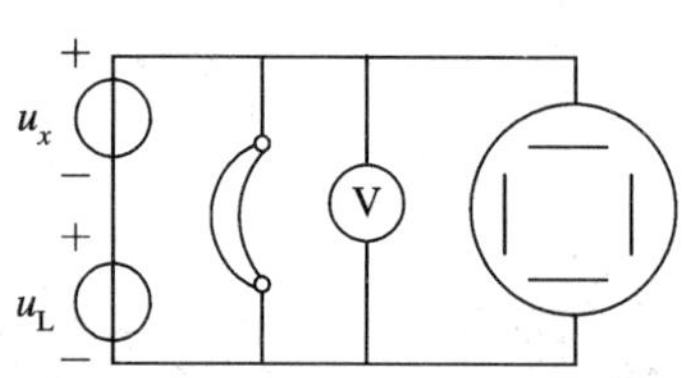

图 5.6-6　拍频现象检测示意图

拍频波具有如下特点：

(1) 若 $f_x=f_c$，则拍频波的频率亦为 f_c，其振幅不随时间变化。这种情况下，当两信号的初相位差为零时，拍频波振幅最大，等于两信号振幅之和；当两信号的初相位差为 π 时，拍频波振幅最小，等于两信号振幅之差。

(2) 若 $f_x\neq f_c$，则拍频波振幅随两信号的差频 $F=|f_c-f_x|$ 变化。因此，可以根据拍频信号振幅变化频率 F 以及已知频率 f_c 来确定被测频率 f_x，即

$$f_x = f_c \pm F \tag{5.6-9}$$

当 f_c 增加时，F 也增加，式(5.6-9)取负号，反之取正号。如测量精确度要求不高，则可尽量减小 F 值，近似地认为 $f_x=f_c$。对于一般人来说，拍频周期在 10 s 左右可以听出，即这一近似引入的误差为 0.1 Hz 量级。

为了使拍频信号的振幅变化大，便于辨认拍频的周期或频率，应尽量使两信号的振幅相等。这种测频方法要求相比较的两个频率的漂移不应超过零点几赫兹。如果频率的漂移过大，则很难分清拍频是由于两个信号频率不等引起的还是频率不稳定所致。在相同的频率稳定度条件下，因高频信号频率的绝对变化大，故该法大多使用在音频范围。

拍频法测频的误差主要取决于标准频率 f_c 的精确度，其次是测量 F 的误差，而测量 F 的误差又取决于拍频数 n 的计数误差 Δn 和 n 个拍频相应的时间 t 的测量误差 Δt。将 $F=n/t$ 代入式(5.6-9)，有

$$f_x = f_c \pm \frac{n}{t} \tag{5.6-10}$$

对式(5.6－10)两端微分得

$$df_x = df_c \pm \frac{t\,dn - n\,dt}{t^2} \tag{5.6-11}$$

所以

$$\frac{df_x}{f_x} = \frac{df_c}{f_x} \pm \frac{dn/t - n\,dt/t^2}{f_x} \tag{5.6-12}$$

用增量符号代替式(5.6－12)中的微分符号，并考虑相对误差的定义，再联系 $F=n/t$，得

$$\frac{\Delta f_x}{f_x} = \frac{\Delta f_c}{f_x} \pm F\left(\frac{\Delta n/n - \Delta t/t}{f_x}\right) \tag{5.6-13}$$

若认为 $\Delta f_c/f_x \approx \Delta f_c/f_c$，则式(5.6－13)可近似改写为

$$\frac{\Delta f_x}{f_x} \approx \frac{\Delta f_c}{f_c} \pm F\left(\frac{\Delta n/n - \Delta t/t}{f_x}\right) \tag{5.6-14}$$

由式(5.6－14)可以看出：要提高此种方法测量频率的精确度，除了选用高稳定度的频率标准外，还必须使拍频计数值 n 大，因而相应的时间 t 也大。目前拍频法测量频率的绝对误差约为零点几赫兹。若测量 1 kHz 左右的频率，则其相对误差为 10^{-4} 量级；若被测量频率为 10 kHz，则相对误差可以小至 10^{-5} 量级。

2. 差频法测频

差频法也称外差法，该法的基本原理框图如图 5.6－7 所示。待测频率 f_x 信号与本振频率 f_l 信号加到非线性元件上进行混频，输出信号中除了原有的频率 f_x、f_l 分量外，还有它们的谐波 nf_x、mf_l 及其组合频率 $nf_x \pm mf_l$，其中 m、n 为整数。当调节本振频率 f_l 时，可能有一些 n 和 m 值使差频为零，即

$$nf_x - mf_l = 0 \tag{5.6-15}$$

所以，被测频率为

$$f_x = \frac{m}{n} f_l \tag{5.6-16}$$

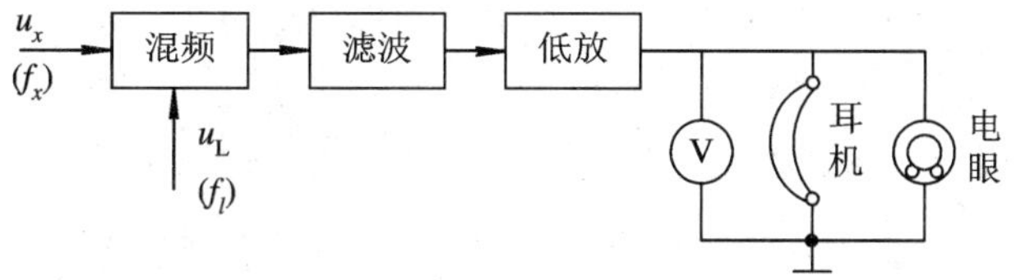

图 5.6－7　差频法测频的原理框图

为了判断式(5.6－15)的存在，借助于混频器后的低通滤波网络选出其中的差频分量，并将其送入耳机、电压表或电眼检测。为了叙述方便，这里设 $m=n=1$，即以两个基波频率之差为例说明其工作原理。调节 f_l 使输入到混频器的两信号基频差为零，于是有 $f_x=f_l$。由于两信号经非线性器件混频后，基波分量的振幅比谐波分量要大得多，其差频信号的振幅也最大，因此检测判断最容易。在实际测量时是采用如下方法判断零差频点的：由低到高调整标准频率 f_l，当 f_x-f_l 进入音频范围时，在耳机中即发出声音，音调随 f_l 的变化而变化，声音先是尖锐(f_x-f_l 在 10 kHz 以上、16 kHz 以下)，逐渐变得低沉

(数百赫兹到几十赫兹)，而后消失(差频小于 20 Hz，人耳听不出)。当 f_l 继续升高时，f_l-f_x 变大，差频又进入音频区，音调先是低沉，而后变尖锐，直到差频大于 16 kHz 人耳听不出。上述过程可用图 5.6－8 表示。纵轴表示差频的绝对值大小，V 形线为差频随 f_l 变化的情况，虚线表示声音强度。可以看出，随着 f_l 单调变化，在两个对称的可闻声区域中间即为零差频点($f_x=f_l$)。但是由于人耳不能听出频率低于 20 Hz 的声音，因此用耳机等发声设备来判断零差频点时有一个宽度 $\Delta f\approx 40$ Hz 的无声哑区，使判断误差很大，必须用电表或电眼来作辅助判别。以电表为例，当差频较大时，表针来不及随差频频率摆动，只有当差频小于几赫兹时，表针摆动才跟得上差频信号的变化，当差频为零时表针又不动。图 5.6－8 中，m 形状线表示电表偏转随 f_c 变化的情况。在电表两次偏转中间的静止点就是零差频点，这时哑区可以缩小到零点几赫兹。这个哑区是差频法测量频率的误差来源之一。

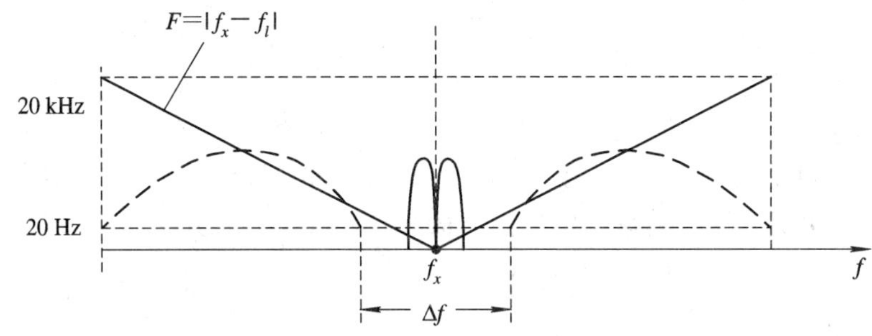

图 5.6－8 零差频点识别过程

以上讲述了 $m=n=1$ 两信号基频差频的情况。如果只是利用基波与基波的差频，那么标准频率源的变化范围就应与被测频率可能的范围相一致。频率变化范围极宽的振荡器难以达到很高的稳定度，而且频率调谐的读数精确度也很难做到足够高，为此要考虑 $m\neq n\neq 1$ 的情况。当连续调节 f_l 时，将出现许多零差频点，即出现许多满足式(5.6－15)的点，在耳机中表现为一系列强度不同的“吱喱吱喱”声。由于上述诸多零差频点所对应的 m、n 往往难以确定，因此需要辅以粗测设备(如谐振式频率计等)，以便在精确测量之前首先对被测频率 f_x 做到心中有数。基于上述差频原理制成的实用外差式频率计框图如图 5.6－9 所示。为了测量精确，对本地振荡频率 f_l 的稳定度和准确度要求较高。f_l 频率覆盖范围并不宽，主要靠它的 m 次谐波与被测频率混频，使被测频率 f_x 的范围相当大。为了读数方便，本振的刻度盘直接用 mf_l 刻度，晶振用来校正它的刻度。输入电路为一耦合电路，把待测信号耦合到混频器。

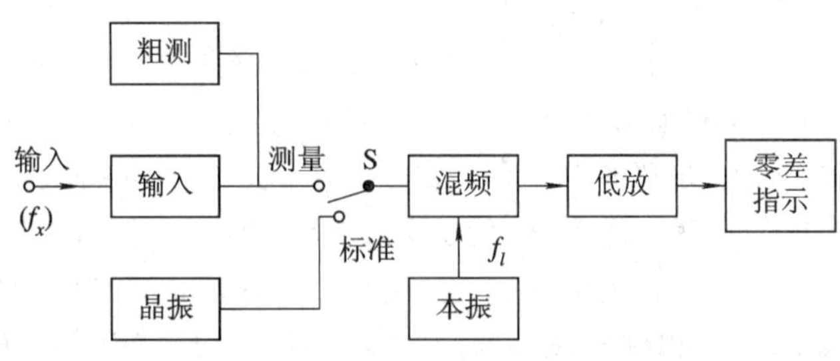

图 5.6－9 实用外差式频率计框图

测量时，先用粗测频率计测出 f_x 的大致数值，把开关 S 打在“测量”位置，调本振度盘在粗测值附近找到零差频点。然后，把开关打向“标准”位置，用晶振谐波与本振谐波混频，由差频点校正本振频率读数是否准确(这时应调到离被测频率最近的校正点)。如果刻度盘刻度不准，则微调指针位置使其读数准确。经上述校准后就可把开关再打向“测量”位置进行精测。只要在粗测值附近调节 f_l 得到零差频点，刻度盘读数就是被测频率的精确测量值。

差频法测量的误差来源有如下三个：

(1) 晶振频率误差。在测量过程中先用晶振频率 f_c 校正本振频率刻度，如晶振频率存在误差 Δf_c，则将造成测量误差。

(2) 偏校误差。由于 f_c 是固定的，校正只能在 f_c 的谐波即频率为 nf_c 的若干个离散点进行，而被测频率一般不等于 nf_c，这将造成称之为偏校的误差。显然，晶振频率越低，校正点间隔越小，测量精确度越高。在实际测量时校正应在最靠近 f_x 的校正点进行。

(3) 零差指示器引起的误差。零差指示器灵敏度的限制及人的感觉器官(耳、眼等)性能的不完善也会造成测量误差。例如，放大器的低频失真使极低的差频信号有严重的衰减，以至推动不了后级指示器；人耳或放声设备的哑区限制等都可能引起几十赫兹的绝对误差。

为了有效地减小差频法测频的误差，可采用改进的差频法，即双重差拍法。该法能避免差频法由于听不到哑区的频率变化所引起的误差。双重差拍法测频的原理是：先将待测频率 f_x 信号与本振频率 f_l 信号通过混频器形成其频率为二者差频 F 的音频信号，再将该信号与一个标准的音频振荡器输出信号在线性元件上进行叠加。通过“拍”现象准确地测出 F 值，从而可得

$$f_x = f_l \pm F \tag{5.6-17}$$

其中，F 前的符号可这样来判断，即若增加一点 f_l 时 F 亦增加，则说明原来 $f_l > f_x$，故 $f_x = f_l - F$，反之亦然。

双重差拍法是先差后拍，实际上它也是一种微差法。只要高低两个振荡器频率和被测频率的稳定度高，其测量精确度就可以很高，该法通常用于精密测量和计量工作中。对此法也可做某些推广，当差 F 后，不一定非用拍频法测量 F，也可用其他方法来测量(如电子计数器法等)。事实上，这种方法也是构成频率计数器扩展量程的基础。

总之，差频法测量频率的误差是很小的，一般可优于 10^{-5} 量级。特别是采用有恒温装置的晶振作基准信号并用双重差拍，测量误差还可大大减小。与其他测频方法相比，该法还有一个突出优点，即灵敏度非常高，最低可测信号电平为 0.1～1 μV，这对微弱信号频率的测量是很有利的。

3. 用示波器测量频率和时间间隔

用示波器测量频率的方法很多，本书只介绍比较简单、方便的李沙育图形测频法。在示波器的 Y 通道和 X 通道分别加上不同信号时，示波管屏幕上光点的径迹将由两个信号共同决定。如果这两个信号是正弦波，则屏幕上的图形将取决于不同的频率比以及初始相位差而表现为形状不同的图形，这就是李沙育图形。表 5.6-1 给出了几种不同频率比、不同相位差的李沙育图形对比。

表 5.6－1　不同频率比和相位差的李沙育图形对比

f_Y/f_X	φ				
	0°	45°	90°	135°	180°
1		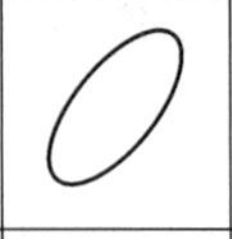	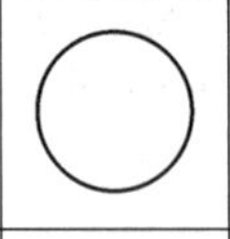	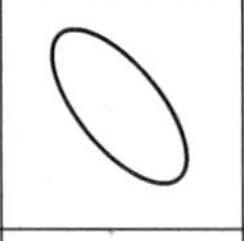	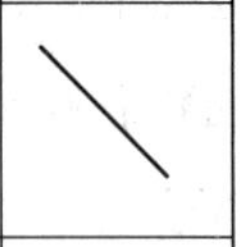
$\frac{2}{1}$	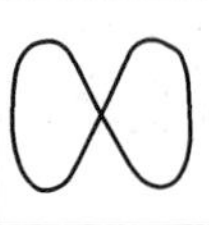				
$\frac{3}{1}$		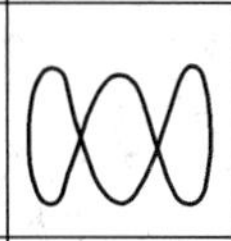		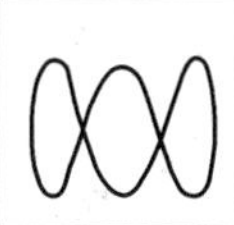	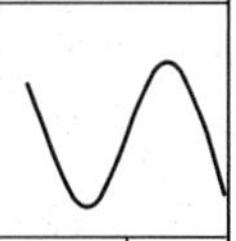
$\frac{3}{2}$					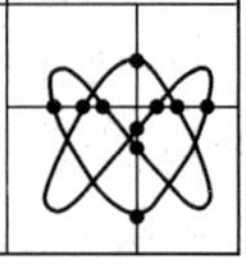

由表 5.6－1 可见，屏幕上光迹的运动规律反映了偏转系统所加信号的变化规律。如果两个信号的频率比，即 $f_Y:f_X=m:n$（m、n 为整数），那么在某一相同的时间间隔内垂直系统的信号改变 m 个周期时，水平系统的信号恰好改变 n 个周期，荧光屏上呈现稳定的图形。由于垂直偏转系统信号改变一周与水平轴有两个交点，因此 m 个周期与水平轴有 $2m$ 个交点。与此相仿，水平系统信号的 n 个周期与垂直轴有 $2n$ 个交点。于是我们可以由示波器荧光屏上的李沙育图形与水平轴的交点 n_X 以及与垂直轴的交点 n_Y 来决定频率比，即

$$\frac{f_Y}{f_X}=\frac{n_X}{n_Y} \tag{5.6-18}$$

若已知频率信号交于 X 轴，待测频率信号交于 Y 轴，则由式(5.6－18)可得

$$f_Y=\frac{n_X}{n_Y}\cdot f_X=\frac{m}{n}f_X \tag{5.6-19}$$

例如，表 5.6－1 右下角李沙育图形与水平轴交点数 $n_X=6$，与垂直轴交点数 $n_Y=4$，因此 $f_Y=(6/4)f_x=(3/2)f_x$。

当两个信号频率之比不是准确地等于整数比时，例如 $f_Y=(m/n)(f_X+\Delta f)$，且 Δf 很小，这种情况的李沙育图形与 $f_Y=(m/n)f_X$ 时的李沙育图形相似。不过由于存在 Δf，等效于 f_Y、f_X 两信号的相位差不断随时间而变化，将造成李沙育图形随时间 t 慢慢翻动。当满足 $(m/n)\Delta f\cdot t=N$ 时，完成 N 次翻转（$N=0$，1，…），因此数出翻转 N 次所需要的时间 t 就可确定 Δf，即

$$\Delta f=\frac{nN}{mt}=\frac{n_Y}{n_X}\cdot\frac{N}{t} \tag{5.6-20}$$

Δf 的取值符号可通过改变已知频率 f_X 进行多次重复测量来决定。若增加 f_x，李沙育图形转动变快，表明 $(m/n)f_X>f_Y$，则 Δf 应取负号；反之，则应取正号。在特殊情况下（$f_X\approx f_Y$，$m=n$ 时），李沙育图形是一滚动的椭圆，这时仍按式(5.6－20)计算 Δf，则被测频率为

$$f_Y=f_X\pm\Delta f \tag{5.6-21}$$

顺便说明，当两信号频率比很大时，屏幕上的图形将变得非常复杂，光点的径迹线密集(由表 5.6-1 可看出此规律)，难以确定图形与垂直或水平直线的交点数，尤其是存在 Δf 图形转动的情况更是如此。所以，一般要求被测频率和已知频率之比最大不超过 10∶1，最小不低于 1∶10，此处还要求 f_X、f_Y 都十分稳定才便于测量操作，使测量精确度较高。李沙育图形测频法一般仅用于测量从音频到高至几十兆赫兹范围的频率，测量的相对误差主要取决于已知的标准频率的精确度和计算 Δf 的误差。

时间间隔(周期是特殊的时间间隔)是一个时间量，用示波法来测量，非常直观。这里以内扫描法测时间间隔为例介绍其测试原理。

在未接入被测信号前，先将扫描微调置于校正位，用仪器本身的校正信号对扫描速度进行校准。接入被测信号，将图形移至屏幕中心区，调节 Y 轴灵敏度及 X 轴扫描速度，使波形的高度和宽度均较合适，如图 5.6-10 所示。在波形上找到要测时间间隔所对应的两点，如 A 点、B 点。读出 A、B 两点间的距离 x，由扫描速度 v(t/cm)标称值及扩展倍率 k 即可算出被测的时间间隔为

$$T_x = \frac{x(\text{cm}) \times v(\text{t/cm})}{k} \quad (5.6-22)$$

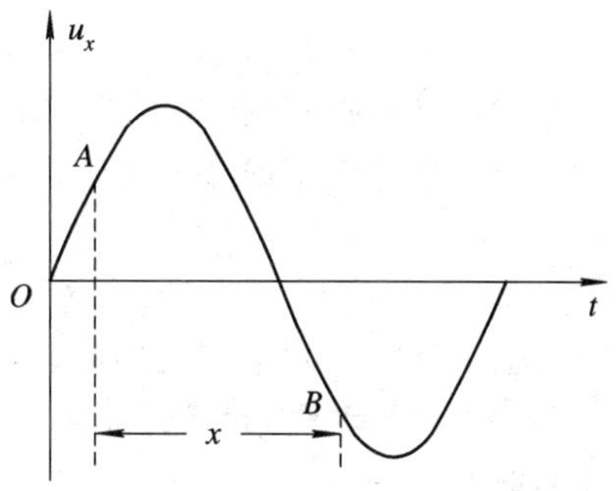

图 5.6-10　用示波法测量时间间隔

【例 5.6-1】　图 5.6-10 中 $x=2$ cm，又 $v=10$ ms/cm，扩展置"×5"位，求该时间间隔 T_x。

解：$T_x=2\times10\div5=4$ ms。

可见，用示波器测量信号的时间间隔(或周期)是比较方便的。

用示波器内扫描法测量时间间隔的误差主要来自示波器扫描速度的误差及读数误差，一般为±5%左右。这种方法简便直观，在满足测量准确度要求的情况下经常采用。

小　　结

(1) 掌握与时间、频率有关的基本概念是重要的。秒是铯 133 原子基态的两个超精细能级之间跃迁对应的辐射的 9 192 631 770 个周期所持续的时间。频率是单位时间内周期性过程重复、循环或振动的次数。周期是周期性过程重复一次所需要的时间。频率和周期的关系是互为倒数。在人们所能进行测量的成千上万个物理量中，时间、频率的测量所能达到的准确度最高。标准时频传递有两种方法：一种是本地比较法；另一种是发送-接收标准电磁波。所谓标准电磁波，就是含有标准时频信息的电磁波。频率、时间的测量方法可粗分为数字与模拟两类测量法。

(2) 电子计数法测频的基本原理用简单的一句话来说，就是根据频率的定义来实现测频。它用电子法得出 T 秒时间内脉冲的个数即被测信号变化周期的次数，从而得到被测信号的频率：

$$f_x = \frac{N}{T}$$

电子计数频率计由时间基准 T 产生电路(提供准确的计数时间 T)、计数脉冲形成电路(将被测信号转换为可计数的窄脉冲)、计数显示电路(计 T 时间内的脉冲个数并显示)三部分组成。电子计数法测频误差主要有:

① ±1 误差,即

$$\frac{\Delta N}{N}=\pm\frac{1}{N}=\pm\frac{1}{f_x T}$$

它与被测信号频率成反比,与闸门时间成反比。

② 标准时间误差,即

$$\frac{\Delta T}{T}=-\frac{\Delta f_c}{f_c}$$

它与晶振频率 f_c 的相对误差等同(数值上)。

若综合考虑这两项误差,则有

$$\frac{\Delta f_x}{f_x}=\pm\left(\frac{1}{f_x T}+\left|\frac{\Delta f_c}{f_c}\right|\right)$$

(3) 电子计数法测量周期的原理与测频时相似,但也有它特殊的地方。这里,闸门时间 T_x 是由被测信号产生的,计数脉冲是由晶振信号经整形、窄脉冲形成而产生的。计数显示电路与测频时相同,即

$$T_x = NT_c = \frac{N}{f_c}$$

计数法测量周期误差有:

① ±1 误差,即

$$\frac{\Delta N}{N}=\pm\frac{1}{N}=\pm\frac{1}{f_c T_x}$$

② 晶振频率误差 $\Delta f_c/f_c$。

若综合考虑这两项误差,则按最坏情况考虑,有

$$\frac{\Delta T_x}{T_x}=\pm\left(\left|\frac{\Delta f_c}{f_c}\right|+\frac{1}{N}\right)=\pm\left(\left|\frac{\Delta f_c}{f_c}\right|+\frac{T_c}{T_x}\right)$$

计数器测量周期时,其测量误差主要取决于量化误差。采用周期倍乘、晶振倍频可以大大提高计数法测量周期的精确度。计数法测周期时还有一项误差——触发误差,即

$$\frac{\Delta T_n}{T_x'}=\pm\frac{1}{k\sqrt{2}\pi}\cdot\frac{U_n}{U_m}$$

式中,k 为门控信号周期扩大的倍数。由上式可知,信噪比越大,其触发误差就越小。

(4) 中界频率是一个基本概念。对某信号使用测频法和测周期法测量频率,两者引起的误差相等,则该信号的频率定义为中界频率,其计算公式为

$$f_0=\sqrt{\frac{f_c}{T}}$$

或

$$f_0=\sqrt{\frac{kf_c}{nT}}$$

式中,k 为测量周期时扩大闸门时间的倍数,n 为测量频率时扩大闸门时间的倍数。

(5) 计数法测量时间间隔的基本原理是：利用一个通道产生打开时间闸门的触发脉冲，另一个通道产生关闭时间闸门的触发脉冲，计数闸门开通期间的脉冲个数(由晶振形成的标准脉冲)，从而测得被测信号两点间的时间间隔。测量误差为

$$\frac{\Delta T_x'}{T_x'}=\pm\left(\frac{1}{T_x' f_c}+\left|\frac{\Delta f_c}{f_c}\right|+\frac{1}{\sqrt{2}\pi}\cdot\frac{U_n}{U_m}\right)$$

若最高标准频率 f_{cmax}一定，且给定最大相对误差 r_{max}，则仅考虑量化误差所决定的最小可测量时间间隔为

$$T_{x\min}'=\frac{1}{f_{cmax}\mid r_{max}\mid}$$

(6) 清楚 E－312 型电子计数式频率计的主要技术指标，掌握该频率计的原理并熟练使用它进行频率、周期、时间间隔的测量，了解计数器的发展动态。

(7) 清楚属模拟法的电桥法、谐振法、$f-V$ 转换法、拍频法、差频法、李沙育图形法测量频率的原理，会使用这类频率计进行频率测量，了解上述诸方法测频频段、测量精度量级及引起测量误差的原因。

习　题　5

5.1　试述时间、频率测量在日常生活、工程技术、科学研究中的实际意义。

5.2　标准的“时频”如何提供给用户使用？

5.3　与其他物理量的测量相比，“时频”测量具有哪些特点？

5.4　简述计数式频率计测量频率的原理，说明用这种测频方法测频有哪些测量误差。对一台位数有限的计数式频率计，是否可无限制地扩大闸门时间来减小±1 误差，提高测量精确度？

5.5　用一台七位计数式频率计测量 f_x=5 MHz 的信号频率，试分别计算当闸门时间为 1 s、0.1 s 和 10 ms 时，由±1 误差引起的相对误差。

5.6　用计数式频率计测量频率，闸门时间为 1 s 时，计数器读数为 5400，这时的量化误差为多大？如将被测信号倍频 4 倍，又把闸门时间扩大到 5 倍，则此时的量化误差为多大？

5.7　用某计数式频率计测频率，已知晶振频率 f_c 的相对误差为 $\Delta f_c/f_c=\pm5\times10^{-8}$，门控时间 T=1 s。

(1) 测量 f_x=10 MHz 时的相对误差。

(2) 测量 f_x=10 kHz 时的相对误差。

(3) 提出减小测量误差的方法。

5.8　用计数式频率计测量信号的周期，晶振频率为 10 MHz，其相对误差 $\Delta f_c/f_c=\pm5\times10^{-8}$，周期倍乘开关置×100，求被测信号周期 T_x=10 μs 时的测量误差。

5.9　某计数式频率计测频率时闸门时间为 1 s，测周期时倍乘最大为×10 000，晶振最高频率为 10 MHz，求中界频率。

5.10　用计数式频率计测量 f_x=200 Hz 的信号频率，采用测频率(选闸门时间为 1 s)和测周期(选晶振周期 T_c=0.1 μs)两种测量方法。试比较这两种方法由于“±1 误差”所引

起的相对误差。

5.11　拍频法和差频法测频的区别是什么？它们分别适用于什么频率范围？为什么？

5.12　利用拍频法测频，在 46 s 内数得 100 拍，如果拍频周期数计数的相对误差为 ±1%，秒表误差为 ±0.2 s，忽略标准频率（本振）的误差，试求两频率之差及测量的绝对误差。

5.13　电桥法、谐振法、$f-V$ 转换法测频的原理是怎样的？它们分别适用于什么频率范围？这三种测频方法的测频误差分别取决于什么？

5.14　如果在示波器的 X、Y 两轴上加入同频、同相、等幅的正弦波，则在荧光屏上会出现什么样的图像？如果两者相位相差 90°，那么又是什么样的图像？

5.15　简述在示波器上用李沙育图形法进行测频、测时间间隔的原理。

第6章 相位差测量

6.1 相位差测量概述

振幅、频率和相位是描述正弦交流电的三个“要素”。以电压为例，其函数关系为

$$u = U_m \sin(\omega t + \varphi_0) \tag{6.1-1}$$

式中：U_m为电压的振幅；ω 为角频率；φ_0 为初相位。

设 $\varphi=\omega t+\varphi_0$，称为瞬时相位，它随时间改变，$\varphi_0$ 是 $t=0$ 时刻的瞬时相位值。两个角频率为 ω_1、ω_2 的正弦电压分别为

$$\begin{cases} u_1 = U_{m1} \sin(\omega_1 t + \varphi_1) \\ u_2 = U_{m2} \sin(\omega_2 t + \varphi_2) \end{cases} \tag{6.1-2}$$

它们的瞬时相位差为

$$\begin{aligned} \theta &= (\omega_1 t + \varphi_1) - (\omega_2 t + \varphi_2) \\ &= (\omega_1 - \omega_2)t + (\varphi_1 - \varphi_2) \end{aligned} \tag{6.1-3}$$

显然，两个角频率不相等的正弦电压(或电流)之间的瞬时相位差是时间 t 的函数，它随时间改变而改变。当两正弦电压的角频率 $\omega_1=\omega_2=\omega$ 时，有

$$\theta = \varphi_1 - \varphi_2 \tag{6.1-4}$$

由此可见，两个频率相同的正弦量间的相位差是常数，等于两正弦量的初相之差。在实际工作中，经常需要研究诸如放大器、滤波器等各种器件的频率特性，即输出、输入信号间的幅度比随频率的变化关系(幅频特性)和输出、输入信号间的相位差随频率的变化关系(相频特性)。尤其在图像信号传输与处理、多元信号的相干接收等学科领域，研究网络(或系统)的相频特性显得更为重要。

相位差的测量是研究网络相频特性中必不可少的重要方面，如何使相位差的测量快速、精确已成为生产科研中重要的研究课题。

测量相位差的方法很多，主要有：用示波器测量；把相位差转换为时间间隔，先测量出时间间隔，再换算为相位差；把相位差转换为电压，先测量出电压，再换算为相位差；采用与标准移相器进行比较的比较法(零示法)等。本章对上述四类方法测量相位差的基本工作原理都将作一介绍，但重点讨论把相位差转换为时间间隔的测量方法。

6.2 用示波器测量相位差

应用示波器测量两个同频正弦电压之间的相位差的方法很多，本节仅介绍具有实用意义的直接比较法和椭圆法。

6.2.1 直接比较法

设电压为

$$\begin{cases} u_1(t) = U_{m1}\sin(\omega t + \varphi) \\ u_2(t) = U_{m2}\sin\omega t \end{cases} \tag{6.2-1}$$

为了叙述方便，设式(6.2-1)中 $u_2(t)$ 的初相位为零。

将 u_1、u_2 分别接到双踪示波器的 Y_1 通道和 Y_2 通道，适当调节扫描旋钮和 Y 增益旋钮，使荧光屏显示出如图 6.2-1 所示的波形。设 u_1 过零点分别为 A、C 点，对应的时间为 t_A、t_C；u_2 过零点分别为 B、D 点，对应的时间为 t_B、t_D。正弦信号变化一周是 360°，u_1 过零点 A 比 u_2 过零点 B 提前 t_B-t_A 出现，所以 u_1 超前 u_2 的相位，即 u_1 与 u_2 的相位差为

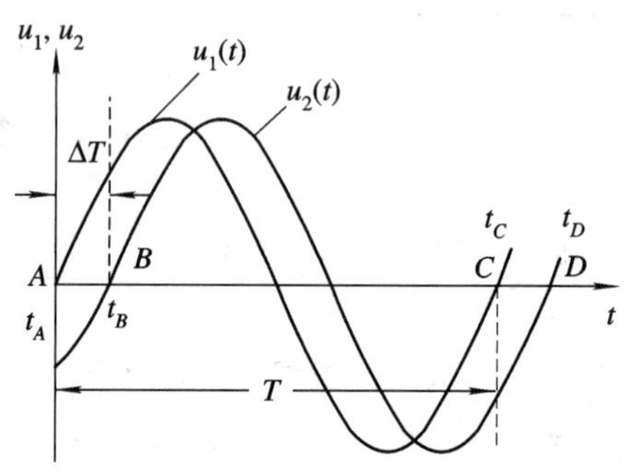

图 6.2-1　比较法测量相位差

$$\varphi = 360° \times \frac{t_B - t_A}{t_C - t_A} = 360° \times \frac{\Delta T}{T} \tag{6.2-2}$$

式中：T 为两同频正弦波的周期；ΔT 为两正弦波过零点的时间差。

若示波器水平扫描的线性度很好，则可将线段 AB 写为 $AB \approx k(t_B - t_A)$，线段 $AC \approx k(t_C - t_A)$，其中 k 为比例常数，式(6.2-2)改写为

$$\varphi \approx 360° \times \frac{AB}{AC} \tag{6.2-3}$$

量得波形过零点之间的长度 AB 和 AC，即可由式(6.2-3)计算出相位差 φ。

在示波器上用直接比较法测量两同频正弦量的相位差，其测量误差主要来源于：

(1) 示波器水平扫描的非线性，即扫描用的锯齿电压呈非线性。

(2) 双踪示波器两垂直通道 Y_1、Y_2 一致性差而引入了附加的相位差。例如，u_1 经 Y_1 通道传输后有 15°相位滞后，u_2 经 Y_2 通道传输后有 12°相位滞后，那么引入的附加相位差 $\Delta\varphi = 15° - 12° = 3°$。

(3) 人眼读数误差。这项误差是三项误差中最大的。

直接比较法的测量精确度不高，一般为 $\pm(2° \sim 5°)$。

应当说明，在应用直接比较法测量相位差时尽量使用双踪示波器，两个正弦波形同时显示在荧光屏上，观测两波形过零点的时间及周期方便且较准确。如果仅有普通单踪示波器，则可作如下测量：先把 u_1 接到 Y 通道输入端，显示出 u_1 波形，记下波形过零点 A、C 的位置，然后换接 u_2 于 Y 通道，显示出 u_2 波形，注意显示 u_2 波形时的横坐标线应与显示 u_1 波形时的横坐标线在同一条直线上，记下 u_2 波形过零点 B、D 的位置，由式(6.2-3)计算出相位差 φ。用单踪示波器测量两正弦量的相位差时应采用外同步，通常把 u_1(或 u_2)接到外同步输入端，使两次测量(分别显示 u_1 和 u_2 波形)都用 u_1(或 u_2)同步。因单踪示波器测量两正弦量相位差时分别显示 u_1、u_2 波形，若扫描因数和起点位置不同，则会引入相当大的误差，且两次波形显示过零点需记录和测量，这也会带来误差。所以，用单踪示波器

测量相位差比用双踪示波器时误差大。

6.2.2 椭圆法

在5.6节中讲述了李沙育图形法测量信号频率，若频率相同的两个正弦量信号分别接到示波器的 X 通道与 Y 通道，则一般情况下示波器荧光屏上显示的李沙育图形为椭圆，而椭圆的形状和两信号的相位差有关，故将基于此点测量相位差的方法称为椭圆法。

一般情况下，示波器的 X、Y 两个通道可看作线性系统，所以荧光屏上光点的位移量正比于输入信号的瞬时值。如图6.2-2所示，u_1 加于 Y 通道，u_2 加于 X 通道，则光点沿垂直及水平的瞬时位移量 y 和 x 分别为

$$\begin{cases} y = K_Y u_1 \\ x = K_X u_2 \end{cases} \tag{6.2-4}$$

式中，K_Y、K_X 为比例常数。设 u_1、u_2 分别为

$$\begin{cases} u_1 = U_{m1}\sin(\omega t+\varphi) \\ u_2 = U_{m2}\sin\omega t \end{cases} \tag{6.2-5}$$

将式(6.2-5)代入式(6.2-4)得

$$\begin{aligned} y &= K_Y U_{m1}\sin(\omega t+\varphi) = Y_m\sin(\omega t+\varphi) \\ &= Y_m\sin\omega t\cos\varphi + Y_m\cos\omega t\sin\varphi \end{aligned} \tag{6.2-6(a)}$$

$$x = K_X U_{m2}\sin\omega t = X_m\sin\omega t \tag{6.2-6(b)}$$

式中，Y_m、X_m 分别为光点沿垂直及水平方向的最大位移。由式(6.2-6(b))得 $\sin\omega t = x/X_m$，代入式(6.2-6(a))得

$$y = \frac{Y_m}{X_m}\left(x\cos\varphi + \sqrt{X_m^2 - x^2}\sin\varphi\right) \tag{6.2-7}$$

式(6.2-7)是一个广义的椭圆方程，其椭圆图形如图6.2-3所示。分别令式(6.2-7)中 $x=0$，$y=0$，求出椭圆与垂直、水平轴的交点 y_0、x_0 为

$$\begin{cases} y_0 = \pm Y_m\sin\varphi \\ x_0 = \pm X_m\sin\varphi \end{cases} \tag{6.2-8}$$

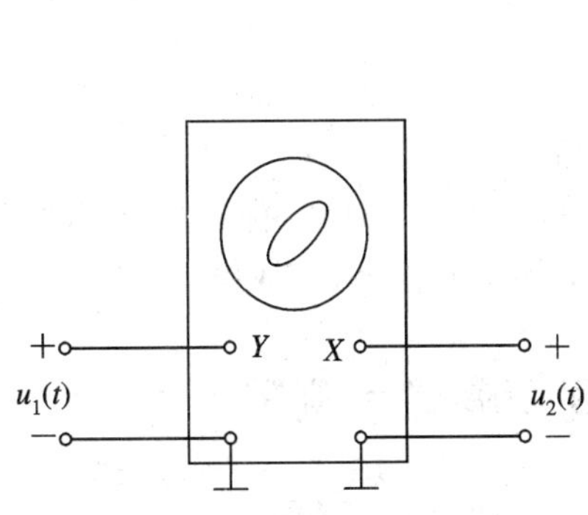

图6.2-2 椭圆法测量相位差

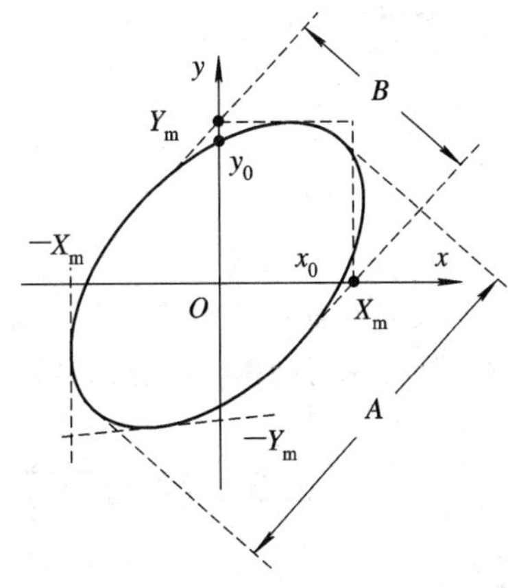

图6.2-3 椭圆图形

由式(6.2-8)可解得相位差为

$$\varphi = \arcsin\left(\pm \frac{y_0}{Y_m}\right) = \arcsin\left(\pm \frac{x_0}{X_m}\right) \tag{6.2-9}$$

当 $\varphi \approx (2n-1)\times 90°$($n$ 为整数)时，x_0 靠近 X_m，而 y_0 靠近 Y_m，难以把它们读准，而且这时 y_0 和 x_0 值对 φ 变化也很不敏感，所以这时测量误差就会增大。应用椭圆的长、短轴之比关系计算 φ 就可有效地减小这种情况引起的测量误差。设椭圆的长轴为 A，短轴为 B，可以证明相位差为

$$\varphi = 2\arctan \frac{B}{A} \tag{6.2-10}$$

如果在示波器荧光屏上配置一个如图 6.2-4 所示的刻度板，则测量时读取椭圆长、短轴刻度，由式(6.2-10)可算出 φ。由于椭圆总是与短轴垂直，测量视角小，同时短轴对 φ 的变化很敏感，因而测量误差较小。

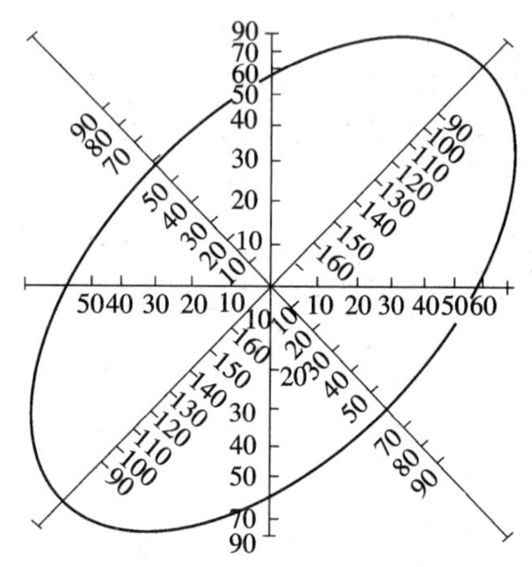

图 6.2-4　相位差刻度板

还应说明的是，示波器 Y 通道、X 通道的相频特性一般不是完全一样的，这会引起附加相位差，又称系统的固有相位差。为消除系统固有相位差的影响，通常在一个通道前接一移相器(如 Y 通道前)，在测量前先把一个信号(如 $u_1(t)$)接入 X 通道和经移相器接入 Y 通道，如图 6.2-5(a)所示。调节移相器使荧光屏上显示的图形为一条直线，然后把一个信号 $u_1(t)$ 经移相器接入 Y 通道，另一个信号 $u_2(t)$ 接入 X 通道，进行二者的相位差测量，如图 6.2-5(b)所示。

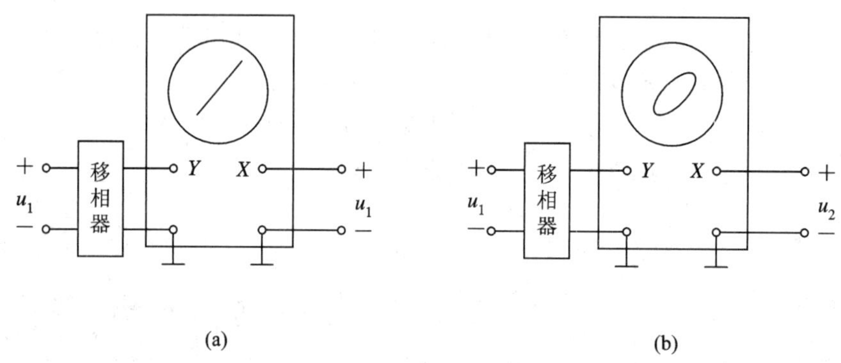

图 6.2-5　校正系统的固有相位差

应用示波器测量相位差的一个突出优点是：一部示波器即可解决问题，不需要其他的专用设备。但这种测量相位差方法的测量误差较大，测量操作也不方便。

6.3　相位差转换为时间间隔进行测量

式(6.2-2)中，T 为两同频正弦波的周期，ΔT 为两正弦波过零点的时间差，它们都是时间间隔。6.2 节中通过刻度尺测量出示波器荧光屏上显示出的 T、ΔT，然后代入式

(6.2-2)计算出相位差 φ。若通过电子技术设法测量出 T 与 ΔT，同样代入式(6.2-2)也可得到相位差 φ。本节介绍两种实用的相位计——模拟式直读相位计和数字式相位计。

6.3.1 模拟式直读相位计

图 6.3-1(a)是模拟式直读相位计的原理框图，图(b)是相应各点的波形图。两路同频正弦波 u_1 和 u_2 经各自的脉冲形成电路得到两组窄脉冲 u_c 和 u_d。窄脉冲出现于正弦波电压从负到正通过零的瞬间(也可以是从正到负过零的瞬间)。将 u_c、u_d 接到双稳态触发器的两个触发输入端。u_c 使该触发器翻转成为上面管导通($i=I_m$)、下面管截止(e 点电位为$+E$)的状态；u_d 使它翻转成为下面管导通(e 点电位近似为零)、上面管截止($i=0$)的状态。这样的过程反复进行。双稳态电路下面管输出电压 u_e 和上面管流过的电流 i 都是矩形脉冲，脉冲宽度为 ΔT，重复周期为 T，因此它们的平均值正比于相位差 φ。以电流为例，其平均电流为

$$I_0=\frac{\Delta T}{T}I_m \tag{6.3-1}$$

联系式(6.2-2)，得

$$\varphi=360°\cdot\frac{I_0}{I_m} \tag{6.3-2}$$

由于管子的导通饱和电流 I_m 是一定的，因此相位差与平均电流 I_0 成正比。用一电流表串联接入双稳态上面管子集电极回路，测出其平均值 I_0，代入式(6.3-2)即可求得 φ。一般表头面盘直接用相位差刻度，其刻度是根据式(6.3-2)线性关系刻出的。测量时由表针指示即可直接读出两信号的相位差。

模拟式直读相位计电路简单，操作方便，这是它的优点。但它是测量长时间内相位差的平均值，不能测出“瞬时”相位差，且由于电流表本身误差及读数误差都较大，因此这种

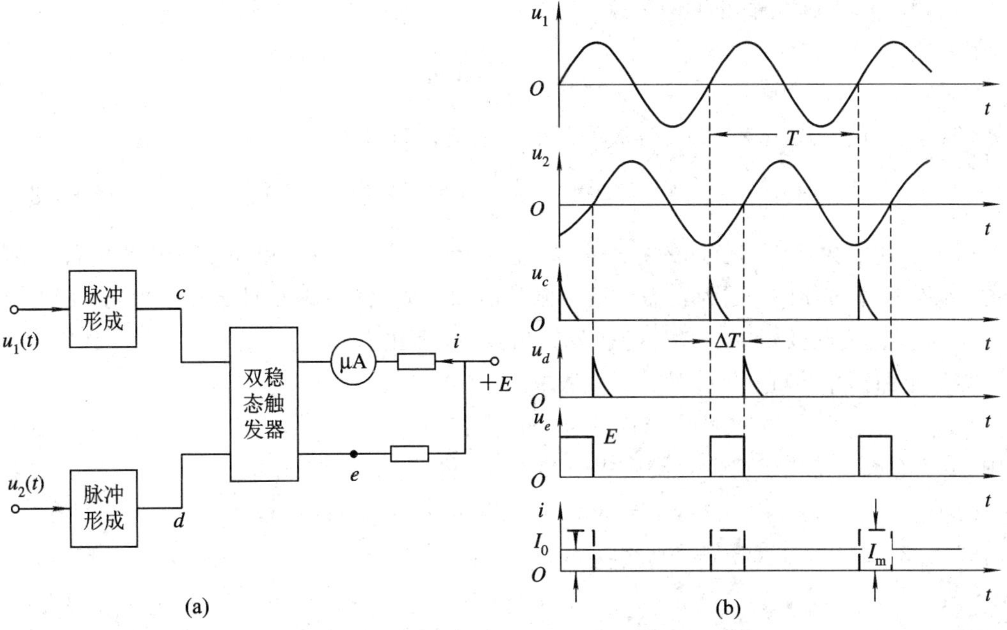

图 6.3-1 模拟式直读相位计的原理框图与各点的波形

相位计测量误差也比较大，约为±(1～3)%，这些又都是模拟直读相位计的缺点。

6.3.2 数字式相位计

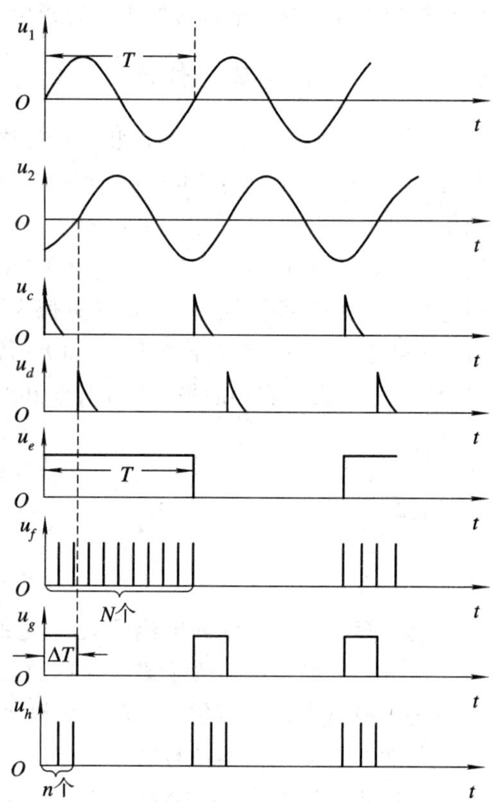

图 6.3-2 数字式相位计原理波形图

数字式相位计又称电子计数式相位计，这种方法就是应用电子计数器来测量周期 T 和两同频正弦波过零点时间差 ΔT，据式(6.2-2)换算为相位差。下面对照图 6.3-2 所示的波形图讲述该法的基本原理。图 6.3-2 中，u_1、u_2 为两个同频但具有一定相位差的正弦信号；u_c、u_d 分别为 u_1、u_2 经各自的脉冲形成电路输出的尖脉冲信号，两路尖脉冲信号都出现于正弦波电压从负到正过零点的瞬间；u_e 为 u_c 尖脉冲信号经触发电路形成的宽度等于待测两信号周期 T 的闸门信号，用来控制时间闸门；u_f 为标准频率脉冲(晶振输出经整形形成的窄脉冲，频率为 f_c)在闸门时间控制信号 u_e 的控制下通过闸门加于计数器计数的脉冲，设计数值为 N；u_g 为用 u_c、u_d 去触发一个双稳态多谐振荡器形成的反映 u_1、u_2 过零点时间差宽度为 ΔT 的另一闸门信号；u_k(图中未标出)为标准频率脉冲(频率为 f_c)在闸门时间控制信号 u_g 的控制下通过另一闸门加于另一计数器计数的脉冲，设计数值为 n。由图6.3-2 所示的波形图可见：

$$f_c = \frac{N}{T} = \frac{n}{\Delta T} \tag{6.3-3}$$

将式(6.3-3)代入式(6.2-2)，得被测两信号相位差为

$$\varphi = 360° \cdot \frac{\Delta T}{T} = 360° \cdot \frac{n}{N} \tag{6.3-4}$$

以上讲述的数字式相位计的原理在理论上是可行的，但具体电路实现构成的仪器是复杂的，操作是不方便的。因为它需要两个闸门时间形成电路，两个计数显示电路，同时，在读得 N 与 n 之后还要经式(6.3-4)换算为相位差，不能直读。

为使电路简单，测量操作简便，一般取

$$f_c = 360° \cdot 10^b \cdot f \tag{6.3-5}$$

式中，b 为整数。将式(6.3-5)代入式(6.3-3)，得

$$N = f_c T = 360° \cdot 10^b \cdot f \cdot T = 360° \cdot 10^b \tag{6.3-6}$$

再将式(6.3-6)代入式(6.3-4)，得

$$\varphi = n \cdot 10^{-b} \tag{6.3-7}$$

由式(6.3-7)可以看出，数值 n 就代表相位差，只是小数点位置不同。它可经译码显示电路以数字显示出来，并自动指示小数点位置，测量者可直接读出相位差。

只要使晶振标准频率满足式(6.3－5)，就不必测量待测信号周期 T 的数值，从而可节省一个闸门形成电路和一个计数显示电路。依此思路，实用的电子计数式直读相位计的框图如图 6.3－3 所示。待测信号 $u_1(t)$ 和 $u_2(t)$ 经脉冲形成电路变换为尖脉冲信号，去控制双稳态触发电路产生宽度等于 ΔT 的闸门信号以控制时间闸门的启、闭。晶振产生的频率 f_c 满足式(6.3－5)的正弦信号，经脉冲形成电路变换成频率为 f_c 的窄脉冲，在时间闸门开启时通过闸门加到计数器，得计数值 n，再经译码，显示出被测两信号的相位差。图 6.3－3 中 a、b、c、d、g、h 各点的波形如图 6.3－2 中相应各图。这种相位计可以测量两个信号的"瞬时"相位差，测量迅速，读数直观、清晰。

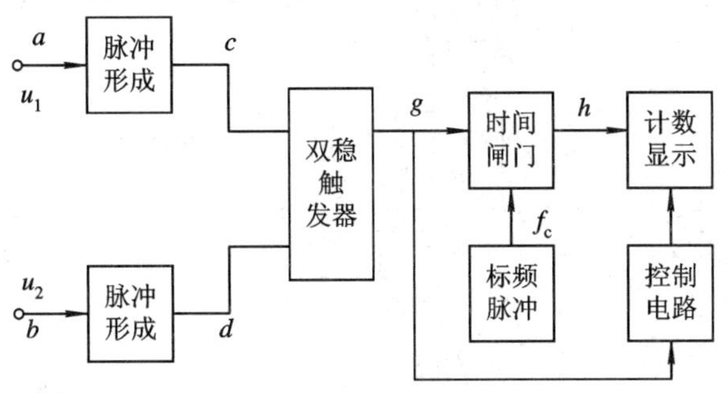

图 6.3－3　电子计数式相位计框图

计数式相位计测量误差的来源与计数器测周期或测时间间隔相同，也是主要有标准频率误差 $\pm\Delta f_c/f_c$、触发误差 $\pm U_n/\sqrt{2}\pi U_m$ 和量化误差 $\pm 1/n$。为减小测量误差，应提高 f_c 的精确度、被测信号的信噪比，增大计数器读数 n。要增大 n，必须提高 f_c。例如，取 $f_c=360f$ 时，$\varphi=n$，与量化误差 $\Delta n=\pm1$ 时对应的相位误差为 $\Delta\varphi=\pm1°$。如果取 $f_c=3600f$，则 $\varphi=0.1n$，与量化误差对应的相位误差为 $\Delta\varphi=\pm0.1°$。一般情况下，$\Delta\varphi=\pm(10^{-b})°$。

应注意到，当被测信号频率改变时必须相应改变晶振标准频率使之满足式(6.3－5)，f_c 可调时其频率准确度难以做高，这不利于测量误差的减小。计数式相位计只能用于测量低频率信号相位差，而且要求测量的精确度越高，能测量的频率越低。这是因为要求测量精确度越高，所使用的 f_c 应越高。例如，若被测频率为 1 MHz，要求测量误差为 $\pm1°$，即取式(6.3－5)中 $b=1$，取 $f_c=360\times10\times1$ MHz$=3600$ MHz。目前还做不到对如此高的频率信号进行整形、计数。再如，若某计数器最高计数频率为 100 MHz，要求测量误差为 $\pm1°$，则其能测量的待测信号频率应小于 300 kHz；如果提高测量精确度，要求测量误差为 $\pm0.1°$，则该计数器能测量的最高待测信号频率仅为 30 kHz。被测信号频率改变时为满足式(6.3－5)需跟踪调整 f_c，以及测量频率低是这种相位计的缺点。

以上讨论的数字式相位计称作"瞬时"相位计，它可以测量两个同频正弦信号的瞬时相位，即它可以测出两同频正弦信号每一周期的相位差。这里"瞬时"相位差并非式(6.1－3)所表述的内涵。针对"瞬时"相位计存在的缺陷，可采取相应的技术措施加以克服与改进。在实际中需要对较高频率的待测信号测量相位差，可以采用外差法把被测信号转换为某一固定的低频信号，然后进行测量。这属于量程扩展的问题，我们在本章最后一节再作较仔细讨论。

下面来具体讨论在"瞬时"相位计的基础上，增加了一个计数门而构成的平均值相位计的工作原理。如图 6.3－4 所示，平均值相位计比图 6.3－3 多一个时间闸门Ⅱ和闸门脉冲发生器。其工作过程为：被测信号过零点的时间间隔转换成宽度为 ΔT 的闸门脉冲 u_A 加到时间闸门Ⅰ的输入端，使它开启。在开启时间 ΔT 内，晶振产生频率为 f_c 的标准频率脉冲 u_B，通过该时间闸门形成 u_C 加到时间闸门Ⅱ。设在被测信号的每一个周期内(即在 ΔT 内)通过闸门Ⅰ的标准频率脉冲为 n 个。

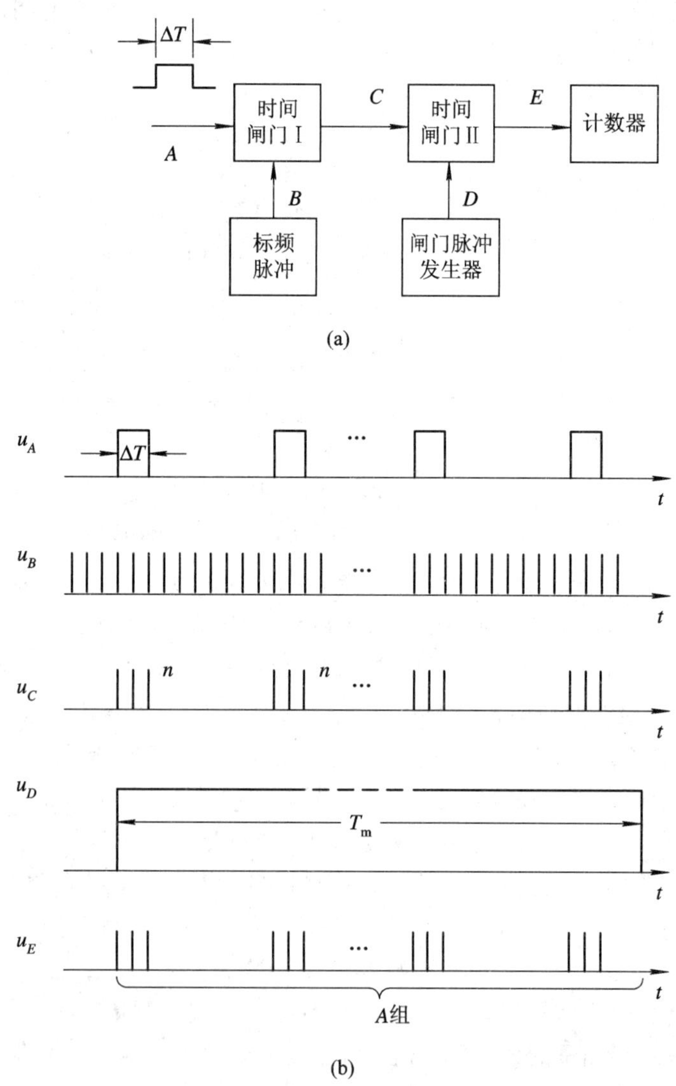

图 6.3－4　平均值相位计的原理框图

闸门脉冲发生器是由晶振、分频器、门控电路组成的，它送出宽度为 T_m 的门控信号 u_D，T_m 应当远大于被测信号的最大周期 T_{max}。一般取

$$T_m = KT \quad (K \gg 1) \tag{6.3-8}$$

式中，K 为比例系数；T 为信号周期。这一闸门信号使时间闸门Ⅱ开启，在 T_m 内通过闸门Ⅰ的标准频率脉冲又通过闸门Ⅱ送入计数器计数，如 u_E。设计数值为 A，由图 6.3－4 中 u_D、u_E 可知：

$$A = Kn$$

考虑 $K = T_m/T$，$n = f_c \cdot \Delta T$，$\varphi = 360° \cdot \Delta T/T$，所以

$$A = \left(\frac{T_m \cdot f_c}{360°}\right) \cdot \varphi = \alpha\varphi$$

式中，$\alpha = (T_m \cdot f_c)/360°$，为比例系数。

若选取 T_m 和 f_c，使 $\alpha = 10^g$（g 为整数），则

$$\varphi = A \cdot 10^{-g} \tag{6.3-9}$$

式(6.3-9)表明，相位差 φ 可直接用计数值 A 表示，测量者可直接从仪器显示的计数值 A 读出被测两信号的相位差。采用这种方法测量的相位差实际上是被测信号 K 个周期内的平均相位差。例如若 $f_c = 10$ MHz，取 $T_m = 0.36$，则 $\alpha = 10\ 000$，于是 $\varphi = A \cdot 10^{-4}$。用平均值相位计测量相位差，不必调 f_c 去跟踪被测信号频率，测量方便，量化误差也小，与测量时间间隔相比，只多了一项 T_m 准确度引起的误差，而 T_m 是由晶振分频得到的，这项误差很小，一般可以忽略。

数字式相位计测相位差除了存在前面提到的标准频率误差、触发误差、量化误差之外，还存在由于两个通道的不一致性而引入的附加误差。为消除这一误差，可以采取校正措施，在测量之前把待测两信号的任一信号(例如 u_1)同时加在相位计的两通道的输入端，显示的计数值 A_1 即系统两通道间的固有相位差；然后把待测的两信号分别加在两通道的输入端，显示计数值 A_2，则两信号的相位差为

$$\varphi = \frac{A_2 - A_1}{\alpha} = (A_2 - A_1) \cdot 10^{-g} \tag{6.3-10}$$

若从相位计读得 A_1、A_2，则由式(6.3-10)可算出校正后待测信号的相位差。如果电路中采用可逆计数器，则上述修正过程可以自动进行。这种相位计框图如图 6.3-5 所示。其工作过程如下：控制电路产生两路时间上相衔接的闸门脉冲，宽度均为 T_m。这两路闸门

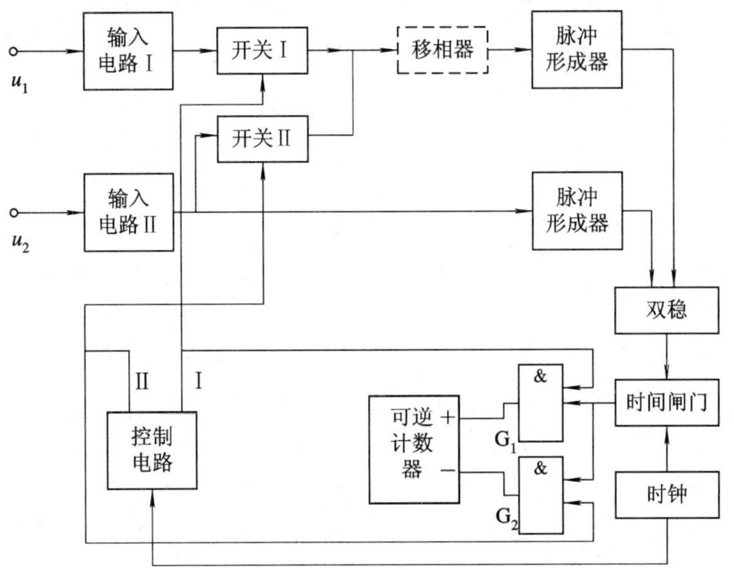

图 6.3-5 应用可逆计数器消除系统的固有相移

脉冲都是由晶振经分频、整形、门控(双稳)电路而产生的。第一路脉宽为 T_m 的脉冲从控制电路Ⅰ端输出加到开关Ⅰ，控制它的启、闭；第二路脉宽为 T_m 的脉冲从控制电路Ⅱ端输出加到开关Ⅱ，控制它的启、闭。因两路闸门脉冲在时间上衔接、脉宽相同且二者反相，故当开关Ⅰ接通时，开关Ⅱ关闭，u_1、u_2 分别通过两个脉冲形成器产生尖脉冲去触发双稳电路，产生脉宽为 ΔT 的时间闸门信号去开启时间闸门，同时控制电路的Ⅰ端输出使与门 G_1 开启，标准脉冲信号通过时间闸门和与门 G_1 送至可逆计数器的"+"输入端进行计数，设计数值为 A_2。第二路脉宽为 T_m 的闸门脉冲从控制电路Ⅱ端输出去接通开关Ⅱ(开关Ⅰ在此期间断开)，开启与门 G_2，这时 u_2 分别加到两个脉冲形成器输入端，产生尖脉冲触发双稳电路，并产生反映系统固有相差(同一信号因传输通道不同而引起的相位差)、脉宽为 $\Delta T'$ 的时间闸门控制信号，打开时间闸门，标准脉冲信号通过时间闸门和与门 G_2 送至可逆计数器的"－"输入端(设计数值为 A_1)，计数值 A_2 减去 A_1 便得被测信号的相位差。A_1 并不需要显示，A_2-A_1 的运算由仪器本身内部完成，由屏幕以数字显示，测量者可直读相位差。

若相位计的两个通道一致性较好，则两通道间的固有相位差就小，这时 A_1 就很小，而量化误差对计数 A_1 影响较大，为了减小这种情况的量化误差，通常接入如图 6.3－5 中虚线所示的移相器，人为地扩大固有相位差，以提高测量精确度。

6.4 相位差转换为电压进行测量

利用非线性器件把被测信号的相位差转换为电压或电流的增量，在电压表或电流表表盘刻上相位刻度，由电表指示可直读被测信号的相位差。转换电路常称作鉴相器，其电路形式有多种，这里介绍常用的两种。

6.4.1 差接式相位检波电路

图 6.4－1(a)所示的鉴相电路应具有较严格的电路对称形式：两个二极管特性应完全一致，变压器中心抽头准确，一般取 $R_1=R_2$，$C_1=C_2$。下面介绍这种鉴相电路的基本原理。

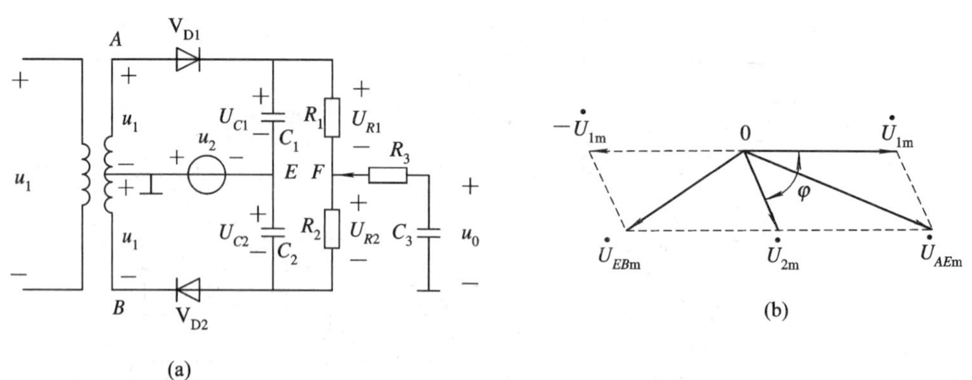

图 6.4－1 差接式相位检波电路

设输入信号为 $u_1=U_{1m}\sin\omega t$，$u_2=U_{2m}\sin(\omega t-\varphi)$，且 $U_{1m}\gg U_{2m}>1$ V，使两个二极管工作在线性检波状态。假设时间常数 R_1C_1、R_2C_2、R_3C_3 都远大于被测信号的周期 T。

由图 6.4－1(a)可以看出：当 $u_{AE}>0$ 时，二极管 V_{D1} 导通，u_{AE} 对 C_1 充电，由于二极管正向导通时电阻很小，因此充电时常数很小，充电速度较快；当 $u_{AE}<0$ 时，V_{D1} 截止，C_1 通过 R_1 等元件放电，由于放电时常数很大，它远远大于被测信号的周期 T，因此充到电容 C_1 上的电压近似为 A、E 两点之间电压 u_{AE} 的振幅 U_{AEm}。如上述类似的过程，当 $u_{EB}>0$ 时，二极管 V_{D2} 导通，u_{EB} 给 C_2 充电；当 $u_{EB}<0$ 时，C_2 放电，充到电容 C_2 上的电压近似为 E、B 两点之间电压 u_{EB} 的振幅 U_{EBm}。考虑到 $u_{AE}=u_1(t)+u_2(t)$，$u_{EB}=u_1(t)-u_2(t)$，由图 6.4－1(b)所示的相量图得

$$\begin{aligned}U_{AEm} &= \sqrt{U_{1m}^2+U_{2m}^2+2U_{1m}U_{2m}\cos\varphi} \\ &= U_{1m}\left[1+\left(\frac{U_{2m}}{U_{1m}}\right)^2+2\frac{U_{2m}}{U_{1m}}\cos\varphi\right]^{\frac{1}{2}}\end{aligned} \tag{6.4-1}$$

$$\begin{aligned}U_{EBm} &= \sqrt{U_{1m}^2+U_{2m}^2-2U_{1m}U_{2m}\cos\varphi} \\ &= U_{1m}\left[1+\left(\frac{U_{2m}}{U_{1m}}\right)^2-2\frac{U_{2m}}{U_{1m}}\cos\varphi\right]^{\frac{1}{2}}\end{aligned} \tag{6.4-2}$$

由于 $(U_{2m}/U_{1m})\ll1$，因而 $(2U_{2m}/U_{1m})\cos\varphi\ll1$，忽略式(6.4－1)、式(6.4－2)中的 $(U_{2m}/U_{1m})^2$ 项，利用二项式定律展开再略去高次项，得

$$\begin{aligned}U_{AEm} &\approx U_{1m}\left(1+2\frac{U_{2m}}{U_{1m}}\cos\varphi\right)^{\frac{1}{2}} \\ &\approx U_{1m}\left(1+\frac{U_{2m}}{U_{1m}}\cos\varphi\right)\end{aligned} \tag{6.4-3}$$

$$U_{EBm} \approx U_{1m}\left(1-\frac{U_{2m}}{U_{1m}}\cos\varphi\right) \tag{6.4-4}$$

由前述的定性分析可知，C_1、C_2 上电压近似恒定，视为直流电压，分别为

$$U_{C1} = U_{AEm} \approx U_{1m}\left(1+\frac{U_{2m}}{U_{1m}}\cos\varphi\right) \tag{6.4-5}$$

$$U_{C2} = U_{EBm} \approx U_{1m}\left(1-\frac{U_{2m}}{U_{1m}}\cos\varphi\right) \tag{6.4-6}$$

所以 F 点电位为

$$u_F = -U_{R1}+U_{C1}-u_2 \tag{6.4-7}$$

式中，U_{R1} 为电阻 R_1 上的直流电压。因 $R_1=R_2$，故 $U_{R1}=U_{R2}$。又

$$U_{R1} = \frac{1}{2}(U_{R1}+U_{R2}) = \frac{1}{2}(U_{C1}+U_{C2}) = U_{1m} \tag{6.4-8}$$

将式(6.4－5)、式(6.4－8)代入式(6.4－7)，得

$$\begin{aligned}u_F &= -U_{1m}+U_{1m}+U_{2m}\cos\varphi-u_2(t) \\ &= U_{2m}\cos\varphi-u_2(t)\end{aligned}$$

R_3 和 C_3 组成一低通滤波器，滤除角频率为 ω 的交流分量 $-u_2(t)$ 得直流输出电压为

$$U_0 = U_{2m}\cos\varphi \tag{6.4-9}$$

即输出电压与两信号 u_1、u_2 相位差的余弦成正比，可以用电压表测量该电压，表盘按相位刻度，根据表针指示，直读相位差。由于 $\cos\varphi$ 值在 0°～90°时为正，在 90°～180°时为负，因此指示电表采用零点在中间的表头，中心指示值为 90°，向右为大于 90°，向左为小于 90°，

这样就可测出 0°～180°的相位差。

还应提醒读者注意，测量时应保持 U_{2m} 为一定值，否则易造成相位差读数不准。所以在测量之前应先校准 U_{2m} 为该仪表所规定的数值。

6.4.2 平衡式相位检波电路

由四个性能完全一致的二极管 V_{D1}～V_{D4} 接成“四边形”，待测两信号通过变压器对称地加在“四边形”的对角线上，输出电压从两变压器的中心抽头引出，如图 6.4-2 所示。图中，R_L 为负载电阻；C 为滤波电容，对信号频率 ω 来说相当于短路。

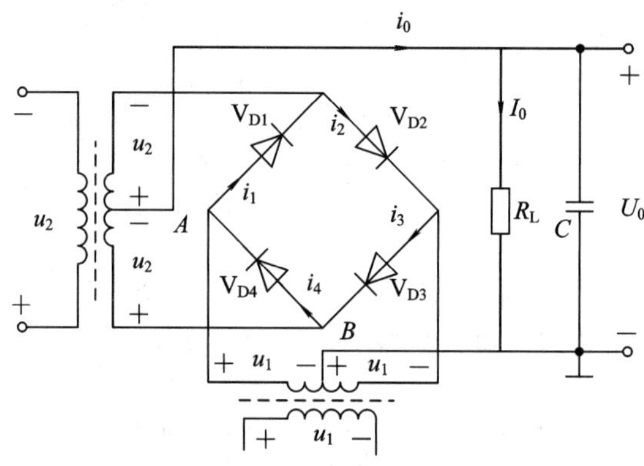

图 6.4-2 平衡式相位检波器

设二极管上的电流、电压参考方向关联，其伏安特性为二次函数，即

$$i = \alpha_0 + \alpha_1 u + \alpha_2 u^2 \tag{6.4-10}$$

式中，α_0、α_1、α_2 为实常数。当输入信号电压参考方向如图 6.4-2 中所示时，加在四个二极管正极和负极间的电压分别为

$$\begin{cases} u_{D1} = u_1 + u_2 \\ u_{D2} = u_1 - u_2 \\ u_{D3} = -u_1 - u_2 \\ u_{D4} = -u_1 + u_2 \end{cases} \tag{6.4-11}$$

将式(6.4-11)代入式(6.4-10)，得到流过四个二极管的正向电流分别为

$$i_1 = \alpha_0 + \alpha_1(u_1 + u_2) + \alpha_2(u_1 + u_2)^2$$

$$i_2 = \alpha_0 + \alpha_1(u_1 - u_2) + \alpha_2(u_1 - u_2)^2$$

$$i_3 = \alpha_0 + \alpha_1(-u_1 - u_2) + \alpha_2(-u_1 - u_2)^2$$

$$i_4 = \alpha_0 + \alpha_1(-u_1 + u_2) + \alpha_2(-u_1 + u_2)^2$$

设 $u_1(t)=U_{1m}\sin\omega t$，$u_2(t)=U_{2m}\sin(\omega t-\varphi)$，而流经输出端的电流为

$$\begin{aligned} i_0 &= i_1 - i_2 + i_3 - i_4 \\ &= 8\alpha_2 u_1 u_2 = 8\alpha_2 U_{1m}\sin\omega t \cdot U_{2m}\sin(\omega t - \varphi) \\ &= 4\alpha_2 U_{1m} U_{2m}\cos\varphi - 4\alpha_2 U_{1m} U_{2m}\cos(2\omega t - \varphi) \end{aligned} \tag{6.4-12}$$

式(6.4-12)表明，输出电流只包含直流项和信号的二次谐波项。如果滤去高频分量，则输出电流中的直流项为

$$I_0 = 4\alpha_2 U_{1m} U_{2m} \cos\varphi \tag{6.4-13}$$

它与 $\cos\varphi$ 成正比。

作为相位检波器时，通常取 $U_{1m} \gg U_{2m} > 1$ V，$R_L C \gg T$（T 为信号周期），这时可采用与差接式电路类似的方法进行分析。

当只考虑 V_{D1}、V_{D3} 的检波作用时，它使电容器正向充电到 u_{D1}、u_{D3} 的振幅，类似于式(6.4-5)，如图 6.4-2 中所示的电容电压参考方向，有

$$U_C' = U_{D1m} = U_{D3m} = U_{1m}\left(1 + \frac{U_{2m}}{U_{1m}} \cos\varphi\right) \tag{6.4-14}$$

当只考虑 V_{D2}、V_{D4} 的检波作用时，它使电容器反向充电到 u_{D2}、u_{D4} 的振幅，仍用图 6.4-2 中电容上所示的电压参考方向，类似于式(6.4-6)，有

$$U_C'' = -U_{D2m} = -U_{D4m} = -U_{1m}\left(1 - \frac{U_{2m}}{U_{1m}} \cos\varphi\right) \tag{6.4-15}$$

共同考虑 $V_{D1} \sim V_{D4}$ 的检波作用，可将式(6.4-14)、式(6.4-15)代数和相加，得电容器上的电压，即相位检波电路的输出电压为

$$U_0 = 2U_{2m} \cos\varphi \tag{6.4-16}$$

由此可见，平衡式相位检波电路的输出电压比差接式相位检波电路的大一倍。它同样可用一个零点在中间的电表指示 0°～180°相位差。测量时也应保持 U_{2m} 为定值。

用相位检波器测相位差的优点是电路简单，可以直读；缺点是由于需用变压器耦合，因此只适用于高频范围，指示电表刻度是非线性的，读数误差也较大。

用相位检波器测量相位差的误差约为±(1°～3°)。相位检波器一般用来作为 6.5 节讨论的零示测量法中的零示器，即用于指示两信号相位差恰等于 90°的情况。有时也可用相位检波器输出去控制移相器。

6.5 零示法测量相位差

零示法又称比较法，其原理如图 6.5-1 所示。它利用一精密移相器相移值与被测两信号间相移值作比较来确定被测两信号间的相位差。测量时，调节精密移相器，使之抵消被测两信号间原有的相位差，从而使平衡指示器示零。由精密移相器表针指示可直读两被测信号间的相位差值。

图 6.5-1 中的平衡指示器可以为电压表、电流表、示波器或耳机等，它们应有足够高的灵敏度才有益于提高测量精确度。测量精确度主要取决于精密移相器的刻度误差及稳定性。

在对测量精确度要求不高的低频范围中的相位差进行测量的场合，精密移相器可以用简单的 RC 电路(R、C 可选用标准的电阻、电容)，如图 6.5-2(a)、(b)所示。图(a)中输出电压相对于输入电压的相位差 $\varphi = -\arctan\omega RC$，用电位器调节 R，可使 φ 在 0°～90°之间任意调节(相位滞后)。类似地，图(b)中输出电压相对于输入电压的相位差 $\varphi = \frac{\pi}{2} - \arctan\omega RC$，可使 φ 在 0°～90°之间任意调节(相位超前)。这两种移相器电路的相移调节范围小，而且调节相移时输出电压幅度也跟着变化，给测量工作带来了不便。

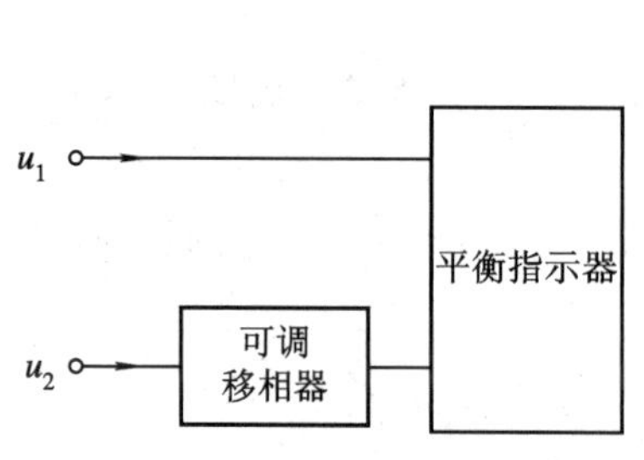

图 6.5-1　零示法测量相位差原理

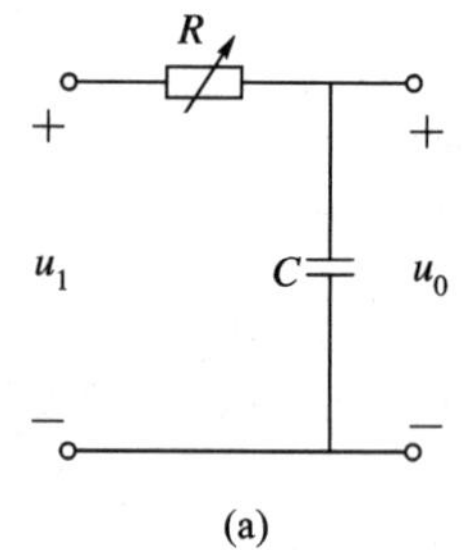

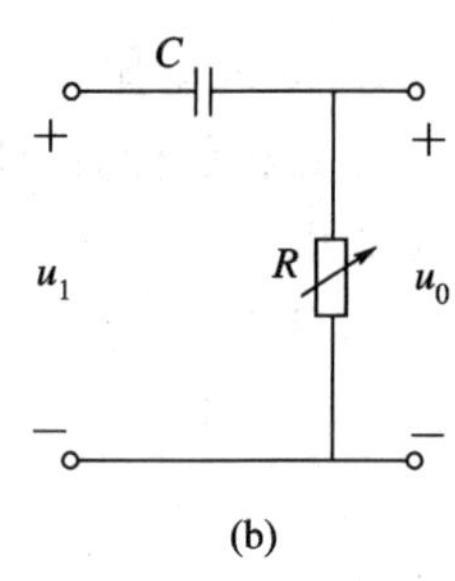

图 6.5-2　RC 移相器

图 6.5-3(a)所示的移相电路可以做到改变 R 使输出电压对输入电压的相移在 0°～180°之间变化，同时输出电压幅度不随之而改变，这是一种简单、实用的移相器电路。图(a)中，变压器次级中心抽头接地，输出信号反相地接在 C、R 两端。这里用图(b)所示的相量图来分析上面讲述的两个特点：RC 支路中的电流 i 超前于输入电压，超前的数值视 R、C 及 ω 的数值而定；R 两端电压 u_0(u_0 与 i 参考方向关联)的相位与 i 相同，而电容两端电压 u_C 的相位滞后于 i 90°。因此改变 R 时，输出电压相量 $\dot{U}_{0m}$的终点轨迹将是以 O 为圆心、$2U_{1m}$为直径的半圆，即输出电压振幅不随 R 改变，而相位可在 0°～180°(超前)之间连续(随 R)调节。如 R、C 互换位置，则输出电压相位在 0°～－180°(滞后)之间(随 R)连续可调。

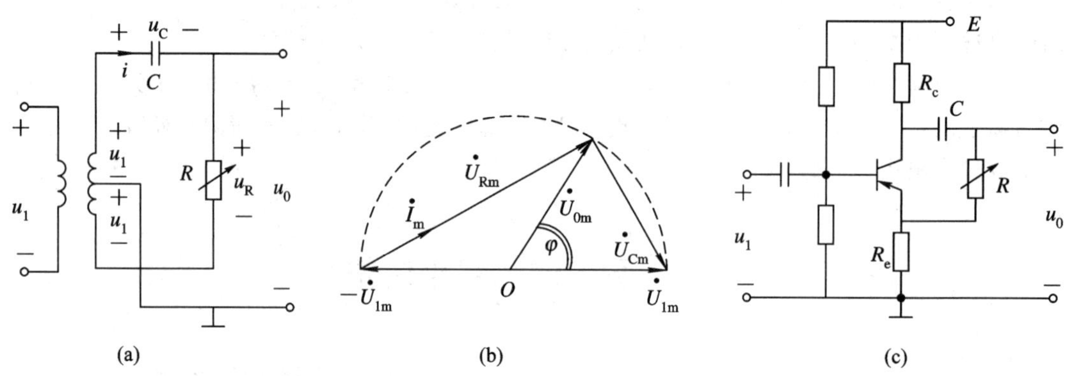

图 6.5-3　一种改进的 RC 移相器

为了克服低频范围变压器体积大的缺陷，可采用图 6.5-3(c)所示的晶体管倒相电路代替图(a)电路中的变压器。取 $R_c=R_e$，则从集电极和发射极输出的信号幅度相等，而相位相反。把 RC 电路接在集电极和发射极之间，输出电压 u_0 与输入电压 u_1 的相位差就可在 0°～－180°之间调节。为减小倒相器输出电阻对 RC 移相电路的影响，应使 $R \gg R_c$。

由于高精确度的可调移相器难以制作，且刻度与频率有关，因此目前高、低频范围测量两信号相位差很少应用零示法。但在微波领域，移相器容易进行精密校正，而且其他的微波相位计价格昂贵，所以多采用零示法测量相位差。

6.6　测量范围的扩展

本章 6.2 节～6.5 节讲述的几种测量相位差的方法大多只能在低频范围应用，有的还只能工作于固定频率。如果要测量高频信号相位差，或在宽频率范围测量信号的相位差，则可以用频率变换法把被测高频信号变换为低频或某一固定频率的信号进行测量。这样，测量信号相位差的频率范围扩大了，而且测试更为方便。

图6.6-1为外差法扩展相位差测量频率范围的原理框图。被测信号 $u_1(t)$ 和 $u_2(t)$ 分别加到两混频器Ⅰ和Ⅱ，与同一本地振荡信号混频，使其差频位于低频范围内，然后经放大后用低频相位计测量。下面作简要的定量分析。设

$$\begin{cases} u_1 = U_{1m}\sin\omega t \\ u_2 = U_{2m}\sin(\omega t - \varphi) \\ u_L = U_{Lm}\sin(\omega_L t - \theta) \end{cases} \tag{6.6-1}$$

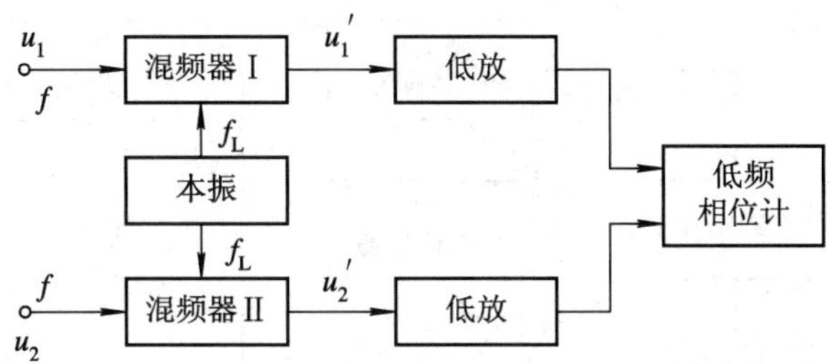

图6.6-1 外差法扩展相位差测量频率范围的原理框图

混频二极管的伏安特性为

$$i = \alpha_0 + \alpha_1 u + \alpha_2 u^2 \tag{6.6-2}$$

式中，α_0、α_1、α_2 为常数。对于混频器Ⅰ，混频器二极管上的电压为

$$u = u_1 + u_L = U_{1m}\sin\omega t + U_{Lm}\sin(\omega_L t - \theta) \tag{6.6-3}$$

将式(6.6-3)代入式(6.6-2)得混频器Ⅰ中电流为

$$\begin{aligned} i_1 &= \alpha_0 + \alpha_1[U_{1m}\sin\omega t + U_{Lm}\sin(\omega_L t - \theta)] + \alpha_2[U_{1m}\sin\omega t + U_{Lm}\sin(\omega_L t - \theta)]^2 \\ &= \alpha_0 + \alpha_1 U_{1m}\sin\omega t + \alpha_1 U_{Lm}\sin(\omega_L t - \theta) + \alpha_2 U_{1m}^2\sin^2\omega t + \alpha_2 U_{Lm}^2\sin^2(\omega_L t - \theta) + \\ &\quad 2\alpha_2 U_{1m}U_{Lm}\sin\omega t\sin(\omega_L t - \theta) \end{aligned}$$

上式中只有最后一项产生差频电流 $i_{\text{Ⅰ}C}$，即

$$i_{\text{Ⅰ}C} = \alpha_2 U_{1m}U_{Lm}\cos[(\omega_L - \omega)t - \theta] \tag{6.6-4}$$

对于混频器Ⅱ，混频器二极管上的电压为

$$u = u_2 + u_L = U_{2m}\sin(\omega t - \varphi) + U_{Lm}\sin(\omega_L t - \theta) \tag{6.6-5}$$

将式(6.6-5)代入式(6.6-2)，采用与上述类似的推导过程得流经混频器Ⅱ的差频电流为

$$i_{\text{Ⅱ}C} = \alpha_2 U_{2m}U_{Lm}\cos[(\omega_L - \omega)t - \theta + \varphi] \tag{6.6-6}$$

设混频器Ⅰ、Ⅱ有相同的负载电阻 R，因此两混频器输出电压的差频项分别为

$$u_{\text{Ⅰ}C} = Ri_{\text{Ⅰ}C} = \alpha_2 RU_{1m}U_{Lm}\cos[(\omega_L - \omega)t - \theta] \tag{6.6-7}$$

$$u_{\text{Ⅱ}C} = Ri_{\text{Ⅱ}C} = \alpha_2 RU_{2m}U_{Lm}\cos[(\omega_L - \omega)t - \theta + \varphi] \tag{6.6-8}$$

比较式(6.6-7)、式(6.6-8)可知，两混频器输出的差频电压的相位差仍然为 φ，因此用低频相位计所测得的值就是被测高频信号的相位差。使用外差法扩展量程时应注意到，由于本振频率与信号频率很接近，因此防止它们之间以及两通道之间的相互影响是实际中的重要问题，应使电路各部分之间有良好的隔离。另外，此法扩展量程，对本振的频稳度要求高，这是因为本振的相对变化很小，当变换为低频后其相对变化就很大。目前晶振的

频稳度还不能做得很高，所以这种方法的测量范围还只能为数十兆赫兹。

随着电子技术的发展，目前多采用取样技术和锁相技术相结合的方法使取样脉冲重复频率(相当于本振频率)能自动跟踪被测频率，再把频率恒定的低频输出信号送至低频相位计进行测量。

新型电压和相位差测量装置(即相量电压表)就是基于这一思想制作的。该装置把 1～1000 MHz 范围的待测信号电压变换为固定的低频，然后测量其电压和相位差。电压测量在几微伏到 1 V 范围内不必使用衰减器，电压比测量在 70～80 dB 范围内误差仅零点几分贝。相位差测量误差为±1°左右。本振在每个频段范围内能自动跟踪被测频率，使用非常方便。图 6.6－2 是一种相量电压表的原理框图。

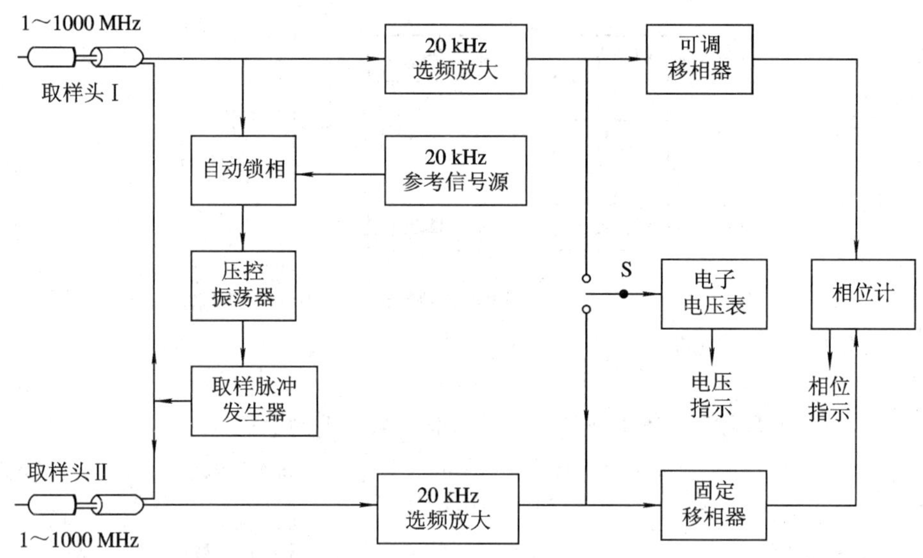

图 6.6－2　相量电压表的原理框图

国产 DT－1 型相量电压表的部分技术指标如下：

(1) 频率范围：1～1000 MHz，分 12 个频段。

(2) 电压测量范围：第一通道 500 μV～1 V，第二通道 100 μV～1 V。

(3) 相位差量程：－180°～180°。

(4) 输入电阻、电容：100 kΩ，3 pF。

(5) 电压测量精确度：1～10 MHz 时±5%，100～300 MHz 时±10%，300～1000 MHz 时±20%。

(6) 相位测量精确度：1.5°。

在微波领域，与之类似的仪表是网络分析仪，它基本上是由扫频信号源和相量电压表组合而成的，可以在示波管上动态显示。

小　结

(1) 测量同频两信号间的相位差在研究网络、系统频率特性中具有重要意义。常用的测量相位差的方法有：用示波器测量，转换为时间间隔、电压测量，零示法测量等。

(2) 两种实用的示波器测量相位差的方法为：直接比较法，即将被测两信号在示波器上显示，对准坐标，测量出两波形过零点的时间差 ΔT 与周期 T，由公式 $\varphi=360°\times\dfrac{\Delta T}{T}$ 计算出相位差；椭圆法，即将同频被测两信号分别加 X 通道、Y 通道，示波器上显示的李沙育图形与两信号的相位差有关，由光点沿垂直及水平方向的最大位移量 Y_m 及 X_m，椭圆与垂直轴、水平轴的交点 y_0、x_0，通过公式 $\varphi=\arcsin\left(\pm\dfrac{y_0}{Y_m}\right)=\arcsin\left(\pm\dfrac{x_0}{X_m}\right)$ 算出相位差，更实用的是由椭圆长轴 A 与短轴 B 计算相位差，即 $\varphi=2\arctan\dfrac{B}{A}$。

(3) 相位差转换为时间间隔进行测量。其基本思想是将被测信号过零点时间差 ΔT 与周期 T 应用模拟或数字(计数)方法加以测量，找出 $\Delta T/T$ 关系，由电表或显示屏直接显示出被测信号的相位差。例如，模拟法 $\varphi=360°\cdot\dfrac{I_0}{I_m}$，由电表直接读出相位差；计数法 $\varphi=n\cdot10^{-b}$(满足 $f_c=360°\cdot10^b f$)，由显示屏直接读出相位差。

(4) 相位差转换为电压进行测量。其基本原理是利用非线性器件把相位差转换为电压或电流的增量，然后用电表指示被测相位差。例如差接式相位检波电路，输出直流电压 $U_0=U_{2m}\cos\varphi$；平衡式相位检波电路，输出直流电压 $U_0=2U_{2m}\cos\varphi$。将电压表盘用相位刻度，均可由电表表针指示，从而直接读得被测信号的相位差。

(5) 零示法是将精密移相器的相移值与被测两信号的相移值作比较，采取反向补偿，用平衡指示器指示为零，由精密移相器直接读得信号相位差。

(6) 在实际应用中需要对更高频率信号间的相位差进行测量，上述的示波器测量法、转换为时间间隔、电压测量法以及零示法都只能在低频条件下使用，因此需采取有关技术措施扩展测量频率的范围。一种实用的方法就是用变换频率的办法，它是将被测的高频信号变换为低频信号，然后在低频进行测量。

习　题　6

6.1　举例说明测量相位差的重要意义。

6.2　测量相位差的方法主要有哪些？简述它们各自的优缺点。

6.3　用椭圆法测量两正弦量的相位差，在示波器上显示如图 6.2-3 所示的图形，测得椭圆中心横轴到图形最高点的高度 $Y_m=5$ cm，椭圆与 Y 轴交点 $y_0=4$ cm，求相位差 φ。

6.4　为什么“瞬时”式数字相位计只适用于测量固定频率的相位差？如何扩展测量的频率范围？

6.5　用示波器测量两同频正弦信号的相位差，示波器上呈现椭圆的长轴 A 为 10 cm，短轴 B 为 4 cm，试计算两信号的相位差 φ。

第7章 电压测量

7.1 电压测量概述

7.1.1 电压测量的重要性

电压是一个基本物理量，是集总电路中表征电信号能量的三个基本参数(电压、电流、功率)之一。电压测量是电子测量中的基本内容。在电子电路中，电路的工作状态(如谐振、平衡、截止、饱和以及工作点的动态范围)通常都以电压形式表现出来；电子设备的控制信号、反馈信号及其他信息也主要表现为电压量。在非电量的测量中，也多利用各类传感器件装置将非电参数转换成电压参数。电路中其他电参数(包括电流和功率，以及信号的幅度、波形的非线性失真系数、元件的Q值、网络的频率特性和通频带、设备的灵敏度等)都可以视作电压的派生量，通过电压测量获得其量值。最重要的是，电压测量直接、方便，将电压表并接在被测电路上，只要电压表的输入阻抗足够大，就可以在几乎不对原电路工作状态有所影响的前提下获得较满意的测量结果。作为比较，电流测量就不具备这些优点，首先必须把电流表串接在被测支路中，很不方便，其次电流表的接入改变了原来电路的工作状态，测得值不能真实地反映出原有情况。由此不难得出结论：电压测量是电子测量的基础，在电子电路和设备的测量调试中，电压测量是不可缺少的基本测量。

7.1.2 电压测量的特点

第1章中介绍的电子测量的基本特点同样在电压测量中得到体现，电压测量的特点对电压测量的主要仪器——电压表的性能提出了相应的要求，这些要求主要包括下面几个方面。

(1) 测量频率范围广。电子电路中电压信号的频率范围相当广，除直流外，交流电压的频率从10^{-6} Hz(甚至更低)到10^{9} Hz，频段不同，测量方法也各异。

(2) 测量幅度范围宽。电子电路中待测电压的大小低至10^{-9} V，高到几十伏、几百伏甚至上千伏。若信号电压电平低，则要求电压表分辨力高，而这些又会受到干扰、内部噪声等的限制。若信号电压电平高，则要考虑电压表输入级中加接分压网络，而这又会降低电压表的输入阻抗。

(3) 测量信号波形多样。电子电路中待测电压的波形除正弦波外，还包括失真的正弦波以及各种非正弦波(如脉冲电压等)，不同波形的电压的测量方法及对测量准确度的影响是不一样的。

(4) 对被测电路的输出阻抗变化适应性较好。由待测电压两端看去的电子电路的等效电路可以用图 7.1-1(b)表示，其中 Z_0 为电路的输出阻抗，Z_i 为电压表的输入阻抗。在实际的电子电路中，Z_0 的大小不一，有些电路 Z_0 很小，可以小于几十欧姆，有些电路 Z_0 很大，可能大于几百千欧姆。前面已经讲过，电压表的负载效应对测量结果的准确度有影响，尤其是输出阻抗 Z_0 比较高的电路。

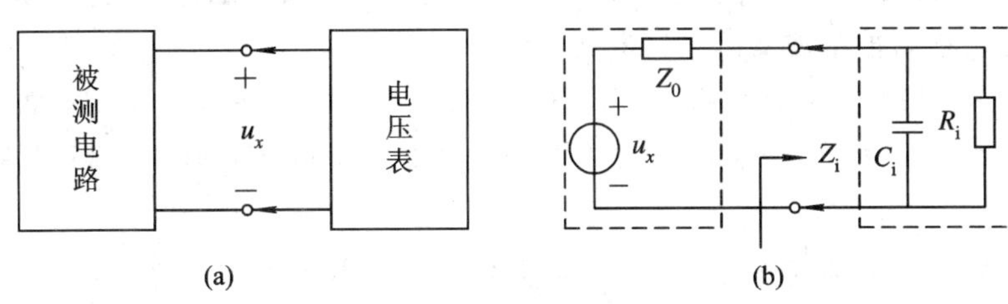

图 7.1-1　电压表测量电压及其等效电路

(5) 测量精度不高。由于被测电压的频率、波形等因素的影响，电压测量的准确度有较大差异。电压值的基准是直流标准电压，直流测量时分布参数等的影响也可以忽略，因而直流电压测量的精度较高。目前利用数字电压表可使直流电压测量精度优于 10^{-7} 量级。但交流电压测量精度要低得多，因为交流电压必须经交流/直流(AC/DC)变换电路变成直流电压，交流电压的频率和电压大小对 AC/DC 变换电路的特性都有影响，同时高频测量时分布参数的影响很难避免且很难准确估算，因此目前交流电压测量的精度一般在 10^{-2}～10^{-4} 量级。

(6) 易受外界干扰。电压测量易受外界干扰的影响，当信号电压较小时，干扰往往成为影响测量精度的主要因素，相应要求高灵敏度电压表(如数字式电压表、高频毫伏表等)必须具有较强的抗干扰能力，测量时也要特别注意采取相应措施(例如正确的接线方式、必要的电磁屏蔽)，以减少外界干扰的影响。

7.1.3　电压测量仪器的分类

1. 按显示方式分类

电压测量仪器主要指各类电压表。在一般工频(50 Hz)和要求不高的低频(低于几十千赫兹)测量时，可使用一般万用表电压挡，其他情况大都使用电子电压表。按显示方式不同，电子电压表分为模拟式电子电压表和数字式电子电压表。前者以模拟式电表显示测量结果，后者用数字显示器显示测量结果。模拟式电压表的准确度和分辨力不及数字式电压表高，但由于其结构相对简单，价格较为便宜，频率范围也宽，另外在某些场合并不需要准确测量电压的真实大小，而只需要知道电压大小的范围或变化趋势，例如作为零示器或者对谐振电路调谐时峰值、谷值进行观测时用模拟式电压表反而更直观。数字式电压表的优点表现在：测量准确度高，测量速度快，输入阻抗大，过载能力强，抗干扰能力和分辨率优于模拟电压表。此外，由于测量结果以数字形式输出、显示，因此除读数直观外，还便于和计算机及其他设备结合使用组成自动化测试仪器或自动测试系统。目前由于微处理器的运用，高中档数字式电压表已普遍具有数据存储、计算及自检、自校、自动故障诊断功能，并配有 IEEE-488 或 RS232C 接口，很容易构成自动测试系统。数字式电压表当前存在的不足是频率范围不及模拟式电压表宽。

除上面介绍的按显示方式进行的分类外，还有下述几种分类方法。

2. 模拟式电压表分类

(1) 按测量功能分类：分为直流电压表、交流电压表和脉冲电压表。其中，脉冲电压表主要用于测量脉冲间隔很长(即占空系数很小)的脉冲信号和单脉冲信号。一般情况下，脉冲电压的测量已逐渐被示波器测量所取代。

(2) 按工作频段分类：分为超低频电压表(低于 10 Hz)、低频电压表(低于 1 MHz)、视频电压表(低于 30 MHz)、高频或射频电压表(低于 300 MHz)和超高频电压表(高于 300 MHz)。

(3) 按测量电压量级分类：分为电压表和毫伏表。电压表的主量程为 V(伏)量级，毫伏表的主量程为 mV(毫伏)量级。主量程是指不加分压器或外加前置放大器时电压表的量程。

(4) 按电压测量准确度等级分类：分为 0.05、0.1、0.2、0.5、1.0、1.5、2.5、5.0 和 10.0 等级，其满度相对误差分别为 0.05%、0.1%、…、10.0%。

(5) 按刻度特性分类：分为线性刻度、对数刻度、指数刻度和其他有特殊需要的非线性刻度。

此外，模拟式电压表还可以按测量原理分类。这将在交流电压测量中介绍。

按现行国家标准，模拟电压表的主要技术指标有固有误差、电压范围、频率范围、频率特性误差、输入阻抗、峰值因数(波峰因数)、等效输入噪声、零点漂移等共 19 项。

3. 数字式电压表分类

数字式电压表目前尚无统一的分类标准。一般按测量功能分为直流数字电压表和交流数字电压表。交流数字电压表按其 AC/DC 变换原理分为峰值交流数字电压表、平均值交流数字电压表和有效值交流数字电压表。

数字式电压表的技术指标较多，包括准确度、基本误差、工作误差、分辨力、读数稳定度、输入阻抗、输入零电流、带宽、串模干扰抑制比(SMR)、共模干扰抑制比(CMR)、波峰因数等 30 项指标。

在本章后面的几节中，我们将分别介绍直流电压、交流电压和脉冲电压的测量原理和测量仪器。因为不同的测量仪器是基于不同的测量原理由电子电路实现的，所以我们把原理与仪器结合在一起加以叙述。

7.2 模拟式直流电压测量

7.2.1 动圈式电压表

图 7.2-1 是动圈式电压表示意图。图中，虚线框内为一直流动圈式高灵敏度电流表，内阻为 R_e，满偏电流(或满度电流)为 I_m，若作为直流电压表，则满度电压为

$$U_m = R_e \cdot I_m \tag{7.2-1}$$

例如满偏电流为 50 μA，电流表内阻为 20 kΩ，则满偏电压为 1 V。为了扩大量程，通常串接若干个倍压电阻，如图 7.2-1 中的 R_1、R_2、R_3。这样除了不串接倍压电阻的最小电

压量程 U_0 外，又增加了 U_1、U_2、U_3 三个电压量程，不难计算出三个倍压电阻的阻值分别为

$$\begin{cases} R_1 = \dfrac{U_1}{I_m} - R_e \\ R_2 = \dfrac{U_2 - U_1}{I_m} \\ R_3 = \dfrac{U_3 - U_2}{I_m} \end{cases} \tag{7.2-2}$$

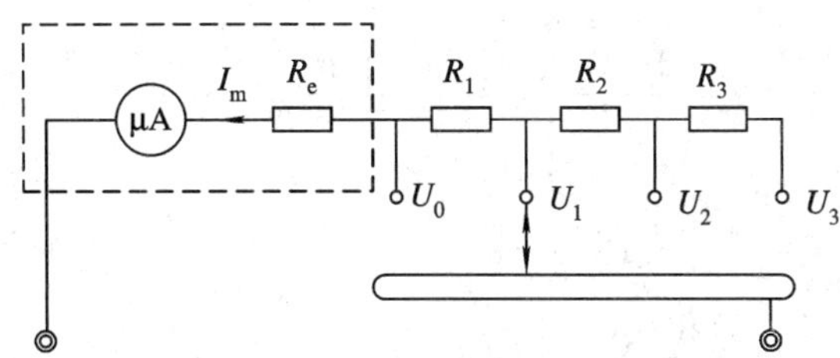

图 7.2-1 直流电压表电路

为了估计电压表的负载效应影响，在电压测量时要估计电压表内阻，而上述磁电式（动圈式）电压表的内阻与电压量程有关，且与电流表表头灵敏度有关。量程一定时，表头越灵敏（即满偏电流越小），内阻就越大。通常把内阻 R_V 与量程 U 之比定义为模拟磁电式电压表的"欧姆每伏（Ω/V）数"，也称电压灵敏度。"Ω/V"数越大，表明为使指针偏转同样角度所需的驱动电流越小。"Ω/V"数一般标明在磁电式（如万用表电压挡）电压表表盘上，可依据它推算出不同量程时电压表的内阻。若上面列举的数据中 $I_m=50\ \mu A$，则"Ω/V"为"20 kΩ/V"，用 10 V 电压挡时，电压表的内阻即为 200 kΩ。由上面叙述不难看出，给出了"Ω/V"，实际上也就给出了电流表的满偏电流。

动圈式直流电压表的结构简单，使用方便。其测量误差除来源于读数误差外，主要取决于表头本身和倍压电阻的准确度，一般在±1%左右，精密电压表可达±0.1%。其主要缺点是灵敏度不高和输入电阻低，当量程较低时，输入电阻更小，其负载效应对被测电路工作状态及测量结果的影响不可忽略。相比之下，模拟式电子电压表可以有效地提高电压表的灵敏度和输入阻抗。有时也可以根据电路原理利用公式计算来消除电压表的负载效应，得到被测电压接近实际值的数据。

【例 7.2-1】 在图 7.2-2 中，虚线框内表示高输出电阻的被测电路，电压表Ⓥ的"Ω/V"数为 20 kΩ/V，分别用 5 V 量程和 25 V 量程测量端电压 U_x，分析电压表输入电阻的影响并用公式计算来消除负载效应对测量结果的影响。

解：如果是理想情况，则电压表内阻 R_V 应为无穷大，此时电压表示值 U_x 与被测电压实际值 E_0 相等，即

$$U_x = E_0 = 5\ \text{V}$$

当电压表输入电阻为 R_V 时，电压表测得值为

$$U_x = \frac{R_V \cdot E_0}{R_V + R_0} \tag{7.2-3}$$

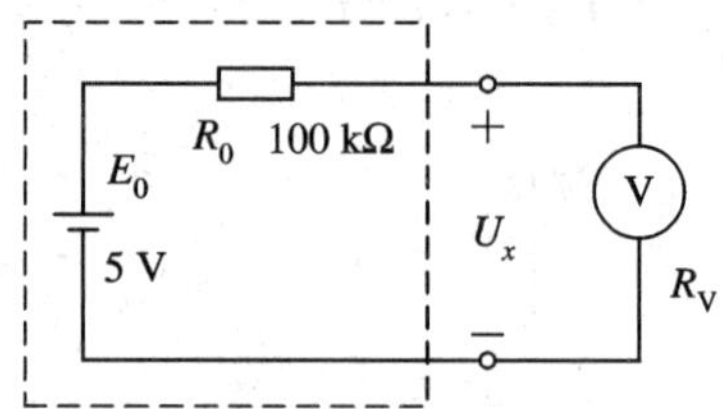

图 7.2-2　测量高输出电阻电路的直流电压

相对误差为

$$\gamma=\frac{U_x-E_0}{E_0}=\frac{\dfrac{R_V}{R_V+R_0}\cdot E_0-E_0}{E_0}$$

$$=-\frac{R_0}{R_0+R_V}\tag{7.2-4}$$

将有关数据值代入式(7.2-3)和式(7.2-4)，可得

5 V 电压挡：

$$R_{V1}=20\ \text{k}\Omega/\text{V}\times 5\ \text{V}=100\ \text{k}\Omega$$

$$U_{x1}=\frac{100}{100+100}\times 5.0=2.50\ \text{V}$$

$$\gamma_1=-\frac{100}{100+100}\times 100\%=-50\%$$

25 V 电压挡：

$$R_{V2}=20\ \text{k}\Omega/\text{V}\times 25\ \text{V}=500\ \text{k}\Omega$$

$$U_{x2}=\frac{500}{100+500}\times 5\approx 4.17\ \text{V}$$

$$\gamma_2=-\frac{100}{100+500}\times 100\%\approx -16.7\%$$

由此不难看出，电压表输入电阻尤其是低电压挡时输入电阻对测量结果的影响还是相当严重的。

根据式(7.2-3)我们可以推导出消除负载效应影响的计算公式，进而计算出待测电压的近似值：

$$U_{x1}=\frac{R_{V1}}{R_{V1}+R_0}\cdot E_0$$

$$R_0=\frac{R_{V1}\cdot E_0}{U_{x1}}-R_{V1}\tag{7.2-5}$$

同理可得

$$R_0=\frac{R_{V2}\cdot E_0}{U_{x2}}-R_{V2}\tag{7.2-6}$$

因此

$$\frac{R_{V1} \cdot E_0}{U_{x1}} - R_{V1} = \frac{R_{V2} \cdot E_0}{U_{x2}} - R_{V2}$$

解出

$$E_0 = \frac{(k-1)U_{x2}}{k - \dfrac{U_{x2}}{U_{x1}}} \tag{7.2-7}$$

式中：

$$k = \frac{R_{V2}}{R_{V1}} \tag{7.2-8}$$

因此，如果用内阻不同的两只电压表，或者同一电压表的不同电压挡（此时 $k=R_{V2}/R_{V1}$，即等于电压量程之比），则根据式(7.2-7)和式(7.2-8)即可由两次测得值得到近似的实际值 E_0。例如将本题中有关数据代入式(7.2-7)，可得待测电压近似值为

$$E_0 \approx \frac{(5-1) \times 4.17}{5 - \dfrac{4.17}{2.5}} \approx 5.01\ \text{V}$$

除了利用上面的公式计算来消除负载效应之外，当然也可以利用其他测量方法，如零示法（如电桥）和微差法（比如利用微差电压表），但一般操作都比较麻烦，通常用在精密测量中。在工程测量中提高输入阻抗和灵敏度以提高测量质量最常用的办法是利用电子电压表进行测量。

7.2.2 电子电压表

1. 电子电压表的原理

电子电压表中，通常使用高输入阻抗的场效应管（FET）源极跟随器或真空三极管阴极跟随器以提高电压表输入阻抗，后接放大器以提高电压表灵敏度。当需要测量高直流电压时，输入端接入分压电路。分压电路的接入将使输入电阻有所降低，但只要分压电阻取值较大，仍然可以使输入电阻较动圈式电压表的内阻大得多。图7.2-3是这种电子电压表的示意图。图中，R_0、R_1、R_2、R_3 组成分压器。由于FET源极跟随器输入电阻很大（几百MΩ以上），因此由 U_x 测量端看进去的输入电阻基本上由 R_0、R_1 等串联电阻决定，通常使它们的串联阻值之和大于10 MΩ，以满足高输入阻抗的要求。同时，在这种结构下，电压表的输入阻抗基本上是一个常量，与量程无关。

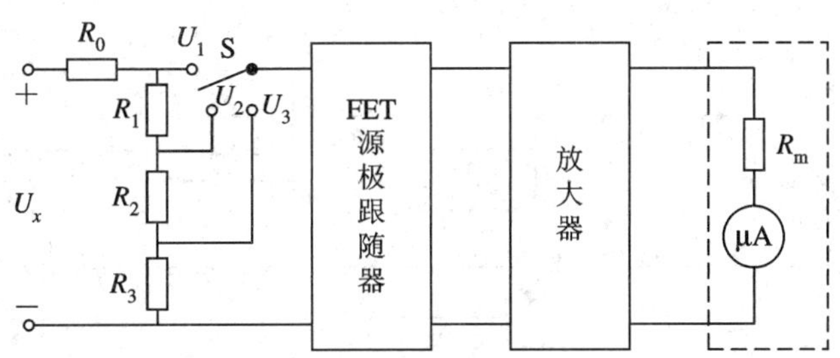

图7.2-3 电子电压表框图

图 7.2－4 是 MF－65 集成运放电压表的原理图。在 3.3 节中我们曾对运放进行过理想化处理和分析。当运放开环放大系数 A 足够大时，可以认为 $\Delta U \approx 0$（虚短路），“＋”“－”输入端的 $I_i \approx 0$（虚断路），因而有

$$U_F \approx U_i$$
$$I_F \approx I_0$$

所以

$$I_0 \approx \frac{U_i}{R_F} \tag{7.2-9}$$

分压器和电压跟随器的作用使 U_i 正比于待测电压 U_x，设

$$U_i = kU_x$$

因而

$$I_0 \approx \frac{k}{R_F} \cdot U_x \tag{7.2-10}$$

即流过电流表的电流 I_0 与被测电压成正比，只要分压系数和 R_F 足够精确和稳定，就可以获得良好的准确度。因此，各分压电阻及反馈电阻 R_F 都要使用精密电阻。

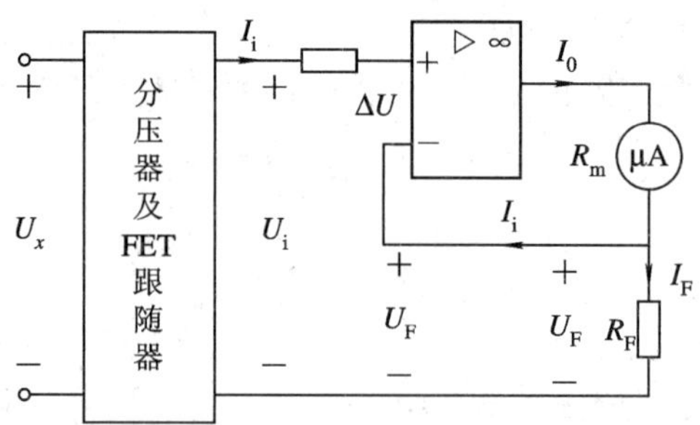

图 7.2－4　集成运放电压表的原理图

2. 调制式直流放大器

在上述使用直流放大器的电子电压表中，直流放大器的零点漂移限制了电压表灵敏度的提高，为此，电子电压表中常采用调制式放大器代替直流放大器以抑制漂移，这可使电子电压表测量微伏量级的电压。调制式直流放大器的原理图如图 7.2－5 所示。图中，微弱的直流电压信号经调制器（又称斩波器）变换为交流信号，再由交流放大器放大，经解调器还原为直流信号（幅度已得到放大）。振荡器为调制器和解调器提供固定频率的同步控制信号。

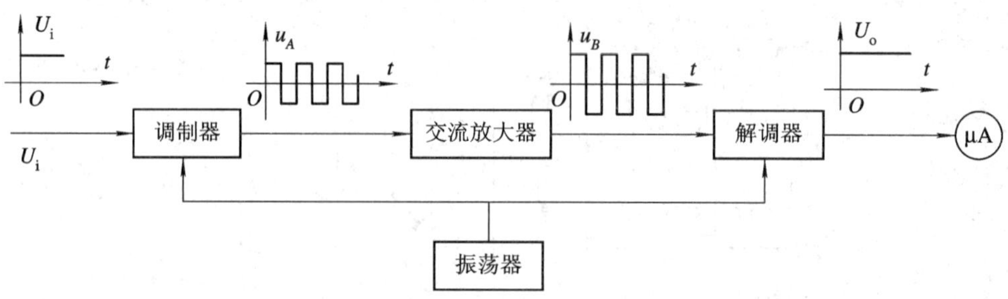

图 7.2－5　调制式直流放大器的原理图

调制器和解调器实质上是一对同步开关，开关控制信号由振荡器提供。调制器的工作原理及各点波形如图 7.2-6 所示。图(a)中，S_M 为开关；R 为限流电阻，以防信号源被短路；C 为隔直流电容；R_i为交流放大器等效输入电阻。图(d)中，U_i为输入直流信号，在 $0\sim T/2$ 区间，S_M 打开如图(b)所示，此时 $u_M=U_i$，在$T/2\sim T$ 区间，S_M 闭合如图(c)所示，$u_M=0$，如此交替，获得如图(e)所示的 u_M波形，经电容 C 滤除直流成分，得到如图(f)所示的交流信号 u_A，之后由交流放大器进行放大。

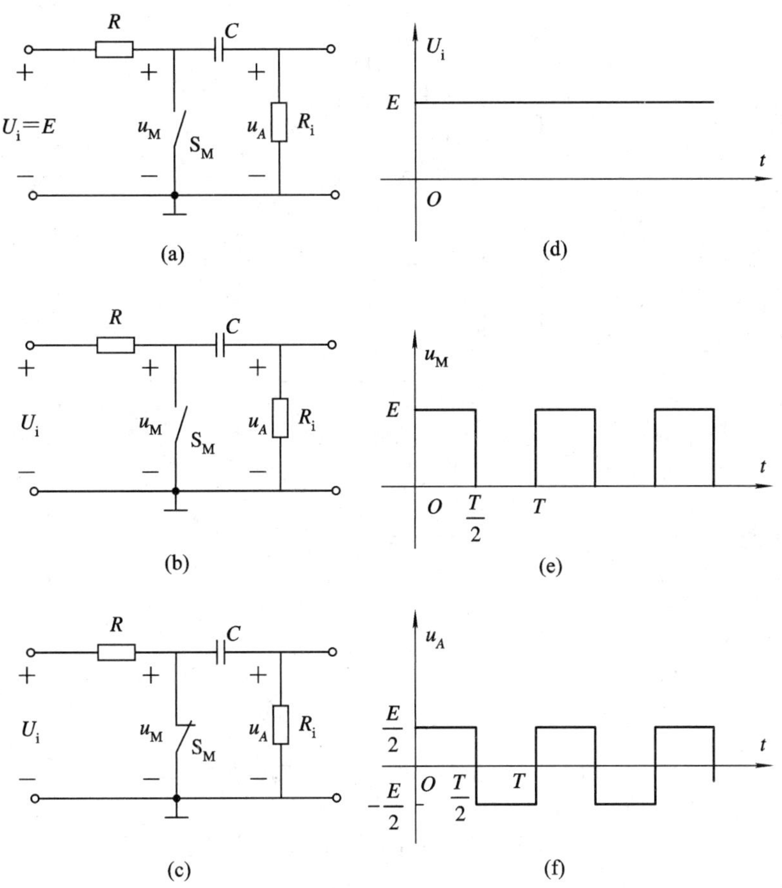

图 7.2-6 调制器的工作原理及各点波形

解调器的工作原理和各点波形如图 7.2-7 所示。图(a)中，S_D 是与调制器中 S_M 同步动作的开关；C 为隔直流电容，正是由于它的隔直流作用，使放大器的零点漂移被阻断，不会传输到后面的直流电压表表头；R 为限流电阻；R_F、C_F 构成滤波器，滤波后得到放大后的直流信号。解调器中各点波形如图 7.2-7(b)、(c)、(d)所示。

图 7.2-5 中的交流放大器一般采用选频放大器，只对与图中振荡器同频率的信号进行放大而抑制其他频率的噪声和干扰。在实际直流电子电压表中，还采用了其他措施以提高性能，比如在解调器输出端和调制器输入端间增加负反馈网络以提高整机稳定性等。

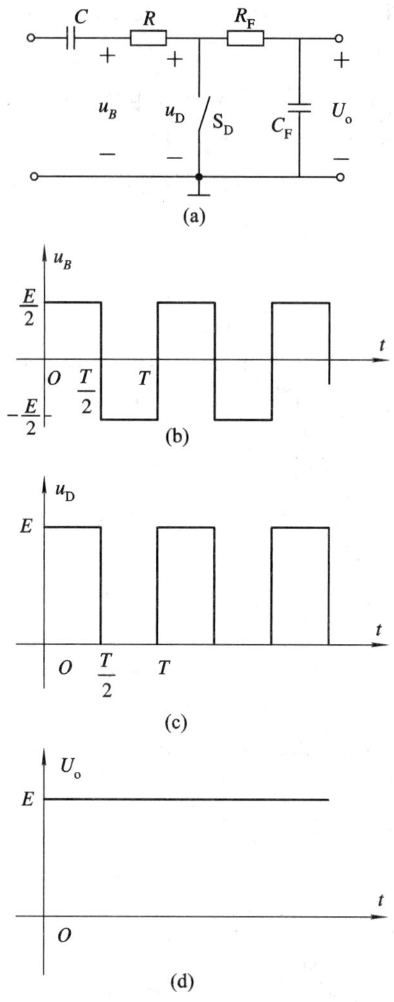

图 7.2-7　解调器的工作原理和各点波形

7.3　交流电压的表征和测量方法

7.3.1　交流电压的表征

交流电压除用具体的函数关系式表达其大小随时间的变化规律外，通常还可以用峰值、幅值、平均值、有效值等参数来表征。

1. 峰值

周期性交变电压 $u(t)$ 在一个周期内偏离零电平的最大值称为峰值，用 U_p 表示，正、负峰值不等时分别用 U_{p+} 和 U_{p-} 表示，如图 7.3-1(a)所示。$u(t)$ 在一个周期内偏离直流分量 U_0 的最大值称为幅值或振幅，用 U_m 表示，正、负幅值不等时分别用 U_{m+} 和 U_{m-} 表示，如图 7.3-1(b)所示，图中 $U_0=0$，且正、负幅值相等。

2. 平均值

$u(t)$ 的平均值 $\overline{U}$ 的数学定义为

$$\overline{U} = \frac{1}{T}\int_0^T u(t)\ \mathrm{d}t \tag{7.3-1}$$

按照这个定义，$\overline{U}$ 实质上就是周期性电压的直流分量 U_0，如图 7.3－1(a)中虚线所示。

在电子测量中，平均值通常指交流电压检波(也称整流)以后的平均值，又可分为半波整流平均值(简称半波平均值)和全波整流平均值(简称全波平均值)，如图 7.3－2 所示。其中，图(a)为未检波前的电压波形，图(b)、图(c)分别为半波整流和全波整流后的波形。全波平均值定义为

$$\overline{U} = \frac{1}{T}\int_0^T |\ u(t)\ |\ \mathrm{d}t \tag{7.3-2}$$

如不另加说明，本章所指平均值均为式(7.3－2)所定义的全波平均值。

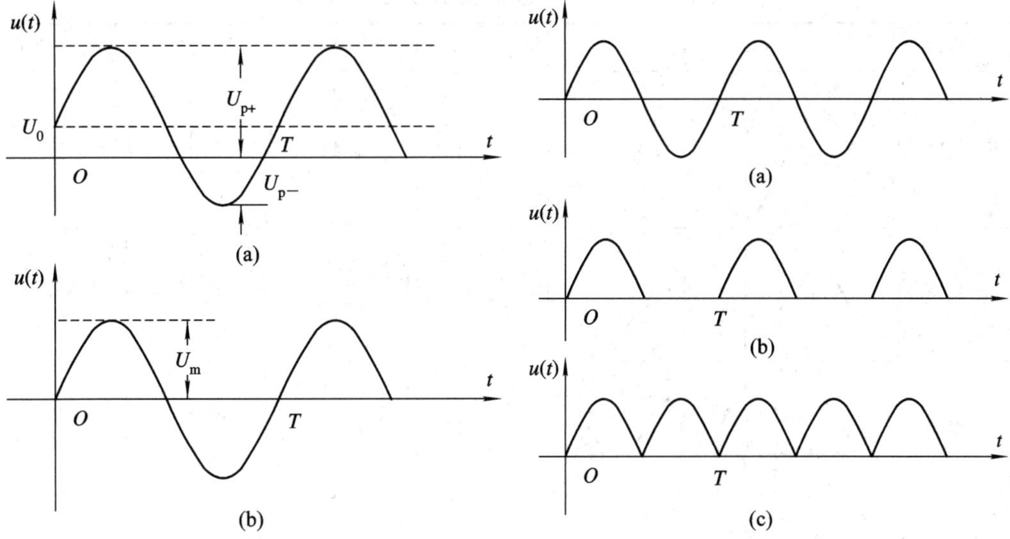

图 7.3－1　交流电压的峰值与幅值　　　　图 7.3－2　半波和全波整流

3. 有效值

在电工理论中曾定义：某一交流电压的有效值等于这样一个直流电压的数值 U，即当该交流电压和数值为 U 的直流电压分别施加于同一个电阻上时，在一个周期内两者消耗的电能相等，用数学式可表示为

$$U = \sqrt{\frac{1}{T}\int_0^T u^2(t)\ \mathrm{d}t} \tag{7.3-3}$$

式(7.3－3)实质上就是数学上的方均根定义，因此电压有效值有时也称作方均根(Root Mean Square)值，记为 U_{rms}。

4. 波形因数、波峰因数

交流电压的有效值、平均值和峰值间有一定的关系，可分别用波形因数(或称波形系数)及波峰因数(或称波峰系数)表示。

波形因数 K_F 定义为该电压的有效值与平均值之比，即

$$K_F = \frac{U}{\overline{U}} \tag{7.3-4}$$

波峰因数 K_p 定义为该电压的峰值与有效值之比，即

$$K_p = \frac{U_p}{U} \tag{7.3-5}$$

不同电压波形，其 K_F、K_p值不同。表 7.3-1 列出了几种常见交流电压的有关参数。

虽然电压量值可以用峰值、有效值和平均值表征，但基于功率的概念，国际、国内均以有效值作为交流电压的表征量，例如电压表，除特殊情况外，几乎都按正弦波的有效值来定度。当用正弦波的有效值定度的交流电压表测量电压时，如果被测电压是正弦波，那么由表 7.3-1 很容易从电压表读数即有效值得知它的峰值和平均值；如果被测电压是非正弦波，那么必须根据电压表读数和电压表所采用的检波方法进行必要的波形换算，才能得到有关参数，参见 7.4 节中的例 7.4-1。

表 7.3-1　不同波形交流电压的参数

名称	波　形　图	波形因数 K_F	波峰因数 K_p	有效值 U	平均值 $\overline{U}$
正弦波	A t	1.11	1.414	$\frac{A}{\sqrt{2}}$	$\frac{2A}{\pi}$
半波整流	A t	1.57	2	$\frac{A}{2}$	$\frac{A}{\pi}$
全波整流	A t	1.11	1.414	$\frac{A}{\sqrt{2}}$	$\frac{2A}{\pi}$
三角波	A t	1.15	1.73	$\frac{A}{\sqrt{3}}$	$\frac{A}{2}$
方波	A t	1	1	A	A
锯齿波	t	1.15	1.73	$\frac{A}{\sqrt{3}}$	$\frac{A}{\sqrt{2}}$
脉冲波	A t T t_k	$\sqrt{\frac{T}{t_k}}$	$\sqrt{\frac{T}{t_k}}$	$\sqrt{\frac{t_k}{T}}\cdot A$	$\frac{t_k}{T}\cdot A$
隔直脉冲波	t	$\sqrt{\frac{T-t_k}{t_k}}$	$\sqrt{\frac{T-t_k}{t_k}}$	$\sqrt{\frac{t_k}{T-t_k}}A$	$\frac{t_k}{T-t_k}A$
白噪声	A t	1.25	3	$\frac{1}{3}A$	$\frac{1}{3.75}A$

7.3.2　交流电压的测量方法

1. 交流电压测量的基本原理

测量交流电压的方法很多，依据的原理也不同。其中最主要的是利用交流/直流(AC/DC)转换电路将交流电压转换成直流电压，然后接到直流电压表上进行测量。根据AC/DC 转换器的类型，可分成检波法和热电转换法。根据检波特性的不同，检波法又可分成平均值检波、峰值检波、有效值检波等。

2. 模拟交流电压表的主要类型

1）检波-放大式

在直流放大器前面接上检波器，就构成了如图 7.3－3 所示的检波-放大式电压表。这种电压表的频率范围和输入阻抗主要取决于检波器。采用超高频检波二极管并在电表结构工艺上仔细设计，可使这种电压表的频率范围为从几十赫兹到几百兆赫兹，输入阻抗也较大。一般将这种电压表称为高频毫伏表(高频电压表)或超高频毫伏表(超高频电压表)。例如国产 DA36 型超高频毫伏表，其测量频率范围为 10 kHz～1000 MHz；电压范围为 1 mV～10 V(不加分压器)；当 100 kHz 时，量程为 3 V，输入阻抗＞100 kΩ//2 pF(其含义为 100 kΩ 电阻与 2 pF 电容并联在频率 100 kHz 时的阻抗)，当 50 MHz 时，量程为 3 V，输入阻抗＞50 kΩ//2 pF。

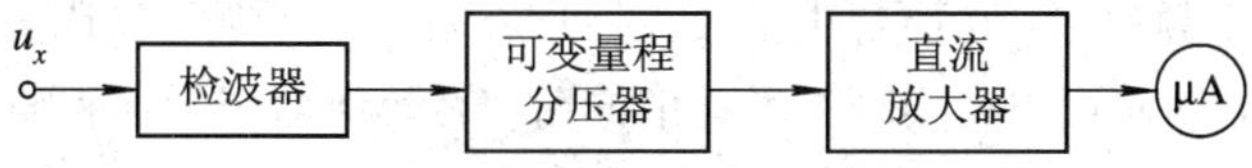

图 7.3－3　检波-放大式电压表框图

2）放大-检波式

当被测电压过低时，直接进行检波误差会显著增大。为了提高交流电压表的测量灵敏度，可先将被测电压进行放大，而后检波和推动直流电表显示，于是构成图 7.3－4 所示的放大-检波式电压表。这种电压表的频率范围主要取决于宽带交流放大器的带宽，灵敏度要受放大器内部噪声的限制。通常频率范围为 20 Hz～10 MHz，因此也称这种电压表为“视频毫伏表”，多用在低频、视频场合。例如 S401 视频毫伏表，其频率范围为 20 Hz～10 MHz；测量电压范围为 100 μV～1 V；输入阻抗为 $R_i \geqslant 1$ MΩ，$C_i \leqslant 20$ pF(含义是输入阻抗可等效为电阻 R_i 和电容 C_i 并联，$R_i \geqslant 1$ MΩ，$C_i \leqslant 20$ pF，参见图 7.1－1(b))。

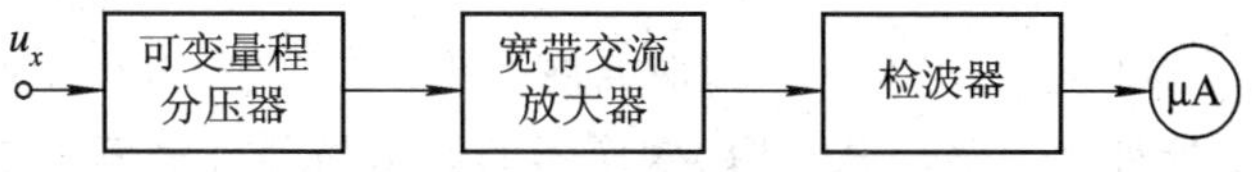

图 7.3－4　放大-检波式电压表框图

3）调制式

在前面分析直流电压表时即已说明，为了减小直流放大器的零点漂移对测量结果的影响，可采用调制式放大器替代一般的直流放大器，这就构成了图 7.3－5 所示的调制式电压表。实际上，这种方式仍属于检波-放大式。DA36 型超高频毫伏表就采用了这种方式，其中放大器是由固体斩波器和振荡器构成的调制式直流放大器。

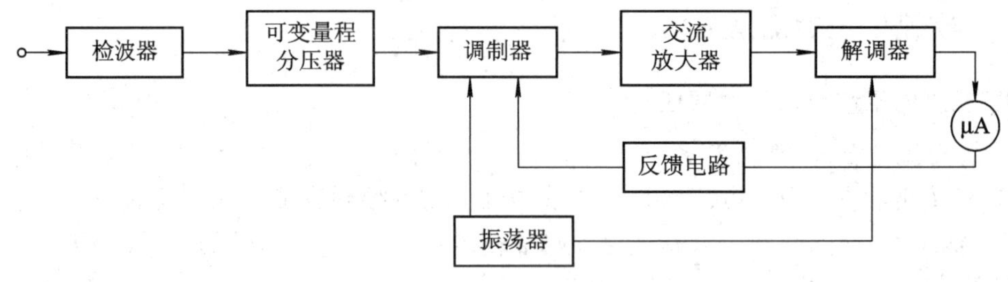

图 7.3-5　调制式电压表框图

4）外差式

检波二极管的非线性限制了检波-放大式电压表的灵敏度，因此虽然其频率范围较宽，但测量灵敏度一般仅达到 mV 级。对于放大-检波式电压表，由于受到放大器增益与带宽矛盾的限制，虽然灵敏度可以提高，但频率范围较窄，一般在 10 MHz 以下。同时用这两种方式测量电压时，都会由于干扰和噪声的影响而妨碍了灵敏度的提高。外差式电压测量法在相当大的程度上解决了上述矛盾。其原理框图如图 7.3-6 所示。输入电路中包括输入衰减器和高频放大器，衰减器用于大电压测量时对输入电压衰减，高频放大器用于小电压测量时放大输入电压，要求它带宽很宽，但不要求有很高的增益，被测电压的放大主要由后面的中频放大器完成。被测信号 u_x 经输入电路，与本振信号一起进入混频器转变成频率固定的中频信号，经中频放大器放大后进入检波器转变成直流电压来推动表头显示。由于中频放大器具有良好的频率选择性和固定的中频频率，从而解决了放大器增益带宽的矛盾，又因为中频放大器具有极窄的带通滤波特性，因而可以在实现高增益的同时，有效地削弱干扰和噪声(二者都具有很宽的带宽)的影响，使测量灵敏度提高到 μV 级，因此称为“高频微伏表”。典型的外差式电压表如 DW-1 型高频微伏表的最小量程为 15 μV，最大量程为 15 mV(加衰减器可扩展到 1.5 V)，频率范围从 100 kHz 到300 MHz，分 8 个频段，基本误差为±3%。

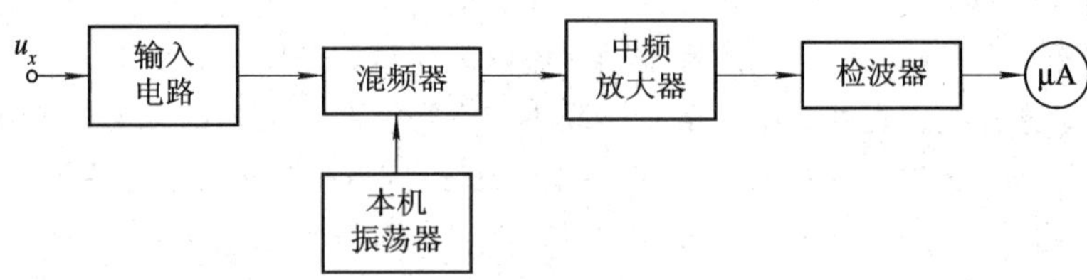

图 7.3-6　外差式电压表框图

5）热偶变换式

在对波形未知或波形复杂的电压(例如对噪声电压和失真度)进行测量时，都要求能测出电压的真正有效值。这种测量要求 AC/DC 变换器的输出与输入电压的有效值成正比。利用二极管链式检波器可以实现这种功能，但频率范围不宽，一般为几十赫兹到几百千赫兹。要实现这种功能，除二极管链式检波器以外，用得较多的是热偶元件，其基本工作原理如下所述。

热偶元件又称热电偶，是由两种不同材料的导体所构成的具有热电现象的元件，如图 7.3-7 所示。图(a)为由铁和康铜组成的热电偶，在 A、B 两个接触端面，由于两种金属表面电子逸出功不相等，因此交界面上形成电位差，该电位差大小与接触端面温度有关。当

A、B 端温度相等时，两电位差大小相等，彼此抵消。但若使 A 端(热端)温度高于 B 端(冷端)，则两端电位差不等。若像图(b)那样接入电流表，则由于热电动势的存在，将有电流流过电流表，该电流正比于热电动势，而热电动势又正比于 A、B 端温差。若像图(c)所示，将被测电压 u_x 经限流电阻 R 加到加热丝 FG 上，FG 的温度与 u_x 的有效值平方成正比，热偶元件热端 A 与加热丝耦合，温度相同。冷端 DE 分开后接入直流电流表，该电流大小与 U_x^2 成正比。

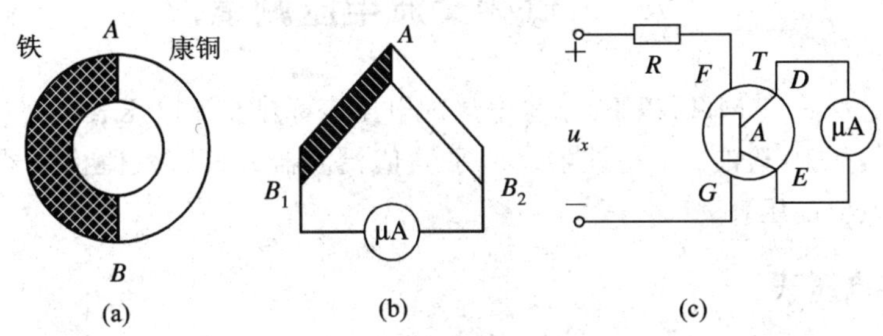

图 7.3-7 热电偶原理图

在实际热偶式电压表中，为了克服直流电流与被测电压有效值的非线性关系($I\propto kU_x^2$)，利用两个性能相同的热电偶构成热电偶桥，称为双热偶变换器，其原理如图7.3-8所示。图中，T_1、T_2 两个热电偶的特性一样。T_1 产生的热电动势 $E_x=k_1U_x^2$，T_2 称为平衡热电偶，T_2 产生的热电动势 $E_f=k_2U_0^2$，只要直流放大器的放大倍数足够大，那么输入端电压 $\Delta U=E_x-E_f\approx 0$，因而 $k_1U_x^2\approx k_2U_0^2$，又因为 T_1、T_2 特性一样，$k_1=k_2$，所以 $U_0\approx U_x$，即直流电压表读数 U_0 等于被测电压的有效值 U_x。这种方式的电压表频率范围很宽，频率高端为几十 MHz，输入端阻抗变换器和衰减器的作用可使输入阻抗提高到 10 MΩ 左右。国产 DA30、DA24 型有效值电压表就是利用这种原理制成的。其中，DA24 型的频率范围为 10 Hz～10 MHz，最小量程为 1 mV，最大量程为 300 V，满度误差为±1.5%。

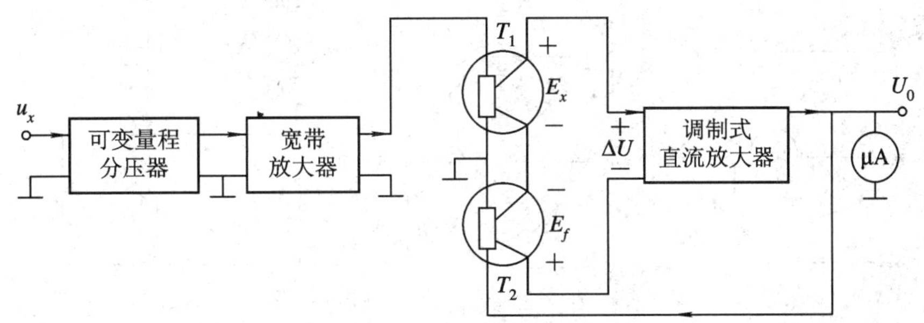

图 7.3-8 热电偶式电压表框图

6) 其他方式

交流电压表还有其他一些方式，例如锁相同步检波式、取样式、测热电桥式等。锁相同步检波式利用同步检波原理，滤除噪声，削弱干扰，它适用于被噪声、干扰淹没情况下电压信号的检测。取样式实质上是一种频率变换技术，利用取样信号中含有被取样信号的幅度信息(随机取样)或者含有被取样信号的幅度、相位信息(相关取样)，将高频被测电压信号变换成低频电压信号进行测量。取样电压表可以测量 1 mV～1 V、10 kHz～1000 MHz (1 GHz)的电压。利用相关采样技术制成的矢量电压表不仅可以测量两路电压的幅度，还能测量其相位差。测热电桥式是利用具有正的或负的温度系数的电阻(如半导体热敏电阻、镇流电阻、薄膜测热电阻等)构成精密电桥，通过对低频或直流电压的测量来代替高频电压的测量，这种方法通常用于精密电压测量。

7.4　低频交流电压测量

通常把测量低频(1 MHz 以下)信号电压的电压表称作交流电压表或交流毫伏表。这类电压表一般采用放大-检波式，检波器多为平均值检波器或者有效值检波器，分别构成均值电压表和有效值电压表。

7.4.1　均值电压表

1. 平均值检波器的原理

平均值检波器的基本电路如图 7.4－1(a)所示，4 只性能相同的二极管构成桥式全波整流电路，图(c)是其等效电路，整流后的波形为$|u_x|$，整流器可等效为 R_s 串联一电压源$|u_x|$，R_m 为电流表内阻，C 为滤波电容，滤除交流成分。将$|u_x|$用傅里叶级数展开，其直流分量为

$$U_0 = \frac{1}{T}\int_0^T |u_x| \mathrm{d}t = \overline{U} \tag{7.4-1}$$

恰为其整流平均值，加在表头上，流过表头的电流 I_0 正比于 $\overline{U}$，即正比于全波整流平均值。$|u_x|$傅里叶展开式中的基波和各高次谐波均被并接在表头上的电容 C 旁路而不流过表头，因此，流过表头的仅是和平均值成正比的直流电流 I_0。为了改善整流二极管的非线性，实际电压表中也常使用图(b)所示的半桥式整流器。

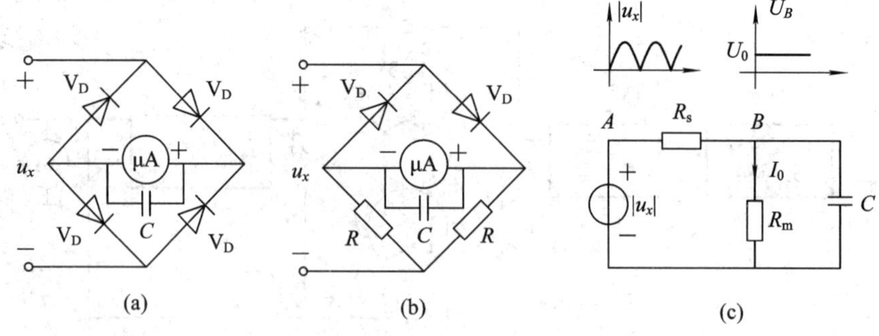

图 7.4－1　平均值检波器

2. 检波灵敏度

表征均值检波器工作特性的一个重要参数是检波灵敏度 S_d，定义为

$$S_d = \frac{\overline{I}}{U_p} = \frac{I_0}{U_p} \tag{7.4-2}$$

对于图 7.4－1(a)所示的全波桥式整流器，可导出：

$$S_d = \frac{\dfrac{\overline{U}}{2R_d + R_m}}{U_p} \tag{7.4-3}$$

若 $u_x(t)=U_m \sin\omega t$，则根据表 7.3-1 有

$$\overline{U} = \frac{2U_p}{\pi} \tag{7.4-4}$$

所以

$$S_d = \frac{2}{\pi} \cdot \frac{1}{2R_d + R_m} \tag{7.4-5}$$

如果 $R_d=500\ \Omega$，$R_m=1\ \text{k}\Omega$，则由式(7.4-5)得 $S_d=1/3140$。要提高测量灵敏度，应减小 R_d 和 R_m。

由于二极管是非线性器件，当电压较低时，R_d 急剧增大至几 kΩ 到几十 kΩ，S_d 急剧下降，因此不宜用这种检波器直接测量 0.5 V 以下的电压。

3. 输入阻抗

可以证明，对于图 7.4-1(a)所示的均值整流器，其输入阻抗

$$R_i = 2R_d + \frac{8}{\pi^2}R_m \tag{7.4-6}$$

仍设 $R_d=500\ \Omega$，$R_m=1\ \text{k}\Omega$(这是常规的数值)，则 R_i 约为 1.8 kΩ，可见均值检波器输入阻抗很低。

4. 均值电压表

由于均值检波器的检波灵敏度具有非线性特性且输入阻抗过低，因此以均值检波器为 AC/DC 变换器的均值电压表一般都设计成放大-检波器，如图 7.3-4 所示。放大器的主要作用是放大被测电压，提高测量灵敏度，使检波器工作在线性区域，同时它的高输入阻抗可以大大减小负载效应。

图 7.4-2 为 JB-1B 型交流电压表的部分电路，它在放大器后接了一个全波桥式整流器(由 $V_{D1}\sim V_{D4}$ 4 只二极管组成的均值检波器)，可以在 2 Hz～500 kHz 的频率范围内测量 50 μV～300 V 的电压(最小量程 1 mV)。图 7.4-2 中，R_1、C_2 组成滤波器；R_2、V_{D5} 为线性补偿电路，当信号电压较低时，由于 S_d 具有非线性，因此表头电流偏小，此时 R_2、V_{D5} 的分流作用也减小，使表头电流有所增加，起到线性补偿作用。当信号频率过低(2～10 Hz)时，阻尼开关 S 闭合，以避免表针摆动。

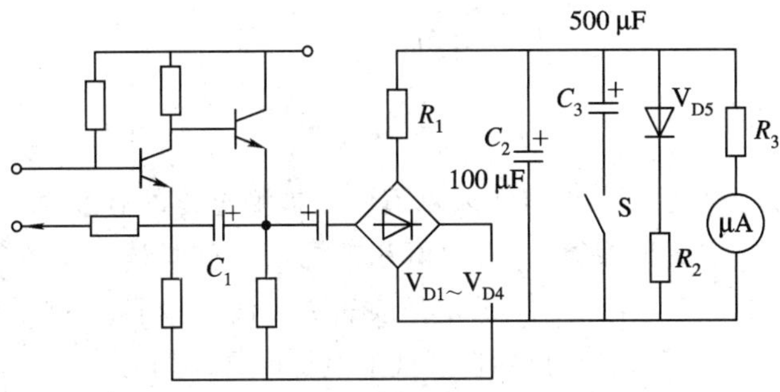

图 7.4-2 JB-1B 型电压表的原理图

图 7.4－3 为 DA－16 型均值电压表的结构原理图。DA－16 型电压表是一种典型的均值电压表，其主要技术指标包括：频率范围为 20 Hz～1 MHz；电压范围为 100 μV～300 V（－72～＋52 dB）；输入阻抗为 1 mV～0.3 V 时优于 1 MΩ∥70 pF，1～300 V 时优于 1.5 MΩ∥50 pF；工作误差为±7%～±10%。SX2172 交流毫伏表和 SX2173 交流微伏表的结构与 DA－16 大体相同，但性能有所扩展，指标有所提高。图 7.4－3 中的前置级用场效应管构成，获得低噪声电平和高输入阻抗。步进分压器用于选择量程。放大电路 A 与由 V_5、V_6 组成的串联电压负反馈电路构成宽带放大器。半桥式平均值检波器由 V_{D1}、V_{D2} 和 R_1、R_2 构成。微安表等构成指示电路。电位器 R_{P1} 用于整定满量程，R_{P2} 用于实现零点调整。

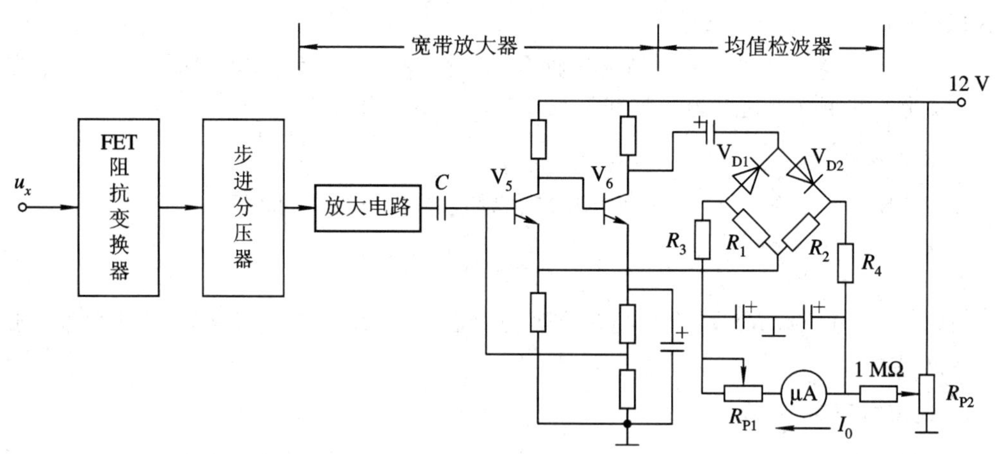

图 7.4－3 DA－16 型均值电压表的结构原理

7.4.2 波形换算

前已叙述，电压表度盘是以正弦波的有效值定度的，而均值检波器的输出(即流过电流表的电流)与被测信号电压的平均值为线性关系，为此有

$$U_a = K_a \cdot \overline{U} \tag{7.4-7}$$

式中，U_a 为电压表示值；$\overline{U}$ 为被测电压平均值；K_a 称为定度系数。由于交流电压表是以正弦波有效值定度的，因此对于全波检波(整流)电路构成的均值电压表，定度系数 K_a 就等于正弦信号的波形因数，即

$$K_a = \frac{U_a}{\overline{U}} = \frac{\frac{\sqrt{2}}{2}U_m}{\frac{2}{\pi}U_m} = \frac{\pi}{2\sqrt{2}} \approx 1.11 \tag{7.4-8}$$

如果被测信号为正弦波形，则电压表示值就是被测电压的有效值。如果被测信号是非正弦波形，那么需进行“波形换算”，由示值和被测信号的具体波形推算出被测信号的数值。具体方法是：由式(7.4－7)可知，若电压表表头示值 U_a 相等，则平均值 $\overline{U}$ 也相等。因此可以由式(7.4－7)、式(7.4－8)得到任意波形电压的平均值：

$$\overline{U} = \frac{1}{1.11}U_a \approx 0.9U_a \tag{7.4-9}$$

再由波形系数 K_F 定义：

$$K_F=\frac{\text{有效值}U}{\text{平均值}\overline{U}} \tag{7.4-10}$$

得到任意波形电压的有效值为

$$U=0.9K_F\cdot U_a \tag{7.4-11}$$

【例 7.4-1】 用全波整流均值电压表分别测量正弦波、三角波和方波，若电压表示值均为 10 V，那么被测电压的有效值各为多少？

解：对于正弦波，由于电压表本来就是按其有效值定度的，即电压表的示值就是正弦波的有效值，因此正弦波的有效值为

$$U=U_a=10\ \text{V}$$

对于三角波，查表 7.3-1，其波形系数 $K_F=1.15$，所以有效值为

$$U=0.9K_FU_a=0.9\times1.15\times10=10.35\ \text{V}$$

对于方波，查表 7.3-1，其波形系数 $K_F=1$，所以有效值为

$$U=0.9K_FU_a=0.9\times1\times10=9\ \text{V}$$

显然，如果被测电压不是正弦波形，则直接将电压表示值作为被测电压的有效值，这必将带来较大的误差，通常称作“波形误差”。由式(7.4-11)可以得到波形误差的计算公式为

$$\gamma_V=\frac{\Delta U}{U_a}\times100\%=\frac{U_a-0.9K_FU_a}{U_a}\times100\%$$

$$=(1-0.9K_F)\times100\% \tag{7.4-12}$$

仍以例 7.4-1 中的三角波和方波为例，如果直接将电压表示值 $U_a=10$ V 作为其有效值，则可以得到波形误差分别如下：

三角波：

$$\gamma_V=(1-0.9K_F)\times100\%=(1-0.9\times1.15)\times100\%=-3.5\%$$

方波：

$$\gamma_V=(1-0.9K_F)\times100\%=(1-0.9)\times100\%=10\%$$

7.4.3 均值检波器误差

均值电压表的误差包括下列因素：直流微安表本身的误差，检波二极管老化、变质、不对称带来的误差，超过频率范围时二极管分布参数带来的误差(频响误差)以及波形误差。

图 7.4-4 是均值检波器高频等效电路，在 A 点电位高于 B 点电位的正半周内，V_{D1}、V_{D4} 二极管导通，导通电阻为 R_d，此时 V_{D2}、V_{D3} 的结电容 C_d 呈现的容抗虽仍比正向导通电阻大许多，但频率增大时，其容抗可小于二极管反向电阻，因此 V_{D3}、V_{D2} 不再是截止状态，即二极管失去单向导电性而带来高频频响误差。

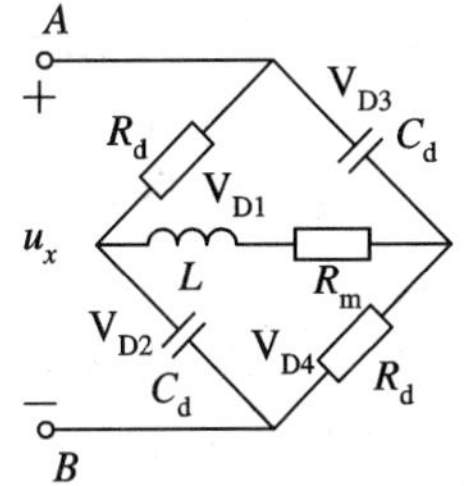

图 7.4-4 均值检波器高频等效电路

如果被测电压是非纯正的正弦波而又不能进行波形换算(比如波形变化规律复杂，难以确定 K_F 值)，那么在上述各项

误差中，波形误差是主要的，其次是频率响应误差。例如 SX2172 交流毫伏表，其固有误差 <±2%(以 1 kHz 为基准)，频率响应误差(以 1 kHz 为基准)为：20 Hz～100 kHz，±2%；10 Hz～500 kHz，±5%；5 Hz～2 MHz，±10%。

7.4.4　有效值检波器

7.3 节已介绍了电压有效值的定义：

$$U = U_{\rm rms} = \sqrt{\frac{1}{T}\int_0^T u^2(t)\ \mathrm{d}t} \tag{7.4-13}$$

由式(7.4-13)可见，为了获得有效值(方均根)，必须使 AC/DC 变换器具有平方律关系的伏安特性。这类变换器有二极管平方律检波式、分段逼近检波式、热电变换式和模拟计算式等四种。其中，热电变换式已在 7.3 节进行了分析。

1. 二极管平方律检波式

半导体二极管在其正向特性的起始部分具有近似的平方律关系，如图 7.4-5 所示。图中，E_0 为偏置电压，当信号电压 u_x 较小时，有

$$i = k[E_0 + u_x(t)]^2 \tag{7.4-14}$$

式中，k 是与二极管特性有关的系数(称为检波系数)。由于电容 C 具有积分(滤波)作用，因此流过微安表的电流正比于 i 的平均值 $\overline{I}$，即

$$\begin{aligned}\overline{I} &= \frac{1}{T}\int_0^T i(t)\ \mathrm{d}t \\ &= kE_0^2 + 2kE_0\left[\frac{1}{T}\int_0^T u_x(t)\ \mathrm{d}t\right] + k\left[\frac{1}{T}\int_0^T u_x^2(t)\ \mathrm{d}t\right] \\ &= kE_0^2 + 2kE_0\overline{U}_x + kU_{x\rm rms}^2\end{aligned} \tag{7.4-15}$$

式中，kE_0^2 是静态工作点电流，可以设法将其抵消(见参考文献[3]的 7.4 节)；$\overline{U}_x$ 为 $u_x(t)$ 的平均值，对于正弦波，等周期对称电压 $\overline{U}_x=0$；$U_{x\rm rms}$ 为 $u_x(t)$ 的有效值 U。这样流经微安表的电流为

$$\overline{I} = kU^2 \tag{7.4-16}$$

从而实现了有效值的转换。

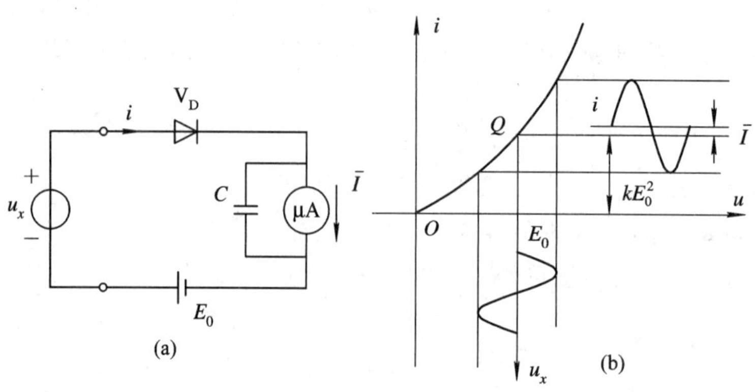

图 7.4-5　二极管的平方律特性

这种转换器的优点是结构简单，灵敏度高；缺点是满足平方律特性的区域(即有效值检波的动态范围)过窄，特性不易控制且不稳定，所以逐渐被晶体二极管链式网络组成的分段逼近式有效值检波器所替代。

2. 分段逼近检波式

图 7.4－6 画出了分段逼近式有效值检波电路(见图(b))及其平方律伏安特性(见图(a))。其工作原理如下所述。

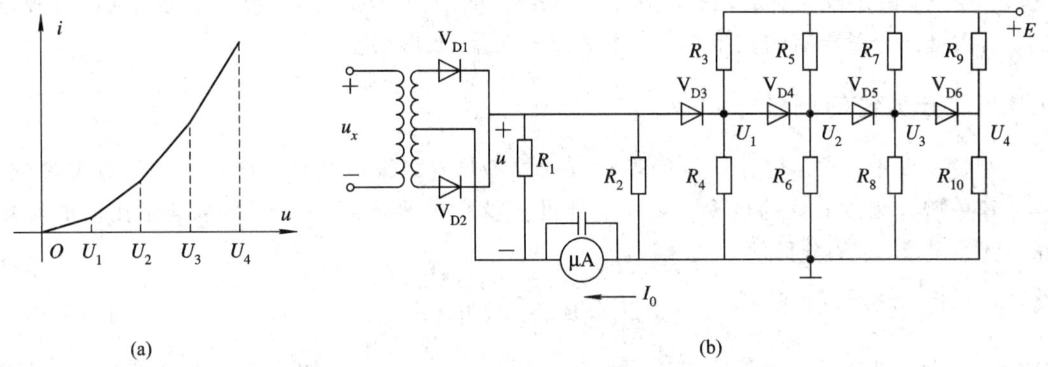

图 7.4－6 平方律伏安特性和二极管链式电路

由二极管 V_{D3}～V_{D6} 和电阻 R_3～R_{10} 构成的链式网络相当于与 R_2 并联的可变负载。接在宽带变压器次级的二极管 V_{D1}、V_{D2} 对被测电压进行全波检波。适当调节检波器负载(由链式网络实现)，可使其伏安特性成平方律关系，而使流过微安表的电流正比于被测电压有效值的平方。

二极管链式电路的工作原理是：适当选择直流电源 E 和分压电阻 R_3～R_{10} 的值，使 $U_1<U_2<U_3<U_4$。当 $u<U_1$ 时，V_{D3}～V_{D6} 截止，伏安特性起始部分是直线，斜率由 R_2 决定。当 $U_1<u<U_2$ 时，V_{D3} 导通，V_{D4}～V_{D6} 仍然截止，此时 R_2 与分压电阻 R_3、R_4 并联，伏安特性斜率增大。当 u 继续增大时，V_{D4}、V_{D5}、V_{D6} 依次导通，伏安特性斜率也依次增大。只要各分压电阻选择得合适，就可获得如图 7.4－6(a)所示的近似的平方律关系的伏安特性。

由于平方律特性检波器电流与被测电压有效值的平方成正比，因此直接接微安表时，刻度是非线性的。

国产 DY－2 型有效值电压表就利用了上述分段逼近式检波原理，其电压量程为 10 mV～300 V，频率范围为 10 Hz～150 kHz(上限主要受二极管链式网络寄生电容和寄生电感限制，下限主要受变压器特性限制)，输入阻抗为 1 MΩ∥40 pF(其含义为 1 MΩ 电阻与 40 pF 电容并联在角频率 ω 时的阻抗)，基本误差为±3%。

3. 模拟计算式

由于电子技术的发展，利用集成乘法器、积分器、开方器等实现电压有效值测量是有效值测量的一种新形式，其原理如图 7.4－7 所示。其第一级(M)是由乘法器构成的平方器，输出正比于 $u_x^2(t)$，第二级为积分器，输出正比于 $\int_0^T u_x^2(t)\,dt$，第三级实现开方运算 $\sqrt{\frac{1}{T}\int_0^T u_x^2(t)\,dt}$，末级为放大器，输出正比于有效值(均方根值)。显然，这种模拟计算式电压表的刻度是线性的。

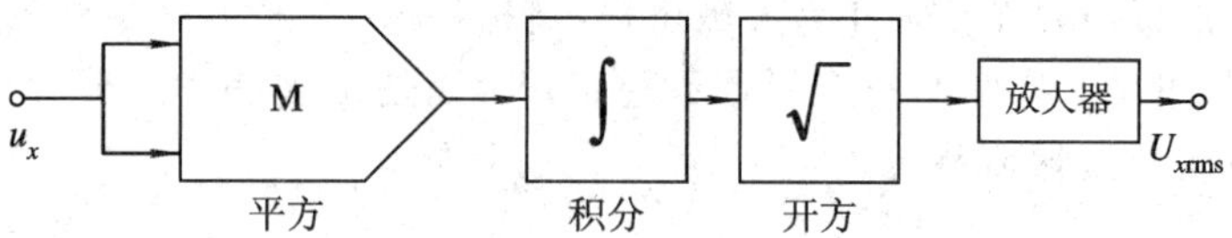

图 7.4-7 模拟计算式有效值电压表原理

有效值电压表的突出优点是：输出示值就是被测电压的有效值，而与被测电压的波形无关。当然，由于放大器的动态范围和工作带宽的限制，对于某些被测信号，例如尖峰过高、高次谐波分量丰富的波形，会产生一定的误差(波形误差)。

7.4.5 分贝值的测量

测量实践中，常常用分贝值来表示放大器的增益、噪声电平、音响设备等有关参数。第 1 章中曾介绍过分贝的概念，实际上分贝值就是被测量对某一同类基准量比值的对数值。例如电压 U_x 的分贝值 U_x(dB)为

$$U_x(\text{dB}) = 20\ \lg \frac{U_x}{U_s} \tag{7.4-17}$$

式中，U_s 为基准电压。一般规定以 $Z_s=600\ \Omega$ 上产生 $P_s=1$ mW 的功率为基准，相应基准电压为

$$U_s = \sqrt{P_s \cdot Z_s} = \sqrt{1\times 10^{-3}\times 600} \approx 0.775\ \text{V}$$

由式(7.4-17)可见，分贝值的测量实际上仍是电压测量，仅是将原电压示值取对数后在表盘上以分贝定度而已。显然，当 $U_x>U_s$ 时，分贝值为正；当 $U_x<U_s$ 时，分贝值为负；当 $U_x=U_s$ 时，分贝值为零。

图 7.4-8 为 MF-20 电子式多用表表盘上的刻度及电压值与其分贝值的对照表。在 1.5 V 量程刻度线上的 0.775 处定为 0 dB，$U_x>0.775$ V 时，为正分贝值，$U_x<0.775$ V 时，为负分贝值。该仪表分贝刻度为−30～+5 dB，相应电压值要根据所使用的量程进行换算。

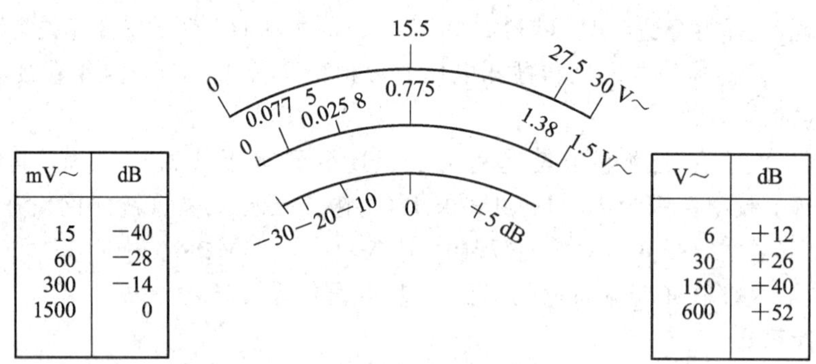

mV～	dB
15	−40
60	−28
300	−14
1500	0

V～	dB
6	+12
30	+26
150	+40
600	+52

图 7.4-8 分贝刻度的读法

【例 7.4-2】 用 1.5 V 量程测电压，$U_x=1.38$ V，问对应的分贝值。

解：

$$U_x(\text{dB}) = 20\ \lg \frac{1.38}{0.775} = +5\ \text{dB}$$

即此时该表指针指向+5 dB 处。

【例 7.4-3】 用 MF-20 的 30 V 电压量程测得电压 $U_x=27.5$ V，其分贝值为多少？

解：
$$U_x(\mathrm{dB}) = 20\lg\frac{27.5}{0.775} = 31\ \mathrm{dB}$$
但此时 MF－20 表针指出的分贝值为＋5 dB，显然这不是 U_x 的分贝值。原因在于：MF－20 多用表的电压基本量程是 0～1.5 V，表盘上的分贝值与该量程上电压值相对应。当使用 30 V量程时，在该表的可变量程分压器的分压比为 30/1.5＝20，因此加在后面电压表表头上的电压是衰减 20 倍的被测电压，或者说实际被测电压应是加在表头上电压的 20 倍。设表头上电压为 U_x'，则实际被测电压为 $U_x=20U_x'$，写成分贝形式为
$$U_x(\mathrm{dB}) = 20\lg(20U_x') = 20\lg 20 + 20\lg U_x' = 26\ \mathrm{dB} + 20\lg U_x' \tag{7.4-18}$$
例 7.4－3 中表针指出的＋5 dB 即式中 $20\lg U_x'$ 的值，因此 U_x 的实际分贝值为 26 dB＋5 dB＝31 dB。同样，可以计算出不同量程下被测电压的分贝值。图 7.4－8 中两侧的对照表就是为这种计算而列出的。例如若使用 150 V 电压挡，则被测电压的分贝值应是表盘上分贝值加上＋40 dB，若使用 60 mV 电压挡，则被测电压的分贝值应是表盘上指针对应的分贝值加上(－28) dB，依此类推。

【例 7.4－4】 用 MF－20 的 300 mV 挡测电压，表针指在－10 dB 处，被测电压的分贝值为多少？

解：由图 7.4－8 左侧表格知，使用 300 mV 挡时，被测电压的分贝值应是表盘上指针指出的分贝值减去 14 dB，所以被测电压
$$U_x(\mathrm{dB}) = -10 - 14 = -24\ \mathrm{dB}$$
由此可见，对 MF－20，仅当使用 1.5 V 挡时，才能直接读取分贝值，使用其他电压挡时，都应进行相应的换算。

7.5　高频交流电压测量

由于放大器频率特性的限制，通常测量高频信号的电压表不采用放大-检波式，而采用图 7.3－3 所示的检波-放大式。采用这种结构，放大器放大的是检波后的直流信号，其频率特性不会影响整个电压表的频率响应。此时测量电压的频率范围主要取决于检波器的频率响应。现在的高频电压表都把用特殊性能的高频检波二极管(如 2AP31B 等)构成的检波器放置在屏蔽良好的探头(探极)内，用探头的探针直接接触被测点，这样可以大大减小高频信号在传输过程中的损失并减小各种分布参数的影响。这种电压表的频率上限可达 1000 MHz，即 1 GHz。例如 DA36 型和 AS2271 型超高频毫伏表，其测量电压的频率范围都是 10 kHz～1 GHz。像 AS2271 型高频毫伏表，其探头内装有两组严格对称的二极管检波器，一组直接对高频信号检波，另一组对其实行电压反馈，以克服二极管固有的小信号区域的非线性特性，从而提高了检测灵敏度，AS2271 电压表的电压测量范围为 300 μV～3 V。在这类检波-放大式高频毫伏表中，检波器多采用峰值式。

7.5.1　峰值检波器

1. 串联式峰值检波器

图 7.5－1 是串联式峰值检波器的原理图及检波波形。元件参数满足：
$$\begin{cases} RC \gg T_{\max} \\ R_{\mathrm{d}}C \ll T_{\min} \end{cases} \tag{7.5-1}$$

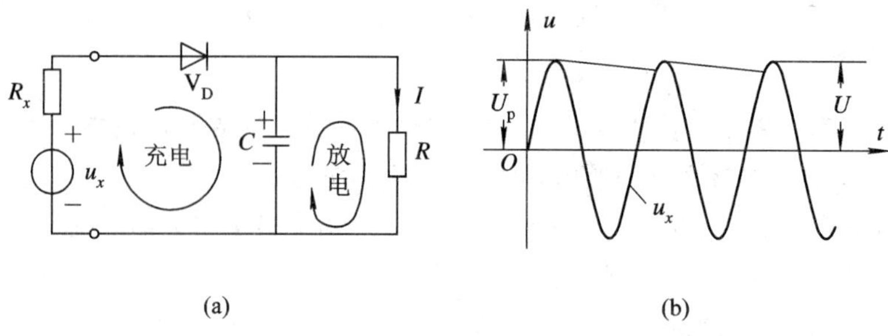

图 7.5-1　串联式峰值检波器的原理图及检波波形

式中，T_{max}、T_{min}分别表示被测信号的最大周期和最小周期，R_d 包括二极管正向导通电阻 R_D 及被测电路的等效信号源内阻 R_x。在被测电压 u_x 的正半周，二极管 V_D 导通，电压源通过它对电容 C 充电，由于充电时常数 R_dC 非常小，因此电容 C 上的电压迅速达到 u_x 峰值 U_p。在 u_x 负半周，二极管 V_D 截止，电容 C 通过电阻 R 放电，由于放电时常数 RC 很大，因此电容上电压跌落很小，从而使得其平均值 $\overline{U}_C$ 或 $\overline{U}_R$ 始终接近 u_x 的峰值，即 $\overline{U}_C=\overline{U}_R\approx U_p$，如图 7.5-1(b)所示。实际上检波器输出电压平均值 $\overline{U}_C$ 略小于 U_p，即 k_d 表示峰值检波器的检波系数，有

$$\overline{U}_C=\overline{U}_R=k_dU_p \tag{7.5-2}$$

显然，k_d 略小于 1。

在图 7.5-1(a)中若把二极管 V_D 反接，则可以测得 u_x 的负峰值。

2. 双峰值检波器

将两个串联式检波电路结合在一起，就构成了图 7.5-2 所示的双峰值检波电路。由上面的分析不难判断，C_1 或 R_1 上的平均电压近似于 u_x 的正峰值 U_{p+}，C_2 或 R_2 上的平均电压近似于 u_x 的负峰值 U_{p-}，检波器输出电压 $\overline{U}_0\approx U_{p+}+U_{p-}$，即输出电压近似等于被测电压的峰-峰值。HFJ-8 型超高频毫伏表的高频探头内就装了一个双峰值检波器，如图 7.5-3 所示。检波器输出端接的是调制式高增益的直流放大器，可以有效地抑制零点漂移和提高测量灵敏度。

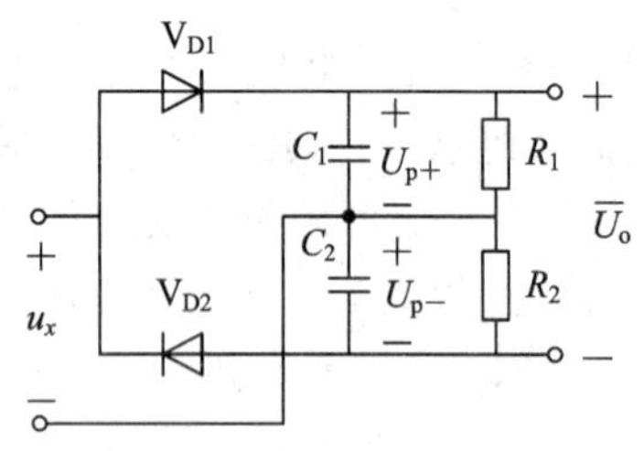

图 7.5-2　双峰值检波电路

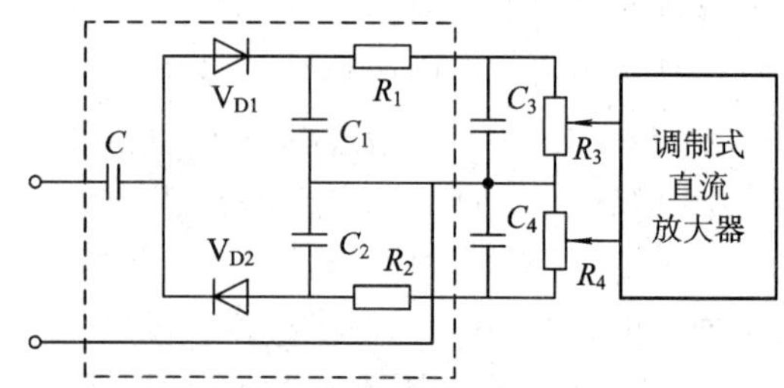

图 7.5-3　HFJ-8 型超高频毫伏表检波电路

3. 并联式检波器

图 7.5-4(a)、(b)分别画出了并联式峰值检波电路和电路达稳态时的检波波形，元件参数仍然满足式(7.5-1)的条件。在 u_x 正半周，u_x 通过二极管 V_D 迅速给电容 C 充电，在 u_x 负半周，电容上电压经过电压源及 R 缓慢放电，电容 C 上平均电压接近 u_x 峰值，因此

电阻 R 上的电压如图(b)中 u_R 所示，滤除高频分量，其平均值 $\overline{U}_R$ 等于电容上的平均电压，近似等于 u_x 峰值，即 $|\overline{U}_R|=|\overline{U}_C|\approx U_p$。

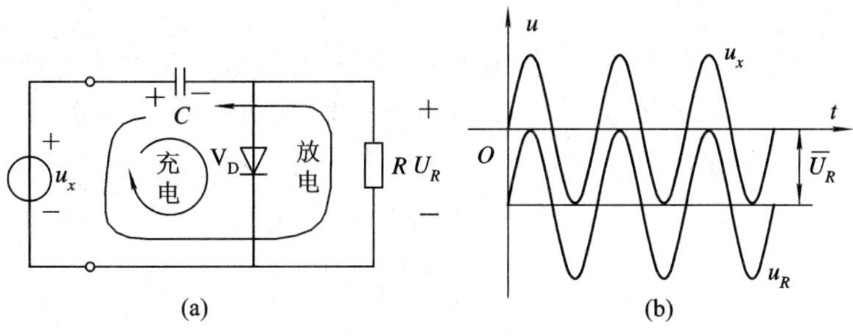

图 7.5-4　并联式峰值检波电路及波形

4. 倍压式峰值检波器

为了提高检波器输出的电压，实际电压表中还采用图 7.5-5(a)所示的倍压式峰值检波器。在 u_x 负半周，电压源经过 V_{D1} 向 C_1 充电，u_{C1} 迅速达到 u_x 峰值。u_x 正半周，u_{C1} 和 u_x 串联后经过 V_{D2} 向 C_2 充电，C_2 上的电压 u_{C2} 迅速达到 $u_{C1}+u_x$ 的峰值，由于 $RC_2\gg T_{max}$，因此放电非常缓慢，R 上电压下降不大，近似等于 u_x 峰值的两倍，即 $\overline{U}_R\approx 2U_p$，如图(b)所示。

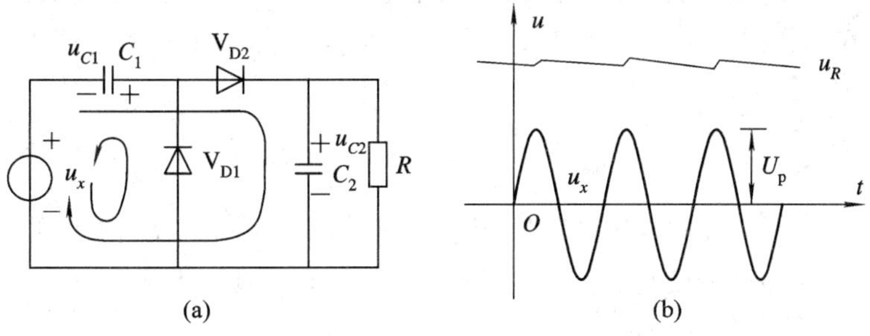

图 7.5-5　倍压式峰值检波电路及波形

DA22 型和 DA36 型等超高频毫伏表的高频探测器(高频探头)内安装的就是倍压式峰值检波器。图 7.5-6 中，R_3、C_3 组成低通滤波器，滤除 C_2 上的电压波纹。DA22 型高频毫伏表的频率范围为 5 kHz～300 MHz，测量电压范围为 200 μV～3 V。

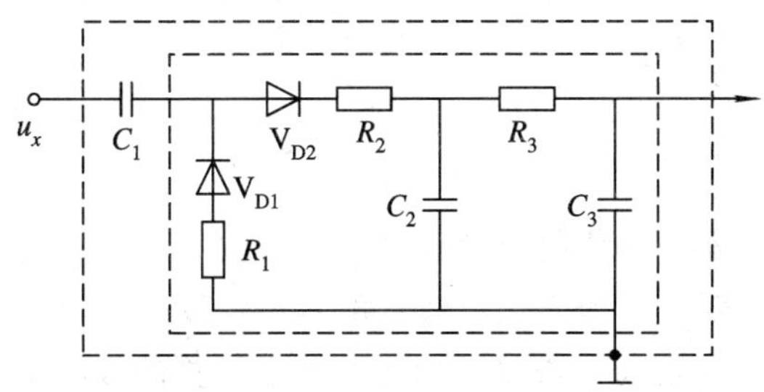

图 7.5-6　DA36 型检波探测器

7.5.2　误差分析

1. 理论误差

由前面的分析可知，峰值检波器输出电压的平均值略小于被测电压的峰值，即式(7.5-2)中的检波系数 k_d 略小于1，实际数值与充电、放电时常数有关。对于正弦波，由数学分析可得到理论误差为

$$\Delta U = \overline{U}_R - U_p$$

$$\gamma \approx -2.2\left(\frac{R_d}{R}\right)^{2/3} \tag{7.5-3}$$

2. 频率误差

在低频情况下，由于 T_{max} 加大，因此放电时间变长，$\overline{U}_C$ 下降增多，因而造成低频误差，理论分析得知低频误差为

$$\gamma = -\frac{1}{2fRC} \tag{7.5-4}$$

虽然峰值检波式电压表比较适用于高频测量，但高频时分布参数的影响加大也会带来高频误差。

模拟电压表中的"频率特性误差"(又称频率影响误差)δ_{fx} 反映了电压表的频率误差，它定义为电压表在工作频率范围内各频率点的电压测量值相对于基准频率的电压测量值的误差：

$$\delta_{fx} = \frac{U_{fx} - U_{f0}}{U_{f0}} \times 100\% \tag{7.5-5}$$

式中，U_{f0} 为基准频率上被测电压的示值；U_{fx} 为其他测试频率上被测电压的示值。

例如，AS2271 超高频毫伏表的频率特性误差(以 100 kHz 为基准)：

100 kHz～50 MHz，≤3%；

10 kHz～600 MHz，≤10%；

600～1000 MHz，≤15%。

作为比较，放大-检波程式的 DA30 有效值电压表的频率特性误差为：

10～50 Hz，±5%；

50 Hz～2 MHz，±3%；

2～3 MHz，±5%；

3～10 MHz，±7%。

3. 波形误差

和其他程式电压表一样，峰值电压表也是按正弦波有效值来定度的。对于正弦波，电压表示值即为其有效值；对于其他非正弦波，可利用表 7.3-1 给出的波峰系数进行换算才能得到有效值；对于那些不能通过波峰系数进行波形换算的被测信号，只好将电压表示值作为其近似的有效值，这样就带来了较大的波形误差。此外，根据式(7.5-2)，峰值检波器的输出与检波系数 k_d 有关，不同波形的信号和正弦波相比，k_d 是有差异的，这也带来了波形误差。

【例 7.5-1】 图 7.5-7 是用峰值检波器测量脉冲电压的示意图，求测量误差。

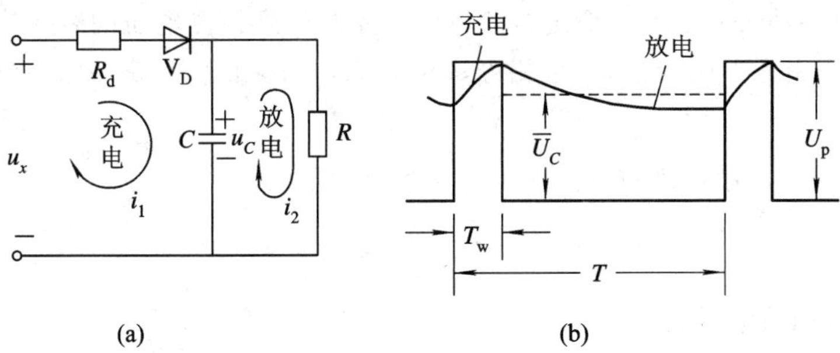

图 7.5-7　峰值检波器的测量误差

解：图 7.5-7(a)中 R_d 包括二极管正向导通电阻和电压源等效内阻，R 为检波器等效负载，电容器 C 在二极管导通的区间充电，充电电荷量为

$$Q_1 = \int_0^{T_w} i_1 \, dt \approx \frac{U_p - \overline{U}_C}{R_d} \cdot T_w$$

电容器 C 在脉冲休止(V_D 截止)区间通过等效负载 R 放电，放电电荷量为

$$Q_2 = \int_{T_w}^{T} i_2 \, dt \approx \frac{\overline{U}_C}{R}(T - T_w)$$

在电路动态平衡后，$Q_1 = Q_2$，并考虑 $R \gg R_d$，所以由上面两式可解得

$$U_p = \frac{(T \cdot R_d + T_w \cdot R)\overline{U}_C}{R \cdot T_w} \tag{7.5-6}$$

由式(7.5-6)求得测量误差(示值相对误差)为

$$\gamma_T = \frac{\Delta U}{\overline{U}_C} = \frac{\overline{U}_C - U_p}{\overline{U}_C} = 1 - \frac{U_p}{\overline{U}_C} \tag{7.5-7}$$

将式(7.5-6)代入式(7.5-7)，得

$$\gamma_T = -\frac{R_d}{R} \cdot \frac{T}{T_w} \tag{7.5-8}$$

由式(7.5-8)不难看出，测量误差不仅与检波器参数有关，还与波形有关。

作为数字例子，设例中 $R_d = 1500\ \Omega$，$R = 20\ \text{M}\Omega$，$T_w = 10\ \mu\text{s}$，$T = 10\ \text{ms}$(占空系数为 1/1000)，可得到测量误差为

$$\gamma_T = -\frac{1500}{20 \times 10^6} \times \frac{10 \times 10^{-3}}{10 \times 10^{-6}} \times 100\% = -7.5\%$$

7.5.3　波形换算

1. 定度

电压表示值 U_a 与峰值检波器输出 U_p 满足：

$$U_a = k_a U_p \tag{7.5-9}$$

式中，k_a 称为定度系数。由于电压表以正弦波有效值定度，因此

$$k_a = \frac{U_a}{U_p} = \frac{U_{rms}}{U_m} = \frac{1}{\sqrt{2}} \tag{7.5-10}$$

2. 波形换算

当被测电压为非正弦波时，应进行波形换算才能得到被测电压的有效值。波形换算的原理是：示值 U_a 相等，则峰值 U_p 也相等，由式(7.5－9)和式(7.5－10)得峰值为

$$U_p = \sqrt{2}U_a \tag{7.5-11}$$

再由表 7.3－1 给出的波峰因数 $K_p = U_p/U$ 得到有效值为

$$U = \frac{\sqrt{2}}{K_p}U_a \tag{7.5-12}$$

上式仅适用于单峰值电压表。

【例 7.5－2】 用峰值电压表分别测量正弦波、三角波和方波，电压表均指在 10 V 位置，三种波形被测信号的峰值和有效值各为多少？

解：根据示值相等峰值也相等的原理和式(7.5－11)可知三种波形的电压峰值 U_p 都为

$$U_p = \sqrt{2}U_a = \sqrt{2} \times 10 \approx 14.1\ \text{V}$$

因为电压表就是以正弦波的有效值定度的，因此正弦波的有效值就是电压表表针的指示值，即正弦波的有效值 $U=10$ V。

对于三角波，根据式(7.5－12)并查表 7.3－1 知 $K_p=1.73$，所以有效值

$$U = \frac{\sqrt{2}}{K_p}U_a \approx \frac{1.414 \times 10}{1.73} = 8.17\ \text{V}$$

对于方波，波峰系数 $K_p=1$，因此有效值为

$$U = U_p = 14.1\ \text{V}$$

7.6　脉冲电压测量

测量脉冲电压的方法大体有两种：第一种是利用示波器；第二种是利用脉冲电压表。由于使用示波器可以方便、直观地观察和测量脉冲信号的波形和各有关参数，如脉冲峰值(幅值)、脉冲上冲、顶部跌落、脉冲宽度、占空系数等，且示波器已成为非常通用的电子测量仪器，因此大多数情况下人们都使用示波器测量脉冲信号。只有在个别情况下(例如高压脉冲测量，脉冲间隔时间很长的脉冲信号测量)，才使用脉冲电压表测量脉冲峰值。一般不使用前面所述的峰值表测量脉冲电压，因为其测量误差过大。

7.6.1　用示波器测量脉冲电压

用示波器测量信号电压的原理在 4.5 节中已做过说明，通常使用较多的是直接测量法和比较测量法。

1. 直接测量法

直接测量法也称灵敏度换算法。它是将被测电压信号接在示波器 Y(垂直)通道，根据示波管荧光屏上电压波形的高度及 Y 轴偏转因数，直接计算出脉冲峰值：

$$U_p = d \cdot H \tag{7.6-1}$$

其中，H 是荧光屏上脉冲波形高度；d 是 Y 轴总偏转因数(V/cm 或 V/div)。要注意的是，探极有无衰减，是否使用“倍率”，当然信号接入时还应将 Y 轴微调到“校正位”(参看第 4

章图4.5-3所示的SR-8型双踪示波器的面板布置图)。直接测量法是最常用的方法。由于光迹较宽，以及视差及衰减器、放大器误差等因素的限制，测量误差约为±5%。

【例7.6-1】 用SR-8型示波器测量脉冲电压。Y轴微调已置校正位，开关“V/div”置0.2处，探极衰减10倍，脉冲在荧光屏上高度$H=1.4$ div(格)，求被测电压峰值(实际上是峰-峰值)。

解： 由于探极已将信号衰减10倍(为了方便，写为$k_1=10$)，因此脉冲电压的峰-峰值：

$$U_{p-p}=k\cdot H=d\cdot k_1\cdot H=0.2\ \text{V/div}\times 10\times 1.4\ \text{div}=2.8\ \text{V}$$

【例7.6-2】 用SBM-14型示波器测量脉冲电压峰-峰值。波形高度$H=3$ div，开关“V/div”置0.2处，探极衰减$k_1=10$，“倍率”置×5位($k_2=5$，信号放大5倍后接入Y偏转通道)，求被测电压的峰-峰值。

解：

$$\begin{aligned}U_{p-p}&=k\cdot H=(d\times k_1\div k_2)\times H\\&=0.2\ \text{V/div}\times 10\div 5\times 3\ \text{div}=1.2\ \text{V}\end{aligned}$$

2. 比较测量法

比较测量法就是用已知电压值(一般为峰-峰值)的信号(一般为方波)与被测信号电压波形比较而求得被测电压值。设在保持输入衰减和Y轴增益不变的情况下，被测信号和标准信号在荧光屏上的高度分别为H_1、H_2，标准信号的峰-峰值为U_{sp-p}，则被测电压峰-峰值为

$$U_{xp-p}=\frac{H_1}{H_2}\cdot U_{sp-p} \tag{7.6-2}$$

以SR-8型双踪示波器为例，机器内的标准信号发生器可产生1 kHz峰-峰值为1 V的矩形波。首先将被测电压信号经探极(设衰减为1)接至Y_A通道，记下其高度H_1，然后用同轴电缆将标准信号(校准信号)与Y_A输入端相连，记下矩形波标准信号的高度H_2，即可得到被测信号的峰-峰值。还可以首先用校准信号将Y_A、Y_B两通道偏转灵敏度调至相等，然后将被测电压和校准信号分别经Y_A、Y_B通道输入，比较其各自高度，计算出被测电压值。由于比较测量法的测量准确度主要取决于标准信号的电压准确度，而与Y通道增益无关，因此测量误差比直接测量法小。

7.6.2 用脉冲电压表测量脉冲电压

1. 脉冲保持型电压表

在7.5节曾分析过峰值电压表测量脉冲电压的误差(见式(7.5-8))，其主要原因是在脉冲期间充电时常数不够小而使电容上的电压充不到脉冲峰值，在脉冲休止期间放电时常数不够大而使原充电电压降落过多，从而使电容上电压的平均值$\overline{U}_C$小于脉冲峰值U_p。如果能尽量减小充电的时常数而增大放电的时常数，使在脉冲存在期间能充电至脉冲幅值，在脉冲休止期间电压保持基本不变，那么就可以有效地减小测量误差。图7.6-1就是基于这种原理而构造的脉冲保持电路。图7.6-1中，V_1管为射极跟随器，其作用之一是减小仪表对被测电路的影响，作用之二是射极跟随器等效输出电阻很小，即减小了充电电阻。被测信号u_x经V_{D1}对C_1充电，C_1取值也较小，V_2、V_3管都接成源极输出电路，输入电阻

很大，因此在充电期间，C_1 上的电压可基本上达到 u_x 峰值。由于 C_1 较小，因此在脉冲休止期间其电压 u_{C1} 降落仍然较大，为此将 u_{C1} 经 V_2 源极跟随器对 C_2 充电，由于源极跟随器负载能力强，因此 C_2 上的电压在充电期结束时能接近 u_x 峰值 U_p。同时 C_2 取值较大且源极跟随器输入电阻很大，所以在脉冲休止期间放电非常缓慢，从而大大减小了其平均值 $\overline{U}_{C2}$ 与 U_p 间的误差。图 7.6－1(a)中开关 S 用于短接 V_{D2}，以便在测量完毕使 C_2 迅速放电，以进行下一次测量。有些脉冲电压表中采用具有自动放电功能的脉冲保持电路，以便测量幅度变化的脉冲峰值。

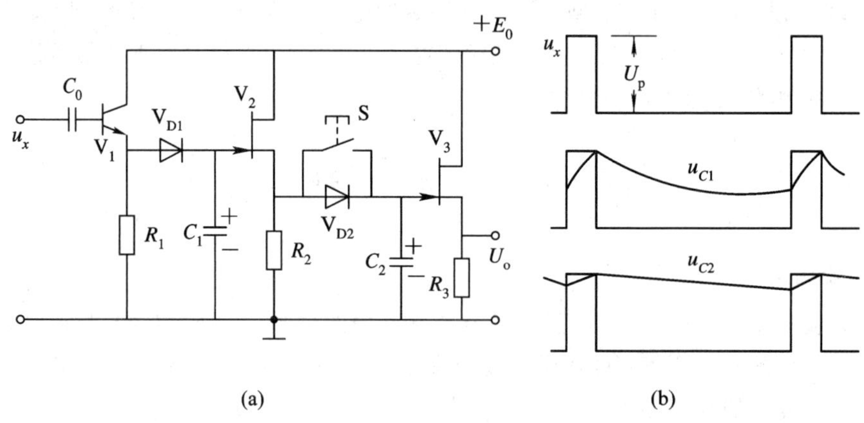

图 7.6－1　脉冲保持电路及波形

2. 补偿式脉冲电压表

图 7.6－2 是一种补偿式脉冲电压表。如图(a)所示，其原理为：待测电压 u_x 经二极管 V_D 给电容 C 充电至峰值 U_p，并输入到差分放大器 A 端，B 端加入可调的直流补偿电压 U_0，当调整可调电压使差分放大器输出为 0 时，$U_0=U_p$，用电压表测出 U_0 即得到了 U_p。图(b)是自动补偿式脉冲电压表的原理。被测电压 u_x 经二极管 V_{D1} 对电容 C_1 充电，C_1 上的电压 u_{C1} 峰值为 U_p，并在脉冲休止期间按指数规律下降。u_{C1} 由放大器放大后经 V_{D2} 对 C_2 充电($C_2 \gg C_1$)，u_{C2} 经反馈电阻 R_F 加至电容 C_1 上作补偿电压。适当选择时常数 R_2C_2，使脉冲休止期间 C_2 上放电很少。随着输入脉冲增多，u_{C2} 逐渐增大，当 $\overline{U}_{C2} \approx U_p$ 时，$\overline{U}_{C2}$ 不再增加，由后面的直流电压表测出 $\overline{U}_{C2}=U_p$。

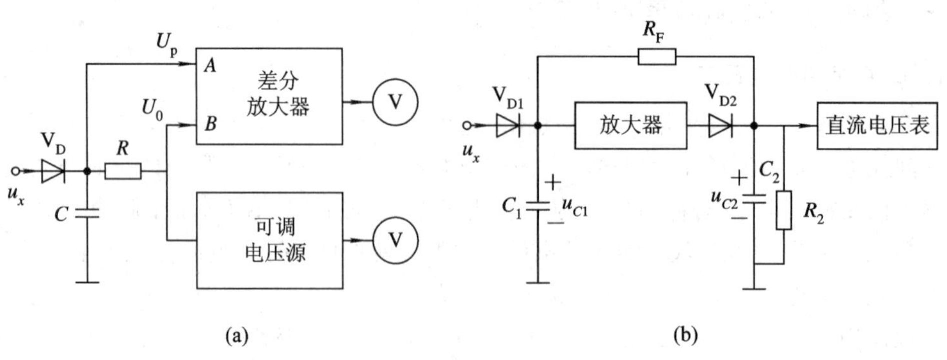

图 7.6－2　补偿式脉冲电压表

3. 高压脉冲电压表

在雷达发射机等设备的测试中，会碰到高达万伏的高压脉冲，除利用电容分压法使用示波器测试外，还可以使用高压脉冲电压表进行测量。图 7.6-3 是用充放电法测高压脉冲的原理示意图。

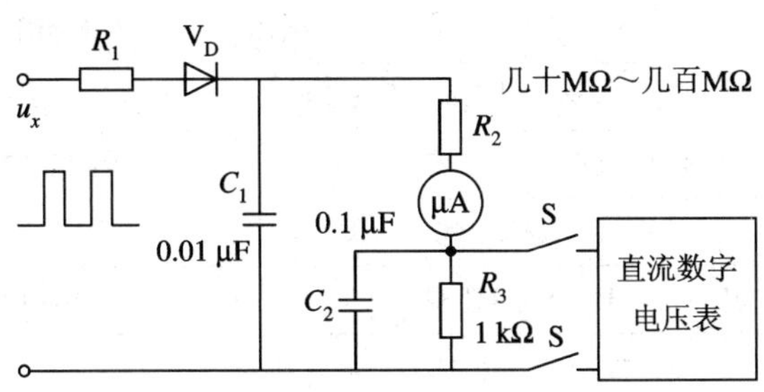

图 7.6-3 用充放电法测高压脉冲

图 7.6-3 中，V_D 为高压硅堆，经限流电阻 R_1 和电容 C_1 构成峰值检波器；R_2 与微安表可用来直接指示被测脉冲峰值；R_3 为标准电阻，其阻值远小于 R_2，其上的电压为毫伏级；C_2 是旁路电容，该电压可送至直流数字电压表显示；开关 S 在测量时闭合，测量后断开，以保护电压表。

当正向脉冲输入时，V_D 导通，C_1 充电；脉冲休止期间 V_D 截止，C_1 放电，由电表读取脉冲电压峰值。

本章前几节着重介绍了模拟电压测量技术和模拟电压表。自 1928 年商品化电压表问世以来，模拟电压表的类型不断增多，性能不断完善。虽然数字电压表有许多优点，尤其是带微处理器和通用总线接口(GPIB)数字电压表的出现使电压测量进入自动化、智能化阶段，但由于数字电压表还存在一些不足，尤其是测量上限频率不够高，因此模拟电压表及模拟电压测量技术仍得到了广泛应用。20 世纪 80 年代以来，国内先后解决了 1 GHz 超高频毫伏表线性化刻度和 1 GHz 以下有效值测量等技术难题，使我国在电压的模拟测量技术领域达到了和国际先进水平大体相当的水平。表 7.6-1 列举了不同频段国外和国内有代表性的电压表的主要技术性能，供读者参考。

表 7.6-1 国内外模拟电压表性能对照表

(1) 低频电压表		
指标	日本利达 LMV181	中国苏州电讯仪器厂 SX2172
电压量程	1 mV～300 V	1 mV～300 V
频率范围	5 Hz～2 MHz	5 Hz～2 MHz
固有误差	满刻度的±2%	满刻度的±2%
频率响应误差	±2%～±10%	±2%～±10%
输入阻抗	电阻 8～10 MΩ，并联电容<45 pF	电阻 8～10 MΩ，并联电容<45 pF

续表

(2) 视频电压表		
指标	荷兰飞利浦 PM2254	中国上海无线电仪器厂 AS401
电压量程	1 mV～300 V	1 mV～100 V
频率范围	2 Hz～12 MHz	20 Hz～10 MHz
固有误差	满刻度的±2%	满刻度的±3%
频率响应误差	±3%～±6%	±4%～±11%
输入阻抗	电阻 1 MΩ，并联电容 30 pF	电阻 1 MΩ，并联电容<20 pF
(3) 有效值电压表		
指标	美国 HP 公司 HP3400A	中国中原无线电厂 DA24
电压量程	1 mV～300 V	1 mV～300 V
频率范围	10 Hz～10 MHz	10 Hz～10 MHz
固有误差	±1%～±5%	±1%～±5%
频率响应误差	±0.75%～±5%	±1%～±5%
输入阻抗	电阻 10 MΩ，并联电容 20～50 pF	电阻>7 MΩ，并联电容 20～50 pF
峰值因数*	10∶1	10∶1
(4) 射频毫伏表		
指标	日本立安公司 ML69A	中国中原无线电厂 HW2281
电压量程	1 mV～3 V 线性刻度	1 mV～10 V 线性刻度
频率范围	10 kHz～1000 MHz	10 kHz～1000 MHz
固有误差	满刻度的±3%	满刻度的±3%
频率响应误差	±3%～±15%	±4%～±15%
驻波系数	<1.3	<1.3

注：* 表示有效值电压表测量脉冲或非正弦电压的峰值与有效值之比。

7.7 电压的数字式测量

7.7.1 概述

模拟式电压表直接从指针式显示仪表的表盘上读取测量结果。“模拟”的含义是指随着被测电压的连续变化，表头指针的偏转角度也连续变化。模拟式电压表结构简单，价格低廉，交流模拟式电压表的频率范围比较宽，因而在电压测量尤其是高频电压测量中得到了广泛应用。但由于表头误差和读数误差的限制，模拟式电压表的灵敏度和精度不高。从 20 世纪 50 年代逐步发展起来的数字式测量方法是利用模拟/数字(A/D)变换器，将连续的模拟量转换成离散的数字量，然后利用十进制数字方式显示被测量的数值。由于电子技术、计算技术、半导体技术的发展，数字式仪表的绝大部分电路都已集成化，又因为摆脱了笨重的指针式表头，所以数字式仪表显得格外精巧、轻便。更主要的是，它具有下列模拟式仪表所不能比拟的优点。

(1) 准确度高。以直流数字式电压表为例，高档的准确度可达 10^{-7} 量级，测量灵敏度(分辨力)达 1 μV。

(2) 数字显示。测量结果以十进制数字显示，消除了指针式仪表的读数误差。由于数字显示代替指针机械偏转，仪器内又有保护电路，因此数字仪表的过载能力强。

(3) 输入阻抗高。一般的数字电压表(DVM)为 10 MΩ 左右，高的可超过 1000 MΩ，因而其负载效应几乎可以忽略。

(4) 测量速度快，自动化程度高。由于没有指针惯性，因此 DVM 完成一次测量的时间(从信号输入到显示结果)很短(可小于几个 μs)。由于微处理器的应用，中、高档 DVM 已普遍具有很强的数据存储、计算、自检、自校、自诊断等功能，并配有 IEEE - 488 和/或 RS232C 接口，有的还具有模拟量输出，很容易构成自动测试系统。例如，8520 数字多用表可储存 400 个测量数据，具有 14 种运算程序。

(5) 功能多样。现在的数字式仪表一般都具有多种功能，这种仪表称为数字多用表，具有直流电压(DCV)、直流电流(DCI)、交流电压(ACV)、交流电流(ACI)和电阻(Ω)五项功能，有的还有频率、温度等的测量功能。

当前，数字式电压表的缺点是交流测量时的频率范围不够宽，一般上限频率在 1 MHz 以下。

7.7.2　数字式电压表(DVM)的组成原理

1. 直流数字式电压表

直流数字式电压表的组成如图 7.7 - 1 所示。图中，模拟部分包括输入电路(如阻抗变换、放大电路、量程控制)和 A/D 变换器，A/D 变换器完成模拟量到数字量的转换。电压表的主要技术指标如准确度、分辨力等主要取决于这一部分电路。数字部分完成逻辑控制、译码(比如将二进制数字转换成十进制数字)和显示等功能。

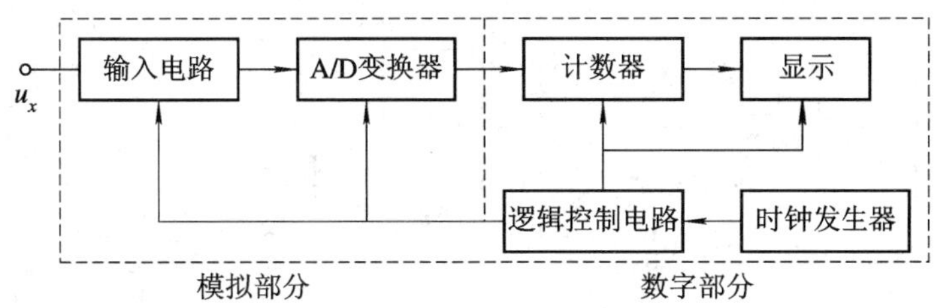

图 7.7 - 1　直流数字电压表的组成

2. 数字多用表(DMM)

和直流模拟式电压表前端配接检波器即可构成模拟交流电压表一样，在直流数字式电压表前端配接相应的交流-直流变换器(AC/DC)、电流-电压转换电路(I/V)、电阻-电压转换电路(Ω/V)等，就构成了数字多用表，如图 7.7－2 所示。可以看出，数字多用表的核心是直流数字式电压表。由于直流数字式电压表是线性化显示的仪器，因此要求其前端配接的AC/DC、I/V、Ω/V 等变换器也必须是线性变换器，即变换器的输出与输入间为线性关系。像前面介绍的有效值检波器的输出(流过直流微安表电流 I)和电压有效值 U 之间不是线性关系(见式(7.4－16))，因而那种有效值检波器不是线性 AC/DC 变换器。

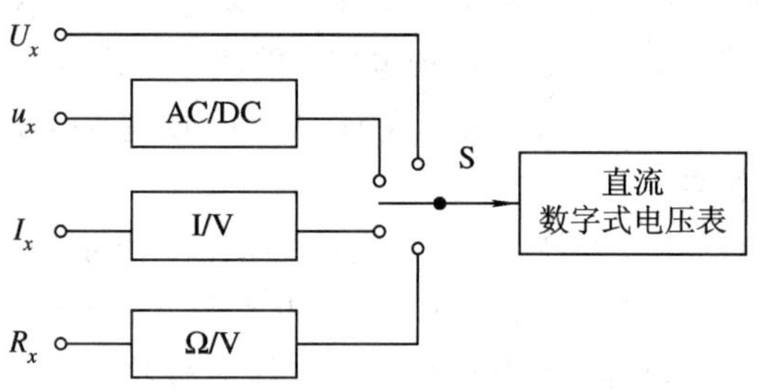

图 7.7－2　数字式多用表组成原理

1) 线性 AC/DC 变换器

数字多用表中的线性 AC/DC 变换器主要有平均值 AC/DC 和有效值 AC/DC 两种。有效值 AC/DC 可以采用前面介绍的热偶变换式和模拟计算式。平均值 AC/DC 通常利用负反馈原理来克服检波二极管的非线性，以实现线性 AC/DC 转换。图 7.7－3 是线性平均值检波器的原理图，其中，图(a)为运算放大器构成的负反馈放大器，在第 3 章我们曾分析过运算放大器的特性，这里用它说明图(b)半波线性检波的原理。设运放的开环增益为 k，并假设其输入阻抗足够高(实际的运放一般能满足这一假设)，则

$$\begin{cases} \dfrac{u_o - u_i}{R_2} = \dfrac{u_i - u_x}{R_1} \\ u_o = -ku_i \end{cases} \tag{7.7-1}$$

解得

$$u_o = -\frac{kR_2}{R_2 + (1+k)R_1} u_x \tag{7.7-2}$$

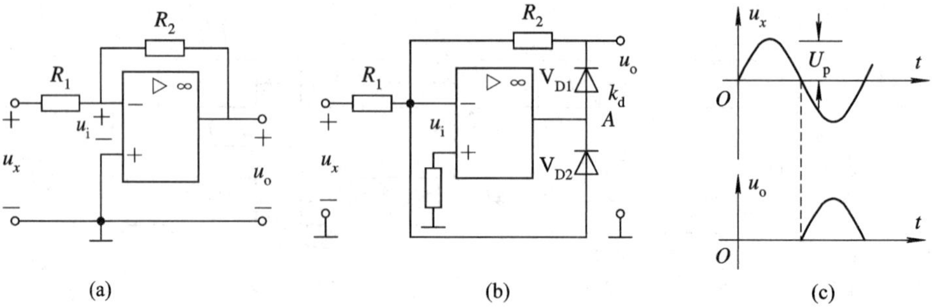

(a)　(b)　(c)

图 7.7－3　线性检波原理

一般 $k \gg 1$（通常 k 在 $10^5 \sim 10^8$ 之间），因此式(7.7-2)简化为

$$u_o \approx -\frac{R_2}{R_1} u_x \tag{7.7-3}$$

即由于反馈电阻 R_2 的负反馈作用，放大器的输出和输入间为线性关系，而与运放的开环增益无关。基于上述原理，分析图 7.7-3(b)所示电路的特性：在 u_x 负半周，A 点电压 u_A 为正值，V_{D1} 导通，V_{D2} 截止。设 V_{D1} 检波增益为 k_d，则 $u_o/u_i = -k \cdot k_d$，由于 k 值很大，因而 $k \cdot k_d$ 值也很大，应用图(a)分析的结论，此负半周 u_o 输出满足式(7.7-3)，而与 k_d 变化基本无关，这就大大削弱了 V_{D1} 伏安特性的非线性失真，而使输出 u_o 线性正比于被测电压 u_x；在 u_x 正半周，u_A 为负值，V_{D2} 导通，V_{D1} 截止，考虑运放的"虚短路"和"虚断路"特性，u_o 被钳位在 0 V，这样，图(b)就构成了线性半波检波器，输入、输出波形如图(c)所示。为了提高检波灵敏度，图(b)也可使用全波检波电路。在实际数字电压表的 AC/DC 变换器中，为了增加检波器的输入阻抗，其前面加接一级同相放大器（源极跟随器或射极跟随器），输出端加接一级有源低通滤波器以滤除交流成分，获得平均值输出，从而构成了图 7.7-4 所示的线性平均值 AC/DC 变换器结构。

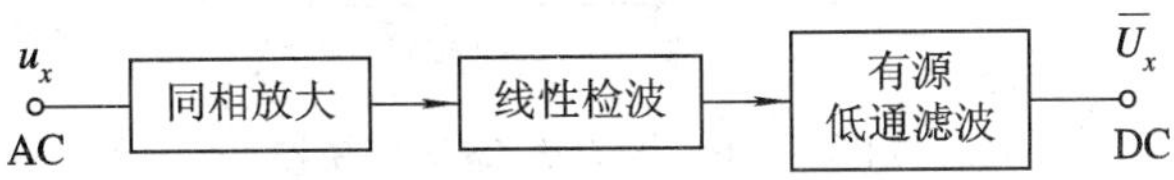

图 7.7-4 线性平均值 AC/DC 变换器结构

2) I/V 变换器

将直流电流 I_x 变换成直流电压最简单的方法，是让该电流流过标准电阻 R_s，根据欧姆定律，R_s 上端电压 $U_{Rx} = R_s \cdot I_x$，从而完成了 I/V 线性转换。为了减小对被测电路的影响，电阻 R_s 的取值应尽可能小。图 7.7-5 是两种 I/V 变换器的原理图。图(a)采用高输入阻抗同相运算放大器，不难算出输出电压 U_o 与被测电流 I_x 之间满足：

$$U_o = \left(1 + \frac{R_2}{R_1}\right) R_s \cdot I_x \tag{7.7-4}$$

当被测电流较小（I_x 小于几个毫安）时，采用图 7.7-5(b)所示的转换电路，忽略运放输入端漏电流，输出电压 U_o 与被测电流 I_x 间满足：

$$U_o = -R_s \cdot I_x \tag{7.7-5}$$

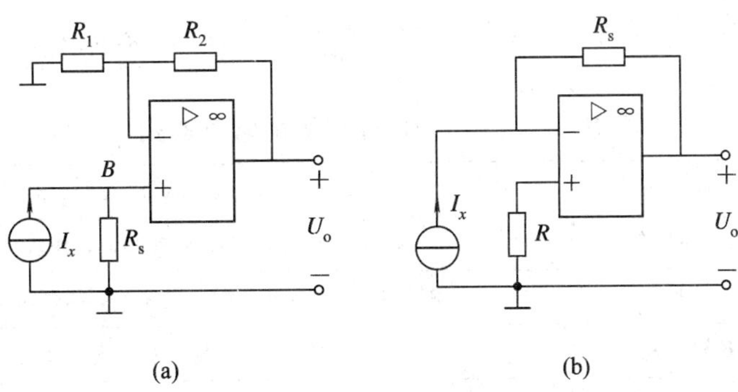

图 7.7-5 I/V 变换器

3）Ω/V 变换器

实现 Ω/V 变换的方法有多种。图 7.7-6 是恒流法 Ω/V 变换器的原理图。图中，R_x 为待测电阻；R_s 为标准电阻；U_s 为基准电压源。该图实质上是由运算放大器构成的负反馈电路，利用前面的分析方法，可以得到：

$$U_o = \frac{U_s}{R_s} \cdot R_x \qquad (7.7-6)$$

即输出电压与被测电阻成正比，U_s/R_s 实质上构成了恒流源，改变 R_s，可以改变 R_x 的量程。

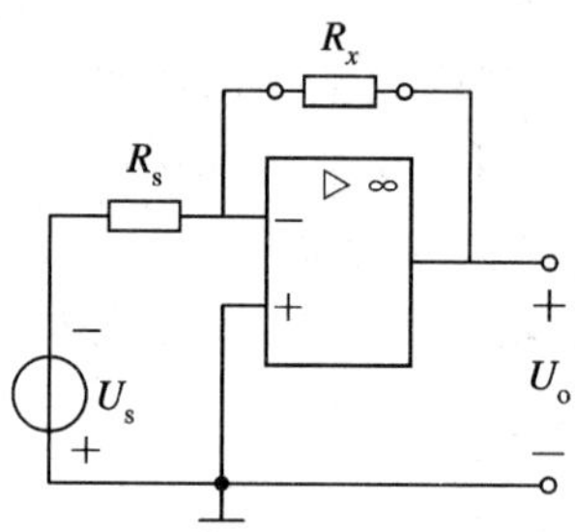

图 7.7-6　恒流法 Ω/V 变换器

7.7.3　DVM 的主要类型

除了将 DVM 分成直流 DVM 和交流 DVM 外，还可以根据 A/D 变换的基本原理进行分类。

比较型 A/D 变换器采用的是将输入模拟电压与离散标准电压相比较的方法，典型的是具有闭环反馈系统的逐次比较式。

积分型 A/D 变换器是一种间接转换形式。它对输入模拟电压进行积分并转换成中间量时间 T 或频率 f，再通过计数器等将中间量转换成数字量。

比较型和积分型是 A/D 变换的基本类型。由比较型 A/D 变换器构成的 DVM 测量速度快(最高可达每秒 100 万次以上)，电路比较简单，但抗干扰能力差。积分型 A/D 变换器构成的 DVM 其突出优点是抗干扰能力强，主要不足是测量速度慢。

复合型 DVM 是将积分型与比较型结合起来的一种类型。随着电子技术的发展，新的 A/D 变换原理和器件不断涌现，推动 DVM 的性能不断提高。表 7.7-1 列出了三类 A/D 变换器的常见形式。

表 7.7-1　A/D 变换器的常见形式

比较型 (直接型)	闭环反馈比较型	逐次比较型，计数比较型，跟踪比较型，再循环剩余比较型
	开环无反馈比较型	并联比较型，串联比较型，串并联比较型
积分型 (间接型)	V/T 转换型	斜坡型，双斜积分型，三斜型，四斜型，多斜型
	V/F 转换型	电荷平衡型，复零型，交替积分型
复合型	V/T 比较型	两次取样型，三次取样型，电流扩展型
	V/F 比较型	两次取样型

7.7.4 逐次比较型DVM

图7.7-7是逐次比较型DVM的原理框图，逐次比较也称逐次逼近。这种DVM的核心是逐次比较型A/D变换器。

1. 主要电路单元

逐次比较型A/D变换器的主要电路单元有比较器、控制电路、逐次逼近寄存器SAR、缓冲寄存器、译码显示电路和模/数(D/A)变换器。

比较器应用一种特殊设计的高速高增益运算放大器来完成输入端两电压的比较运算。在图7.7-7中，模拟输入电压U_x、反馈电压U_0分别作用在比较器输入端，若$U_0>U_x$，则比较器输出$Q_c=0$(逻辑低电平)，若$U_0\leqslant U_x$，则$Q_c=1$(逻辑高电平)。

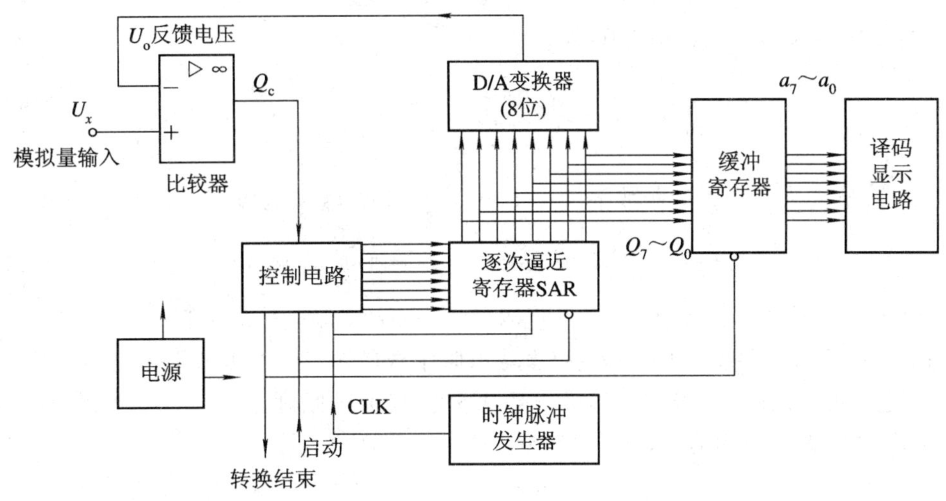

图7.7-7 逐次逼近型数字电压表的原理框图

控制器发出一系列的节拍脉冲，并根据Q_c值控制SAR各位的输出状态。

SAR是一组双稳触发器，如果是二进制n位A/D，则SAR中就有n个双稳触发器，各位的输出由控制器控制，并送往缓冲寄存器锁存和送往D/A变换成模拟量U_0。

D/A变换器模块包括基准电压源、电子开关电路及由分压分流电路组成的解码网络，其功能是将二进制数字量转换成模拟量。比如，基准电压源的基准电压是$U_s=2.8$ V，对于8位D/A，当输入数字量为10000000时，输出模拟电压为$U_o=\frac{128}{256}U_s=1.4$ V；当输入数字量为00000001时，输出模拟电压$U_o=\frac{1}{256}U_s=10.94$ mV。可见，同是二进制数码“1”，它在二进制数中的位置不同，其所代表的值也不同，不同位置上的“1”所代表的值称为权值。

图7.7-8是权电阻D/A变换原理图，其中$S_0\sim S_7$是电子开关，其通断对应于相应位a_i的取值，若$a_i=1$，则S_i通，若$a_i=0$，则S_i断。运用第3章介绍的运算放大器的分析方法不难得出：当S_0闭合(对应n位二进制数最低位(LSB)$a_0=1$)时，有

$$I_0=\frac{U_s}{2^7\cdot R}=I_{\min} \tag{7.7-7}$$

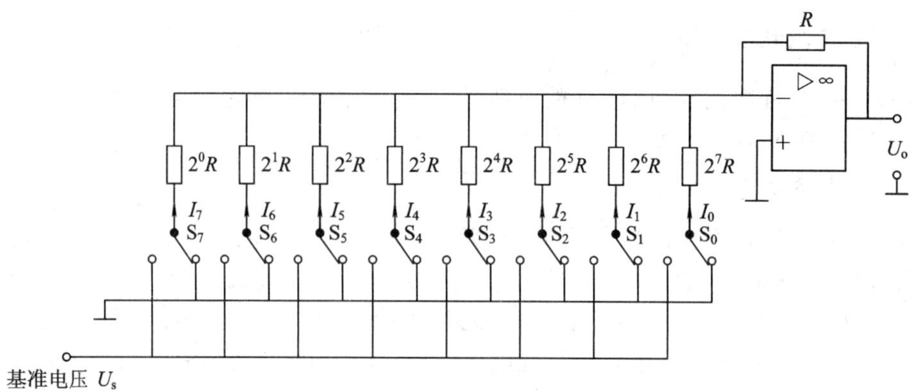

图 7.7－8　权电阻 A/D 变换原理图

此时若 $S_1 \sim S_7$ 均断开，则输出电压为

$$U_o = -\frac{U_s}{2^7} = U_{omin} \tag{7.7-8}$$

当 D/A 输入为任意二进制数字量 $a_7a_6\cdots a_2a_1a_0$ 时，输出电压为

$$U_o = \sum_{i=0}^{7} a_i 2^i \cdot U_{omin} \quad (a_i = 1 \text{ 或 } a_i = 0) \tag{7.7-9}$$

权电阻解码电路中电阻个数较少，但阻值大小不一，制造较为困难。

图 7.7－9(a)所示的 T 形解码电路虽然电阻个数较多，但电阻值仅为两种，很适宜集成制造工艺。可以用图(b)节点 i 等效电路来分析其工作原理。对于 0～7 的任意节点 i，左、右两侧的等效电阻均为 $2R$，因此其节点电位($a_i=1$ 时)为

$$U_i = \frac{1}{3} U_s \tag{7.7-10}$$

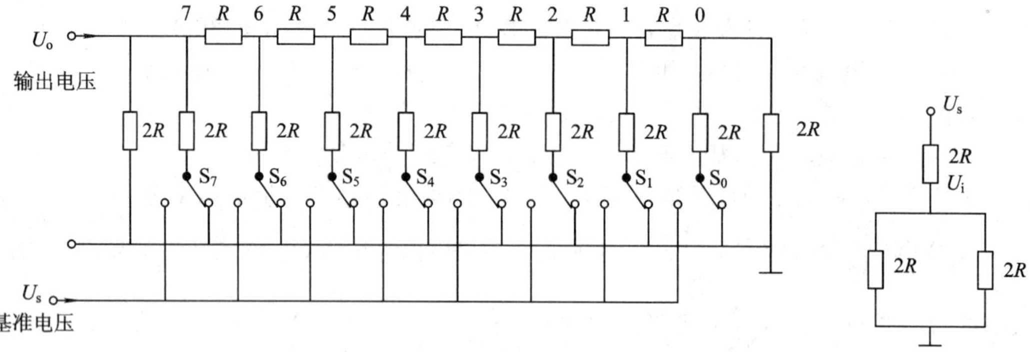

(a) T形解码电路　　(b) 节点i等效电路

图 7.7－9　T 形电路 D/A 变换原理图

当该节点电位向输出端传送时，要经过多节电阻网络衰减，每节衰减数均为 1/2，比如“0”节点电位传送到输出端时，要经过七节电阻衰减器衰减，所以传送到输出端的电压为

$$U_o = \frac{1}{2^7} \cdot \frac{1}{3} U_s = U_{omin} \tag{7.7-11}$$

根据叠加原理，对于任意二进制数 $a_7a_6\cdots a_2a_1a_0$，输出电压为

$$U_o = \sum_{i=0}^{7} a_i 2^i U_{omin} \quad (a_i = 1 \text{ 或 } a_i = 0) \tag{7.7-12}$$

2. 逐次比较型 A/D 变换器的工作原理

逐次比较型 A/D 变换器的工作原理类似于天平称质量的过程(因而逐次比较又称称量法)。它利用对分搜索原理，依次按二进制递减规律减小，从数字码的最高位(LMB 或 MSB，相当于满度值 FS 的一半)开始，逐次比较到低位，使 U_o 逐次逼近 U_x。

现以一个简单的 3 比特(3 位二进制)逐次比较过程说明其原理。设基准电压 $U_s=8$ V，输入电压 $U_x=5$ V，3 比特 SAR 的输出为 $Q_2Q_1Q_0$。三位逐次比较流程图如图 7.7-10 所示。控制电路首先置 SAR 的输出 $Q_2Q_1Q_0=100$，即从最高位 MSB 开始比较，100 经 D/A 变换器转换成 $U_o=U_s/2=4$ V，加至比较器，$U_x \geqslant U_o$，比较器输出 $Q_c=1$，使 Q_2 维持“1”(留码)。在此基础上再令 $Q_1=1$，即 $Q_2Q_1Q_o=110$，加至 D/A 变换器，使输出 $U_o=6$ V，因为 $U_x<U_o$，$Q_c=0$，所以使得刚加上的码 $Q_1=1$ 改为 $Q_1=0$(去码)。接着再令 $Q_0=1$，即 $Q_2Q_1Q_0=101$，加至 D/A 变换器，使 $U_o=5$ V，因为 $U_x \geqslant U_o$，比较器 $Q_c=1$，所以使 Q_0 维持“1”。至此，三位码都已顺序加过，转换结束，最终 SAR 的输出 $Q_2Q_1Q_0=101$，即为输入电压 U_x 的数字码，经缓冲寄存器输出至译码电路，显示出十进制数 5 V。该过程可用表 7.7-2 表示。

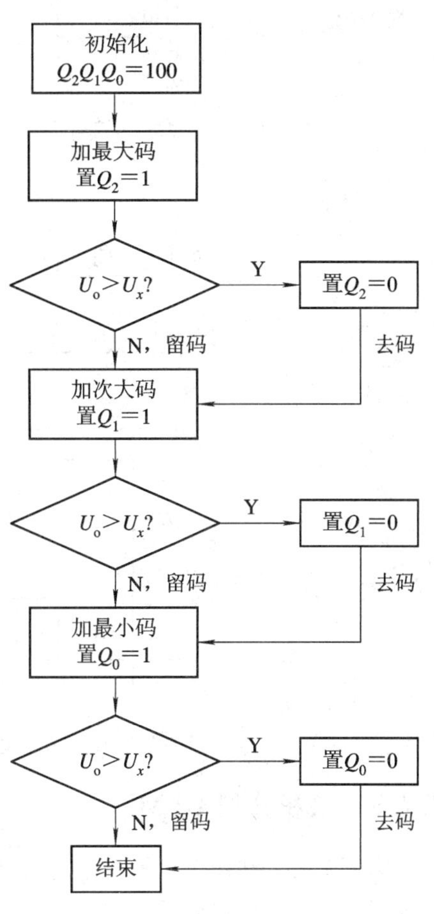

图 7.7-10　三位逐次比较流程图

表 7.7-2　三位逐次比较过程(U_s=8 V，U_x=5 V)

比较顺序	前次保留码	本次增加码	合并码	D/A 输出 U_o	比较器输出 Q_c	去留判断
1(MSB)	000	100	100	4 V	$1(U_x \geqslant U_0)$	留码
2	100	010	110	6 V	$0(U_x < U_0)$	去码
3(LSB)	100	001	101	5 V	$1(U_x \geqslant U_0)$	留码

上述过程是在控制电路依次发出的节拍脉冲的作用下完成的，其工作波形如图 7.7-11 所示。

现在 A/D 变换器一般都是用大规模集成电路制作的，如 ADC0809、ADC0816、AD7574 等都是 8 位(二进制)逐次逼近型 A/D 变换器，ADC1210 是 12 位逐次比较型A/D 变换器。

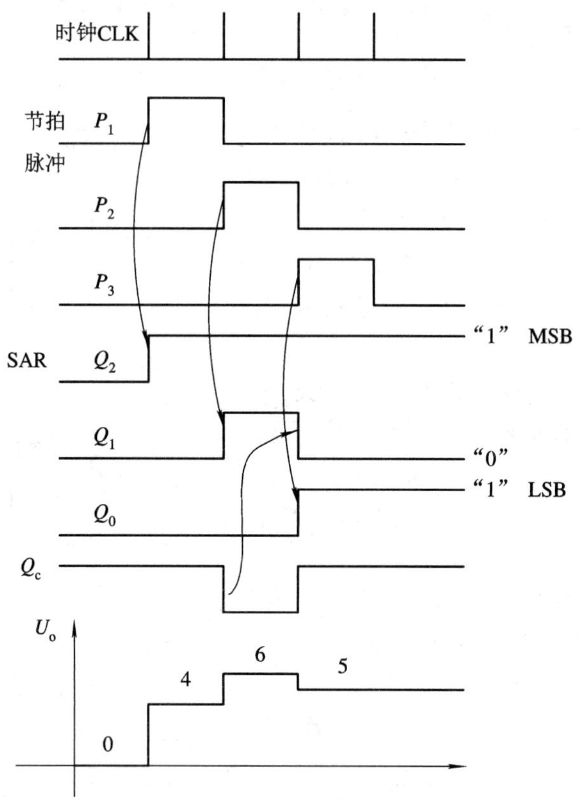

图 7.7-11　3 比特逐次比较型 A/D 变换器的工作波形图

7.7.5　双积分型 DVM

图 7.7-12 和图 7.7-13 分别画出了双积分型 DVM 的组成框图和双积分 A/D 变换的原理图。其工作过程如下所述。

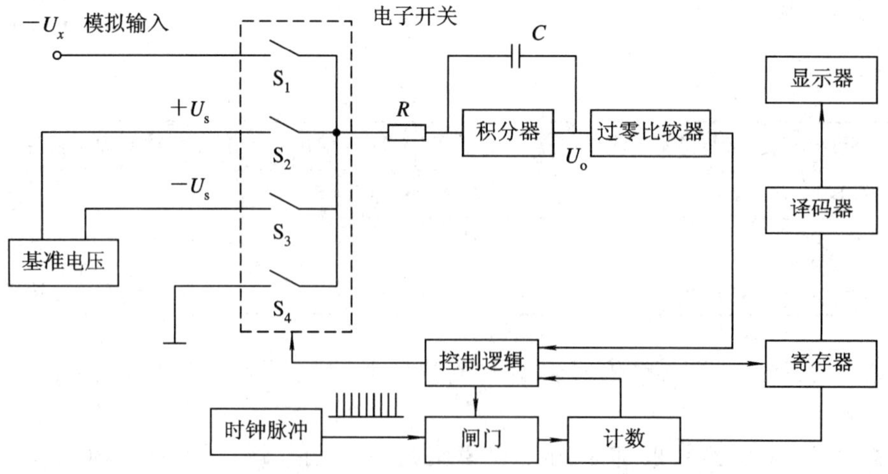

图 7.7-12　双积分型 DVM 的组成框图

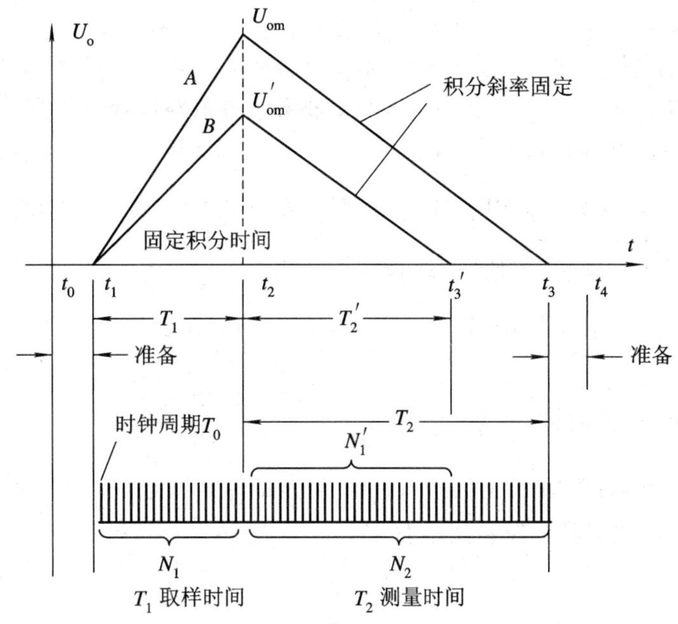

图 7.7－13　双积分 A/D 变换的原理图

准备阶段($t_0 \sim t_1$)：控制逻辑使开关 S_4 接地，$S_1 \sim S_3$ 断开，使积分器输入、输出为零，作为初始状态。

取样阶段($t_1 \sim t_2$)：t_1 时刻，控制逻辑发出取样指令，接通 S_1，断开 $S_2 \sim S_4$，被测电压 $-U_x$(设 $-U_x$ 为负值)加到积分器，积分器输出电压 U_o 线性上升，一旦 $U_o>0$，过零比较器输出由低电平跳变到高电平，打开计数闸门，时钟脉冲通过闸门，计数器开始减法计数。由于时钟是周期为 T_0 的脉冲，因此这里的计数实质上就是计时。经过预置时间 T_1(对应计数器预置初值 N_1)，到达 t_2 时，计数器溢出，并复零。此时积分器的输出达到最大值：

$$U_{om}=-\frac{1}{RC}\int_{t_1}^{t_2}(-U_x)\ \mathrm{d}t=\frac{T_1}{RC}U_x=\frac{N_1\cdot T_0}{RC}U_x \tag{7.7-13}$$

比较阶段($t_2 \sim t_3$)：在取样结束，计数器复零时，控制逻辑断开 S_1，接通正基准电压 U_s，U_s 接到积分器进行反向积分，输出 U_o 线性下降。与此同时，计数器从零开始进行加法计数。到达 t_3 时刻，积分器输出 $U_o=0$，过零比较器由高电平跳到低电平，闸门关闭，停止计数，设此时计数器值为 N_2，则反向积分时间 $T_2=t_3-t_2=N_2T_0$。比较阶段积分器的输出电压为

$$U_o=U_{om}-\frac{1}{RC}\int_{t_2}^{t}U_s\ \mathrm{d}t \tag{7.7-14}$$

在 t_3 时刻，$U_o=0$，因此

$$U_{om}=\frac{1}{RC}\int_{t_2}^{t_3}U_s\ \mathrm{d}t=\frac{T_2}{RC}U_s=\frac{N_2T_0}{RC}U_s \tag{7.7-15}$$

联立式(7.7－13)和式(7.7－15)得

$$U_x=\frac{N_2}{N_1}\cdot U_s=\frac{T_2}{T_1}\cdot U_s \tag{7.7-16}$$

从而得到了被测电压值。适当地选择时钟周期 T_0 和取样时间，可以使计数器的计数值直接对应被测电压值。

如果被测电压为 U_x，则只需在比较开始时将基准电压 $-U_s$ 接入即可。由式(7.7-16)可以看到，计数结果与 R、C 元件无关，因而对积分元件的精度要求不高。另外，取样和比较阶段都使用同一计数器对同一时钟源脉冲计数，因而对时钟源要求也不高。

国产 TD-830 系列数字多用表(DMM)中就采用了十进制 $3\frac{1}{2}$位双积分型 A/D 变换器 7106 芯片(相当于二进制 13 位)。SX1842 DVM 中使用的是 CMOS 工艺大规模集成电路双积分型 A/D 芯片 7135，最高分辨力为 1 μV，最大显示数为 19 999$\left(\text{十进制 } 4\frac{1}{2}\text{位}\right)$。

7.7.6　DVM 的技术指标

前面曾提到，衡量 DVM 性能的技术指标多达 30 项，作为 DVM 的使用者，应掌握其中最重要的项目，以便正确选择和使用 DVM。

1. 测量范围

测量范围包括显示位数、量程划分和超量程能力，还包括量程的选择方式是手动、自动或远控等。

DVM 的量程以基本量程(即 A/D 变换器的电压范围)为基础，通过步进分压器或前置放大器向高、低两端扩展。基本量程通常为 1 V 或 10 V，也有 2 V 或 5 V。例如，BY1955A(仿 8520A)高速高精度 DVM 的基本量程为 1 V，在直流 1 μV～1000 V 量程内划分为 5 挡：100 mV、1 V、10 V、100 V、1000 V。SX1842 DVM 的基本量程为 2 V，分为 20 mV、200 mV、2 V、20 V、200 V、1000 V 共 6 挡。

DVM 的位数是指能显示 0～9 十个数码的位数。通常术语中，$3\frac{1}{2}$位、$4\frac{1}{2}$位或 $5\frac{1}{2}$位(三位半、四位半、五位半)中的 1/2 位指最高位只能取“1”或“0”，而不能像其他位一样可取 0～9 中的任一数码。1/2 位和基本量程结合起来，能说明 DVM 有无超量程能力。如某 $3\frac{1}{2}$位 DVM 的基本量程为 1 V，那么该 DVM 具有超量程能力，因为在 1 V 挡上它的最大显示为 1.999 V。对于基本量程为 2 V 的 DVM，它就不具备超量程能力，因为它在 2 V 挡上的最大显示仍是 1.999 V。如果 DVM 有超量程能力，那么当被测电压超过该量程满度值时，所得结果没有降低精度和分辨力。例如，被测电压为 13.04 V，如果所用三位 DVM 无超量程能力，则必须使用 100 V 量程挡，显示 13.0 V。如果 DVM 有超量程能力(实际上为三位半 DVM)，则仍可使用 10 V 挡测量，显示结果为 13.04 V。显然，后者没有降低测量精度和分辨力。

2. 分辨力

分辨力指 DVM 能够显示被测电压的最小变化值，即最小量程时显示器末位跳变一个字所需的最小输入电压。例如，SX1842 DVM 的最小量程为 20 mV，最大显示数为19 999，所以其分辨力为 20 mV/19 999，即 1 μV。

3. 测量速度

测量速度指每秒钟能完成的测量次数，它主要取决于DVM所使用的A/D变换器。积分型DVM的速度较低，一般在几次/秒到几百次/秒之间；逐次比较型DVM可达每秒100万次以上。

4. 输入阻抗

在直流测量时，DVM输入阻抗用输入电阻R_i表示，量程不一样，R_i也有差别，大体在10～1000 MΩ之间。

交流测量时，DVM输入阻抗用输入电阻R_i并联输入电容C_i表示，C_i一般在几十至几百皮法之间。

5. 固有误差或工作误差

DVM的固有误差通常用绝对误差表示：

$$\begin{cases}\Delta U=\pm(a\%U_x+b\%U_m)\\ \Delta U=\pm a\%U_x\pm\text{几个字}\end{cases}\tag{7.7-17}$$

其中，U_x为测量示值；U_m为该量程的满度值；$a\%U_x$称为读数误差；$b\%U_m$称为满度误差，它与被测电压大小无关，而与所取量程有关。当量程选定后，显示结果末位1个字所代表的电压值也就一定，因此满度误差通常用正负几个字表示。

【例7.7-1】 DS26A直流DVM的基本量程8 V挡的固有误差为$\pm0.02\%U_x\pm0.005\%U_m$，最大显示为79 999，满度误差相当于几个字？

解：满度误差为

$$\Delta U_{Fs}=\pm0.005\%\times8=\pm0.0004\text{ V}$$

该量程每个字所代表的电压值为

$$U_e=\frac{8}{79\ 999}=0.0001\text{ V}$$

所以8 V挡上的满度误差$\pm0.005\%U_m$也可以用±4个字表示。

【例7.7-2】 用$4\frac{1}{2}$位SX1842 DVM测量1.5 V电压，分别用2 V挡和200 V挡测量，已知2 V挡和200 V挡固有误差分别为$\pm0.025\%U_x\pm1$个字和$\pm0.03\%U_x\pm1$个字。两种情况下由固有误差引起的测量误差各为多少？

解：该DVM为四位半显示，最大显示为19 999，所以2 V挡和200 V挡时±1个字分别代表：

$$U_{e2}=\pm\frac{2}{19\ 999}=\pm0.0001\text{ V}$$

和

$$U_{e200}=\pm\frac{200}{19\ 999}=\pm0.01\text{ V}$$

用2 V挡测量时的示值相对误差为

$$\gamma_{x2}=\frac{\Delta U_2}{U_x}=\frac{\pm0.025\%U_x\pm0.0001}{1.5}=\pm0.032\%$$

用200 V挡测量时的示值相对误差为

$$\gamma_{x200}=\frac{\Delta U_{200}}{U_x}=\frac{\pm 0.03\% U_x \pm 0.01}{1.5}=\pm 0.03\% \pm 0.67\% = \pm 0.70\%$$

由此可以看出，不同量程“±1 个字”误差对测量结果的影响也不一样，测量时应尽量选择合适的量程，这和第 2 章的分析结论是一致的。

6. 抗干扰能力

由于 DVM 的灵敏度很高，因而对外部干扰的抑制能力就成为保证它的高精度测量能力的重要因素。外部干扰可分为串模干扰和共模干扰两种。

1）串模干扰

串模干扰是指干扰电压 u_{sm} 以串联形式与被测电压 U_x 叠加后加到 DVM 输入端，见图 7.7－14。图(a)表示串模干扰来自被测信号源内部，图(b)表示串模干扰是由于测量引线受外界电磁场感应所引起的。

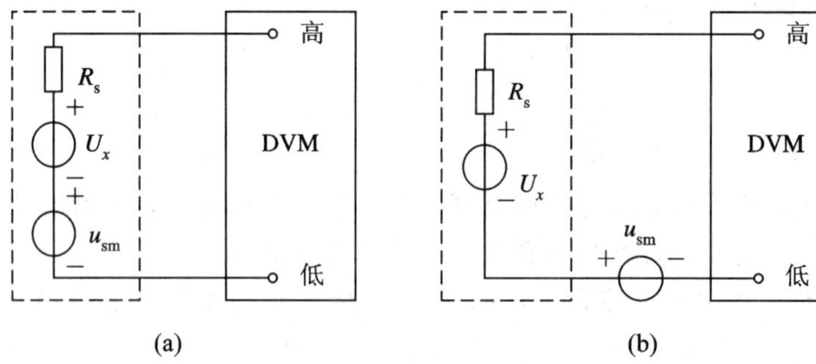

图 7.7－14　串模干扰示意图

通常用串模干扰抑制比 SMR 来表示 DVM 对串模干扰的抑制能力。SMR 定义为

$$\text{SMR(dB)}=20\lg\frac{U_{smp}}{\Delta U_{sm}} \tag{7.7-18}$$

式中，U_{smp} 表示串模干扰电压峰值；ΔU_{sm} 表示由串模干扰 u_{sm} 所引起的测量误差。SMR 值愈大，表示 DVM 抗串模干扰能力愈强。一般 DVM 的 SMR 值为 20～60 dB，如 PZ8 直流 DVM 对 50 Hz 交流干扰的串模抑制比 SMR≥20 dB，DS26 直流 DVM 对 50 Hz 干扰的串模抑制比 SMR≥40 dB。

设串模干扰源为正弦波：

$$u_{sm}(t)=U_{smp}\sin\omega t=U_{smp}\sin\frac{2\pi}{T_{sm}}t \tag{7.7-19}$$

式中，T_{sm} 为正弦型串模干扰的周期。对于积分型 DVM 而言，由于积分过程就是取平均值的过程，因此对于正弦型串模干扰的抑制能力很强。可以证明，积分型 DVM 的串模干扰抑制比为

$$\text{SMR}=20\lg\frac{\dfrac{\pi T_1}{T_{sm}}}{\sin\dfrac{\pi T_1}{T_{sm}}} \tag{7.7-20}$$

式中，T_1 为积分型 DVM 的取样周期。可见，T_1 值越大，SMR 值越高；相反，T_{sm} 值越大，即干扰信号频率越低，SMR 值越小，因此串模干扰的危害主要在低频，实际测量中主要是

50 Hz工频，其周期$T_{sm}=20$ ms。根据式(7.7-20)，若令取样周期即积分时间T_1为20 ms的整数倍，则SMR值将趋于无穷大，即串模干扰得到完全抑制。因此实际积分型DVM中，T_1一般取60 ms或80 ms。因为各种因素的影响，很难保证T_1始终是T_{sm}的整数倍(比如50 Hz电源频率的微小波动就破坏了这种关系)，所以为使SMR尽可能高，T_1应尽量大一些，但这将降低测量速度。

2) 共模干扰

用DVM进行测量时的共模干扰如图7.7-15所示。图中，Z_1、Z_2是DVM两个输入端与机壳间的绝缘阻抗，一般$Z_1 \gg Z_2$；R_1、R_2是测量引线的电阻。当被测信号源地端与DVM机壳间存在电位差时，这个电位差就相当于一个干扰源U_{cm}。U_{cm}将串入两根信号引线，由于R_1+Z_1不等于R_2+Z_2，因此U_{cm}的作用等效于信号通道中的串联干扰源，对测量结果发生影响，如图7.7-14中U_{sm}的作用。如果$R_1+Z_1=R_2+Z_2$，则尽管有U_{cm}存在，等效的U_{sm}也等于零，不会影响测量结果。因此将U_{cm}与U_{sm}的比值定义为DVM的共模抑制比：

$$\text{CMR(dB)} = 20 \lg \frac{U_{cmp}}{U_{smp}} \tag{7.7-21}$$

式中，U_{cmp}和U_{smp}分别为共模干扰的峰值和它等效的串模干扰的峰值。

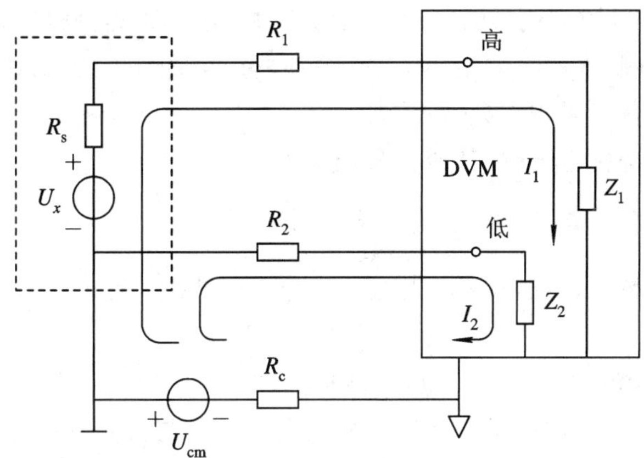

图7.7-15 共模干扰示意图

一般$Z_1 \gg Z_2$，故可忽略图7.7-15中I_1的影响，所以有

$$U_{smp} \approx R_2 I_2 \approx R_2 \cdot \frac{U_{cmp}}{R_2+R_c+|Z_2|} \approx R_2 \frac{U_{cmp}}{|Z_2|}$$

即

$$\text{CMR(dB)} \approx 20 \lg \frac{|Z_2|}{R_2} \tag{7.7-22}$$

由式(7.7-22)可知，当R_2一定时，尽量增大$|Z_2|$，可以增大CMR。通常DVM中将A/D浮置并采取多层屏蔽措施就是为了达到这一目的。

小　　结

部分新型电压表

(1) 电压是基本的电参数，其他许多电参数可看作电压的派生量，电压测量方便，因此电压测量是电子测量中最基本的测量。

(2) 电压表的输入阻抗相对于被测电路的等效输出阻抗越大，对被测电路工作状态的影响越小。

(3) 电压表可按不同方式进行分类。

① 按显示方式可分为模拟式电压表和数字式电压表。

② 模拟式电压表可按功能、频段、准确度等级、刻度特性等进一步分类。

③ 数字式电压表可分为直流和交流两种，通常以多功能的DMM仪器出现。

(4) 模拟直流电压表。

① 由直流微安表和分压电阻构成的模拟电压表是最基本的直流电压表。但其输入电阻较低，可用电压灵敏度“Ω/V”数来计算使用不同量程电压挡时电压表的输入电阻。

② 电子电压表可以提高电压测量的灵敏度和增大输入电阻。

③ 调制式直流放大器可以有效地减小放大器的零点漂移。

(5) 交流电压。

① 交流电压可用峰值 U_p、平均值 $\overline{U}$ 和有效值 U 表征其大小，三者之间的关系用波形因数 K_F 和波峰因数 K_p 联系。

② 交流电压表一般都以正弦交流电压有效值标度。测量非正弦波时，应根据电压表AC/DC变换器的类型及被测波形的 K_F、K_p 值进行波形换算，否则将带来较大的波形误差。

③ 交流电压表最基本的结构是AC/DC变换器后接直流电压表。

(6) 低频电压测量多采用放大-检波式。

① 均值检波器的输出是全波整流信号的整流平均值：

$$\overline{U} = \frac{1}{T}\int_0^T |u(t)| \, dt$$

② 均值电压表以正弦电压有效值标度。对非正弦波形，有效值为

$$U = 0.9K_F \cdot U_a$$

其中，U_a 为均值表示值；K_F 为被测电压的波形因数。

③ 二极管链式电路构成的平方律特性检波器的输出与被测电压有效值的平方成正比。利用热偶对构成的电压表其输出与有效值成正比。

④ 频率不高时，可利用乘方、积分、开方等模拟电路单元构成模拟计算式有效值电压表。

(7) 分贝测量测出的是某电压对基准电压的比值：

$$U_x(\text{dB}) = 20\lg\frac{U_x}{U_s}$$

在由表盘上读取dB数时要考虑电压量程和基本量程的倍压、分压关系。

(8) 高频电压测量一般使用检波-放大式。

① 峰值检波器(单峰值检波器)输出是输入电压的峰值 U_p。

② 电压表以正弦交流电压有效值标度。对非正弦信号，必须进行波形换算：

$$U = \frac{\sqrt{2}}{K_p}U_a$$

(9) 脉冲电压主要利用示波器或脉冲电压表测量。

① 在用示波器测量脉冲峰值时，多采用直接测量法和比较测量法。

② 脉冲电压表的关键是充电迅速而放电缓慢，可使输出电压的平均值尽可能接近脉

冲峰值。

(10) 数字式电压表在直流和低频交流电压测量中具有速度快、准确度高、数字显示、输入阻抗高等优点。

① 直流 DVM 的核心是 A/D 变换器。A/D 变换器最基本的两种类型是积分型和比较型。前者抗干扰能力强，但测量速度慢；后者测量速度快，但抗干扰能力弱。

② 直流 DVM 配接上 Ω/V、I/V、AC/DC 等变换器就形成 DMM。各变换器应具有线性转换特性。

③ 逐次比较型 A/D 变换器中，利用对分搜索原理由 D/A 变换器逐次送出离散的电压值与被测量 U_x 相比较，以达到测量 U_x 的目的。D/A 变换器在控制电路作用下将数字码转换成相应的模拟电压，可以用权电阻网络或 T 形电阻网络等实现这种转换。

④ 双积分型 A/D 变换器是将被测电压和基准电压都转换成相应的时间，然后通过对时间的测量(计数)获得被测量量值。

⑤ DVM 的分辨力是指其最小量程时最低位变化一个字所对应输入电压的变化量。

⑥ DVM 的工作误差一般用绝对误差给出：

$$\Delta U = \pm a\% U_x \pm b\% U_m$$

或

$$\Delta U = \pm a\% U_x \pm \text{几个字}$$

⑦ 用 SMR 和 CMR 来表征 DVM 的抗干扰能力。

习 题 7

7.1 简述电压测量的意义和特点。

7.2 图 7.1 中 L、C、r 构成的并联谐振电路的端电压 $u(t)$ 与频率 f 间的关系如图(b)所示，当用有输入电阻 R_i、输入电容 C_i 的电压表实际测量描绘谐振曲线时，实测曲线和理论曲线有何不同?

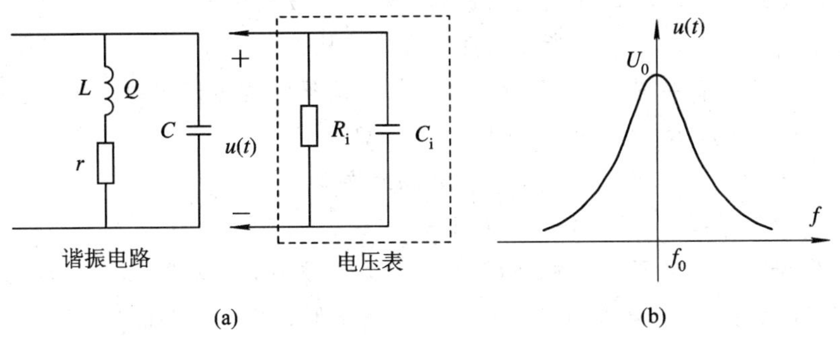

图 7.1 题 7.2 图

7.3 如图 7.2 所示，用 MF-30 万用表 5 V 及 25 V 挡测量高内阻等效电路输出电压 U_x，已知 MF-30 的电压灵敏度为 20 kΩ/V，试计算由于负载效应而引起的相对误差，并计算其实际值 U_0 和电压表示值 U_x。

7.4 说明 7.2 节中图 7.2-3 所示的电子电压表中各部分的功能。

7.5 说明调制式直流放大器的工作过程及其抑制直流漂移的原理。

7.6 简述 7.3 节图 7.3-3 和图 7.3-4 两类模拟交流电压表的工作过程。

7.7　验证表 7.3－1 中半波整流、全波整流、锯齿波和脉冲波信号的 K_F、K_p、U 及 $\overline{U}$ 值。

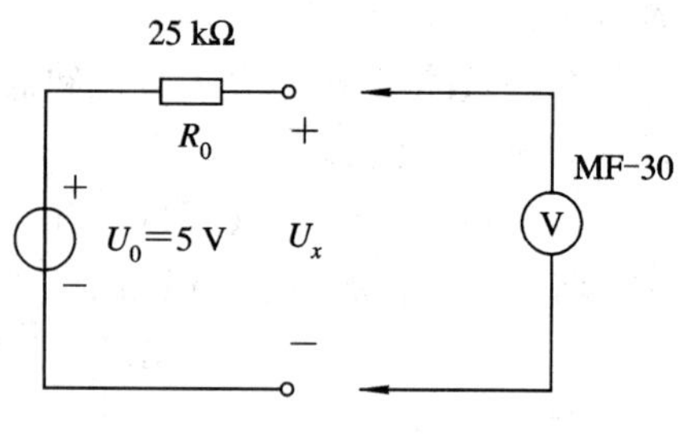

图 7.2　题 7.3 图

7.8　说明 7.4 节图 7.4－1 中电容 C 的作用。

7.9　利用单峰值电压表测量图 7.3 中正弦、方波和三角波的电压，电压表读数均为 5 V，问：

(1) 对每种波形来说，读数各代表什么意义？

(2) 三种波形的峰值、平均值、有效值各为多少？

7.10　改用有效值电压表测量，重复 7.9 题。

7.11　改用平均值电压表测量，重复 7.9 题。

7.12　测量图 7.4 所示的矩形波电压，计算下列情况下的电压表读数。

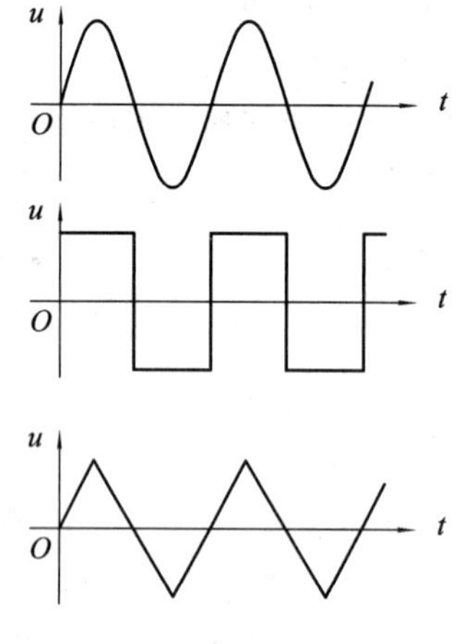

图 7.3　题 7.9 图

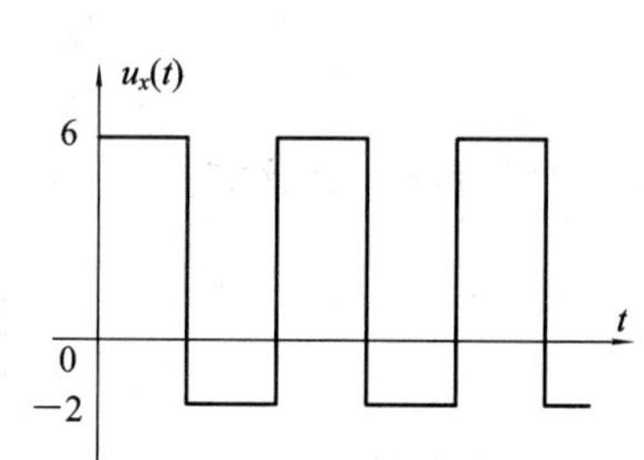

图 7.4　题 7.12 图

(1) 利用 7.4 节中图 7.4－1 所示的全波整流平均值电压表。

(2) 利用 7.5 节中图 7.5－1 所示的串联式峰值检波电压表。

(3) 利用 7.5 节中图 7.5－4 所示的并联式峰值检波电压表。

7.13　利用 7.5 节中图 7.5－7 所示的峰值检波器测量矩形脉冲电压，电压表读数为 10 V，已知 $R=1$ MΩ，R_d(包括电源内阻)＝175 Ω。

(1) 若 $T/T_w=10$，求测量的绝对误差和相对误差。

(2) 若 $T_w=10$ μs，$f=50$ Hz，重复(1)。

7.14　用 SR－8 示波器观察幅值 $U_m=2$ V 的正弦波，已知 Y 轴灵敏度为 0.1 V/div (已置校正位)，信号经 1∶10 探极输入，荧光屏上波形高度为多少格？

7.15　被测脉冲信号电压幅度 $U_p=3$ V，经 1∶10 探极输入，“倍率”置“×1”位，“微调”置校正位，要想在荧光屏上获得高度为 3 cm 的波形，Y 轴偏转灵敏度开关“V/cm”应置哪一挡？

7.16　用 SBM－10 示波器测量正弦信号电压幅度，“倍率”置“×5”挡，“V/cm”置“0.5 V/cm”挡，“微调”置校正位，用 1∶10 探极输入，荧光屏上信号峰-峰值 $U_{p\text{-}p}$ 高度为 5 cm，求被测信号电压幅值 U_m 和有效值 U。

7.17　推导 7.7 节图 7.7－5 中的 I/V 转换关系。

7.18 推导7.7节图7.7-6中的Ω/V转换关系。

7.19 使用7.7节图7.7-8所示的权电阻A/D变换电路，若二进制数为10110110（$a_i=1$，S_i 闭合；$a_i=0$，S_i 断开），$U_s=1.28$ V，$R=1$ kΩ，求输出 U_o。

7.20 利用7.7节图7.7-9所示的T形D/A解码电路，$U_s=1.28$ V，$R=1$ kΩ，二进制数为10110111，求输出电压 U_o。

7.21 图7.5为恒流源解码电路，已知电流源 $I=1$ mA，$R=2$ kΩ，$U_0=1.375$ V，试判断 S_3、S_2、S_1、S_0 各开关的开闭状态。

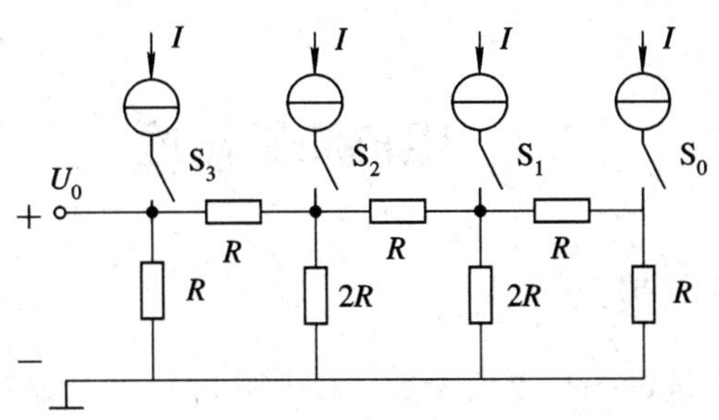

图7.5 题7.21

7.22 若基准电压 $U_s=8$ V，逐次逼近寄存器SAR由4位组成，相应状态为 $Q_3Q_2Q_1Q_0$，被测电压分别为 $U_{x1}=5.4$ V和 $U_{x2}=5.8$ V，试画出4比特逐次比较型A/D变换器反馈电压 U_o 的波形图，并写出最后转化成的二进制数(即SAR 4个寄存器的状态)。

7.23 某双积分型DVM的标准电压 $U_s=6.000$ V，计数脉冲频率为 $f_c=1$ MHz，计数器满量程 $N_1=80\ 000$。

(1) 被测电压 $U_x=1.500$ V时，计数器计数值 N_2 为多少？

(2) 取样时间 T_1 和反向积分时间(测量时间) T_2 各为多少？

7.24 甲、乙两台DVM，显示器最大显示值为甲是9 999，乙是19 999。

(1) 请问它们各是几位DVM？

(2) 若乙的最小量程为200 mV，其分辨力等于多少？

(3) 若乙的工作误差为±0.02%±1个字，分别用2 V挡和20 V挡测量 $U_x=1.56$ V电压时，绝对误差、相对误差各为多少？

7.25 在7.4节分贝测量中，分别用图7.4-8中的6 V挡和60 mV挡测量输入电压 U_{x1}、U_{x2}，表针均指在+3 dB处，U_{x1}(dB)、U_{x2}(dB)各为多少？电压值各为多少？

*第 8 章 阻抗测量

8.1 阻抗测量概述

8.1.1 阻抗的定义及其表示方法

阻抗是描述网络和系统的一个重要参数。对于图 8.1-1 所示的无源单口网络，阻抗定义为

$$Z=\frac{\dot{U}}{\dot{I}} \tag{8.1-1}$$

式中，$\dot{U}$ 和 $\dot{I}$ 分别为端口电压和电流相量。在集中参数系统中，表明能量损耗的参数是电阻元件 R，而表明系统储存能量数及其变化的参数是电感元件 L 和电容元件 C。严格地分析这些元件内的电磁现象是非常复杂的，因而在一般情况下，往往把它们当作不变的常量来进行测量。需要指出的是，在阻抗测量中，测量环境的变化、信号电压的大小及其工作频率的变化等都将直接影响测量的结果。例如，不同的温度和湿度将使阻抗表现为不同的值，过大的信号可能使阻抗元件表现为非线性，特别是在不同的工作频率下，阻抗表现出的性质会截然相反，因此，在阻抗测量中，必须按在实际工作条件(尤其是工作频率)下进行。

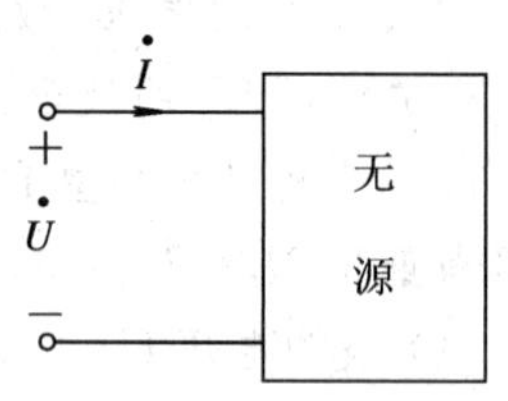

图 8.1-1 无源单口网络

一般情况下，阻抗为复数，它可用直角坐标和极坐标表示，即

$$Z=\frac{\dot{U}}{\dot{I}}=R+\mathrm{j}X=|Z|\mathrm{e}^{\mathrm{j}\theta_z} \tag{8.1-2}$$

式中，R 和 X 分别为阻抗的电阻分量和电抗分量，$|Z|$ 和 θ_z 分别称为阻抗模和阻抗角。阻抗两种坐标形式的转换关系为

$$\begin{cases}|Z|=\sqrt{R^2+X^2}\\ \theta_z=\arctan\dfrac{X}{R}\end{cases} \tag{8.1-3}$$

和

$$\begin{cases}R=|Z|\cos\theta_z\\ X=|Z|\sin\theta_z\end{cases} \tag{8.1-4}$$

导纳 Y 是阻抗 Z 的倒数，即

$$Y=\frac{1}{Z}=\frac{R}{R^2+X^2}+\mathrm{j}\frac{-X}{R^2+X^2}=G+\mathrm{j}B \tag{8.1-5}$$

其中：

$$\begin{cases}G=\dfrac{R}{R^2+X^2}\\[2mm] B=\dfrac{-X}{R^2+X^2}\end{cases} \tag{8.1-6}$$

分别为导纳 Y 的电导分量和电纳分量。导纳的极坐标形式为

$$Y=G+\mathrm{j}B=|Y|\mathrm{e}^{\mathrm{j}\varphi} \tag{8.1-7}$$

式中，$|Y|$ 和 φ 分别称为导纳模和导纳角。

8.1.2　电阻器、电感器和电容器的电路模型

一个实际的元件，如电阻器、电容器和电感器，都不可能是理想的，存在着寄生电容、寄生电感和损耗。也就是说，一个实际的 R、L、C 元件都含有三个参数：电阻、电感和电容。表8.1-1分别画出了电阻器、电感器和电容器在考虑各种因素时的等效模型和等效阻抗。其中，R_0、R_0'、L_0 和 C_0 均表示等效分布参量。

一个实际的电阻器在高频情况下既要考虑其引线电感，同时又必须考虑其分布电容，故其模型如表8.1-1中的1-3所示。

表8.1-1　电阻器、电感器和电容器在考虑各种因素时的等效模型和等效阻抗

元件类型		组　成	等效模型	等效阻抗
电阻器	1-1	理想电阻	R	$Z_e=R$
	1-2	考虑引线电感	R　L_0	$Z_e=R+\mathrm{j}\omega L_0$
	1-3	考虑引线电感和分布电容	R　L_0　C_0	$Z_e=\dfrac{R+\mathrm{j}\omega L_0\left[1-\dfrac{C_0}{L_0}(R^2+\omega^2L_0^2)\right]}{(1-\omega^2L_0C_0)^2+\omega^2C_0^2R^2}$
电感器	2-1	理想电感	L	$Z_e=\mathrm{j}\omega L$
	2-2	考虑导线损耗	R_0　L	$Z_e=R_0+\mathrm{j}\omega L$
	2-3	考虑导线损耗和分布电容	R_0　L　C_0	$Z_e=\dfrac{R_0+\mathrm{j}\omega L\left[1-\dfrac{C_0}{L}(R_0^2+\omega^2L^2)\right]}{(1-\omega^2LC_0)^2+\omega^2C_0^2R_0^2}$

续表

元件类型		组　　成	等效模型	等效阻抗
电容器	3-1	理想电容	C	$Z_e=\frac{1}{j\omega C}$
	3-2	考虑泄漏、介质损耗等	C, R_0	$Z_e=\frac{R_0}{1+\omega^2C^2R_0^2}-j\frac{\omega CR_0^2}{1+\omega^2C^2R_0^2}$
	3-3	考虑泄漏、引线电阻和电感	R_0', L_0, C, R_0	$Z_e=\left(R_0'+\frac{R_0}{1+\omega^2C^2R_0^2}\right)+j\left(\omega L_0-\frac{\omega CR_0^2}{1+\omega^2C^2R_0^2}\right)$

其等效阻抗为

$$Z_e=\frac{(R+j\omega L_0)\frac{1}{j\omega C_0}}{R+j\omega L_0+\frac{1}{j\omega C_0}}=\frac{R+j\omega L_0}{(1-\omega^2L_0C_0)+j\omega C_0R}$$

$$=\frac{R}{(1-\omega^2L_0C_0)^2+(\omega C_0R)^2}+j\frac{\omega L_0\left[1-\frac{C_0}{L_0}(R^2+\omega^2L_0^2)\right]}{(1-\omega^2L_0C_0)^2+(\omega C_0R)^2}$$

$$=R_e+jX_e \tag{8.1-8}$$

式中，R_e、X_e 分别为等效阻抗的电阻分量和电抗分量。在频率不太高，即 $\omega L_0/R\ll1$，$\omega C_0R\ll1$ 时，式(8.1-8)可近似为

$$Z\approx R\left[1+j\omega\left(\frac{L_0}{R}-RC_0\right)\right]=R(1+j\omega\tau) \tag{8.1-9}$$

式中：

$$\tau=\frac{L_0}{R}-RC_0 \tag{8.1-10}$$

称为电阻器的时常数。显然，当 $\tau=0$ 时，电阻器为纯电阻；当 $\tau>0$ 时，电阻器呈电感性；当 $\tau<0$ 时，电阻器呈电容性。也就是说，当工作频率很低时，电阻器的电阻分量起主要作用，其电抗分量小到可以忽略不计，此时 $Z_e=R$。随着工作频率的提高，就必须考虑电抗分量了。

精确的测量表明，电阻器的等效电阻本身也是频率的函数，工作于交流情况下的电阻器由于集肤效应、涡流效应、绝缘损耗等使等效电阻随频率而变化。设 $R_=$ 和 $R_\sim$ 分别为电阻器的直流和交流阻值，实验表明，可用如下经验公式足够准确地表示它们之间的关系：

$$\begin{cases}R_\sim=R_=(1+\alpha\omega+\beta\omega^2+\gamma\omega^3)\\ \quad(\text{适用于小于 1 k}\Omega\text{ 电阻})\\ R_\sim=R_=(1+\alpha_1\omega^{0.7}+\beta_1\omega^{1.4}+\gamma_1\omega^2+\delta_1\omega^3)\\ \quad(\text{适用于 1}\sim\text{200 k}\Omega\text{ 的电阻})\end{cases} \tag{8.1-11}$$

对于一般的电阻器来说，α、β、γ 等系数都很小。对于某一电阻器而言，这些系数都是常数，故可以在几个不同的频率上分别测出其阻值 $R_{\sim}$，从而推导出这些系数和 $R_{=}$。

通常用品质因数 Q 来衡量电感器、电容器以及谐振电路的质量，其定义为

$$Q = 2\pi \frac{\text{磁能或电能的最大值}}{\text{一个周期内消耗的能量}}$$

对电感器而言，若只考虑导线的损耗，则电感器的模型如表 8.1-1 中的 2-2 所示，其品质因数为

$$Q_L = 2\pi \frac{LI^2}{I^2 R_0 T} = \frac{2\pi f L}{R_0} = \frac{\omega L}{R_0} \tag{8.1-12}$$

式中，I 和 T 分别为正弦电流的有效值和周期。在频率较高的情况下，需要考虑分布电容，电感器的模型如表 8.1-1 中的 2-3 所示，其等效阻抗为

$$Z_e = \frac{R_0 + j\omega L}{1 - \omega^2 LC_0 + j\omega C_0 R_0} \tag{8.1-13}$$

若电感器的 Q 值很高，则其损耗电阻 R_0 很小，式(8.1-13)分母中的虚部忽略，此时电感器的等效电感为

$$L_e = \frac{L}{1 - \omega^2 LC_0} \tag{8.1-14}$$

式(8.1-14)表明，电感器的等效电感不仅与频率有关，而且与 C_0 有关。C_0 越大，频率越高，则 L_e 与 L 相差越大。在实际测量中，在某一频率 f 下，测得的是等效电感 L_e。

对电容器而言，若仅考虑介质损耗及泄漏等因素，则其等效模型如表 8.1-1 中的3-2 所示，其等效导纳为 $Y_e = G_0 + j\omega C$，品质因数为

$$Q_e = 2\pi \frac{CU^2}{U^2 G_0 T} = \frac{2\pi f C}{G_0} = \frac{\omega C}{G_0} = \omega C R_0 \tag{8.1-15}$$

式中，U 和 T 分别为电容器两端正弦电压的有效值和周期。对电容器而言，常用损耗角 δ 和损耗因数 D 来衡量其质量。把导纳 Y 画在复平面上，如图 8.1-2 所示，图中画出了损耗角 δ，其正切为

$$\tan\delta = \frac{G_0}{\omega C} \tag{8.1-16}$$

损耗因数定义为

$$D = \frac{1}{Q} = \frac{G_0}{\omega C} = \tan\delta \tag{8.1-17}$$

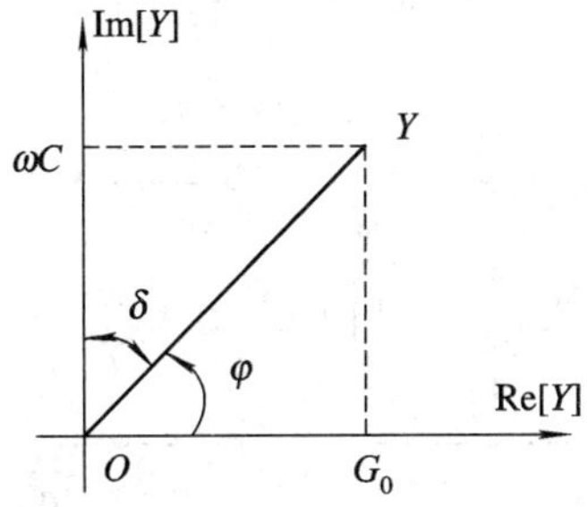

图 8.1-2　导纳的直角坐标表示

当损耗较小，即 δ 较小时，有

$$D \approx \delta = \frac{G_0}{\omega C} = \frac{1}{Q} \tag{8.1-18}$$

当频率很高时，电容器的模型如表 8.1-1 中的 3-3 所示。其中，L_0 为引线电感；R_0' 为引线和接头引入的损耗；R_0 为介质损耗及泄漏电阻。此时，引线电感的影响相当显著，若忽略其损耗，则其等效导纳为

$$Y_e = \frac{j\omega C \cdot \dfrac{1}{j\omega L_0}}{j\left(\omega C - \dfrac{1}{\omega L_0}\right)} = j\omega \frac{C}{1-\omega^2 L_0 C} \tag{8.1-19}$$

故其等效电容为

$$C_e = \frac{C}{1-\omega^2 L_0 C} \tag{8.1-20}$$

由式(8.1-20)可见，L_0 越大，频率越高，则 C_e 与 C 相差就越大。

从上述讨论中可以看出，只是在某些特定条件下，电阻器、电感器和电容器才能看成理想元件。一般情况下，它们都随所加的电流、电压、频率、温度等因素而变化。因此，在测量阻抗时，必须使得测量条件尽可能与实际工作条件接近，否则，测得的结果将会有很大的误差，甚至是错误的结果。

测量阻抗参数最常用的方法有伏安法、电桥法和谐振法。伏安法是利用电压表和电流表分别测出元件的电压和电流值，从而计算出元件值。该方法一般只能用于频率较低的情况，把电阻器、电感器和电容器看成理想元件。用伏安法测量阻抗的线路有两种连接方式，如图 8.1-3 所示。这两种测量方法都存在着误差。在图(a)所示的测量方法中，测得的电流包含了流过电压表的电流，它一般用于测量阻抗值较小的元件；在图(b)所示的测量方法中，测得的电压包含了电流表上的压降，它一般用于测量阻抗值较大的元件。在低频情况下，若被测元件为电阻器，则其阻值为

$$R = \frac{U}{I} \tag{8.1-21}$$

若被测元件为电感器，则由于 $\omega L = U/I$，有

$$L = \frac{U}{2\pi f I} \tag{8.1-22}$$

若被测元件为电容器，则由于 $1/(\omega C) = U/I$，有

$$C = \frac{I}{2\pi f U} \tag{8.1-23}$$

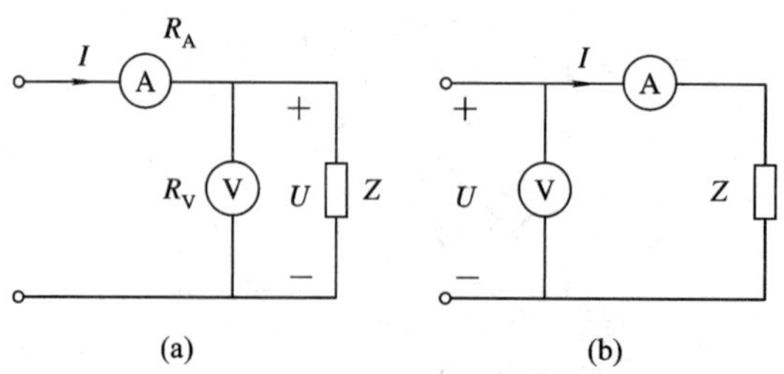

图 8.1-3　伏安法测量阻抗

由于电表本身还存在着一定的误差，因此，伏安法测量阻抗的误差较大，一般用于测量精度要求不高的场合。

8.2　电桥法测量阻抗

在阻抗参数测量中，应用最广泛的是电桥法。这不仅由于电桥法测量阻抗参数有较高的精度，而且电桥线路也比较简单。若利用传感器把某些非电量(如压力、温度等)变换为元件参数(如电阻、电容等)，则也可用电桥间接测量非电量。

电桥的基本形式由4个桥臂、1个激励源和1个零电位指示器组成。四臂电桥的原理图如图8.2－1所示，图中 Z_1、Z_2、Z_3 和 Z_4 为四个桥臂阻抗，Z_s 和 Z_g 分别为激励源和指示器的内阻抗。最简单的零电位指示器可以是一副耳机。频率较高时，常用交流放大器或示波器作为零电位指示器。

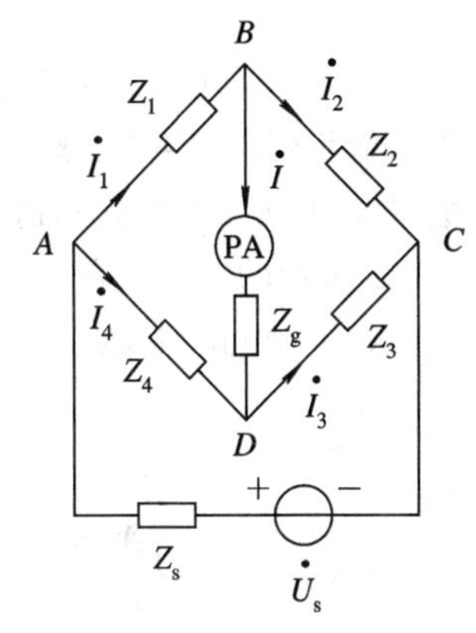

图8.2－1　四臂电桥的原理图

8.2.1　电桥平衡条件

在图8.2－1所示的电桥电路中，当指示器两端电压相量 $\dot{U}_{BD}=0$ 时，流过指示器的电流相量 $\dot{I}=0$，这时称电桥达到平衡。由图8.2－1可知，此时

$$Z_1\dot{I}_1 = Z_4\dot{I}_4$$

$$Z_2\dot{I}_2 = Z_3\dot{I}_3$$

而且

$$\dot{I}_1 = \dot{I}_2$$

$$\dot{I}_3 = \dot{I}_4$$

由以上的式子解得

$$Z_1Z_3 = Z_2Z_4 \tag{8.2-1}$$

式(8.2－1)即为电桥平衡条件。它表明：一对相对桥臂阻抗的乘积必须等于另一对相对桥臂阻抗的乘积。若式(8.2－1)中的阻抗用指数型表示，则得

$$|Z_1|e^{j\theta_1}\cdot|Z_3|e^{j\theta_3}=|Z_2|e^{j\theta_2}\cdot|Z_4|e^{j\theta_4}$$

根据复数相等的定义，上式必须同时满足：

$$|Z_1|\cdot|Z_3|=|Z_2|\cdot|Z_4| \tag{8.2-2}$$

$$\theta_1+\theta_3=\theta_2+\theta_4 \tag{8.2-3}$$

式(8.2－2)和式(8.2－3)表明，电桥平衡必须同时满足两个条件：相对臂的阻抗模乘积必须相等(模平衡条件)，相对臂的阻抗角之和必须相等(相位平衡条件)。因此，在交流情况下，必须调节两个或两个以上的元件才能将电桥调节到平衡。同时，电桥四个臂的元件性质要适当选择才能满足平衡条件。

在实用电桥中，为了调节方便，常有两个桥臂采用纯电阻。由式(8.2－1)可知，若相邻两臂(如 Z_1 和 Z_4)为纯电阻，则另外两臂的阻抗性质必须相同(即同为容性或感性)；若相对两臂(如 Z_2 和 Z_4)采用纯电阻，则另外两臂必须一个是电感性阻抗，另一个是电容性阻抗。

若是直流电桥，则由于各桥臂均由纯电阻构成，因此不需要考虑相位问题。

8.2.2 交流电桥的收敛性

为使交流电桥满足平衡条件，至少要有两个可调元件。一般情况下，任意一个元件参数的变化会同时影响模平衡条件和相位平衡条件，因此，要使电桥趋于平衡，需要反复进行调节。交流电桥的收敛性就是指电桥能以较快的速度达到平衡的能力。我们以图 8.2-2 所示的电桥为例说明此问题，其中，Z_4 为被测的电感元件。

为了方便，令

$$N = Z_2 Z_4 - Z_1 Z_3 \tag{8.2-4}$$

当 $N=0$ 时，电桥达到平衡。N 越小，表示电桥越接近平衡条件，指示器的读数就越小。因此，只要知道了 N 随被调元件参数的变化规律，也就知道了指示器读数的变化规律。对于图 8.2-2 所示的线路，有

$$N = R_2(R_4 + \mathrm{j}X_4) - R_3(R_1 + \mathrm{j}X_1) = A - B \tag{8.2-5}$$

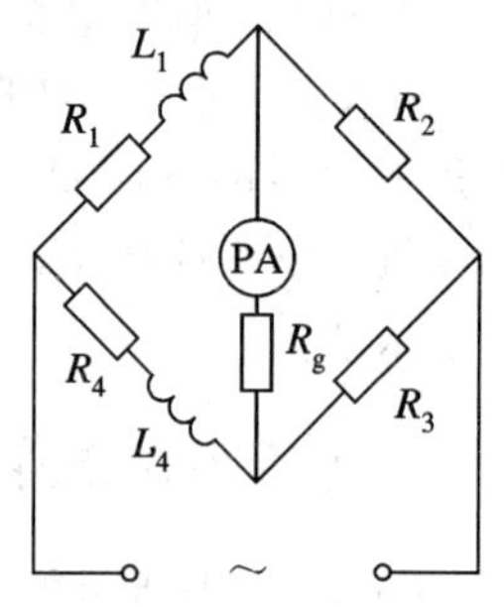

图 8.2-2 交流电桥电路

式中：

$$\begin{cases} A = R_2(R_4 + \mathrm{j}X_4) \\ B = R_3(R_1 + \mathrm{j}X_1) \end{cases} \tag{8.2-6}$$

A 和 B 均为复数，画在复平面上如图 8.2-3(a)所示。若选择 R_1 和 L_1 为调节元件，则画在复平面上如图 8.2-3(b)所示。当调节 X_1 时，复数 B 的实部保持不变，复数 B 将沿直线 ab 移动。当移动到 B_1 点时，由 B_1 到 A 的距离最短，复数 N 最小，指示器的读数为最小。然后调节 R_1，这时复数 B_1 的虚部不变，复数 B_1 将沿直线 cd 移动。当 B_1 移动到 A 点时，复数 N 为零，电桥达到平衡。这样，只需两个步骤就能将电桥调节到平衡，电桥的收敛性好。

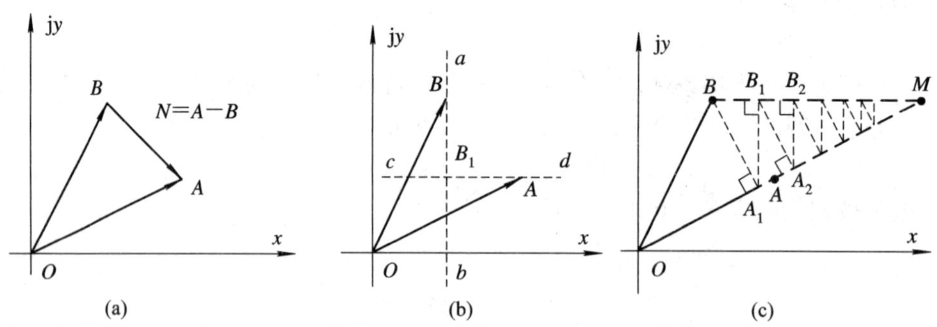

图 8.2-3 电桥平衡调节过程示意图

如果选择 R_1 和 R_2 为调节元件，则画在复平面上如图 8.2-3(c)所示。当调节 R_2 时，由式(8.2-6)可知，复数 A 的辐角不变，而它的模将发生变化，复数 A 将沿直线 OM 移动。当调节 R_1 时，复数 B 的虚部不变，它将沿直线 BM 移动。因此，需要反复调节 R_2 和 R_1，使复数 A 和 B 分别沿着直线 OM 和 BM 移动到 M 点，如图(c)所示，这时 $N=0$，电桥达到平衡。由此可见，选择 R_1 和 R_2 作为调节元件时，收敛性较差。

由上述讨论可知，正确地选择可调元件是十分重要的。实际上，如何选择可调元件应全面考虑，不只考虑收敛性。例如上述调节 R_1 和 R_2 时，虽然收敛性较差，但由于制造可调的精密电阻比制造可调的精密电感要容易，而且体积小，价格低廉，因此仍常常被采用。

8.2.3　电桥电路

阻抗测量中广泛应用的基本电桥形式如表 8.2-1 所示，表中还对各种电桥的特点做了扼要说明，并给出了由平衡条件导出的被测元件参数计算式。下面对表中部分电桥如何测量元件参数做一些说明。

表 8.2-1　常用电桥

编号	特　点	基本线路	被测元件诸参数计算式
(1)	直流电桥 适用于 1 Ω 到几兆欧范围的电阻精密测量	R_x, R_2, PA, R_4, R_3	$R_x=\frac{R_2}{R_3}R_4$
(2)	串联电容比较电桥 适宜于测量小损耗电容，便于分别读数。调节 R_2 和 R_4 可直接读出 C_x 和 $\tan\delta_x$	C_x, R_x, R_2, PA, C_4, R_4, R_3	$C_x=\frac{R_3}{R_2}C_4$ $R_x=\frac{R_2}{R_3}R_4$ $\tan\delta_x=\omega C_4R_4$
(3)	并联电容比较电桥 适宜于测量较大损耗电容，便于分别读数	C_x, R_x, R_2, PA, C_4, R_4, R_3	$C_x=\frac{R_3}{R_2}C_4$ $R_x=\frac{R_2}{R_3}R_4$ $\tan\delta_x=\frac{1}{\omega C_4R_4}$
(4)	高压(西林)电桥 用于测量高压下电容或绝缘材料的介质损耗，便于分别读数。调用 R_2 和 C_3 可直接读出 C_x 和 $\tan\delta_x$	R_x, C_x, R_2, PA, R_3, C_N, C_3	$C_x=\frac{R_3}{R_2}C_N$ $R_x=\frac{C_3}{C_N}R_2$ $\tan\delta_x=\omega C_3R_3$ （C_N 为高压电容）

续表

编号	特　点	基本线路	被测元件诸参数计算式
(5)	麦克斯威-文氏电桥 用于测 Q 值不高的电感。若选 R_3、R_4 为可调元件，则可直读 L_x 和 Q_x	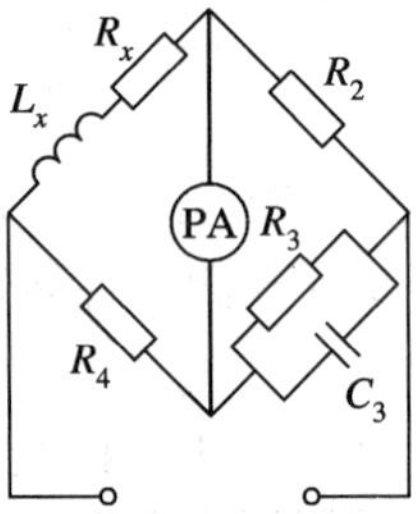 R_x L_x R_2 PA R_3 R_4 C_3	$L_x=R_2R_4C_3$ $R_x=\frac{R_2R_4}{R_3}$ $Q_x=\omega C_3R_3$
(6)	麦克斯韦电感比较电桥 用于测 Q 值较低的电感，电阻 R_0 借开关 S 可串接于 L_x 或 L_4，以便调节平衡	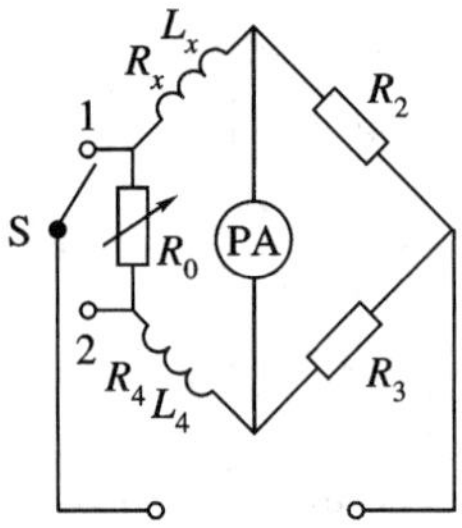 L_x R_x R_2 1 S R_0 PA 2 R_4 L_4 R_3	$L_x=\frac{R_2}{R_3}L_4$ S 置“1” $\begin{cases}R_x=\frac{R_2}{R_3}(R_4+R_0)\\Q_x=\omega L_4/(R_4+R_0)\end{cases}$ S 置“2” $\begin{cases}R_x=\frac{R_2}{R_3}R_4-R_0\\Q_x=\omega L_4/\left(R_4-\frac{R_3}{R_2}R_0\right)\end{cases}$
(7)	海氏电桥 用于测量 Q 值较高的电感	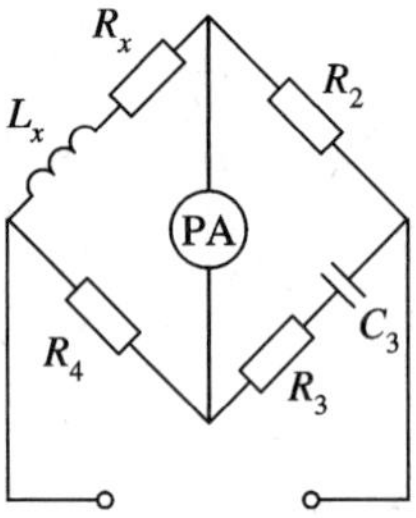 R_x L_x R_2 PA R_4 C_3 R_3	$L_x=R_2R_4C_3/1+(\omega C_3R_3)^2$ $R_x=\frac{R_2R_4R_3(\omega C_3)^2}{1+(\omega C_3R_3)^2}$ $Q_x=\frac{1}{\omega C_3R_3}$
(8)	欧文电桥 用于高精度地测量电感	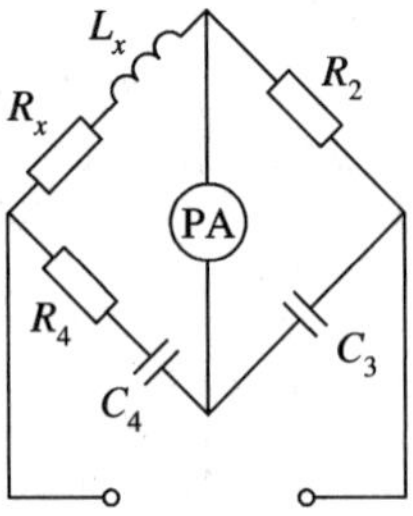 L_x R_x R_2 PA R_4 C_4 C_3	$L_x=R_2R_4C_3$ $R_x=\frac{C_3}{C_4}R_2$ $Q_x=\omega C_4R_4$

直流电桥用于精确地测量电阻的阻值。当电桥平衡时，有

$$R_x=\frac{R_2}{R_3}R_4=KR_4 \tag{8.2-7}$$

式中：

$$K=\frac{R_2}{R_3}$$

通常，R_2 与 R_3 的比值做成一比率臂；K 称为比率臂的倍率；R_4 为标准电阻，称为标称臂。只要适当地选择倍率 K 和 R_4 的阻值，就可以精确地测得 R_x 的阻值。

通过与已知电容或电感比较来测定未知电容或电感，称为比较电桥，其特点是相邻两臂采用纯电阻。表 8.2-1 中的(2)和(3)为电容比较电桥，而(6)为电感比较电桥。

串联电容比较电桥如图 8.2-4 所示，设

$$Z_1=R_x+\frac{1}{\mathrm{j}\omega C_x}$$

$$Z_2=R_2$$

$$Z_3=R_3$$

$$Z_4=R_4+\frac{1}{\mathrm{j}\omega C_4}$$

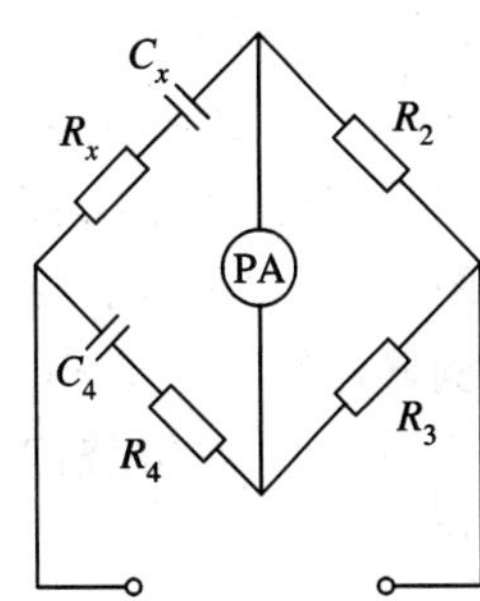

图 8.2-4　串联电容比较电桥

根据电桥平衡条件，得

$$\left(R_x+\frac{1}{\mathrm{j}\omega C_x}\right)\cdot R_3=R_2\cdot\left(R_4+\frac{1}{\mathrm{j}\omega C_4}\right)\tag{8.2-8}$$

式(8.2-8)为复数方程，方程两边必须同时满足实部相等和虚部相等，即

$$\begin{cases}R_x\cdot R_3=R_2\cdot R_4 & (\text{实部相等})\\ \dfrac{R_3}{\omega C_x}=\dfrac{R_2}{\omega C_4} & (\text{虚部相等})\end{cases}\tag{8.2-9}$$

由式(8.2-9)解得

$$\begin{cases}R_x=\dfrac{R_2}{R_3}R_4\\ C_x=\dfrac{R_3}{R_2}C_4\end{cases}\tag{8.2-10}$$

由式(8.2-10)可知，当选择 R_4 和 C_4 为可调元件时，被测量的参数 R_x 和 C_x 的值可以分别由读数得到。

图 8.2-5 所示的麦克斯韦-文氏电桥可用于测量电感线圈。设

$$\begin{cases}Z_1=R_x+\mathrm{j}\omega L_x,\ Z_2=R_2\\ Y_3=\dfrac{1}{Z_3}=\dfrac{1}{R_3}+\mathrm{j}\omega C_3,\ Z_4=R_4\end{cases}\tag{8.2-11}$$

电桥平衡方程可改写为

$$Z_1=Z_2Z_4Y_3\tag{8.2-12}$$

把式(8.2-11)代入式(8.2-12)，得

$$(R_x+\mathrm{j}\omega L_x)=R_2R_4\left(\frac{1}{R_3}+\mathrm{j}\omega C_3\right)$$

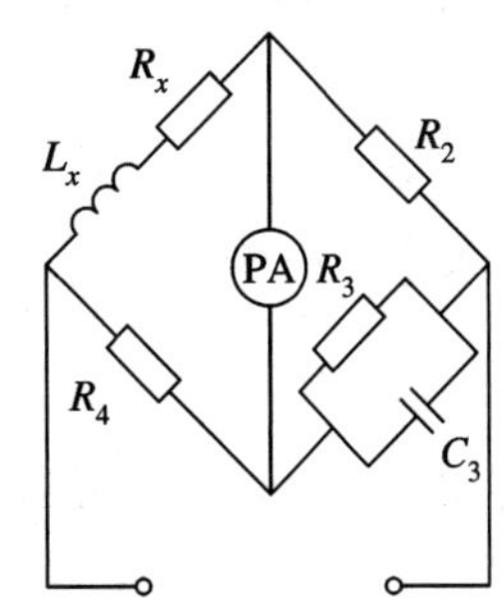

图 8.2-5　麦克斯韦-文氏电桥

根据上式两边实部和虚部分别相等，解得

$$\begin{cases} R_x = \dfrac{R_2}{R_3} R_4 \\ L_x = R_2 R_4 C_3 \end{cases} \tag{8.2-13}$$

由式(8.2－13)可知，当选择 C_3 和 R_3 作为可调元件时，被测参数 R_x 和 L_x 的值可分别通过读数得到。实际上 C_3 是高精度的标准电容，并且是不可调的。电桥的平衡是通过反复调节电阻 R_3 和 R_4 来实现的。

该电桥仅适用于测量品质因数较低($1<Q<10$)的电感线圈。这是由于臂 2 和臂 4 为纯电阻，其阻抗辐角和为 0°，因此臂 1 和臂 3 的阻抗辐角和也必须为 0°。高 Q 线圈的辐角接近＋90°，这就要求电容臂的阻抗辐角接近－90°，意味着电容臂的电阻 R_3 必须很大，这是非常不现实的。因此，高 Q 的线圈通常要用海氏电桥(表 8.2－1 中的(7))进行测量。

图 8.2－6 所示的变压器电桥可用于高频时的阻抗测量。它以变压器的绕组作为电桥的比例臂，其中 N_1、N_2 为信号源处变压器 T_1 的初、次级绕组匝数，m_1、m_2 为指示器处变压器 T_2 的初、次级绕组匝数。根据变压器的初、次级电流与匝数成反比，对于变压器 T_2，有

$$\frac{m_1}{m_2} = -\frac{\dot{I}_2}{\dot{I}_1} \quad \text{（视为理想变压器变流关系）} \tag{8.2-14}$$

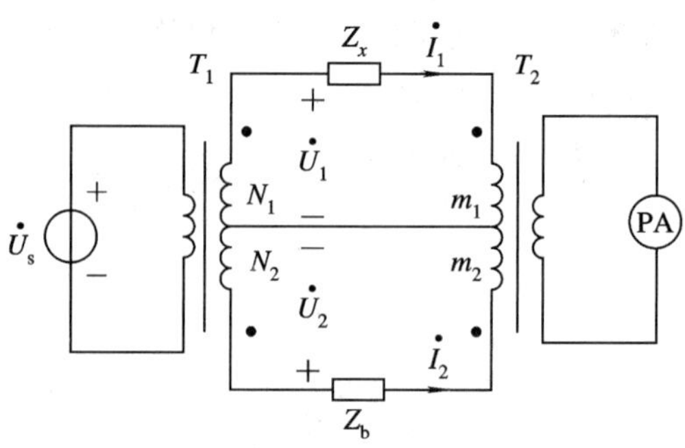

图 8.2－6　变压器电桥

当电桥平衡时，指示器的指示为零，要求变压器 T_2 的总磁通必须为零。因此，绕组 m_1 和 m_2 上的感应电压为零，电流 $\dot{I}_1$ 和 $\dot{I}_2$ 分别为

$$\dot{I}_1 = \frac{\dot{U}_1}{Z_x}, \quad \dot{I}_2 = \frac{\dot{U}_2}{Z_b} \tag{8.2-15}$$

对于变压器 T_1，存在着下列关系：

$$\frac{\dot{U}_1}{\dot{U}_2} = \frac{N_1}{N_2} \quad \text{（视为理想变压器变压关系）} \tag{8.2-16}$$

由式(8.2－14)～式(8.2－16)可解得

$$Z_x = -\frac{N_1 m_1}{N_2 m_2} Z_b \tag{8.2-17}$$

变压器电桥与一般四臂电桥相比较，其变压比唯一地取决于匝数比。匝数比可以做得很准确，也不受温度、老化等因素的影响；其次，其收敛性好，对屏蔽的要求低。因此，变压器电桥广泛地用于高频阻抗测量。

表 8.2－1 中的其他电桥电路的平衡条件，留给读者自行分析。

8.2.4 电桥的电源和指示器

交流电桥的信号源应该是交流电源。理想的交流电源应该是频率稳定的正弦波。当信号源的波形有失真(即含有谐波)时，电桥的平衡将非常困难。这是因为在一般情况下，电桥平衡仅仅是对基波而言的。若谐波分量较大，那么当通过指示器的基波电流为零时，谐波电流却使指示器不为零，这样势必导致测量误差。因此，为了消除谐波电流的影响，除了要求信号源有良好的波形外，往往还应在指示器电路中加装选择性回路，以便消除谐波成分。

一般情况下，阻抗的模和辐角都与频率有关，平衡条件仅在某个确定的频率下才能满足，因此，信号源的频率必须十分稳定。

交流电桥中的指示器通常为耳机、放大器和示波器。

耳机结构简单，使用方便，价格低廉，但是，耳机的测量结果与人耳的灵敏度有关，因此，一般只用于频率在 1000 Hz 以下的音频电桥。

当利用放大器作为电桥指示器时，通常采用选频放大器，以减少谐波和噪声的影响，提高测量的精确度和灵敏度。

用示波器作为电桥的指示器，可用于对阻抗参数的精密测量。可以将示波器的垂直通道和水平通道分别加信号源电压和电桥输出电压。一般情况下，屏幕上可得到一个任意倾角的椭圆。调节电桥平衡时，可根据屏幕上椭圆的变化情况确定输出电压的幅度和相位变化情况。当电桥平衡时，示波器屏幕上为一条水平线。

8.2.5 电桥的屏蔽和防护

一切实际元件的阻抗值都不可避免地会受到寄生电容的影响。寄生电容的大小往往随着桥臂的调节以及环境的改变而变化。因此，寄生电容的存在及其不稳定性严重地影响了电桥的平衡及其测量精度。从原理上讲，要消除寄生电容是不可能的，大多数防护措施是把这些电容固定下来，或者把线路中某点接地，以消除某些寄生电容的作用。

屏蔽对消除和固定磁的或电的影响十分有效。屏蔽一般采用两种方案：

第一种方案是接地屏蔽，如图 8.2-7 所示。这时屏蔽罩 P 外的一切电磁干扰都将不会影响屏蔽的阻抗 Z。接地线使屏蔽罩与地之间的电容 C_{P0} 被短路，Z 本身对地的电容 C_{1P} 和 C_{2P} 将大为增加，而其值是不变的，不易受外界因素的影响。

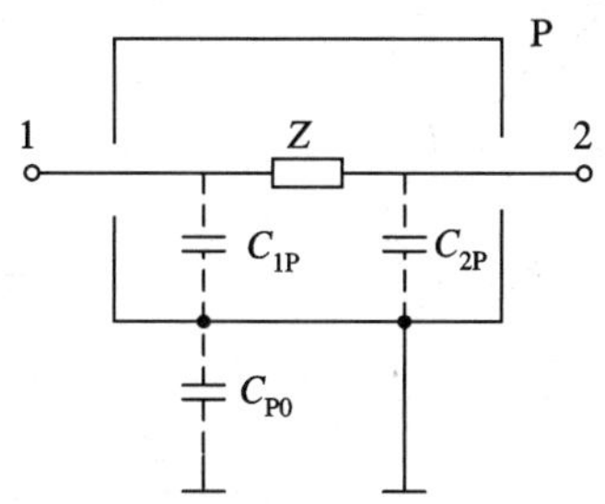

图 8.2-7 一点接地屏蔽方式

第二种方案是所谓的单极屏蔽，如图 8.2-8(a)所示。屏蔽罩 P 与被屏蔽的阻抗 Z 的一端 2 相连接。这时 Z 与屏蔽罩之间只有电容 C_{1P}，其值是固定的，并与 Z 并联，但屏蔽罩与地之间的电容 C_{P0} 将会随屏蔽罩外部的变化而改变。在此方案中，若屏蔽罩能接地，则可消除 C_{P0} 的影响；若不能接地，则在外面再加一层接地屏蔽就可稳定 C_{P0}，如图 8.2-8(b)所示。

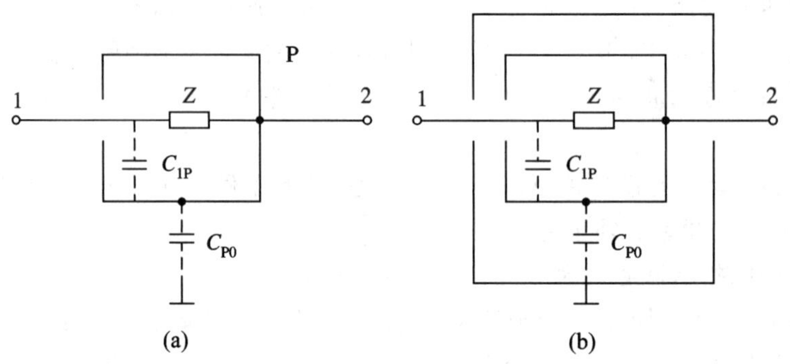

图 8.2-8　单极屏蔽和双层屏蔽

消除干扰和分布参数的影响除了可以采用屏蔽以外，还应正确地选择各种不同的电桥线路和测量方法。

【例 8.2-1】 在图 8.2-9(a)所示的直流电桥中，指示器的电流灵敏度为 10 mm/μA，内阻为 100 Ω。计算由于 BC 臂有 5 Ω 不平衡量所引起的指示器偏转量。

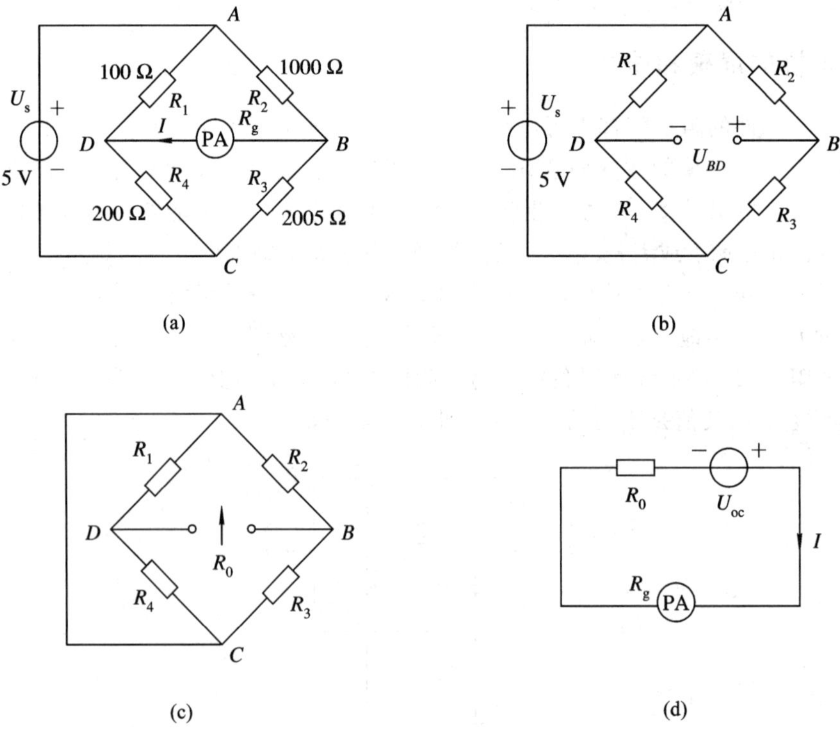

图 8.2-9　直流电桥电路

解： 若 BC 臂的电阻为 2000 Ω，则电桥平衡，流过指示器的电流 $I=0$。当电桥不平衡时，利用戴维南定理即可求出流过指示器的电流 I。

断开指示器支路，如图 8.2-9(b)所示。B、D 两端的开路电压为

$$U_{oc}=U_{BD}=U_{AD}-U_{AB}=\frac{R_1}{R_1+R_4}U_s-\frac{R_2}{R_2+R_3}U_s$$
$$=\frac{100}{100+200}\times 5-\frac{1000}{1000+2005}\times 5=2.77\ \text{mV}$$

在 B、D 两端计算戴维南等效电阻时，5 V 电压源必须短路，如图 8.2-9(c)所示。由图 8.2-9(c)可知：

$$R_0=\frac{R_1R_4}{R_1+R_4}+\frac{R_2R_3}{R_2+R_3}=\frac{200\times 100}{200+100}+\frac{1000\times 2005}{1000+2005}$$
$$=734\ \Omega$$

画出戴维南等效电路，如图 8.2-9(d)所示，由该图求得

$$I=\frac{U_{oc}}{R_0+R_g}=\frac{2.77}{734+100}=3.32\ \mu\text{A}$$

指示器偏转量为

$$\alpha=3.32\times 10=33.2\ \text{mm}$$

【例 8.2-2】 某交流电桥如图 8.2-10 所示。当电桥平衡时，$C_1=0.5\ \mu\text{F}$，$R_2=2\ \text{k}\Omega$，$C_2=0.047\ \mu\text{F}$，$R_3=1\ \text{k}\Omega$，$C_3=0.47\ \mu\text{F}$，信号源 $\dot{U}_s$ 的频率为 1 kHz，求阻抗 Z_4 的元件。

解：由电桥平衡条件

$$Z_2Z_4=Z_1Z_3$$

可得

$$Z_4=Z_1Z_3Y_2 \tag{8.2-18}$$

根据图 8.2-10，得

$$\begin{cases} Z_1=\dfrac{1}{\text{j}\omega C_1},\ Y_2=\dfrac{1}{R_2}+\text{j}\omega C_2 \\ Z_3=R_3+\dfrac{1}{\text{j}\omega C_3} \end{cases} \tag{8.2-19}$$

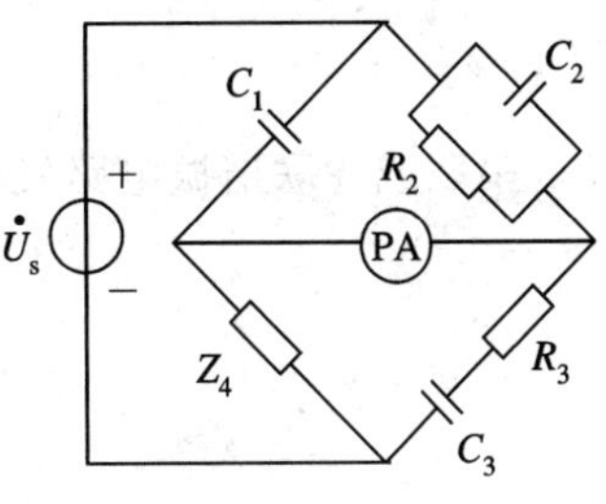

图 8.2-10　交流电桥电路

将式(8.2-19)代入式(8.2-18)得

$$Z_4=\frac{1}{\text{j}\omega C_1}\left(R_3+\frac{1}{\text{j}\omega C_3}\right)\left(\frac{1}{R_2}+\text{j}\omega C_2\right)$$

对上式化简后得

$$Z_4=\left(\frac{R_3C_2}{C_1}-\frac{1}{\omega^2C_1C_3R_2}\right)-\text{j}\left(\frac{R_3}{\omega R_2C_1}+\frac{C_2}{\omega C_1C_3}\right)$$

把元件参数及角频率 $\omega=2\pi f$ 代入上式，解得

$$Z_4=40.1-\text{j}191.0=R_4-\text{j}X_4$$

故

$$R_4=40.1\ \Omega$$

$$C_4=\frac{1}{X_4\omega}=\frac{1}{191.0\times 2\pi\times 10^3}=0.83\ \mu\text{F}$$

8.3 谐振法测量阻抗

8.3.1 谐振法测量阻抗的原理

谐振法是利用 LC 串联电路和并联电路的谐振特性来进行测量的方法。图 8.3-1(a)和(b)分别画出了 LC 串联谐振电路和并联谐振电路的基本形式，图中的电流、电压均用相量表示。

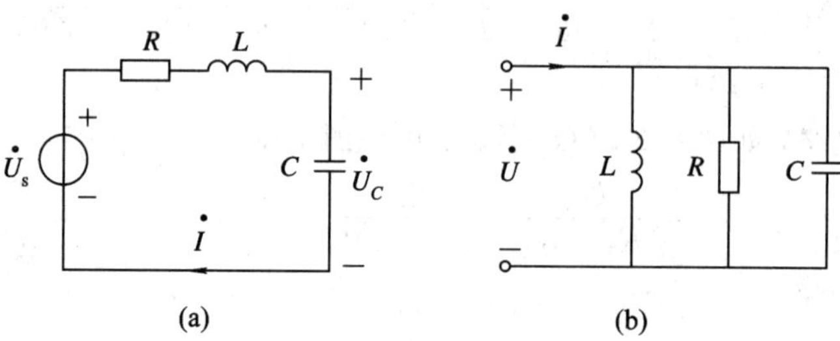

图 8.3-1 LC 串、并联谐振电路的基本形式

当外加信号源的角频率 ω 等于回路的固有角频率 ω_0，即

$$\omega = \omega_0 = \frac{1}{\sqrt{LC}} \tag{8.3-1}$$

时，LC 串联或并联谐振电路发生谐振，这时

$$L = \frac{1}{\omega_0^2 C} \tag{8.3-2}$$

$$C = \frac{1}{\omega_0^2 L} \tag{8.3-3}$$

由式(8.3-2)和式(8.3-3)可测得 L 或 C 的参数。对于图 8.3-1(a)所示的 LC 串联谐振电路，其电流为

$$\dot{I} = \frac{\dot{U}_s}{R + \mathrm{j}\left(\omega L - \frac{1}{\omega C}\right)} \tag{8.3-4}$$

电流 $\dot{I}$ 的模值为

$$I = \frac{U_s}{\sqrt{R^2 + \left(\omega L - \frac{1}{\omega C}\right)^2}} \tag{8.3-5}$$

当电路发生谐振时，其感抗与容抗相等，即 $\omega_0 L = 1/(\omega_0 C)$，回路中的电流达最大值，即

$$I = I_0 = \frac{U_s}{R}$$

此时电容器上的电压为

$$U_C = U_{C0} = \frac{1}{\omega_0 C} I_0 = \frac{1}{\omega_0 C}\frac{U_s}{R} = QU_s \tag{8.3-6}$$

式中：

$$Q = \frac{1}{\omega_0 CR} = \frac{\omega_0 L}{R} \tag{8.3-7}$$

为 LC 串联谐振电路的品质因数。由式(8.3-6)可知，LC 串联电路谐振时，电容上的电压 U_{C0} 的大小是信号源 U_s 的 Q 倍。若保持 $U_s=1$ V，则谐振时电容上电压 U_C 的大小与 Q 值相等，电压表上的读数可直接用 Q 值表示。若回路电容的损耗可以忽略，则测得的电路 Q 值近似为电感线圈的品质因数。已知 Q 和 C 的大小，由式(8.3-7)可求得电阻 R 的大小。上述测量 Q 值的方法称为电压比法，也就是 Q 表的原理。

利用电压比法测量 Q 值时，电路是否谐振是通过测量电容电压 U_C 来确定的。当保持信号源的有效值 U_s 不变，而改变信号源的频率，使得电容电压有效值 U_C 达最大值时，判断电路发生谐振，因此谐振点的判断误差较大。特别是在高频情况下，测量电压的误差也较大，这就造成了电压比法测量 Q 值有较大的误差。为了提高测量 Q 值的精度，常采用变频率法和变电容法，下面分别作一简单介绍。

由式(8.3-5)得

$$I = \frac{U_s}{R\sqrt{1+\left(\frac{\omega_0 L}{R}\right)^2\left(\frac{\omega}{\omega_0}-\frac{\omega_0}{\omega}\right)^2}} \tag{8.3-8}$$

考虑谐振时电流 $I_0=\frac{U_s}{R}$，回路的品质因数 $Q=\frac{\omega_0 L}{R}$，因此式(8.3-8)可改写为

$$\frac{I}{I_0} = \frac{1}{\sqrt{1+Q^2\left(\frac{\omega}{\omega_0}-\frac{\omega_0}{\omega}\right)^2}} \tag{8.3-9}$$

在失谐不大的情况下，可作如下的近似：

$$\begin{aligned}\frac{\omega}{\omega_0}-\frac{\omega_0}{\omega} &= \frac{\omega^2-\omega_0^2}{\omega_0\omega} = \frac{(\omega+\omega_0)(\omega-\omega_0)}{\omega\omega_0}\\ &\approx \frac{2\omega(\omega-\omega_0)}{\omega\omega_0} = \frac{2(\omega-\omega_0)}{\omega_0}\end{aligned}$$

这样式(8.3-9)又可改写为

$$\frac{I}{I_0} = \frac{1}{\sqrt{1+Q^2\left[\frac{2(\omega-\omega_0)}{\omega_0}\right]^2}} \tag{8.3-10}$$

调节频率，使回路失谐，设 $\omega=\omega_2$ 和 $\omega=\omega_1$ 分别为半功率点处的上、下限频率，如图 8.3-2 所示。此时，$I/I_0=1/\sqrt{2}=0.707$，由式(8.3-10)得

$$Q\frac{2(\omega_2-\omega_0)}{\omega_0} = 1 \tag{8.3-11}$$

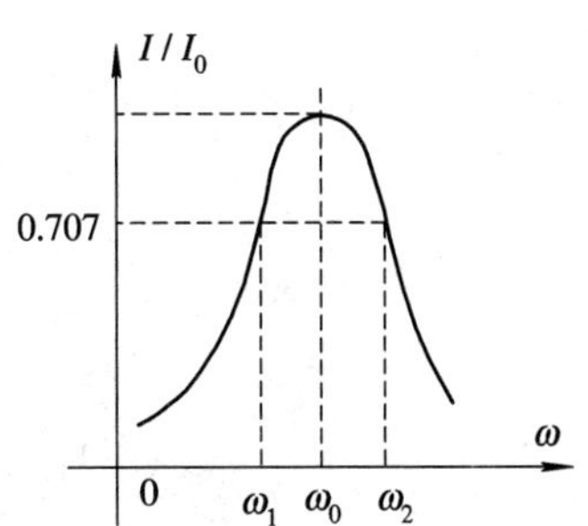

图 8.3-2　变频时的谐振曲线

由于回路的通频带宽度 $B=f_2-f_1=2(f_2-f_0)$，因此由式(8.3-11)得

$$Q = \frac{f_0}{B} = \frac{f_0}{f_2-f_1} \tag{8.3-12}$$

由式(8.3-12)可知，只需测得半功率点处的频率

f_2、f_1 和谐振率 f_0，即可求得品质因数 Q。这种测量 Q 值的方法称为变频率法。由于半功率点的判断比谐振点容易，因此其准确度较高。

设回路谐振时的电容为 C_0，此时保持信号源的频率和振幅不变，改变回路的调谐电容。设半功率点处的电容分别为 C_1 和 C_2，且 $C_2>C_1$，变电容时的谐振曲线如图 8.3-3 所示。类似于变频率法，可以推得

$$Q=\frac{2C_0}{C_2-C_1} \tag{8.3-13}$$

由式(8.3-13)可求得品质因数 Q。这种测量 Q 值的方法称为变电容法。

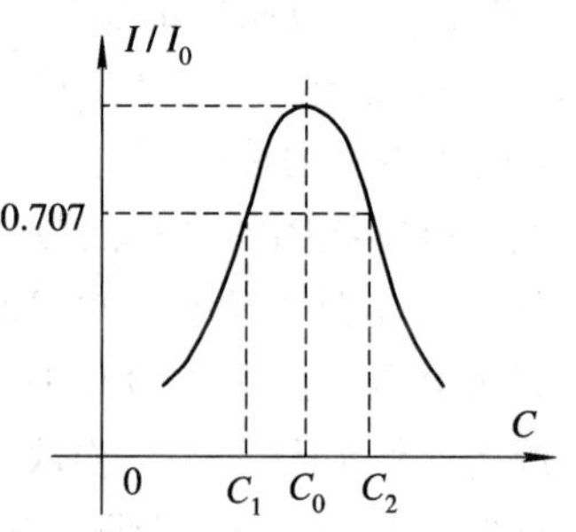

图 8.3-3　变容时的谐振曲线

采用变频率法和变电容法测量 Q 值时，由于可以使用较高精度的外部仪器，而且在测量过程中，若保持输入信号幅度不变，则只需测量失谐电压与谐振时电压的比值，避免了精确测量电压绝对值的困难，因而大大提高了 Q 值的测量精度，特别是在高频情况下，可以大大减少分布参数对测量的影响。

8.3.2　Q 表的原理

Q 表是基于 LC 串联回路谐振特性的测量仪器，其基本原理电路如图 8.3-4 所示。由图 8.3-4 可知，Q 表由三部分组成：高频信号源、LC 测量回路和指示器。信号源内阻抗 $Z_s=R_s+jX_s$ 的存在将直接影响 Q 表的测量精度。设回路阻抗 $Z=R+j(\omega L-1/(\omega C))=R+jX$，一般情况下，$Z\gg Z_s$，回路的输入电压近似为 $\dot{U}_{in}=Z\dot{U}_s/(Z_s+Z)\approx\dot{U}_s$。当回路谐振时，其输入电压为 $\dot{U}'_{in}=R\dot{U}_s/(R_s+R)$，但 $R\gg R_s$，这样会造成谐振时的输入电压小于失谐时的输入电压，将导致测量误差，而且由于谐振时输入电压变小，将使回路的谐振曲线变平坦，谐振点更不易判断，从而导致测量误差的增加。为了减少信号源内阻抗对测量的影响，常采用三种方式将信号源接入谐振回路：电阻耦合法、电感耦合法和电容耦合法。由于电容耦合法中的耦合电容成为串联谐振电路中的一部分，因此，可变电容 C 与被测电感的关系已不是简单的串联谐振关系，这会造成可变电容 C 的刻度读数较复杂。另外，为了减少信号源内阻抗的影响，要求耦合电容的容抗很小，即电容量很大，但实际上耦合电容不可能太大，因此电容耦合法仅适用于高频 Q 表。下面仅对电阻耦合法和电感耦合法作一简要介绍。

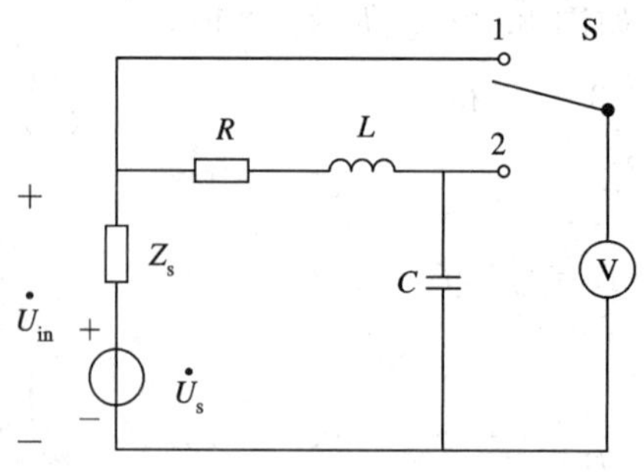

图 8.3-4　Q 表的原理

采用电阻耦合法的Q表的原理图如图8.3-5所示。信号源经过一个串联大阻抗Z接到一个小电阻R_H上。R_H的大小一般为0.02～0.2 Ω，常称为插入电阻。一般利用热偶式高频电流表的热电偶的加热丝作为R_H。当高频电流通过R_H使热丝加热时，便在热电偶中产生一个直流热电动势。由于R_H的值远远小于回路阻抗的值及Z的值，因此，在调谐过程中R_H两端电压U_i基本上保持不变。由式(8.3-6)可知：

$$Q=\frac{U_{C0}}{U_i} \tag{8.3-14}$$

若保持回路的输入电压U_i大小不变，则接在电容C两端的电压表就可以直接用Q表值来标度。若使U_i减少一半，则由式(8.3-14)可知，同样大小的U_{C0}所对应的Q值比原来增加一倍，故接在输入端的电压表可用作Q值的倍乘指示。实际的Q表，电压U_i和U_C的测量是通过一个转换开关用同一表头来完成的，如图8.3-4所示。

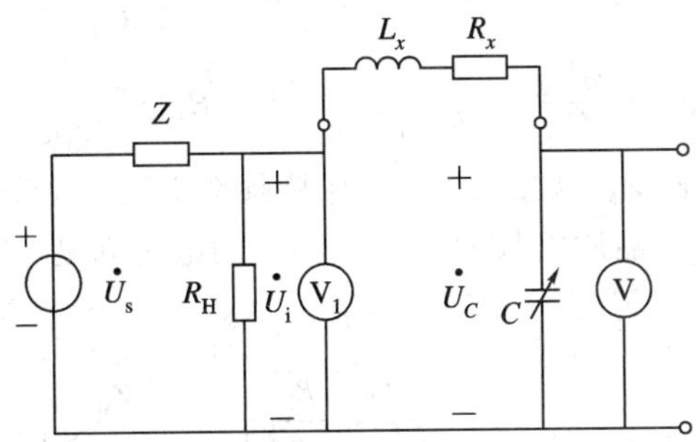

图8.3-5 采用电阻耦合法的Q表的原理图

电感耦合法的Q表原理图如图8.3-6所示。由图可知，电感L_1和L_2构成一分压器。在已知分压比的情况下，由电压表V_1的读数可知电感L_2两端的电压U_i，因此电压表V_1同样起着Q值倍乘的作用。L_2的电感量很小，大约为10^{-10}～10^{-3} H，其引入测量回路中的电阻比电阻耦合法引入的电阻要小得多，因而回路中引入电阻造成的Q值测量误差将小得多，提高了Q值的测量精度。通常电感耦合法的Q表适用于超高频频段。

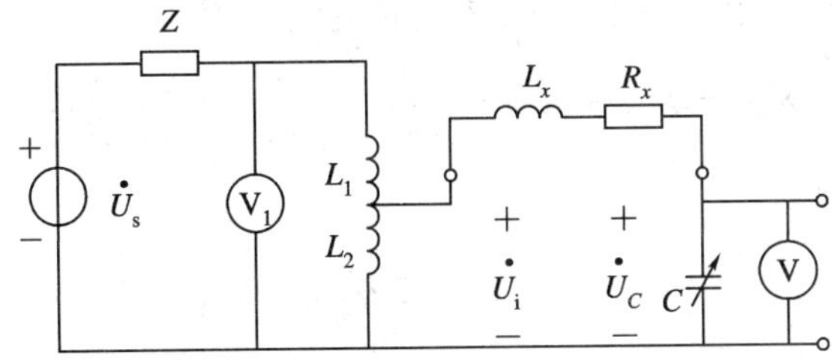

图8.3-6 电感耦合法的Q表原理图

8.3.3 元件参数的测量

利用Q表测量元件参数的简单方法是将被测元件直接跨接到测试接线端，称为直接测量法。图8.3-5和图8.3-6也是直接测试电感线圈的原理图。通过调节信号源的频率或调节回路的可变电容使回路发生谐振，由电容器两端的电压表可直接读出Q值，然后乘上倍乘值即可得到电感线圈的Q值。

由 Q 表中测量回路本身的寄生参数对测量结果所产生的影响，称为残余效应，由此而导致的测量误差称为残差。由于直接测量法不仅存在系统测量误差，还存在残差的影响，因此一般采用比较法进行测量。该法可以较为有效地消除系统测量误差和残差的影响。比较法又分为串联比较法和并联比较法，前者适用于低阻抗的测量，后者适用于高阻抗的测量。

当电感线圈的电感量较小或电容器的电容量很大时，属于低阻抗测量，需要采用图 8.3－7 所示的串联比较法测量元件参数。图 8.3－7 中，L_K 为已知的辅助线圈；R_K 为其损耗电阻；$Z_M=R_M+jX_M$，为被测元件阻抗。由于电阻 R_H 很小，因此在讨论中忽略其影响。首先用一短路线将被测元件 Z_M 短路，调节电容 C，使回路谐振。设此时的电容量为 C_1，被测得的品质因数为 Q_1。根据谐振时回路特性，可得

$$X_{LK}=X_{C1} \quad \text{或} \quad \omega L_K=\frac{1}{\omega C_1} \tag{8.3-15}$$

$$Q_1=\frac{\omega L_K}{R_K}=\frac{1}{R_K\omega C_1} \quad \text{或} \quad R_K=\frac{1}{Q_1\omega C_1} \tag{8.3-16}$$

然后断开短路线，被测元件 Z_M 被接入回路。保持频率不变，调节电容器 C，使回路再次谐振。设此时的电容量为 C_2，品质因数为 Q_2，回路中的电抗满足：

$$X_{LK}+X_M=X_{C2} \tag{8.3-17}$$

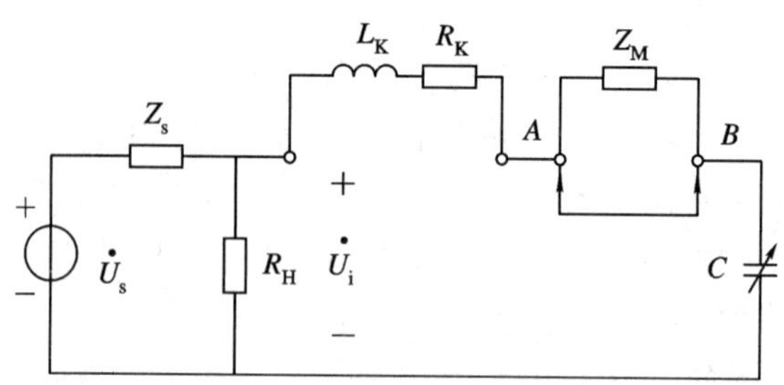

图 8.3－7　串联比较法原理图

由于 $X_{LK}=1/(\omega C_1)$，因此式(8.3－17)可改写为

$$X_M=X_{C2}-X_{LK}=\frac{1}{\omega C_2}-\frac{1}{\omega C_1}=\frac{C_1-C_2}{\omega C_1C_2} \tag{8.3-18}$$

回路的品质因数为

$$Q_2=\frac{1}{(R_K+R_M)\omega C_2}$$

或

$$R_K+R_M=\frac{1}{Q_2\omega C_2}$$

故

$$R_M=\frac{1}{Q_2\omega C_2}-\frac{1}{Q_1\omega C_1}=\frac{C_1Q_1-C_2Q_2}{\omega C_1C_2Q_1Q_2} \tag{8.3-19}$$

若被测元件为电感线圈，则 X_M 为感性，必有 $X_M>0$。由式(8.3－18)可知，此时 $C_1>C_2$，并求得

$$L_M = \frac{C_1 - C_2}{\omega^2 C_1 C_2} \tag{8.3-20}$$

线圈的品质因数可由式(8.3－18)和式(8.3－19)求得，即

$$Q_M = \frac{X_M}{R_M} = \frac{Q_1 Q_2 (C_1 - C_2)}{C_1 Q_1 - C_2 Q_2} \tag{8.3-21}$$

若被测元件为电容器，则 X_M 为容性，必有 $X_M < 0$。由式(8.3－18)可知，此时 $C_2 > C_1$，$X_M = -1/(\omega C_M)$，可得

$$C_M = \frac{C_1 C_2}{C_2 - C_1} \tag{8.3-22}$$

其 Q 值的计算公式与式(8.3－21)相同。

若被测元件为纯电阻，则 $C_1 = C_2 = C_0$，由式(8.3－19)可求得其阻值为

$$R_M = \frac{Q_1 - Q_2}{\omega C_0 Q_1 Q_2} \tag{8.3-23}$$

测量电感量较大的电感器和电容量较小的电容器等高阻抗元件时，需要采用并联比较法测量元件参数，其原理图如图8.3－8所示。

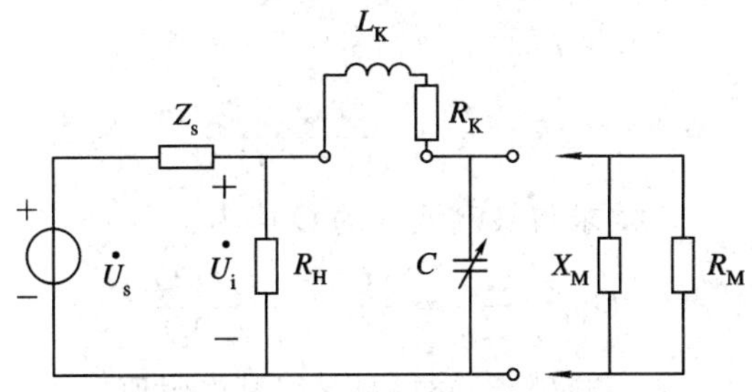

图8.3－8　并联比较法的原理图

首先不接被测元件，调节可变电容 C，使电路谐振。设此时电容量为 C_1，品质因数为 Q_1，则

$$\omega L_K = \frac{1}{\omega C_1} \tag{8.3-24}$$

$$Q_1 = \frac{\omega L_K}{R_K} = \frac{1}{R_K \omega C_1} \tag{8.3-25}$$

然后将被测元件并接在可变电容 C 的两端。保持信号源频率不变，调节电容 C，使回路再次发生谐振。设此时的电容量为 C_2，品质因数为 Q_2，回路中的电抗满足：

$$X_{LK} = \frac{X_{C2} X_M}{X_{C2} + X_M}$$

将式(8.3－24)代入上式，可解得

$$X_M = \frac{1}{\omega(C_1 - C_2)} \tag{8.3-26}$$

若被测元件是电感，则 $X_M = \omega L_M$，由式(8.3－26)解得

$$L_M = \frac{1}{\omega^2 (C_1 - C_2)} \tag{8.3-27}$$

若被测元件是电容，则 $X_M = \frac{1}{\omega C_M}$，由式(8.3－26)解得

$$C_M = C_1 - C_2 \tag{8.3-28}$$

谐振时，并联谐振回路的总电阻 R_T 为

$$R_T = Q_2 X_{LK} = Q_2 X_{C1} = \frac{Q_2}{\omega C_1} \tag{8.3-29}$$

令 $G_T=\dfrac{1}{R_T}$为回路的总电导，$G_M=\dfrac{1}{R_M}$为被测阻抗的电导，G_K 为辅助线圈的电导，即 $G_K=\dfrac{R_K}{R_K^2+X_{LK}^2}$，由于 $G_T=G_M+G_K$，因此得

$$G_M = G_T - G_K \tag{8.3-30}$$

或

$$\frac{1}{R_M} = \frac{\omega C_1}{Q_2} - \frac{R_K}{R_K^2 + X_{LK}} = \frac{\omega C_1}{Q_2} - \frac{1}{R_K}\frac{1}{1+\left(\dfrac{\omega L_K}{R_K}\right)^2} \approx \frac{\omega C_1}{Q_2} - \frac{1}{R_K Q_1^2}$$

将式(8.3-25)代入上式，得

$$\frac{1}{R_M} = \frac{\omega C_1}{Q_2} - \frac{\omega C_1}{Q_1}$$

由上式解得

$$R_M = \frac{Q_1 Q_2}{\omega C_1 (Q_1 - Q_2)} \tag{8.3-31}$$

由式(8.3-26)和式(8.3-31)，求得被测元件的 Q 值为

$$Q_M = \frac{R_M}{X_M} = \frac{(C_1 - C_2) Q_1 Q_2}{C_1 (Q_1 - Q_2)} \tag{8.3-32}$$

若被测元件为纯电阻，则由式(8.3-31)可求得其电阻值。

采用谐振法测量电感线圈的 Q 值，其主要误差有：耦合元件损耗电阻(如 R_H)引起的误差，电感线圈分布电容引起的误差，倍率指示器和 Q 值指示器读数的误差，调谐电容器 C 的品质因数引起的误差以及 Q 表残余参量引起的误差。为了减少测量中的误差，需要选择优质高精度的器件作为标准件，例如调谐电容器应选择介质损耗小、品质因数高、采用石英绝缘支撑的空气电容器。另一方面，可根据测量时的实际情况，对测量的 Q 值做一些修正。例如，若线圈的分布电容为 C_M，那么真实的 Q 值为

$$Q = Q_e\left(\frac{C + C_M}{C}\right) \tag{8.3-33}$$

式中，Q_e 为测量时 Q 表的指示值；C 为谐振时的调谐电容值。为了减少残量对测量结果的影响，在 Q 表的结构上需要采取一些措施，尽可能地减少回路本身的寄生电容和引线电感，如使用整体结构的标准电容器，采用大面积接地，尽可能减少连接线的长度等措施，这对于保证 Q 表的指标是非常有效的。

【例 8.3-1】 利用 Q 表测量电感器的分布电容 C_M。

解： 图 8.3-9 为测量电感分布电容 C_M 的原理图。图中，被测线圈 L_M 直接接在 Q 表的测试接线端，并将可变电容 C 置于最大值。首先调节信号源的频率，使电路谐振，记下调谐电容值(C_1)和信号源的频率(f_1)。然后使信号源的频率增加一倍，即 $f_2=2f_1$，调节可变电容，使电路再次发生谐振，设此时可变电容值为 C_2。

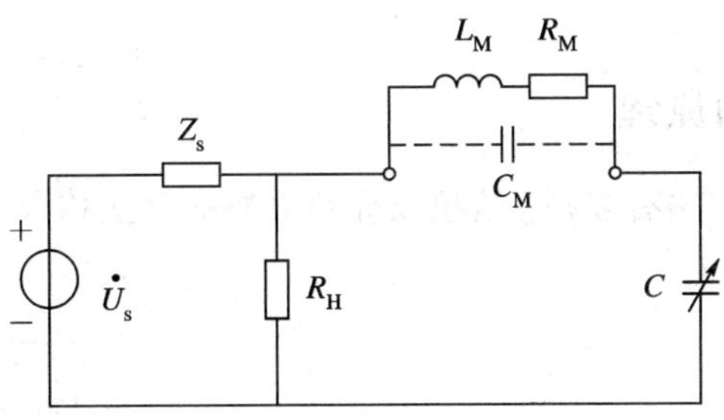

图 8.3-9 测量电感分布电容的原理图

由上述调试过程可知：

$$f_1 = \frac{1}{2\pi\sqrt{L_M(C_M + C_1)}} \tag{8.3-34}$$

$$f_2 = \frac{1}{2\pi\sqrt{L_M(C_M + C_2)}} \tag{8.3-35}$$

由于 $f_2=2f_1$，因此由式(8.3-34)和式(8.3-35)解得

$$C_M = \frac{C_1 - 4C_2}{3} \tag{8.3-36}$$

若第一次测量时 $f_1=2$ MHz，$C_1=460$ pF，第二次测量时，$f_2=4$ MHz，$C_2=100$ pF，则分布电容为

$$C_M = \frac{C_1 - 4C_2}{3} = 20\ \text{pF}$$

【例 8.3-2】 若以直接测量法测量电感线圈的 Q 值，试讨论下述两种情况下，插入电阻$R_H=0.02\ \Omega$ 时引起的 Q 值的百分误差。

(1) 线圈 1 的损耗电阻 $R_{M1}=10\ \Omega$，电路谐振时 $f_1=1$ MHz，$C_1=65$ pF。

(2) 线圈 2 的损耗电阻 $R_{M2}=0.1\ \Omega$，电路谐振时 $f_2=40$ MHz，$C_2=135$ pF。

解： 设两线圈的真实 Q 值分别为 Q_1 和 Q_2，则

$$Q_1 = \frac{1}{\omega_1 C_1 R_{M1}} = \frac{1}{2\pi \times 10^6 \times 65 \times 10^{-12} \times 10} = 245$$

$$Q_2 = \frac{1}{\omega_2 C_2 R_{M2}} = \frac{1}{2\pi \times 40 \times 10^6 \times 135 \times 10^{-12} \times 0.1} = 295$$

两线圈的 Q 表指示值分别为

$$Q_{1i} = \frac{1}{\omega_1 C_1 (R_{M1} + R_H)} = 244.5$$

$$Q_{2i} = \frac{1}{\omega_2 C_2 (R_{M2} + R_H)} = 245.6$$

测量两线圈 Q 值的百分误差分别为

$$\delta_1 = \frac{Q_1 - Q_{1i}}{Q_1} = \frac{245 - 244.5}{245} \times 100\% = 0.2\%$$

$$\delta_2 = \frac{Q_2 - Q_{2i}}{Q_2} = \frac{295 - 245.6}{295} \times 100\% = 17\%$$

从该例中可以看出，当电感线圈的损耗电阻较小时，插入电阻 R_H 对测量 Q 值的影响

是不可忽略的。

8.3.4 数字式 Q 表的原理

构成数字式 Q 表的方法有多种，这里仅介绍衰减振荡法构成 Q 表的原理，其框图如图 8.3-10 所示。

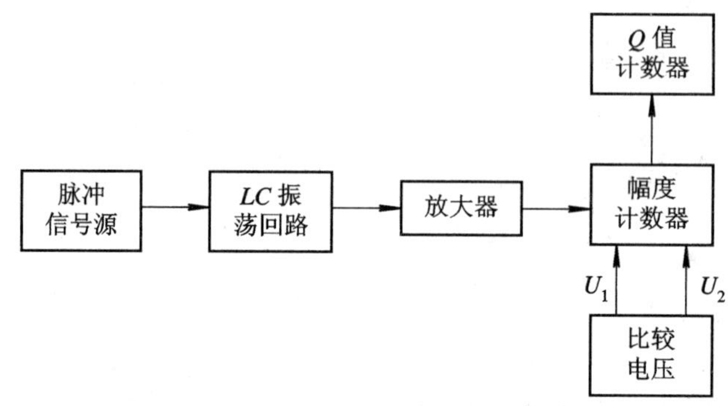

图 8.3-10 衰减振荡法测 Q 值的原理图

当脉冲电压作用于 RLC 串联振荡回路时，在欠阻尼情况下，回路中的电流为

$$i = I_{\mathrm{m}} \mathrm{e}^{-\frac{R}{2L}t} \cos\omega_{\mathrm{d}} t = I_{\mathrm{m}} \mathrm{e}^{-\frac{\omega_{\mathrm{d}}}{2Q}t} \cos\omega_{\mathrm{d}} t \tag{8.3-37}$$

式中：

$$\omega_{\mathrm{d}} = \sqrt{\frac{1}{LC} - \left(\frac{R}{2L}\right)^2}$$

为回路电流 i 的衰减振荡角频率，其波形如图 8.3-11 所示。由图可知，电流的幅值是按指数规律衰减的，即

$$I = I_{\mathrm{m}} \mathrm{e}^{-\frac{\omega_{\mathrm{d}}}{2Q}t}$$

设 t_1 和 t_2 时刻电流 i 的幅值分别为

$$I_1 = I_{\mathrm{m}} \mathrm{e}^{-\frac{\omega_{\mathrm{d}}}{2Q}t_1}$$

和

$$I_2 = I_{\mathrm{m}} \mathrm{e}^{-\frac{\omega_{\mathrm{d}}}{2Q}t_2}$$

则

$$\frac{I_1}{I_2} = \mathrm{e}^{\frac{\omega_{\mathrm{d}}}{2Q}(t_2 - t_1)}$$

对上式两边取对数，得

$$Q = \frac{\omega_{\mathrm{d}}(t_2 - t_1)}{2\ln(I_1/I_2)} \tag{8.3-38}$$

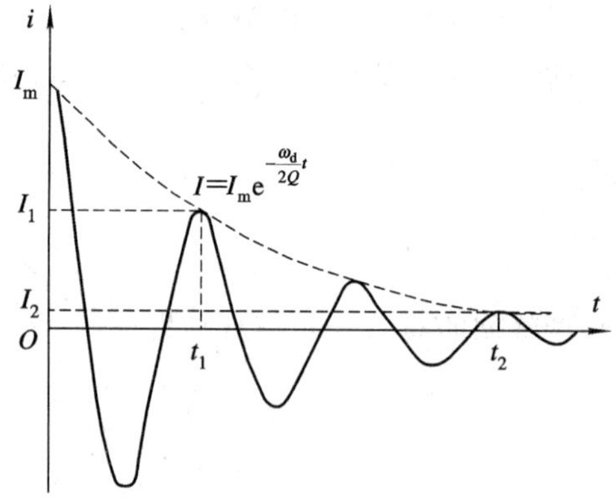

图 8.3-11 电流 i 的波形

设在从 t_1 到 t_2 的时间内，电流振荡 N 次，则

$$t_2 - t_1 = NT_{\mathrm{d}} \tag{8.3-39}$$

其中，$T_{\mathrm{d}} = 2\pi/\omega_{\mathrm{d}}$ 为电流 i 的振荡周期。将式(8.3-39)代入式(8.3-38)得

$$Q = \frac{N\pi}{\ln(I_1/I_2)} \tag{8.3-40}$$

由式(8.3-40)可见，若选取 $\ln(I_1/I_2) = \pi$，即 $I_1/I_2 = 23.14$，则

$$Q = N \tag{8.3-41}$$

即 Q 值可以通过直接计数振荡次数 N 求得。I_1/I_2 值的选定可以通过调节图 8.3-10 中的比较电压 U_1 和 U_2 来实现。

8.4　利用变换器测量阻抗

电子测量技术的发展要求对阻抗的测量既精确又快速，并实现自动测量和数字显示。近年来，结合计算技术、数字技术等的发展，根据阻抗的基本定义和特性，可利用变换器将被测元件的参数变换成与其大小成正比的电压值，然后根据电压值读出被测元件的参数。

设一被测阻抗 Z_x 与一标准电阻 R_b 相串联，其电路如图 8.4-1 所示，图中电流、电压均用相量表示。由于

$$Z_x = R_x + \mathrm{j}X_x = \frac{\dot{U}_1}{\dot{I}} = \frac{\dot{U}_1}{\dot{U}_2/R_b} = R_b\frac{\dot{U}_1}{\dot{U}_2} \tag{8.4-1}$$

因此

$$\frac{\dot{U}_1}{\dot{U}_2} = \frac{R_x}{R_b} + \mathrm{j}\frac{X_x}{R_b} \tag{8.4-2}$$

图 8.4-1　应用变换器测阻抗的原理电路

由式(8.4-2)可知，若能测得电压相量 $\dot{U}_1$ 和 $\dot{U}_2$ 的比值，则可以求得 R_x 和 L_x，这就是利用变换器测量阻抗的原理。

8.4.1　电阻-电压变换器法

将被测电阻变换成电压，并由电压的测量确定 R_x 值，其线路如图 8.4-2 所示。图中，运算放大器为理想器件，即放大系数 $A \to \infty$，输入阻抗 $R_i \to \infty$，输出阻抗 $R_o \to 0$，并且输入端虚短路($U_- = U_+$)和虚断路($I_i = 0$)。

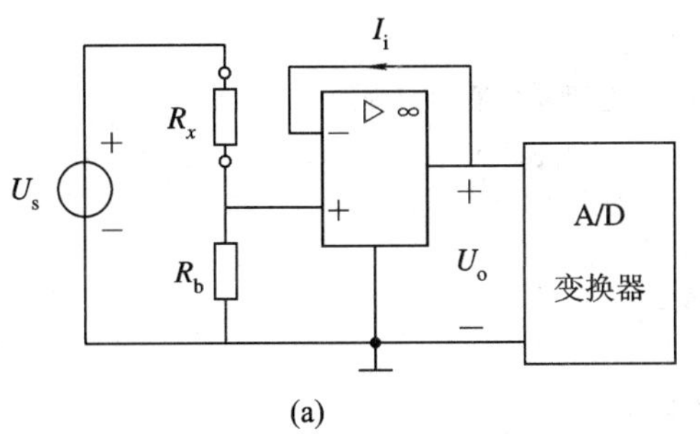

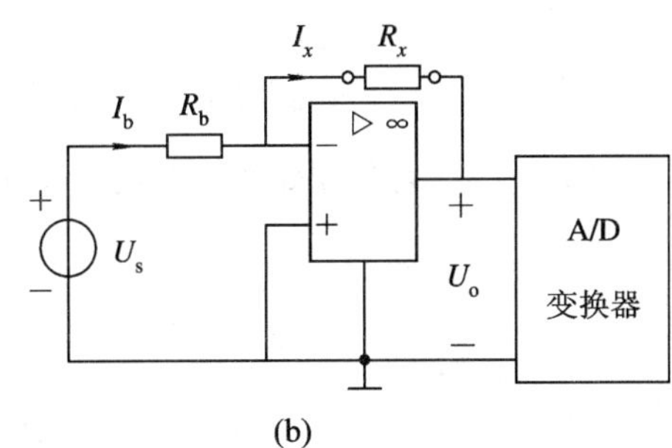

图 8.4-2　电阻-电压变换器

对于图 8.4-2(a)所示的电路而言，运算放大器为电压跟随器。由于运放的同相、反相输入端之间虚短路，由图可知，运放的输出电压 U_o 即为电阻 R_b 上的电压，因此

$$U_o = \frac{R_b}{R_x + R_b}U_s$$

解得

$$R_x = \frac{U_s}{U_o}R_b - R_b \tag{8.4-3}$$

由式(8.4-3)可知，当 R_b 和 U_s 一定时，R_x 可以通过测量相应的电压 U_o 而求得。

对于图 8.4-2(b)所示的电路，由于 $I_b=I_x$，$U_-=U_+$，因此得

$$\frac{U_s}{R_b}=-\frac{U_o}{R_x}$$

解得

$$R_x=-\frac{U_o}{U_s}R_b \tag{8.4-4}$$

同样，当 U_s 和 R_b 一定时，R_x 可以通过测量相应的电压 U_o 求得。

在上述两个电路中，图 8.4-2(*a*)所示的电路适于测量阻值较低的电阻，而图 8.4-2(*b*)所示的电路适于测量阻值较高的电阻。输出电压 U_o 经 A/D 变换之后，接一个数字电压表就能以数字形式显示测量的结果。

8.4.2 阻抗-电压变换器法

采用鉴相原理的阻抗-电压变换器的原理图如图 8.4-3 所示。由于激励源为正弦信号，因此图 8.4-3 中的电流、电压均用相量表示，被测阻抗 $Z_x=R_x+jX_x$。

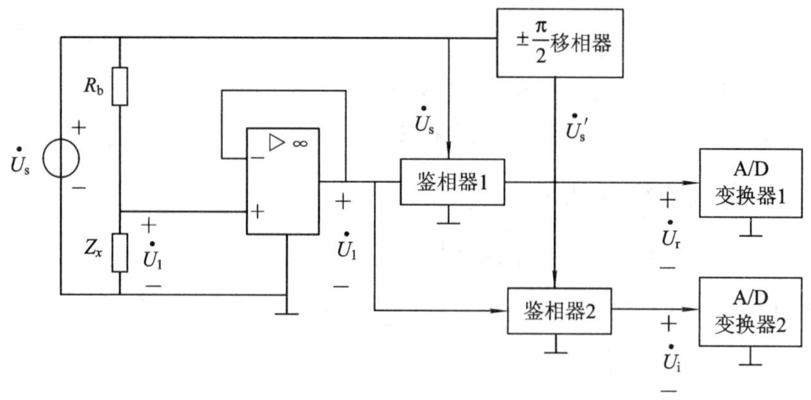

图 8.4-3 采用鉴相原理的阻抗-电压变换器的原理图

由图 8.4-3 可知，变换器的输出电压相量 $\dot{U}_1$ 即为被测阻抗 Z_x 两端的电压，故

$$\dot{U}_1=\frac{R_x+jX_x}{R_b+R_x+jX_x}\dot{U}_s \tag{8.4-5}$$

若

$$R_b \gg |R_x+jX_x|$$

则式(8.4-5)近似为

$$\dot{U}_1\approx\frac{R_x}{R_b}\dot{U}_s+j\frac{X_x}{R_b}\dot{U}_s=\dot{U}_{1r}+\dot{U}_{1i} \tag{8.4-6}$$

其中：

$$\dot{U}_{1r}=\frac{R_x}{R_b}\dot{U}_s \tag{8.4-7}$$

$$\dot{U}_{1i}=j\frac{X_x}{R_b}\dot{U}_s \tag{8.4-8}$$

若设 $\dot{U}_s=U_s\angle 0°$，则 $\dot{U}_{1r}$、$\dot{U}_{1i}$分别为电压 $\dot{U}_1$ 的实部和虚部分量。由此可知，运算放大器输出电压 $\dot{U}_1$ 中包含有与信号源 $\dot{U}_s$ 同相的分量 $\dot{U}_{1r}$以及与 $\dot{U}_s$ 正交的分量 $\dot{U}_{1i}$。因此，若能将电压相量 $\dot{U}_1$ 中的 $\dot{U}_{1r}$分量和 $\dot{U}_{1i}$分量分离出来，则由式(8.4－7)可得

$$R_x=\frac{U_{1r}}{U_s}R_b \tag{8.4－9}$$

若被测元件为电感，则由式(8.4－8)得

$$L_x=\frac{U_{1i}}{\omega U_s}R_b \tag{8.4－10}$$

若被测元件为电容器，则由式(8.4－8)得

$$C_x=\frac{U_s}{\omega R_b U_{1i}} \tag{8.4－11}$$

下面讨论如何利用鉴相原理将电压 u_1 的实部和虚部分离开。图 8.4－3 中的鉴相器包含乘法器和低通滤波器。设 u_s 为参考电压，即

$$u_s=U_s\cos\omega t$$

u_1 的实部电压 u_{1r}和虚部电压 u_{1i}分别为

$$u_{1r}=U_{1r}\cos\omega t$$

$$u_{1i}=U_{1i}\cos\left(\omega t+\frac{\pi}{2}\right)$$

则
$$u_1=u_{1r}+u_{1i}=U_{1r}\cos\omega t+U_{1i}\cos\left(\omega t+\frac{\pi}{2}\right)$$

鉴相器 1 中的乘法器其两个输入端分别输入电压 u_1 和 u_s，乘法器的输出为

$$\begin{aligned}u_1\cdot u_s&=U_{1r}U_s\cos^2\omega t+U_{1i}U_s\cos\omega t\ \cos\left(\omega t+\frac{\pi}{2}\right)\\&=\frac{1}{2}U_{1r}U_s+\frac{1}{2}U_{1r}U_s\cos 2\omega t+\frac{1}{2}U_{1i}U_s\cos\left(2\omega t+\frac{\pi}{2}\right)\end{aligned} \tag{8.4－12}$$

式(8.4－12)中的直流分量正比于运算放大器输出 u_1 的实部，因此，经过滤波后，滤除正弦信号，使鉴相器 1 的输出正比于 u_1 的实部。鉴相器 2 的两个输入端分别输入 u_1 和 u_s移相 $\pi/2$ 的信号 u_s'，乘法器的输出为

$$\begin{aligned}u_1\cdot u_s'&=\left[U_{1r}\cos\omega t+U_{1i}\cos\left(\omega t+\frac{\pi}{2}\right)\right]\cdot U_s\cos\left(\omega t+\frac{\pi}{2}\right)\\&=U_{1r}U_s\cos\omega t\ \cos\left(\omega t+\frac{\pi}{2}\right)+U_{1i}U_s\cos^2\left(\omega t+\frac{\pi}{2}\right)\\&=\frac{1}{2}U_{1r}U_s\cos\left(2\omega t+\frac{\pi}{2}\right)+\frac{1}{2}U_{1i}U_s-\frac{1}{2}U_{1i}U_s\cos 2\omega t\end{aligned}$$

同理，乘法器的输出经滤波后，使鉴相器 2 的输出正比于 u_1 的虚部。

鉴相器的输出经 A/D 变换后，可实现被测参数的数字化。

小　　结

(1) 由于电阻器、电感器和电容器都随所加的电流、电压、频率、温度等因素而变化，因此在不同的条件下，其电路模型是不同的。在测量阻抗时，必须使得测量的条件和环境

尽可能与实际工作条件接近，否则，测得的结果将会造成很大的误差。

(2) 交流电桥平衡必须同时满足两个条件：模平衡条件和相位平衡条件，即

$$|Z_1||Z_3|=|Z_2||Z_4|$$

$$\theta_1+\theta_3=\theta_2+\theta_4$$

因此交流电桥必须同时调节两个或两个以上的元件，才能将电桥调节到平衡。同时，为了使电桥有好的收敛性，必须恰当地选择可调元件。

(3) 利用电桥测量阻抗时，必须根据实际情况(如元件参数的大小、损耗、频率等)恰当地选择电桥，以便保证测量精度。

(4) 利用 LC 回路的谐振特性进行阻抗测量的方法有电压比较法、变频率法和变电容法。Q 表的原理也是利用 LC 回路的谐振特性。为了减少信号源内阻抗对测量的影响，通常采用三种方法将信号源接入 LC 谐振回路：电阻耦合法、电感耦合法和电容耦合法。利用 Q 表测量阻抗的方法常采用比较法：串联比较法用于低阻抗的测量；并联比较法用于高阻抗的测量。

(5) 利用变换器测量阻抗的原理是：将被测元件的参数变换成相应的电压，然后经 A/D 变换后，进行数字化显示。该法满足了当前电子测量技术发展对阻抗测量的要求，即快速、精确、自动化和数字化。

习　题　8

8.1　某直流电桥测量电阻为 R_x，当电桥平衡时，三个桥臂电阻分别为 $R_1=100\ \Omega$，$R_2=50\ \Omega$，$R_3=25\ \Omega$。电阻 R_x 等于多少？

8.2　某直流电桥的四个桥臂电阻分别为 $R_1=1000\ \Omega$，$R_2=100\ \Omega$，$R_3=41\ \Omega$ 和 $R_4=400\ \Omega$，电源为 1.5 V(不计内阻)，指示器灵敏度为 2 mm/μA，内阻为 50 Ω。

(1) 断开指示器，求其两端的戴维南等效电路。

(2) 计算指示器由电路不平衡引起的偏转。

8.3　某直流电桥的比率臂由(×0.1)可调到(×10^4)，标准臂电阻 R_3 能按 0.1 Ω 的级差从 0 Ω 调到 1 kΩ，求该电桥测量 R_x 的阻值范围。

8.4　判断图 8.1 所示的交流电桥中，哪些接法是正确的？哪些是错误的？并说明理由。

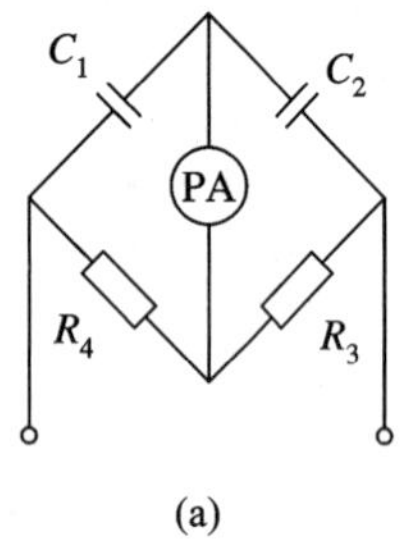

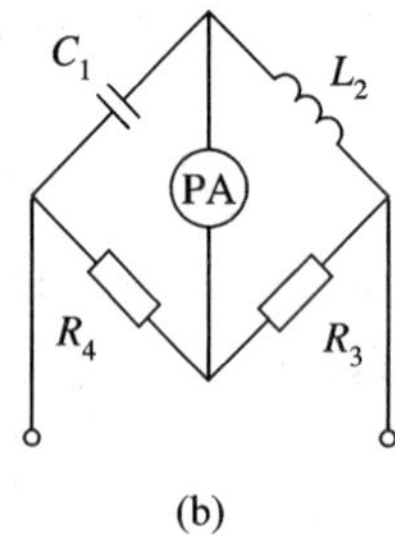

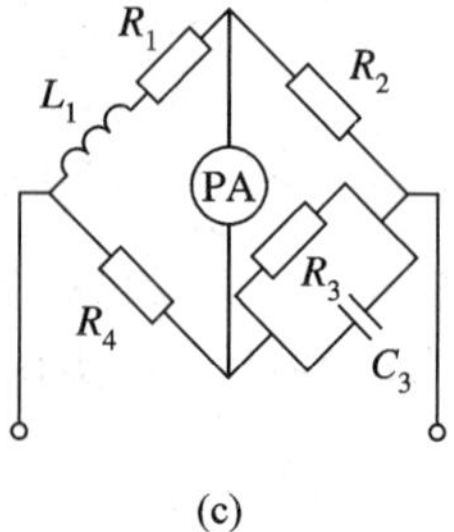

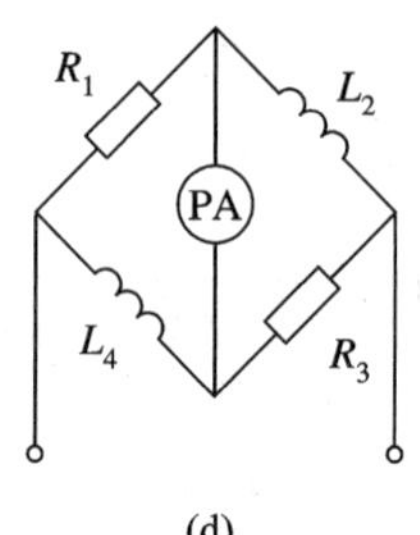

图 8.1　题 8.4 图

8.5　试推导表 8.2-1 所示的并联电容比较电桥、西林电桥在平衡时元件参数的计算公式。

8.6 如图8.2所示的交流电桥，试推导电桥平衡时 R_x 和 L_x 的计算公式。若要求分别读数，则应如何选择标准元件？

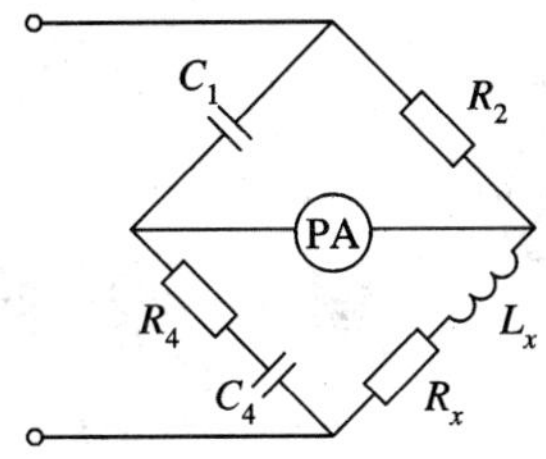

图8.2 题8.6图

8.7 某交流电桥平衡时有下列参数：Z_1 为 $R_1=2000\ \Omega$ 与 $C_1=0.5\ \mu F$ 相并联的阻抗，Z_2 为 $R_2=1000\ \Omega$ 与 $C_2=1\ \mu F$ 相串联的阻抗，Z_4 为电容 $C_4=0.5\ \mu F$ 的阻抗，信号源角频率 $\omega=10^3$ rad/s，求阻抗 Z_3 对应的元件值。

8.8 某电桥在 $\omega=10^4$ rad/s 时平衡并有下列参数：Z_1 为电容 $C_1=0.2\ \mu F$ 的阻抗，Z_2 为电阻 $R_2=500\ \Omega$，Z_4 为 $R_4=300\ \Omega$ 与 $C_4=0.25\ \mu F$ 相并联的阻抗，求阻抗 Z_3(按串联考虑)。

8.9 利用谐振法测量某电感的 Q 值。当可变电容为100 pF时，电路发生串联谐振。保持频率不变，改变可变电容，半功率点处的电容分别为102 pF和98 pF。求该电感的 Q 值。

8.10 利用图8.3-7所示的串联比较法测量某电感线圈。已知信号源角频率 $\omega=10^8$ rad/s，当电感线圈被短路时，测得谐振时的可变电容 $C_1=20$ pF，回路的 Q 值为120。当接入电感线圈时，保持频率不变，测得谐振时的可变电容 $C_2=15$ pF，回路的 Q 值为80。求该电感线圈的电感量 L_M、损耗电阻 R_M 和品质因数 Q_M。

8.11 利用图8.3-8所示的并联比较法测量某电容器 C_M，已知信号源的角频率 $\omega=10^6$ rad/s，当不接 C_M 时，测得谐振时的可变电容 $C_1=150$ pF，回路的 Q 值为120。在并接电容 C_M 后，保持频率不变，测得谐振时的可变电容 $C_2=100$ pF，回路的 Q 值为100。求该电容器的电容量 C_M、并接的损耗电阻 R_M 和品质因数 Q_M。

8.12 阐述利用鉴相原理构成的阻抗-电压变换器的基本工作原理。

*第9章 噪声测量

9.1 噪声测量概述

在电子技术中，噪声是除有用信号以外的一切不需要的信号和各种电磁干扰的总称。产生噪声的原因很多，例如，噪声可由自然界闪电等放电现象所产生，也可由机器发出的电火花和点火系统所产生。电路中的噪声主要来自电阻的热噪声和晶体管的散粒效应。

噪声是一种随机信号，我们不能预计其未来的瞬时幅度，因此不能像确知信号那样，用有限的几个参量说明其特性。例如，阶跃信号只需用幅度和时间两个参量说明，正弦波用幅度、频率和相位三个参量说明，而噪声需要用统计学的方法加以描述。

包含所有颜色的光称为白光。类似地，在所有频率下具有等功率密度的噪声称为白噪声。真正的白噪声应该具有无限的带宽，因而有无限的功率，但实际系统的带宽总是有限的，只要在所研究的频带内噪声具有平直的功率密度谱，我们就可以把它看成是白噪声。

具有高斯(正态)分布律的噪声称为高斯噪声。必须指出，由于概率密度函数与功率密度谱是两个互不相关的量，因而白噪声不一定是高斯噪声。反之，具有高斯分布律的噪声也不一定是白噪声。具有高斯分布的白噪声称为高斯白噪声，如电阻的热噪声、晶体管的散粒噪声等。

当信号通过系统时，由于受到系统中噪声的干扰，严重地影响了检测系统接收微弱信号的能力，并直接限制了测量的灵敏度和精度，因而研究噪声的特性及其测量是电子测量中的一项重要任务。

下面我们首先讨论噪声的特性及其测量方法，然后研究电子器件噪声性能的表征方法及其测量。

9.2 噪声的统计特性及其测量

噪声是一种依赖时间和空间而变化的随机过程。在相同条件下，对随机过程独立地进行几次观察，就会发现每次观测的曲线彼此都不相同，如图 9.2－1 所示，这样的曲线组称为一个总体。一般而言，随机过程是由一个或几个连续变量所决定的随机量，可以用随机函数来描述，图中用 $x_1(t)$、$x_2(t)$等表示每一组观察曲线的随机函数，其特性用统计方法描述。

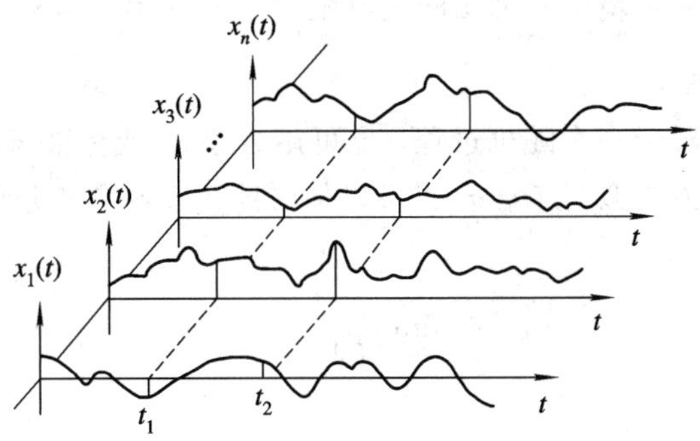

图 9.2-1 随机过程的总体

9.2.1 噪声的统计特性

1. 平均值

对随机过程的一个总体而言，在某一瞬间 t_1 所有波形的平均值称为总体平均，并写为

$$\bar{x}(t_1) = \frac{1}{N}\sum_{k=1}^{N} x_k(t_1) \tag{9.2-1}$$

当观察的曲线数 $N\to\infty$时，式(9.2-1)便是随机过程在 t_1 时刻的期望值，即

$$E[x(t_1)] = \lim_{N\to\infty}\frac{1}{N}\sum_{k=1}^{N} x_k(t_1) \tag{9.2-2}$$

显然，在不同的时刻随机过程具有不同的期望值。也就是说，随机过程的数学期望是时间的函数。

如果一个随机过程的总体平均与时间无关，即对任意时刻 t_1 及 t_2，有

$$\bar{x}(t_1) = \bar{x}(t_2) \tag{9.2-3}$$

则该随机过程称为平稳过程。在实际工作中，真正的平稳过程是很少遇到的，但在一定的近似条件下，可以作为平稳过程来处理，例如随机噪声大都可以近似看作平稳过程。

在实际工作中，并非都有随机变量的总体记录，相反，往往可以得到长时间观察的单一记录，如图 9.2-2 所示。这时，需要采用另一种平均值——时间平均值，即

$$\bar{x}(t) = \lim_{T\to\infty}\frac{1}{T}\int_0^T x(t)\,dt \tag{9.2-4}$$

由于观察时间区间 T 总是有限值，因此进行平均的时间区间不同或进行平均的起止时刻不同，所得的时间平均值也不同。

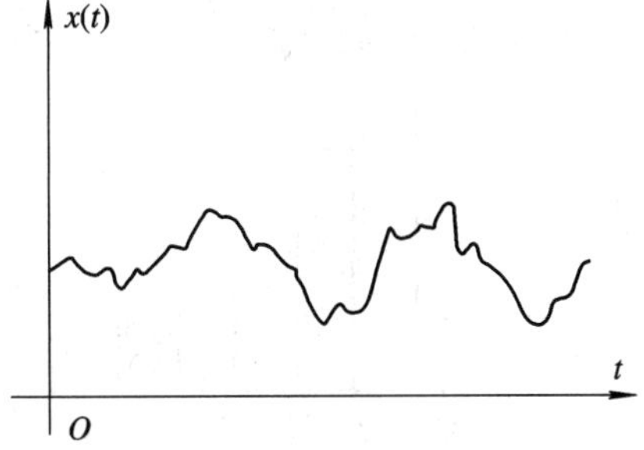

图 9.2-2 随机过程的单一记录

如果平稳随机过程的时间平均等于总体平均，即

$$\lim_{T\to\infty}\frac{1}{T}\int_0^T x_i(t)\,dt = \lim_{N\to\infty}\frac{1}{N}\sum_{k=1}^{N} x_k(t_j) \tag{9.2-5}$$

式中，$x_i(t)$为第 i 组观察结果；$x_k(t_j)$为 t_j 时刻第 k 组的观察值。这样的平稳过程称为各

态历经过程。在同一温度环境中一批相同的电阻产生的热噪声信号就是各态历经过程。

2. 方差和方均根值

同随机变量一样，对于一个随机过程，也可用方差 σ^2 或标准偏差 σ(方均根值)来表征其离散的程度。与平均值类似，方差 σ^2 也可以从时间角度和总体角度分别加以定义。

时间平均方差定义为

$$\sigma^2 = \lim_{T\to\infty} \frac{1}{T}\int_0^T x^2(t)\,\mathrm{d}t \tag{9.2-6}$$

标准偏差为

$$\sigma = \lim_{T\to\infty} \sqrt{\frac{1}{T}\int_0^T x^2(t)\,\mathrm{d}t} \tag{9.2-7}$$

若随机信号 $x(t)$为噪声信号，则由式(9.2-7)可知，标准偏差表示噪声电压或电流的方均根值，即有效值。

与平均值类似，σ 也是时间的函数。若进行平均的时间区间不同或进行平均的起止时刻不同，则所得的结果也不相同。

总体方差定义为

$$\sigma^2 = \frac{1}{N}\sum_{k=1}^{N} x_k^2(t_j) \tag{9.2-8}$$

若有两个方均根值分别为 σ_1 和 σ_2 的噪声信号 $x_1(t)$和 $x_2(t)$，则它们之和$[x_1(t)+x_2(t)]$ 的方均根值 σ 等于

$$\sigma = \sqrt{\sigma_1^2 + \sigma_2^2} \tag{9.2-9}$$

3. 功率谱和功率密度谱

功率谱表示一个信号的各频率分量所对应的功率在频谱内的分布情况。对于周期信号，因具有离散的频谱，故每一频率分量的功率大小为幅度谱的平方，单位是 V^2，如图 9.2-3(a)所示。图中，$f_0=1/T$ 为基频，其中，T 为周期信号的周期。信号的总功率等于每一频率分量的功率之和。

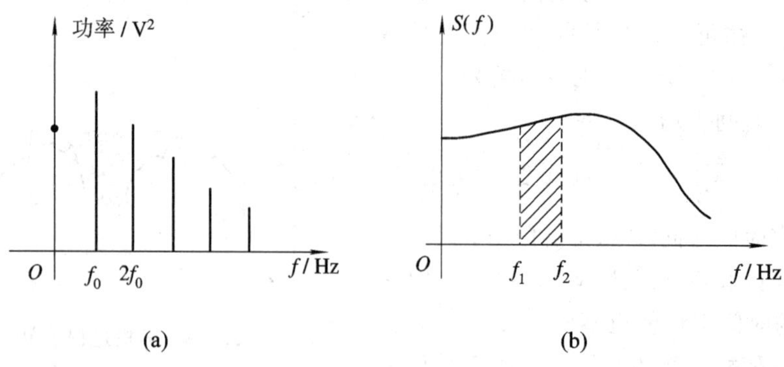

图 9.2-3　功率谱和功率密度谱

对噪声等随机信号，其周期可视为无限大，频谱中各频率分量间隔趋于零，频谱是连续的。因此引入功率密度谱 $S(f)$，其定义为信号的单位带宽所具有的功率大小，单位为 V^2/Hz。功率密度谱是频率的连续函数，如图 9.2-3(b)所示。图中曲线下的总面积等于噪

声的总功率。在频率 $f_1 \sim f_2$ 的频带内，信号功率等于图中阴影部分的面积，其数学表示式为

$$P = \int_{f_1}^{f_2} S(f)\,\mathrm{d}f \tag{9.2-10}$$

4. 概率密度函数

功率密度谱告诉我们信号功率在频率上是如何分布的，但是它不包含信号的幅度变化和相位变化的信息，因而不能说明噪声信号是如何随时间变化的。

概率密度函数 $p(x)$是表征噪声在时域内波形信息的统计参数，它与功率密度谱无关。典型的概率密度函数为高斯(正态)分布，即

$$p(x) = \frac{1}{\sqrt{2\pi\sigma}}\mathrm{e}^{\frac{-x^2}{2\sigma}} \tag{9.2-11}$$

式中，σ 为方均根值(标准偏差)，其曲线如图 9.2-4(a)所示。在任意两个幅度 x_1 和 x_2 之间，$p(x)$曲线下的面积(图中阴影部分)等于该信号在 x_1 和 x_2 之间所经历的时间总和。通常令 $p(x)$曲线下的总面积等于 1，那么 $p(x)$在 x_1 和 x_2 之间的面积等于信号幅度处于 x_1 和 x_2 之间的概率。

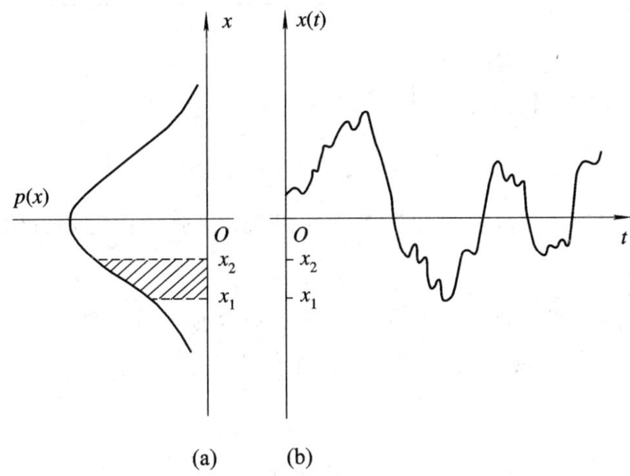

图 9.2-4 高斯分布概率密度曲线和噪声波形

电子测量中涉及的噪声大多为高斯分布的噪声，那么噪声幅值在$\pm 3\sigma$ 范围内的概率为 99.7%，因此可以认为高斯噪声的峰值为 3σ，即峰值等于方均根值的 3 倍。

9.2.2 噪声特性的测量

1. 平均值的测量

由式(9.2-4)可知，测量噪声电压的时间平均值应在无限的时间内进行，以便得到精确的结果。但实际上 T 为有限值，因而测得的只是平均值 $\overline{x}(t)$的一个估计值，用 $\hat{x}(t)$表示，即

$$\hat{x}(t) = \frac{1}{T}\int_0^T x(t)\,\mathrm{d}t \tag{9.2-12}$$

显然，估计值 $\hat{x}(t)$与测量起止时刻的选择和测量时间区间 T 的大小有关，它也是一个随机

量。例如当 $T\to\infty$ 时，估计量的期望值等于真值，即

$$E[\hat{x}(t)] = \bar{x}(t) \tag{9.2-13}$$

在这种情况下，称为无偏估计。

测量噪声的平均值可以用一积分电路对噪声求平均而得到，实际上通常采用各种形式的低通滤波器得到噪声的平均值，如时间常数很大的积分式 RC 电路，然后用直流电压表测量。

噪声平均值也可以通过对噪声进行取样而得到，即在一系列的离散时刻上测得噪声的大小(取样值为 $x(KT)$)，然后求其平均值，即

$$\hat{x}(t) = \frac{1}{N}\sum_{k=1}^{N} x(KT) \tag{9.2-14}$$

式中，T 为取样间隔时间；N 为取样数。其测量框图如图 9.2-5 所示。图中，V/F 变换器将噪声电压的大小转换成相应频率的脉冲，由计数器完成式(9.2-14)的累加和平均。

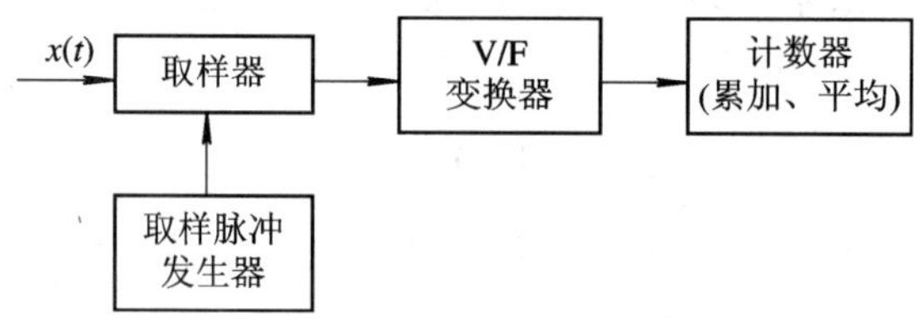

图 9.2-5　测量噪声平均值框图

估计值 $\hat{x}(t)$ 与平均值 $\bar{x}(t)$ 之间的误差为随机误差，其误差的均方值为

$$\sigma_{\bar{x}}^2 = E[\hat{x} - \bar{x}] \tag{9.2-15}$$

式(9.2-15)也称为估计值方差。如果噪声信号具有高斯分布，那么 68% 的测量的误差小于一个标准偏差 $\sigma_{\bar{x}}$，95% 的测量的误差小于两个标准偏差 $2\sigma_{\bar{x}}$。对于高斯型噪声，其平均值的均方误差为

$$\sigma_{\bar{x}}^2 = \frac{\sigma^2}{2BT} \tag{9.2-16}$$

式中，σ 为噪声的方均根值；B 为噪声的带宽；T 为平均值的积分时间区间。若噪声信号为白噪声，则式(9.2-16)中的 σ^2/B 为噪声的功率密度谱。

根据式(9.2-16)可以计算出有噪声时测量直流电压的误差；反之，当给定测量该直流电压的误差要求时，可由式(9.2-16)确定积分时间区间。

【例 9.2-1】 有 10 mV 的直流电压 U_0 埋藏在方均根值为 100 mV 的有限频带高斯噪声中，噪声具有 1 kHz 的平直频谱。如果用积分式数字电压表进行测量，那么为了有 95% 的把握性获得 5% 的精确结果(即测量误差不超过 5%)，求需要的积分时间 T。

解： 为了保证有 95% 的把握性，实际测量误差应小于 $2\sigma_{\bar{x}}$，并由式(9.2-16)可得

$$2\sqrt{\frac{\sigma^2}{2BT}} \leqslant 5\%U_0$$

故

$$T \geqslant \frac{2\sigma^2}{B\times(0.05)^2U_0^2} = \frac{2\times(0.1)^2}{10^3\times(0.05)^2\times(0.01)^2} = 80\ \text{s}$$

由此可见，用积分法测量淹没于噪声中的直流分量时，积分时间应足够长，否则，测量结果将会造成较大的误差。

2. 方均根值和功率密度谱的测量

利用真正的有效值型电压表可以测量噪声电压的有效值，其读数即为噪声的方均根值。在选用有效值型电压表时，必须注意电压表的带宽应大于被测噪声的带宽。否则，因电压表带宽不足将滤去一部分噪声频谱，使读数偏小，造成较大的测量误差。另外，由于高斯噪声的峰值为有效值的3倍，即波峰系数 $K_p=3$，因此，测量时电压表的动态范围要大，在选择测量量程时，应使指示值为满刻度的一半左右，否则，噪声电压的峰值将超出电压放大器的动态范围而产生限幅，致使读数偏低，产生较大的测量误差。

若噪声电压为高斯型，则也可以用平均值型电压表进行测量，但必须将电压表的读数转换为方均根值。设用平均值型电压表测量噪声电压时的读数为 α，则噪声电压的平均值为 $\overline{U}_n=0.9\alpha$，噪声的波形因数 $K_F=1.25$，求得噪声电压的方均根值(有效值)为

$$\hat{\sigma}=K_F\overline{U}_n=1.13\alpha \tag{9.2-17}$$

若用示波器测得噪声电压的峰-峰值 U_{p-p}，则噪声电压的有效值为

$$\hat{\sigma}\approx\frac{1}{6}U_{p-p} \tag{9.2-18}$$

噪声的功率密度谱可以利用频谱分析仪进行测量，在示波管荧光屏上直接显示噪声功率密度谱。若荧光屏上显示的是幅度谱，则其平方值才是功率密度谱。

3. 概率密度函数的测量

测量随机信号概率密度函数的简单框图如图9.2-6所示。闸门Ⅰ是一个由有偏压的二极管构成的电路，仅当噪声电压 x 满足 $x_1<x<x_2$ 时，才传输由时钟信号源产生的高频时钟脉冲。闸门Ⅱ开启的时间为 T 秒，计数器将计数 T 秒内 x 处在 x_1 与 x_2 之间时所通过的时钟脉冲总数。如果调节 x_1 与 x_2 在 $x(t)$ 的峰-峰值范围内变化，并保持 $|x_2-x_1|$ 不变，那么计数器的读数与 x_1-x_2 范围内的概率密度函数成正比。

为了精确测量概率密度函数，要求 T 很大，所以测量很费时。若采用100个以上与图9.2-6相同的电路同时测量，则可以在很短的时间内给出整个概率密度函数曲线。

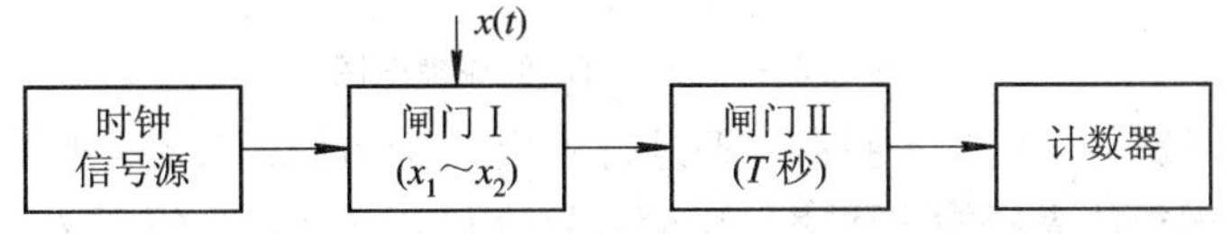

图9.2-6　测量概率密度函数的框图

9.3　器件的噪声参数及其测量

电子线路中噪声的主要来源是电阻的热噪声和有源器件的散粒噪声。表征一个器件或放大器的噪声性能的参数很多，下面我们以放大器为例来讨论表征其噪声性能的参数及其测量方法。

9.3.1 等效输入噪声电压及其测量

一个有噪声的放大器可以用一个理想的无噪声的放大器来等效，而将实际输出的噪声电压U_{no}等效到无噪声放大器的输入端，如图9.3-1所示。图中，U_s和R_s分别为信号源的电压和内阻；U_{so}为信号源的输出电压。设放大器的电压传输系数为

$$K_t = \frac{U_{so}}{U_s} \tag{9.3-1}$$

则放大器的等效输入噪声电压U_{ni}定义为

$$U_{ni} = \frac{U_{no}}{K_t} \tag{9.3-2}$$

式中输出噪声电压U_{no}包含了R_s的热噪声和放大器内部器件所产生的噪声。

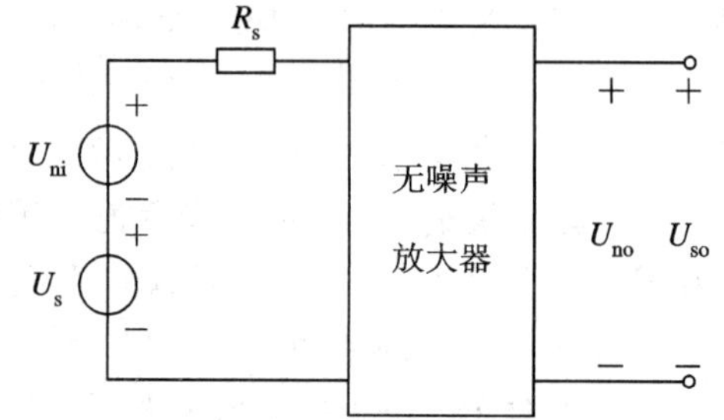

图9.3-1 等效实际输出电压

测量U_{ni}的原理框图如图9.3-2所示。图中，$\dot{U}_s$为正弦信号源，其输出电阻与一个电阻串联后的阻值应等于放大器实际工作时的信号源内阻R_s。用有效值电压表测量信号源开路时的电压U_s和信号源加入放大器时输出的正弦电压U_{so}，则按式(9.3-1)可计算出K_t。顺便指出，K_t不同于放大器电压增益K_V，K_V应为放大器输出的正弦电压U_{so}与输入端的正弦电压U_i之比，即

$$K_V = \frac{U_{so}}{U_i} \tag{9.3-3}$$

式中，U_i如图9.3-2(a)中所标。使信号源$\dot{U}_s$为零，即将$\dot{U}_s$短路，用有效值电压表测出放大器输出端噪声电压U_{no}(如图9.3-2(b)所示)。由式(9.3-2)可以求得等效输入噪声电压U_{ni}。

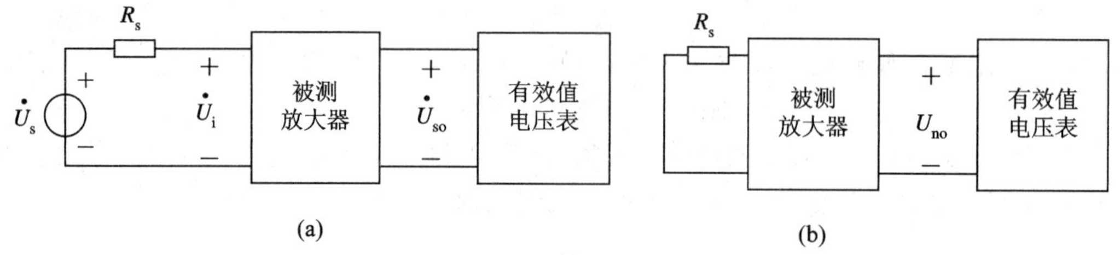

图9.3-2 测量U_{ni}的原理框图

也可以用噪声发生器代替正弦信号源进行测量。测量时先不接噪声发生器，在放大器输入端仅接R_s，测得放大器输出噪声电压的有效值U_{n1}。根据U_{ni}的定义，得

$$U_{n1}^2 = K_t^2 U_{ni}^2 \tag{9.3-4}$$

然后接上噪声发生器，保持R_s不变。设噪声发生器输出噪声电压的有效值为U_{ns}，测得放大器输出总噪声电压的有效值为U_{n2}，则

$$U_{n2}^2 = K_t^2 (U_{ni}^2 + U_{ns}^2) \tag{9.3-5}$$

由式(9.3-4)和式(9.3-5)解得

$$U_{ni}^2 = \frac{U_{n1}^2}{U_{n2}^2 - U_{n1}^2} U_{ns}^2 \tag{9.3-6}$$

若调节噪声发生器的输出电压，使放大器输出总的噪声电压有效值$U_{n2} = \sqrt{2} U_{n1}$，即输出噪

声功率增加一倍，$U_{n2}^2=2U_{n1}^2$，则由式(9.3-6)得

$$U_{ni}=U_{ns} \tag{9.3-7}$$

即被测放大器的等效输入噪声电压等于使放大器输出噪声功率增加一倍时噪声发生器的输出噪声电压。

等效输入噪声电压不仅指出了放大器本身产生的噪声大小，还包括了信号源内阻的热噪声。经简单计算，可以得到放大器输出噪声的大小。通常，用它估算放大器能够检测到的最小输入信号电压。

9.3.2 等效噪声电阻及其测量

放大器产生的噪声可以等效为一个接在输入端并处在标准室温 $T_0=290\text{K}$ 时的电阻所产生，而放大器本身不再产生噪声，这个电阻称为等效噪声电阻 R_n，如图 9.3-3 所示。由于电阻产生的热噪声电压有效值为 $\sqrt{4kTRB}$，因此根据定义，等效噪声电阻 R_n 产生的热噪声电压有效值满足

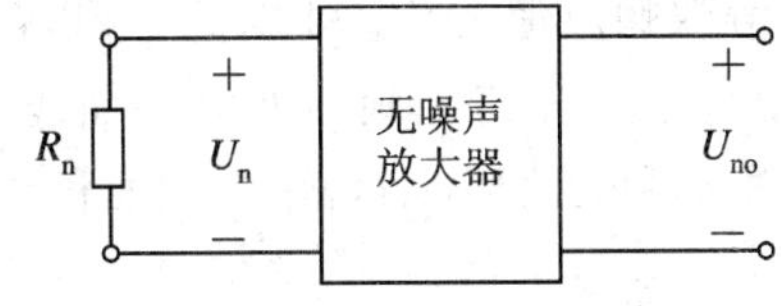

图 9.3-3 等效噪声电阻 R_n

$$U_n^2=4kT_0R_nB_{eq} \tag{9.3-8}$$

式中，k 为玻耳兹曼常数；B_{eq} 为等效噪声带宽，其定义将在下面介绍。设放大器的电压增益为 K_V，那么放大器输出端的噪声电压满足

$$U_{no1}^2=4kT_0R_nB_{eq}K_V^2 \tag{9.3-9}$$

测量等效噪声电阻 R_n 的原理框图如图 9.3-4 所示。首先将被测放大器输入端短路，用有效值电压表测量放大器的输出噪声电压，根据 R_n 的定义，此时有效值电压表的读数为 R_n 产生的输出噪声电压的有效值 U_{no1}。然后在输入端与地之间接入可调电阻，调节该电阻使 $U_{no2}=\sqrt{2}U_{no1}$，即 $U_{no2}^2=2U_{no1}^2$，设此时可调电阻的阻值为 R_0，则

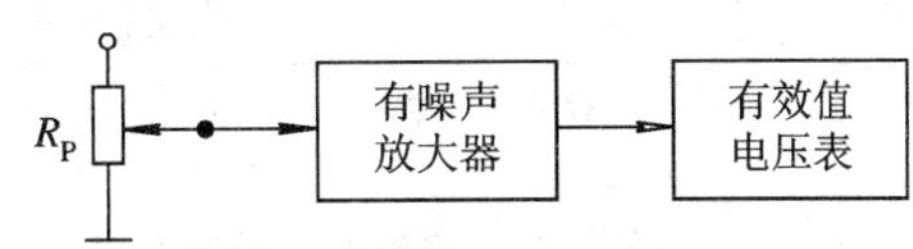

图 9.3-4 测量等效噪声电阻的原理框图

$$U_{no2}^2=4kT_0(R_n+R_0)B_{eq}K_V^2=2U_{no1}^2 \tag{9.3-10}$$

由式(9.3-9)和式(9.3-10)解得

$$R_n=R_0 \tag{9.3-11}$$

由此可见，放大器的等效噪声电阻 R_n 等于使放大器输出噪声电压增加到 $\sqrt{2}$ 倍时可调电阻的值 R_0。若用功率计进行测量，那么应使第二次读数比第一次增大一倍。

9.3.3 等效噪声带宽及其测量

当一宽带白噪声通过带宽有限的放大器时，噪声的频谱宽度将减小。放大器的带宽定义为增益下降到最大值的 $1/\sqrt{2}$ 时所对应的频带宽度。对于白噪声而言，略高于或低于截止频率的频谱分量仍能得以放大，所以经放大后的噪声其带宽将大于放大器的带宽。为此引入等效噪声带宽 B_{eq}。

等效噪声带宽 B_{eq} 定义为一个矩形功率增益曲线的频带宽度。该矩形功率增益曲线下

的面积等于实际功率增益曲线下的面积，如图 9.3－5 所示。图中，实线为放大器的实际功率增益曲线 $G(f)$；$G(0)$为中间频率的功率增益。虚线构成的矩形面积等于 $G(f)$曲线下的面积，B_{eq}就是等效噪声带宽。图中，f_c是放大器的截止频率，即 $G(f)$降低到 $G(0)/2$ 时的频率，放大器的带宽为 $0\sim f_c$。由此可知，等效噪声带宽可表示为

$$B_{eq}=\frac{1}{G(0)}\int_0^{\infty}G(f)\,\mathrm{d}f \tag{9.3-12}$$

由于功率增益 $G(f)$正比于放大器的电压增益 $K_V(f)$的平方，因此式(9.3－12)也可表示为

$$B_{eq}=\frac{1}{K_{V0}^2}\int_0^{\infty}K_V^2(f)\,\mathrm{d}f \tag{9.3-13}$$

式中，K_{V0}为中间频率的增益。

等效噪声带宽 B_{eq}可以通过测量求得。首先测量放大器在不同频率下的电压增益 $K_V(f)$，在方格纸上画出 $K_V^2(f)$曲线，如图 9.3－6 所示，然后把 $K_V^2(f)$曲线下的面积分成很多矩形和三角形，计算每一块面积并相加得总面积 S，根据式(9.3－13)，等效噪声带宽为

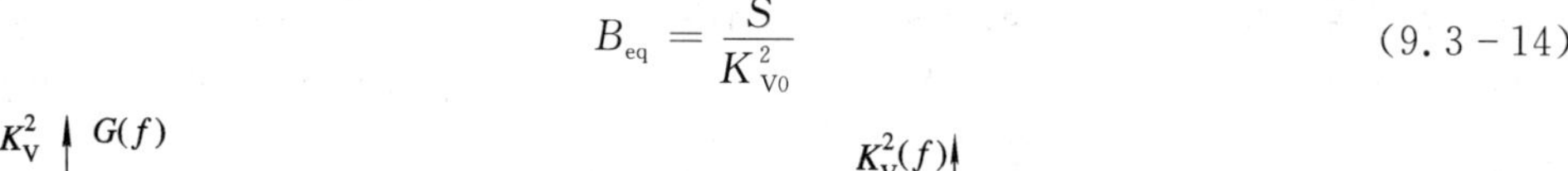

$$B_{eq}=\frac{S}{K_{V0}^2} \tag{9.3-14}$$

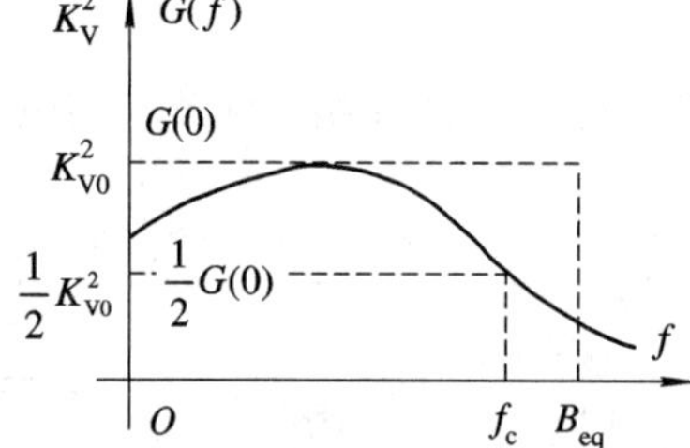

图 9.3－5　等效噪声带宽的定义

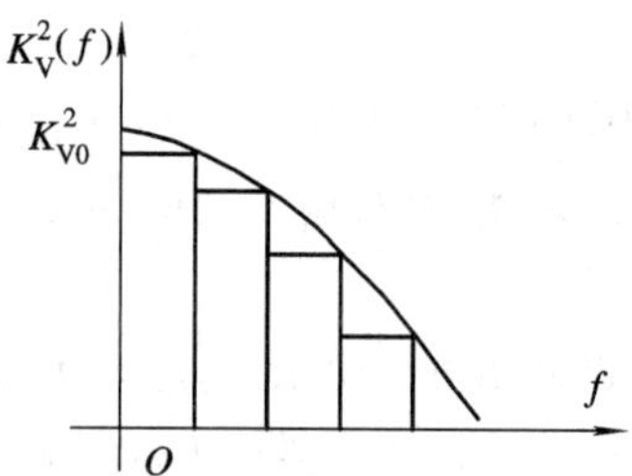

图 9.3－6　等效噪声带宽的计算

9.3.4　噪声系数及其测量

噪声系数有多种表示方法，目前用得最广泛的是用信噪比来计算噪声系数。

在如图 9.3－7 所示的放大器电路中，$\dot{U}_s$和 R_s分别为信号源电压相量和内阻，R_L为负载电阻。该放大器的噪声系数定义为：在标准温度 290 K 时，放大器的输入信噪比与输出信噪比的比值，即

$$F=\frac{\text{输入信噪比}}{\text{输出信噪比}}=\frac{S_i/N_i}{S_o/N_o} \tag{9.3-15}$$

图 9.3－7　测量噪声系数的原理电路

式中，S_i和 S_o分别为放大器的输入和输出信号功率；N_i和 N_o分别为放大器的输入和输出噪声功率。如图 9.3－7 所示，N_i即为信号源内阻 R_s在放大器输入端产生的热噪声功率。

令 G 为放大器的功率增益，即 $G=S_o/S_i$，则式(9.3－15)可改写为

$$F=\frac{S_i}{S_o}\cdot\frac{N_o}{N_i}=\frac{N_o}{GN_i}=\frac{\text{总输出噪声功率}}{\text{信号源内阻产生的输出噪声功率}} \tag{9.3-16}$$

式中，GN_i表示信号源内阻R_s的热噪声功率传至输出端的功率。令$N_{io}=GN_i$，N_o包括了GN_i和放大器内部器件产生的输出噪声功率N_{no}，即

$$N_o = GN_i + N_{no} \tag{9.3-17}$$

这样式(9.3-16)可改写为

$$F = 1 + \frac{N_{no}}{GN_i} = 1 + \frac{N_{no}}{N_{io}} \tag{9.3-18}$$

式(9.3-16)和式(9.3-18)是噪声系数F的另外两种表示方法。

噪声系数F常用分贝表示，这时又称为噪声指数，即

$$F(\text{dB}) = 10\lg F \tag{9.3-19}$$

由式(9.3-15)可见，噪声系数表征放大器引起的信噪比降低程度。一个理想的、无噪声的放大器其总输出噪声功率$N_o=GN_i$，因此$F=1$或$F(\text{dB})=0$ dB。如果放大器总输出噪声功率比理想时大一倍，则$F=2$或$F(\text{dB})=3$ dB。因此，F越大，表明放大器本身产生的噪声越大。

利用正弦信号源测试噪声系数F的原理框图如图9.3-8所示。首先测出放大器的电压增益随频率变化的曲线，设中间频率的电压增益为K_{V0}，则放大器中间频率的功率增益为$G=K_{V0}^2$，并根据式(9.3-14)，求出噪声的等效带宽B_{eq}。然后去掉正弦信号源，在放大器输入端接一电阻R_s，其阻值等于放大器实际工作时的信号源内阻。用有效值电压表测量放大器输出端总噪声电压的方均根值U_{no}，这时输出的噪声功率为$N_o=U_{no}^2$。

图9.3-8 用正弦信号源测量噪声系数

由于放大器的输入噪声功率N_i为R_s的热噪声功率，即

$$N_i = 4kTR_sB_{eq} \tag{9.3-20}$$

因此，由式(9.3-16)得噪声系数为

$$F = \frac{N_o}{GN_i} = \frac{U_{no}^2}{K_{V0}^2 4kTR_sB_{eq}} \tag{9.3-21}$$

由上述可见，用正弦信号源测量噪声系数只需通用仪器，但测量步骤及计算较麻烦，特别在高频时测量误差较大，故用正弦信号源测量F只适用于低频情况，在高频范围内，可利用噪声发生器进行测量。

用噪声发生器代替正弦信号源，并使噪声发生器的内阻R_s等于放大器的输入电阻R_i。首先调节噪声发生器，使其输出电压为零，用电子电压表测出放大器输出端的噪声电压方均根值U_{no1}，这时输出的噪声功率即为总的噪声功率$N_{o1}=U_{no1}^2$。由于$R_s=R_i$，因此放大器输入端的噪声功率为

$$N_i = \frac{U_{ni}^2}{4R_s} = \frac{4kTR_sB_{eq}}{4R_s} = kTB_{eq} \tag{9.3-22}$$

式中，U_{ni}^2为R_s产生的热噪声功率。

然后调节噪声发生器的输出噪声电压大小，使放大器输出总的噪声电压为$U_{no2}=\sqrt{2}U_{no1}$，记下这时噪声发生器输出端开路时的噪声电压方均根值U_{ns}。我们把U_{ns}看作放大器的输入“信号”，由于$R_s=R_i$，因此加在放大器输入端的“信号”功率为

$$S_i = \frac{U_{ns}^2}{4R_s} \tag{9.3-23}$$

这时放大器输出总噪声功率为 $N_{o2}=U_{no2}^2=2U_{no1}^2$。$N_{o2}$中包括了两部分功率：一部分为 R_s的热噪声和放大器内部噪声所产生的输出噪声功率，它等于 N_{o1}；另一部分是作为“信号”的噪声经放大后得到的，把它作为输出“信号”S_o，即 $S_o=N_{o2}-N_{o1}=N_{o1}$，则输出信噪比为

$$\frac{S_o}{N_o} = \frac{S_n}{N_{o1}} = 1$$

由式(9.3－15)、式(9.3－22)和式(9.3－23)得

$$F = \frac{S_i}{N_i} = \frac{U_{ns}^2/4R_s}{kTB_{eq}} = \frac{U_{ns}^2}{4kTR_sB_{eq}} = \frac{U_{ns}^2}{U_{ni}^2} \tag{9.3-24}$$

式中，U_{ni}^2为 R_s的热噪声功率。式(9.3－24)表明，当使放大器输出噪声功率增加一倍时，噪声发生器产生的噪声功率 U_{ns}^2与 R_s热噪声功率之比等于被测放大器的噪声系数 F。

9.3.5　等效噪声温度

等效噪声温度 T_{eq}是这样定义的：假设实际放大器内部产生的噪声功率 N_n等于无噪声的理想放大器在其电阻 R_s处于温度 T_{eq}时产生的热噪声，即

$$N_n = \frac{T_{eq}}{T_0}N_i \tag{9.3-25}$$

式中，N_i为电阻 R_s在标准温度 T_0 时产生的热噪声输入功率。由放大器内部器件产生的输出噪声功率为

$$N_{no} = N_nG = \frac{T_{eq}}{T_0}N_iG \tag{9.3-26}$$

将式(9.3－26)代入式(9.3－18)得

$$T_{eq} = T_0(F-1) \tag{9.3-27}$$

当 $F=2$ 时，对应的 $T_{eq}=T_0=290$ K；当 $F=1.10$ 时，$T_{eq}=29$ K。

T_{eq}与等效噪声电阻 R_n的关系为

$$T_{eq} = \frac{R_n}{R_s}T_0 \tag{9.3-28}$$

式中，R_s为信号源内阻。必须指出，等效噪声温度 T_{eq}不是物理温度，故不能用温度计进行测量。有关 T_{eq}的测量可参阅其他相关教材。

上面讨论了放大器噪声性能的表征方法及其测量，下面将研究放大器的噪声等效电路。

9.3.6　放大器的噪声等效电路

为了分析方便，我们把放大器看作无噪声的理想放大器，而把放大器内部各器件产生的噪声用两个位于放大器输入端的噪声源来表示：一个是理想的噪声电压源 U_n(内阻为零)，另一个是理想的噪声电流源 I_n(内阻为无限大)，如图 9.3－9 所示。U_n和 I_n不包括 R_s产生的热噪声，它们无法直接测得，但可通

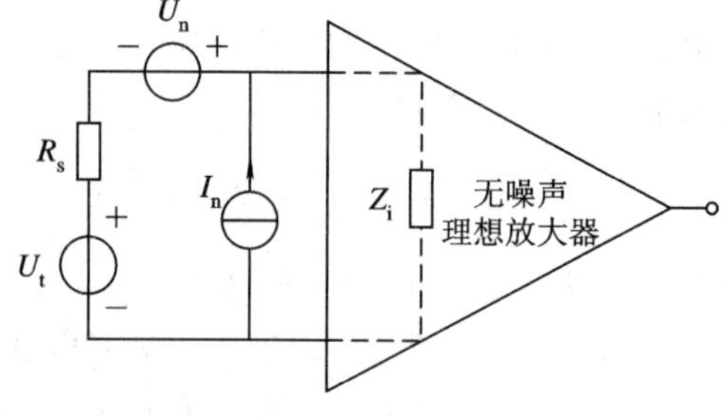

图 9.3－9　放大器的噪声等效电路

过上述间接的测量或计算求得。图9.3-9中还画出了电阻R_s的热噪声电压U_t，即

$$U_t = \sqrt{4kTR_sB} \tag{9.3-29}$$

可以证明，等效输入噪声电压为

$$U_{ni}^2 = U_t^2 + U_n^2 + I_n^2R_s^2 \tag{9.3-30}$$

小　　结

1. 噪声的统计特性及其测量

(1) 平均值：分为总体平均和时间平均。

总体平均：
$$\bar{x}(t_1) = \frac{1}{N}\sum_{k=1}^{N} x_k(t_1)$$

时间平均：
$$\bar{x}(t) = \lim_{T\to\infty}\frac{1}{T}\int_0^T x(t)\,dt$$

利用低通滤波器可以测量噪声的平均值。为了保证测量精度，需要足够长的积分时间T。

(2) 方差和方均根值。

方差：
$$\sigma^2 = \lim_{T\to\infty}\frac{1}{T}\int_0^T x^2(t)\,dt$$

方均根值：
$$\sigma = \lim_{T\to\infty}\sqrt{\frac{1}{T}\int_0^T x^2(t)\,dt}$$

测量方均根值需要用真正的有效值电压表，并选择电压表的带宽要大于被测噪声的带宽。

(3) 功率密度谱$S(f)$：噪声单位带宽所具有的功率大小。可利用频谱分析仪进行测量。

(4) 概率密度函数$p(x)$：表征噪声在时域内波形信息的统计参数。典型的概率密度函数为高斯分布，即

$$p(x) = \frac{1}{\sqrt{2\pi}\sigma}e^{-\frac{x^2}{2\sigma}}$$

2. 器件的噪声参数及其测量

(1) 等效输入噪声电压U_{ni}定义为

$$U_{ni} = \frac{U_{no}}{K_t}$$

测量方法有两种：一种是采用正弦信号源；另一种是采用噪声发生器。当使放大器输出噪声功率增加一倍时，噪声发生器输出的噪声电压等于被测放大器的等效输入噪声电压，即

$$U_{ni} = U_{ns}$$

(2) 放大器的等效噪声电阻R_n等于使放大器输出噪声电压增加到原来的$\sqrt{2}$倍时可调电阻R_0的值。

(3) 等效噪声带宽B_{eq}可表示为

$$B_{eq} = \frac{1}{G_0}\int_0^\infty G(f)\,df$$

其测量方法为：求出 $K_V^2(f)$曲线的面积 S，则

$$B_{eq}=\frac{S}{K_{V0}^2}$$

(4) 噪声系数定义为

$$F=\frac{\text{输入信噪比}}{\text{输出信噪比}}=\frac{N_o}{GN_i}$$

噪声系数的测量为：在低频时利用正弦信号源产生输入信号，在高频时采用噪声发生器作为信号源。

习　题　9

9.1　应当用什么样的电压表测量噪声电压？对电压表的性能指标有什么要求？

9.2　有 0.1 V 直流电压埋藏在方均根值为 1 V 的有限带宽高斯噪声中，噪声具有高达 1 kHz 的平直频谱。如果使用积分电压表，则为了由 99.73% 的置信度获得 5% 的被测直流电压估值的相对标准差，所需的平均时间应为多少？

9.3　若积分周期为 1 s，置信度为 95% 时噪声引入的最大测量误差不超过 2 μV，噪声的均匀带宽为 1 kHz，则积分型数字电压表输入端所容许的噪声最大方均根值为多少？

9.4　用某双积分型数字电压表测量约为 5 V 的直流电压，该电压上叠加有带宽为 3 kHz 的白噪声，其方均根值 $\sigma=0.5$ V，数字电压表采样积分时间区间为 $T=0.6$ s，求测量的最大绝对误差和相对误差。

9.5　当放大器输入端的信号源输出为 10 mV 正弦电压时，测得放大器输出端的正弦电压为 0.2 V(均指有效值)；当信号源输出为零时，测得放大器输出端噪声电压为 10 mV。求放大器的等效输入噪声电压。

9.6　某放大器输入端接地时，输出噪声电压为 10 mV，然后将一可调电阻接在输入端和地之间，调节电阻，直到输出噪声电压增加一倍，此时可调电阻的阻值为 12 kΩ，则该放大器的等效噪声电阻为多大？

9.7　某放大器中心频率的电压增益为 20。若电压增益平方曲线下的面积为 80 kHz，试计算其等效噪声带宽。

9.8　某放大器的信号源输出为零时，测得放大器输出的噪声电压方均根值为 30 μV，当放大器输入端被短路时，测得其输出的噪声电压方均根值为 10 μV，求该放大器的噪声系数 F。

9.9　试证明等效噪声温度与等效噪声电阻的关系为

$$T_{eq}=\frac{R_n}{R_s}T_0$$

式中，R_s 为信号源内阻。

9.10　用噪声发生器测量放大器的噪声系数 F 时，如果放大器的输入电阻 R_i 大于噪声发生器的输出电阻 R_s，则可在噪声发生器与放大器之间串联一个电阻 $R_1=R_i-R_s$，使放大器输出噪声功率增加一倍时，噪声发生器读数为 F'，试证明：

$$F=\frac{R_s}{R_s+R_1}F'$$

*第 10 章　数据域测量与测量新技术简介

10.1　数据域测量的基本概念

20 世纪 70 年代以来，计算机与微电子技术得到了迅猛的发展，微处理器和其他 LSI、VLSI 电路得到了广泛的应用。这些元器件和设备使用的是数字逻辑电路，数字电路可分为组合数字逻辑电路和时序数字逻辑电路，它们按照系统所要求的功能，按一定的逻辑关系连接组成数字系统的硬件，而实现各种算法的程序指令序列则是数字系统的软件。数字电路、微处理器以及大规模集成电路的生产工艺极为复杂、精细，如何检测这些器件的正确性，把它们组装成设备之后，又如何进行测试，发生故障如何迅速确定故障点，如何排除这些故障，这些都是数据域测量要解决的问题。

10.1.1　数据域测量的特点

数据域测量面向的对象是数字逻辑电路，这类电路的特点是以二进制数字的方式来表示信息。由于晶体管"导通"和"截止"可以分别输出高电平或低电平，因此分别规定它们表示不同的"1"和"0"数字，由多位 0、1 数字的不同组合表示具有一定意义的信息。在每一特定时刻，多位 0、1 数字的组合称为一个数据字，数据字随时间的变化按一定的时序关系形成了数字系统的数据流。这说明，数字系统是以数据或数据字作为时间或时序的函数，而不是把电压作为时间或频率的函数。运行正常的数字系统或设备其数据流是正确的；若系统的数据流发生错误，则说明该系统发生了故障。为此，检测输入与输出对应的数据流关系，就可分析系统功能是否正确，判断有无故障及故障范围。这就是所谓的数据域测量问题，它包括数字系统或设备的故障检测、故障定位、故障诊断以及数据流的检测和显示。数字系统输入、输出数据流如图 10.1－1 所示。这是一个简单的 4 位并行数据流输入转变为 1 路串行数据流输出的情况。

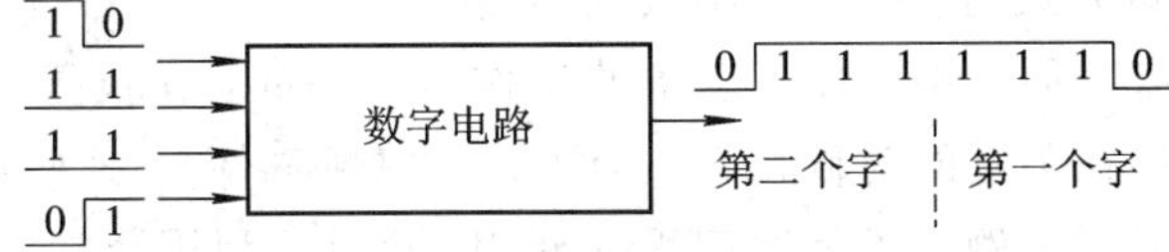

图 10.1－1　输入、输出数据流

由图 10.1－1 也可看出，数据域测量研究的是数据处理过程中数据流的关系，仅当发现数据流不对时，才需要了解产生这个数据字的电压情况，而数字电路输入、输出引脚之多，内部控制电路之复杂，发生错误区域附近的信号节点数目之大，都使采用传统的示波器分析变得很复杂且难以胜任。传统的以频域或时域概念为基础的测试方法和仪器已难以圆满地分析今天复杂的数字系统，故数据域测量工程需要一类新的测量仪器，专门来检测、处理和分析数据流，这类仪器统称为数据域测量仪器。数据域测试设备目前主要有：逻辑分析仪、特征分析和激励仪器、微机及数字系统故障诊断仪、在线仿真器、数据图形产生器、微型计算机开发系统、印制电路板测试系统等。目前数字系统的测试费用约占研制生产总费用的30%～40%。随着数字系统复杂性的增加，这一比例还在提高。

随着数字电路越来越复杂化，如果在电路设计中不考虑测试问题，那么就会使测试费用急剧增长，甚至采用当前最先进的测试系统也可能无法进行测试。为此，近几年迅速发展了“数字电路的可测性设计和内在自测性设计技术”。前者使数字电路的测试变得可能和容易，后者使电路具有自测试能力，从而较彻底地解决了数字电路的测试问题。

数据域测试技术的最新发展之一是无接触测试，即在测试器与被测板之间没有接触，省却了各种测试夹具及连接器。目前已被采用的有自动视觉测试(AVT)和热图像处理等技术。AVT技术利用摄像机采集被测试板的图像信息，通过计算机处理来发现故障。热图像技术利用红外线扫描，获取并分析被测板的热图像信息，找出异常的冷点和热点以确定故障。不少系统还引入人工智能和专家系统，不仅可进行故障诊断，还可根据专家经验和规则提出一些改进意见和建议，如同开药方一样。本章只介绍数据域测量的最基本概念及逻辑分析仪。

10.1.2 数字信号的特点

数字信号的特点如下：

(1) 数字信号一般为多路。一个字符、一个数据、一组信息及一条指令是按一定编码规则的多位(bit)数据组成的。因此，同时传递数字信息要有多根导线，这就形成了总线，多个器件都同样地“挂”在总线上，依靠一定的时序节拍脉冲同步其工作。

(2) 数字信号按时序传递。数字设备具有一定的逻辑功能，为使它正常运行，要求各个部分按照预先规定的逻辑程序进行工作。各信号之间有预定的时序关系，例如，程序的执行必须在规定的控制信号作用下首先取出指令代码进行译码，发出完成该指令的控制信号，这些逻辑关系是在控制器的作用下完成的，系统中的信号是有序的信息流，它们之间有严格的时序关系。因此，数字电路的测试最重要的是检查数字脉冲的先后次序和波形的时序关系是否符合设计要求。

(3) 数字信号的传递方式有串行和并行两种。如图10.1-1所示，输入信号是4位并行传递方式，输出信号是串行传递方式。并行传递方式是以硬设备换取速度，串行传递方式实质上是以速度换取硬设备。在远距离数据传输中，一般采用串行传递方式。

(4) 数字信号具有非周期性。数字设备的工作是时序的，在执行一个程序时，许多信号只出现一次，或者仅在关键的时候出现一次(例如中断事件)，某些信号可能重复出现，但并非时域上的周期信号，例如子程序例程的调用。因此，利用诸如示波器一类的测量仪器难以观测，也难以发现故障。

(5) 数字信号频率范围宽。在数字系统中，中央处理机具有ps(10^{-12} s)量级的时间分辨力，而低速的外部设备如电传机的输入键的选通脉冲却以ms(10^{-3} s)计量，可见数字信号的频率范围很宽。

(6) 数字信号为脉冲信号。数字信号是脉冲信号，各通道信号的前沿很陡，其频谱分量十分丰富，因此，数据域测量必须注意选择开关器件，并注意信号在电路中的建立和保持时间。

在拟定数据域测试方案或设计、制造数据域测试仪器时，都应考虑上述数字信号的特征。

10.2　数据域测量技术

本节从简单逻辑电路的测试出发，叙述了数字电路测试的基本方法——穷举法，由穷举法的可实现性讨论数据域测量的技术问题，为介绍数据域测量的主要工具——逻辑分析仪打下基础。

10.2.1　简单逻辑电路的简易测试

数字逻辑电路是以处理"0""1"组成的数字信号为目的的电路，它们由与门、或门、非门和各类触发器组成。因此，确认电路电平的高低是否符合逻辑值的规定，逻辑关系是否正确，当输入变化时，电路翻转是否正确，都是研究数字电路的基本任务。通常规定：正逻辑时，"1"相当于高电平，"0"相当于低电平；负逻辑时则相反。

对于较简单的数字电路，如分立元件、中小规模集成电路、简单的数字设备或复杂数字设备的部件，可以利用示波器、逻辑探头(也称逻辑笔)、逻辑比较器和逻辑脉冲发生器等简单而廉价的数据域测量仪器来进行测试。被测电平的高低，真值的"1""0"，脉冲的有无等，可以利用小灯泡或发光二极管(LED)的亮暗以及小喇叭发声强弱等来检测。

1. 基本逻辑部件的测试

对基本逻辑部件的测试可用图 10.2-1 所示的电路来进行，其中，图(a)、(b)、(c)分别为测试与门、或门和非门的电路。各门的输入端由开关 S_1 进行控制。接通 S_1，表示接低电平，输入"0"信号；不接通 S_1，表示输入端接高电平，输入"1"信号。当门输出为低电平时，发光二极管导通亮；当门输出为高电平时，发光二极管截止不亮。输入信号与发光二极管(LED)亮暗的真值表如表 10.2-1 所示，门电路输出的 S_2 开关用来控制输出电平经过一个倒相器(非门)的情况。如果发光二极管的亮灭情况与表 10.2-1 中的不同，则认为电路功能有错。

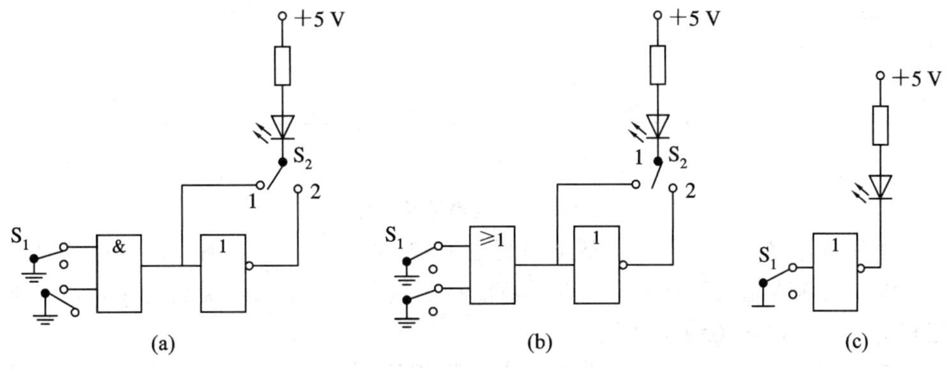

图 10.2-1　基本逻辑元件的测试

表 10.2－1　基本逻辑元件测试真值表

器件	输入组合		S_2 置 1	S_2 置 2
与门	0	0	亮	灭
	0	1	亮	灭
	1	0	亮	灭
	1	1	灭	亮
或门	0	0	亮	灭
	0	1	灭	亮
	1	0	灭	亮
	1	1	灭	亮
非门	0		灭	
	1		亮	

2. 逻辑笔的应用

简单的逻辑电路还可用逻辑笔来进行测试。逻辑笔的外形如图 10.2－2(a)所示，它主要用于指明某一端点的逻辑状态。逻辑笔的顶端有两只指示灯，红灯指示逻辑“1”(高电平)，绿灯指示逻辑“0”(低电平)。对于被测点的逻辑状态，逻辑笔的响应如图 10.2－2(b)所示。有了这样几种简易测试的方法，对于测试一般的门电路和触发器等的输入、输出关系来说基本就够用了。

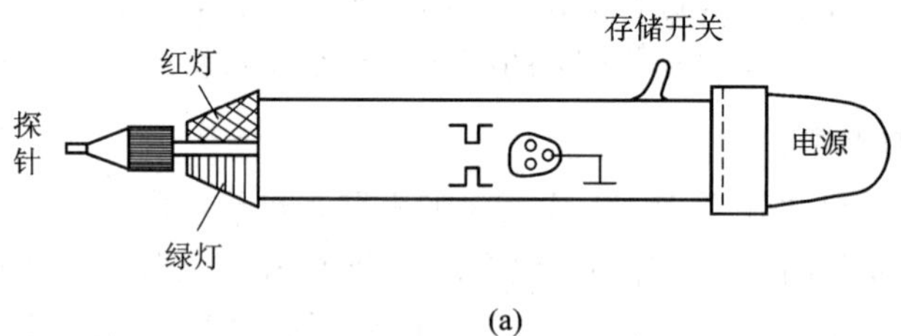

(a)

被测点的逻辑状态	逻辑笔的响应
(1) 稳定的逻辑“1”状态(＋2.4～＋5 V)	红灯稳定亮
(2) 稳定的逻辑“0”状态(0～＋0.7 V)	绿灯稳定亮
(3) 逻辑“1”和“0”的中间状态(＋0.8～＋2.3 V)	两灯均不亮
(4) 单次正脉冲	绿→红→绿
(5) 单次负脉冲	红→绿→红
(6) 低频序列脉冲	红绿灯交替闪烁

(b)

图 10.2－2　逻辑笔及其响应

逻辑笔还有记忆功能，当测试某点为高电平时，红灯点亮，此时，即使将逻辑笔离开测试点，该灯仍继续亮，以便于测试者对被测状态进行记录。当不需要记录此状态时，可扳动逻辑笔上的存储开关使其复位。

逻辑笔还可以提供选通脉冲。在逻辑笔的腰部设有两个插孔(一个是正脉冲，另一个是负脉冲)，取其中一个脉冲信号接至被测电路的某一选通点上，逻辑笔随着选通脉冲的加入而作出响应。图 10.2-3 表示在 t_0 时刻提供负的选通脉冲时，逻辑笔响应为高电平，红灯亮的情况。

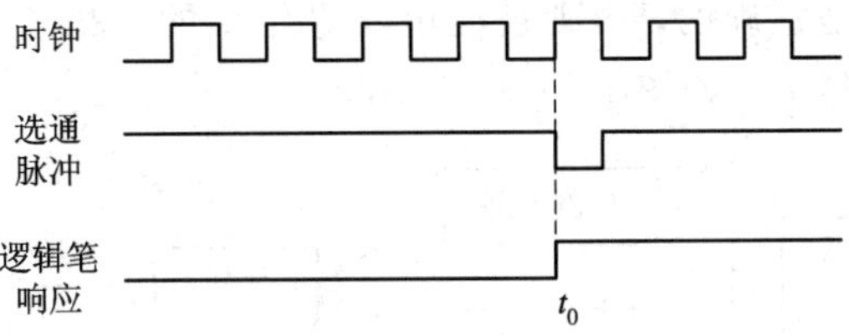

图 10.2-3　选通脉冲的作用

逻辑笔的组成框图如图 10.2-4 所示。被测点的逻辑状态由探针接入，经过电平检测器，使信号电平与基准电压进行比较，选择与该信号对应的“0”电平通道或“1”电平通道进行脉冲展宽，进入判“0”判“1”网络(门电路)，通过驱动电路使对应颜色的指示灯发亮。若输入为中间电平，则不进入任何一路，无灯亮。

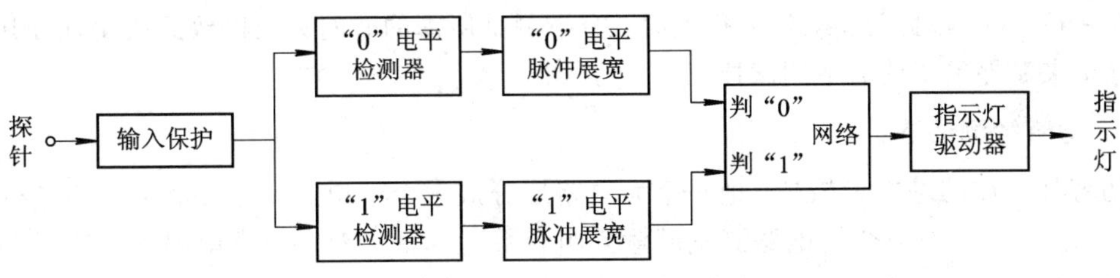

图 10.2-4　逻辑笔的组成框图

3. 逻辑夹的应用

逻辑笔在同一时刻只能显示一个被测点的状态，而逻辑夹可以同时显示多个端点的逻辑状态。逻辑夹的电路结构如图 10.2-5 所示，图中只画出了 16 路输入信号中的 1 路，各路结构均相同。每个端点信号均通过一个门判网络，门判电路的输出通过一个非门驱动一个发光二极管，当输入信号为高电平时，发光二极管发亮。

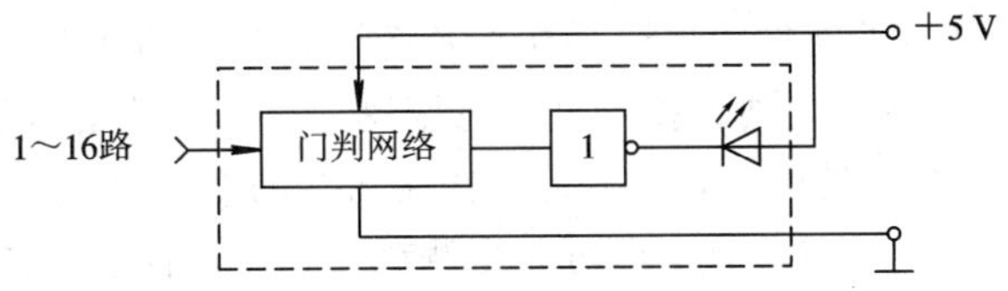

图 10.2-5　逻辑夹的 1 路电路结构

逻辑夹与逻辑脉冲发生器配合使用，能够比较迅速地寻找出电路的逻辑故障。当脉冲发生器的信号频率较低时，使用逻辑夹可以很清楚地反映门电路、触发器、计数器或加法器等全部输入端及输出端之间的逻辑关系。

10.2.2　穷举测试和随机测试

1. 穷举测试法

从基本逻辑元件测试中我们看到，数字电路测试的实质就是对几个输入端加入 2^n 个可能的组合信号，然后观察输出是否正确。如果所有的输入信号、输出信号的逻辑关系都正确，则这个数字电路就是正确的；如果输出的逻辑关系不正确，则这个数字电路就是错误的。这种测试方法就是穷举测试法。对于复杂的被测电路，以一个正确的电路作为参考电路，两电路加上同样的测试数据流，对它们的输出进行比较，如果两电路输出的数据流始终相同，则被测电路是正确的，否则被测电路是错误的。根据这个比较结果，给出“合格/失效”的指示。穷举测试法如图 10.2-6 所示。

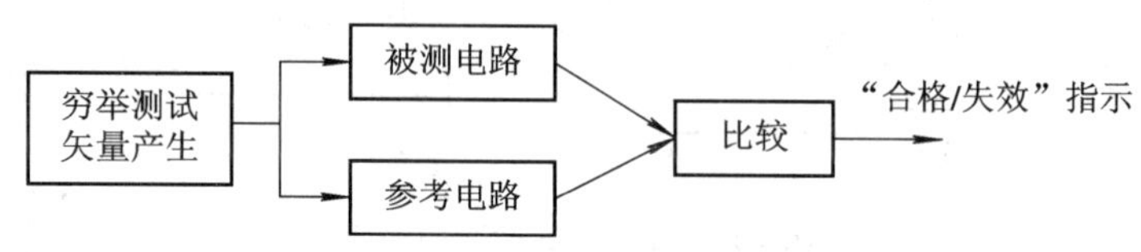

图 10.2-6　穷举测试示意图

穷举测试法的优点是能够测出 100%的故障，也就是能够揭示复杂的数字系统的全部故障。穷举测试法的缺点是：测试时间随输入端数 n 的增加呈指数增加。例如，$n=4$ 时，$2^n=16$，即输入端数为 4 时，输入信号有 16 种可能的组合情况；$n=8$ 时，$2^n=256$；$n=16$ 时，$2^n=65\ 536$。以此类推，当 n 很大时，穷举测试所需的时间太长以致无法实际使用，因此，近年来又提出了伪穷举测试技术。

2. 伪穷举测试法

伪穷举测试的基本思想是：把一个大电路划分成数个子电路，对每个子电路进行穷举测试。总的来说，对数个子电路测试的输入组合数远远低于对一个大电路进行穷举测试所需的输入组合数，因此，可大大节省测试时间。例如，当输入端数 $n=16$ 时，如果可将该电路划分成两个 $n=8$ 的数字电路，则测试输入组合信号数可由 $2^{16}=65\ 536$ 减少为 $2^8+2^8=256+256=512$，测试时间降为原测试时间的 1/128。

伪穷举测试法的子电路划分可以采用两种方法：一种是多路开关硬件划分法；另一种是敏化划分法。多路开关硬件划分法是在硬件电路设计时，加入多路开关，从硬件上将一个复杂电路划分为若干个相关的子电路。多路开关的作用是便于在测试时，断开其他子电路，而将被测试的子电路与输入端和输出端相连接，再连到外边的测试电路中。用多路开关进行划分的缺点是增加了硬件。此外，插入多路开关在电路正常工作时增加了电路延迟，降低了工作速度。采用敏化划分技术可以克服这些缺点。敏化划分技术是采用通路敏化方法，对被测试的子电路进行分析，确定出在输入端的 2^n 个组合数据流中选取 m 个组合，$m<2^n$，只输入这 m 种组合情况，即可完全测试子电路的性能，这 m 种组合称为“最小完全测试集”。例如，$n=2$ 时，输入可能的组合是 00、01、10、11。如果经分析，只需 $m=(00,\ 01,\ 11)$种输入组合就可完全测试子电路的性能，则 m 称为该子电路的最小完全测试集，也相当于从输入找到了一条到达子电路的敏化通路，这就是敏化划分法。

敏化划分测试与硬件划分测试的结果是一样的，但敏化划分不需要插入多路开关，因而不增加硬件设备，也不降低电路速度。但敏化通路的最小完全测试集的确定又成为一个较为困难的问题。

3. 随机测试法

将图 10.2-6 中的“穷举测试矢量产生”电路换成“随机测试矢量产生”电路，即为随机测试法的原理框图。图中，“测试矢量产生”即“测试数据流产生”的意思，该电路随机地产生可能的 2^n 种组合数据的数据流，由它产生的随机或伪随机测试矢量序列(数据流序列)

同时加到被测电路和已知功能完好的参考电路中，对它们的输出响应进行比较，根据比较结果，给出“合格/失效”的指示。

随机矢量产生器可以由软件产生，也可以由硬件产生。如由软件产生，则一般首先确定一种算法，算法确定之后，产生的测试矢量序列通常具有重复性的特点，称为伪随机序列。由硬件产生的随机序列常用线性反馈移位寄存器的方法，该电路产生的随机序列也是伪随机序列。为区别于真正的随机测试，对于施加伪随机序列所进行的测试称为伪随机测试。

我们知道，穷举测试的故障覆盖率是 100%，而随机测试的一个重要问题就是确定为达到给定的故障覆盖率，输入测试随机矢量序列的长度。或者反过来说，对于给定的测试序列长度，计算出能得到多高的故障覆盖率。总之，随机测试一般达不到 100%的故障覆盖率，根据给定的测试矢量长度推算故障覆盖率的计算是困难的，但在一般不严格要求置信度的场合，随机测试仍算是一种实用而有效的方法。

10.2.3 数据域测量技术

根据以上对数据域测量技术的讨论，我们看到，简单逻辑电路功能简单，可以用较简易的方法来测试。对于大规模集成电路、复杂的印制电路板、微型计算机系统等较为复杂的数字逻辑系统的测试，涉及对故障类型的讨论、测试数据流的产生、故障测试方法及故障的定位等问题。

1. 故障类型

数字电路的故障类型一般可分为物理故障和逻辑故障。内部连线断开或短接，电路元件不良等都可以造成物理故障。数字电路内部控制逻辑不正确，称为逻辑故障。比如，微处理器不能正确地控制存储器读、写或程序流程不正确，特别是程序流程不正确，这是最典型的逻辑故障。另外，不随时间改变的故障称为固定性故障或永久故障，时隐时现的故障称为间发故障或间歇故障。目前，数字电路的故障诊断研究对象多限于固定性的逻辑故障。

为了搞清故障对电路的影响，必须建立故障模型。由于数字电路的许多故障固定在高电平或固定在低电平，因此，表示故障的最普遍而有效的模型是固定逻辑故障模型。电路中某条线上电平固定为 0 的故障称为“恒 0”故障，某条线上电平固定为 1 的故障称为“恒 1”故障。对于正逻辑的规定而言，“恒 0”故障就意味着这条线上总是低电平，“恒 1”故障就意味着这条线上总是高电平。为了表示某点或某线上的“恒 0”或“恒 1”故障，采用一种标准的符号——p/d，其中，p 是引线标号，d 是“0”或“1”，代表“恒 0”故障或“恒 1”故障。例如，“$x_2/1$”表示 x_2 线上是“恒 1”故障，引起“恒 1”故障的原因大致是引线与电源短路、输入引线断开等；“$x_3/0$”表示 x_3 线上产生了“恒 0”故障，造成“恒 0”故障的原因可能是该线与地短路或逻辑元件内管子击穿等。

2. 故障测试和故障定位

当一个数字逻辑电路实现的逻辑功能和无故障的相同电路所实现的逻辑功能不同时，表示这个电路就是有故障的电路。依据这个道理，就可实现对逻辑电路的故障测试和检测。假如知道了电路中各种可能的故障和其输出模式之间的关系，就有可能识别出故障，并把它们划分到尽可能小的元件集中，实现对逻辑电路的故障定位测试。

故障测试大体可分为两种：一种是部件测试，即对单元电路的测试；另一种是整机测试，即对整个逻辑系统的测试。

测试的基本方法分为两种。一种是“静态测试”，它是指不加输入信号或加固定电位时的测试，以判断电路各点电位是否正确，这种方法主要用于检测物理故障，根据有问题的电位点，可将故障定位于某个器件。另一种是数字电路的“动态测试”，在输入端接入各种可能的组合数据流，测试输出数据流的情况，以判断输出逻辑功能是否正确，这种方法主要用于检测复杂数字逻辑系统的逻辑故障。另外，物理故障也可以引起逻辑功能的不正确。为此，“动态测试”既可以检测系统的逻辑故障，亦可以检测系统的物理故障，并且缩小了范围，将检测出的故障定位于一定的范围内，实现了故障定位。

3. 测试信号产生问题

测试信号产生问题指的是如何得到能够检测电路全部“恒 0”“恒 1”故障的测试信号流，这个数据流称为“最小完全故障检测测试集”，也就是我们前面提到的“最小完全测试集”。一般可由通路敏化法等方法确定出数字电路的“完全故障测试集”，然后将故障类型合并而得到“最小完全故障测试集”。穷举测试法和随机测试法中，没有考虑复杂的测试信号产生问题，使测试信号产生问题简化，但同时带来的问题是测试时间加长。随机测试法中，测试矢量长度的确定本质上也是一个测试信号产生的问题。

4. 可测试性技术

一个大规模集成电路设计得再好，如果在设计时没有考虑测试问题，那么这个电路由于无法检查、验证其正确性，将不能投入实际使用。为此，在设计数字逻辑电路时，一定要同时考虑系统的测试问题，比如多留一些与外电路连接的开关或引线脚，有意识地将数字电路划分成若干个子电路等，使得数字电路的测试变得可能和容易。

数字电路的可测性有多种定义，其中之一是：若对一数字电路产生和施加一组输入信号，并在预定的测试时间和测试费用范围内达到预定的故障检测和故障定位的要求，则说明该电路是可测的。

数字电路的可测性包括两种特性：可控性和可观察性。可控性是指通过外部输入端信号设置电路内部的逻辑结点为逻辑“1”和逻辑“0”的控制能力。可观察性是指通过输出端信号观察电路内部逻辑结点的响应的能力。

关于数据域测量技术的基本问题和方法，本书只作一般介绍，不作理论上的深入探讨，上述几方面的问题也反映在逻辑分析仪的设计和应用之中，为此，仅作简单介绍。

10.3 逻辑分析仪

对复杂的大规模集成电路的测试以及对微处理器和微型计算机系统的测试主要使用逻辑分析仪。自 1973 年美国首先推出逻辑分析仪以来，这种仪器迅速发展，正如示波器是调试模拟电路的重要工具一样，逻辑分析仪是研究测试数字电路的重要工具。由于它仍然以荧光屏显示的方式给出测试结果，因此也称为逻辑示波器。

逻辑分析仪是多线示波器与数字存储技术发展的产物，它能够对逻辑电路，甚至包括软件的逻辑状态进行记录和显示，通过各种控制功能实现对逻辑系统的分析。逻辑分析仪能够用表格形式、波形形式或图形形式显示具有多个变量的数字系统的状态，也能用汇编形式显示数字系统的软件，从而实现对数字系统硬件和软件的测试。所以，它对包含大量软、硬件设备的系统调试是很适用的，可以大大提高系统的调试效率。随着微处理器的发展，出现了面向微处理器的逻辑分析仪，它大大方便了微处理器和微型计算机系统的调整和维护。

逻辑分析仪可分为两大类：逻辑状态分析仪和逻辑定时分析仪。这两类分析仪的基本结构是相似的，其主要区别表现在显示方式和定时方式上。逻辑状态分析仪用状态表方式显示被检测的逻辑状态，且由被测系统提供采集数据的时钟，而逻辑定时分析仪用定时图形方式显示被测信号，且由逻辑分析仪自己提供采集数据的时钟。

10.3.1　逻辑分析仪的组成

逻辑分析仪的类型繁多，尽管在通道数量、取样频率、内存容量、显示方式及触发方式等方面有较大区别，但其基本组成结构是相同的。逻辑分析仪的基本组成如图 10.3－1 所示。

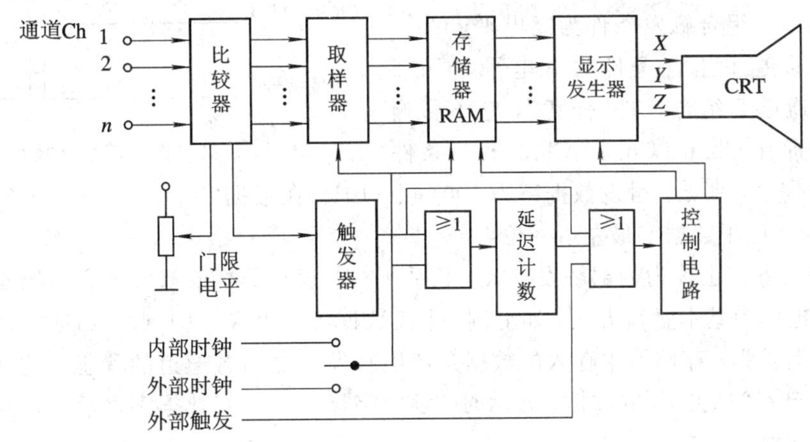

图 10.3－1　逻辑分析仪的基本组成框图

被测信号经过多通道逻辑测试探极形成并行数据，送至比较器，输入信号在比较器中与外部设定的门限电平进行比较，大于门限电平值的信号在相应的线上输出高电平，反之输出低电平，对输入波形进行整形。

经比较整形后的信号送至取样器，在时钟脉冲的控制下进行取样。被取样的信号按顺序记忆在半导体存储器中，假设存储器容量为 1 KB，则认为能够记录所有输入通道在 1024 次取样中所得到的信息。取样信息以“先进先出”的原则组织在存储器中，假设存储器已存满数据，但尚未得到显示命令，则存储器将自动地舍弃旧数据，装入新数据。得到显示命令后，将按照先后顺序逐一读出信息，在显示器中形成 X、Y、Z 三个轴向的模拟信号，由 CRT 屏幕按设定的显示方式实现对被测量的显示。

10.3.2　逻辑分析仪的触发方式

逻辑分析仪可以同时采集多路信号，便于对被测系统正常运行的数据流的逻辑状态和各信号间的相互关系进行观测和分析。

为了能在较小的存储容量范围内采集和存储所需观测点前、后变化的波形，逻辑分析仪设有多种触发方式。在进行数字信号观测时，必须正确选择触发方式。

1. 组合触发

逻辑分析仪具有“字识别”触发功能，操作者可以通过仪器面板上的“触发字选择”开关预置特定的触发字，被测系统的数据字与此预置的触发字相比较，当二者符合时产生一次触发。

设置触发字时，每一个通道可取三种触发条件：0、1、X。“1”表示该通道为高电平时才产生触发；“0”表示某通道为低电平时产生触发；“X”表示通道状态“任意”，也即通道状态不影响触发条件。各通道状态设置好后，当被测系统各通道数据同时满足上述条件时，才能产生触发信号。图 10.3-2 给出的是四通道组合触发的例子，Ch.0(“1”)和 Ch.3(“1”)表示通道 0 与通道 3 组合触发条件为高电平，Ch.1(“0”)表示通道 1 组合条件为低电平，Ch.2(“X”)表示通道 2 组合条件“任意”，它不影响触发条件，即在 Ch.0、Ch.1、Ch.3 相与条件下产生触发信号，那么，触发数据字为 1001 或 1101。在数据字中，Ch.0 位于数据字最右边一位，Ch.3 位于数据字最左边一位。

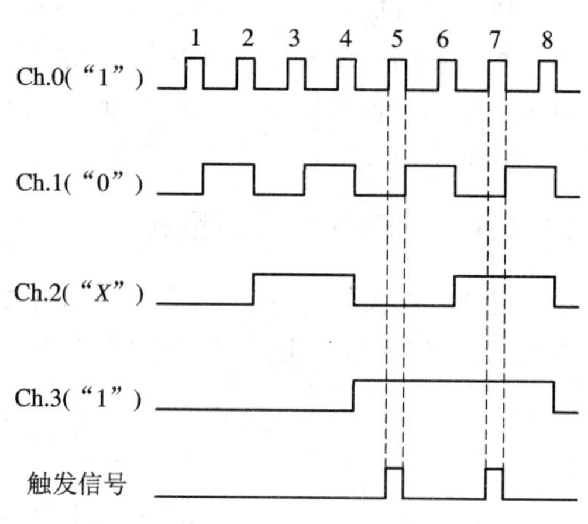

图 10.3-2　四通道组合触发实例

组合触发方式也称为内部触发方式，几乎所有的逻辑分析仪都采用这种触发脉冲产生方式，因此也称为基本触发方式。如上例，采集数据流中出现 1001 或 1101 时，产生触发脉冲，停止数据采集，存储器中存入的数据是产生触发字之前各通道的状态变化情况，对触发字而言是已经“过去了”的数据。显示时，触发字显示于所有数据字之后，故也称为基本的终端触发方式。

如果触发字选择的是某一出错的数据字，那么逻辑分析仪就可捕获并显示被测系统出现这一出错数据字之前一段时间各通道状态的变化情况，即被测系统在故障发生前的工作状况。显然，这为数字系统的故障诊断提供了相当方便的手段。

2. 延迟触发

在故障诊断中，常常希望既能看到触发点前的情况，又能看到触发点后的情况，这时可设置一个延迟门，当捕获到触发字后，延迟一段时间后再停止数据的采集，则存储器中存储的数据就包括了触发点前、后的数据。

延迟触发常用于分析循环、嵌套循环一类程序(配合序列触发方式)，也常用于观察跳动性的偶然故障，因为它能够观察到跳动前、后的有关信息。

延迟触发的一个极端情况是：当延迟门关闭数据采集时，存储器中数据的第一个字刚好是原设定的触发字，则存储器中存储的数据全部是捕获触发字后的数据，这种触发称为始端触发。一般可控制延迟数刚好等于存储容量的一半，可使触发字位于中间，这种特殊情况称为中心触发。

3. 限定触发

限定触发是对设置的触发字加限定条件的触发方式。有时设定的触发字在数据流中出现较为频繁，为了有选择地存储和显示特定的数据流，逻辑分析仪中增加了一些附加通道作为约束或选择所设置的触发条件。例如，对前述四通道触发字的选择，若再加入第五个通道 Q，设定当 $Q=0$ 时，触发字有效，$Q=1$ 时，触发字无效，则第 5 个通道 Q 只作为触发字的约束条件，并不对它进行数据采集、存储、显示，仅仅用它筛选去掉一部分触发字，这就是限定触发方式。

4. 序列触发

序列触发是为检测复杂分支程序而设计的一种重要触发方式。当取样数据与某一预先设定的字序列(而不是一个字)相符后才触发跟踪数据流。序列触发实例如图 10.3－3 所示，假设规定执行通路 2 的程序后，分析仪才触发跟踪，则分析仪必须在捕获 2849、284A、284C 和 284E 状态序列后，才从 286F 状态开始跟踪数据流。这是一个多级序列触发的例子。

5. 计数触发

较复杂的软件系统中常常有嵌套循环的情况存在，在逻辑分析仪的触发逻辑中设立一个“遍数计数器”，那么就能针对某次需观察的循环进行跟踪，而对其他各次循环不进行跟踪。例如在图 10.3－4 所示的嵌套循环中，若要求检查第 9 次 I 循环和第 8 次 J 循环后的第 7 次 K 循环在状态 2841 后的情况，则分析仪应先获得如下序列时：

	2830	1 次
然后	28AE	9 次
然后	28A5	8 次
然后	2841	7 次

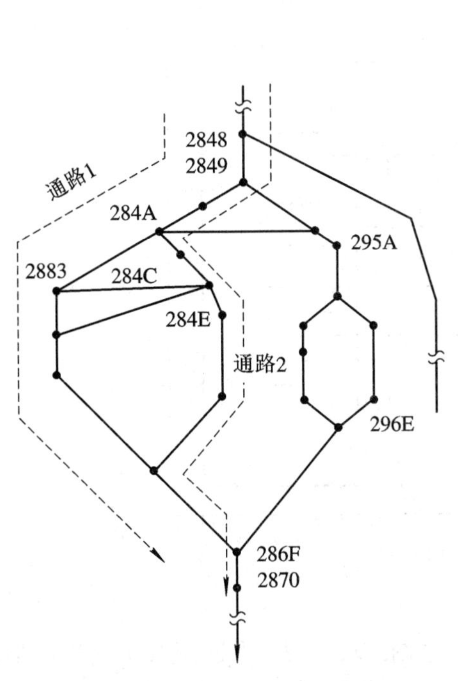

图 10.3－3　序列触发实例

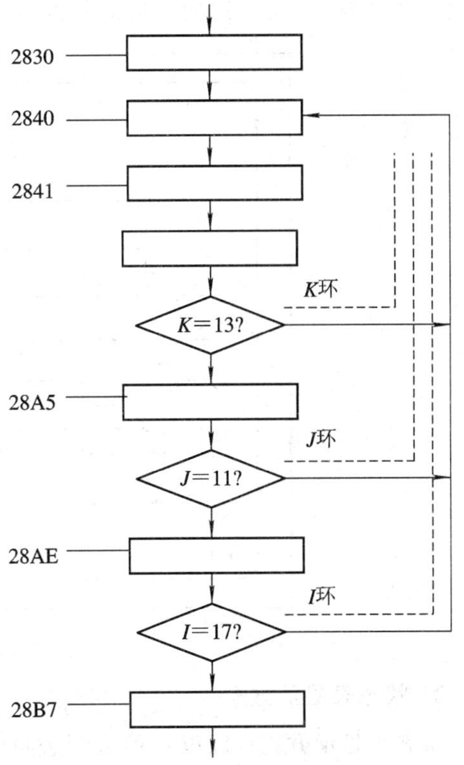

图 10.3－4　计数触发实例

开始跟踪数据流，即在 2840 状态出现 1398 次(=9×11×13+8×13+7)后跟踪数据流。

6. “毛刺”触发

利用滤波器从输入信号中取出一定宽度的脉冲作为触发信号，可以在存储器中存储毛刺出现前、后的数据流，这有利于观察和寻找由于外界干扰而引起的数字电路误动作的现象和原因。

除了上述介绍的 6 种触发方式外，有的逻辑分析仪还有一些其他触发方式，这里不作介绍。

在使用逻辑分析仪时，必须正确选用触发方式。

10.3.3 逻辑分析仪的显示方式

逻辑分析仪将被测信号用数字形式写入存储器以后，测量者可以根据需要通过控制电路将内存中的全部或部分数据稳定地显示在屏幕上。逻辑分析仪提供了多种显示数据的方式，以满足对数字系统硬件与软件的测量和维修功能。主要的显示方式有以下几种。

1. 定时显示方式

定时显示方式是指以逻辑电平表示的波形图的形式将存储器中的内容显示在 CRT 屏幕上，这种方式显示的是一连串经过整形后的类似方波的波形，高电平代表 1，低电平代表 0，显示逻辑电平与时间的关系。由于显示的不是被测点信号的实际波形，因此也称为“伪波形”或“伪时域波形”。这种方式可以将存储器的全部内容按通道顺序显示出来，也可以改变通道顺序显示，以便于进行分析和比较。显示波形的实例如图 10.3-5 所示。

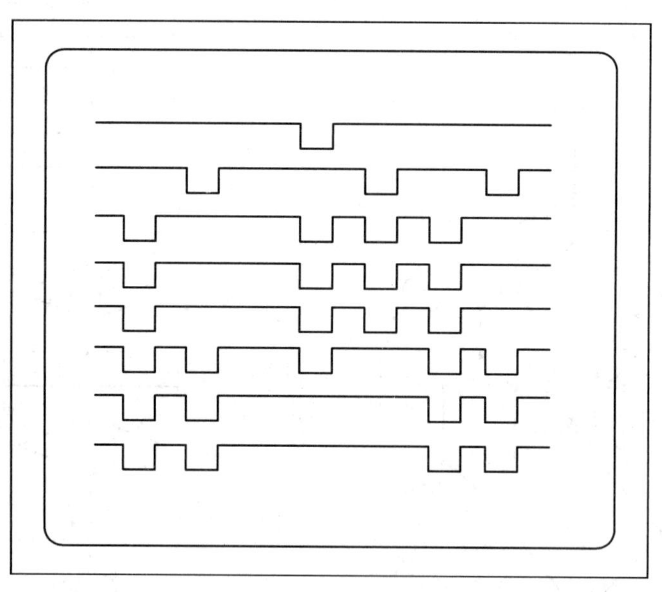

图 10.3-5 定时显示

2. 状态表显示方式

状态表显示方式可以以各种数制进行，如二进制、八进制、十进制或十六进制形式。该方式是将存储器内容显示在 CRT 屏幕上，显示情况如图 10.3-6 所示。图 10.3-6(a)表示的是几种数制混合显示的情况。有的逻辑状态分析仪还能进行反汇编，把总线上出现的数据翻译成助记符，在显示器上显示程序表，如图 10.3-6(b)所示。

LABEL	A	C	D	E
BASE	HEX	BIN	OCT	DEC
START ···	2850 ···	000 ···	344 ···	1 ···
+01	2851	000	010	1
+02	2852	000	010	1
+03	2852	000	010	1
+04 ···	2853 ···	000 ···	112 ···	1 ···

(a)

TRIGGER　　OB38

LINE 0

ADRS	OPCODE/DATA		EXTERNAL	
0B38	INS	1	0000	0000
0B39	COM		0000	0000
0B3A	SR4		0000	0000
0B3B	BZ	0B40	0000	0000
0B40	LM		0000	0000
04D5	00	READ	0000	0000
		⋮		

(b)

图 10.3-6　状态表显示

3. 图解显示方式

图解显示是将 CRT 屏幕的 X 方向作为时间轴，将 Y 方向作为数据轴进行显示的一种方式。将欲显示的数字量通过 D/A 变换器转变成模拟量，将此模拟量按照存储器中取出数字量的先后顺序显示在 CRT 屏幕上，形成一个图像的点阵。图 10.3-7 显示的是一个简单的 BCD 计数器的工作图形。BCD 计数器的工作由全零状态(000B)开始，每一个时钟脉冲使计数值增 1，计数状态变化的数字序列为：0000→0001→0010→0011→0100→0101→0110→0111→1000→1001→0000，周而复始地循环。经 D/A 变换器的亮点每次增加 1，就形成由左下方开始向右上方移动的 10 个亮点，当由 1001→0000 时，亮点回到显示器底部，如此循环往复。

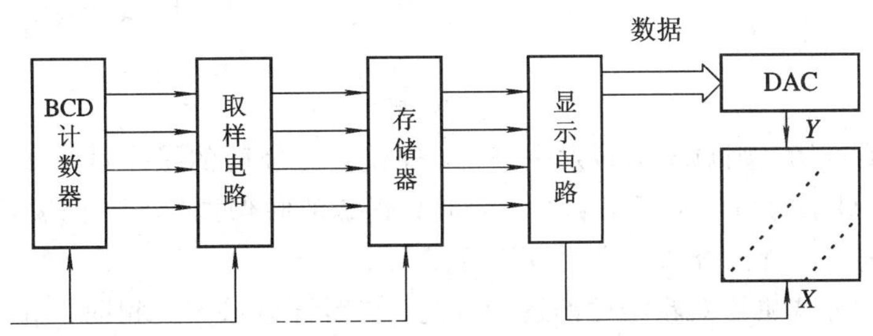

图 10.3-7　BCD 计数器图解显示

这种显示方式在数字信号处理中很有用处。将一个模拟量经过 A/D 变换后进行处理(如数字滤波)，然后将数字滤波后的数字量进行 D/A 变换又变成模拟量，将数字滤波前、后的模拟量分别送到荧光屏上显示，就可对数字滤波前、后的模拟量进行比较。

图解显示亦可用于观察程序的运行情况。将地址总线上的信息引入逻辑分析仪，经D/A变换后即可进行图解显示，如图10.3-8所示。呈现周而复始的地址量表示运行循环程序，对故障分析有意义的是那些不连续的地方，因为它表示程序跳转或偏离正常顺序状态(即出错)。这比状态表显示要直观得多。

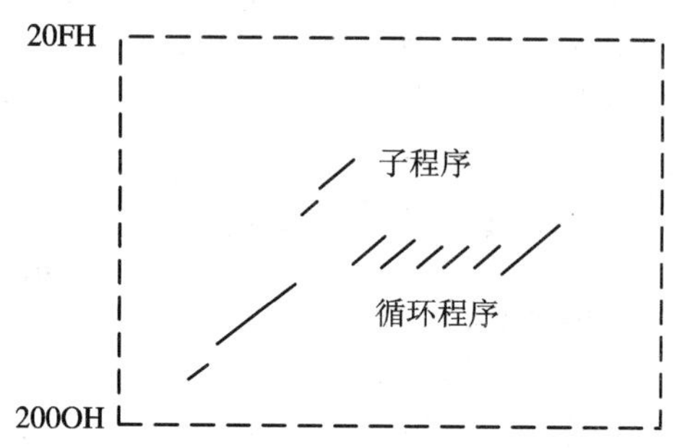

图10.3-8　程序运行图解显示

4. 映像显示方式

映像显示方式是把逻辑分析仪存储器的全部内容以点图形式一次显示出来。与图解显示不同，这种显示方式是将每个存储器字分为高位和低位两部分，分别经由X、Y方向D/A变换器变换为模拟量，送入CRT的X与Y通道，则每个存储器字点亮屏幕上的一个点。图10.3-9为十进制1位的BCD计数器映像图，该数据字的4位二进制代码分别用b_3、b_2、b_1、b_0表示，b_3b_2位经过D/A变换器送入Y方向，b_1b_0经过D/A变换器送入X方向，CRT上显示的第一行四个点的代码分别为0000～0011，第二行四个点的代码分别为0100～0111，第三行为1000和1001，由1001状态返回0000状态。

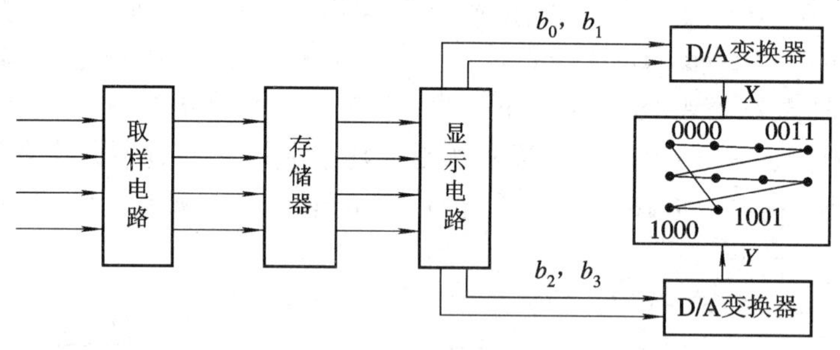

图10.3-9　映像显示

若计数器有故障，则点图形将发生变化，即使是无经验的操作员，也能对照正确的映像图发现CRT显示的图形是否正确。若图形与正确的映像图不同，则表示被测系统出现故障，这种方法比逐行检查状态表要方便得多。

用映像显示方式也可观察程序的运行情况。与图解显示方式相同，用分析仪观察微机的地址总线，CRT上的每个亮点是程序运行中一个地址的映像。图10.3-10(a)、(b)给出了某程序存储与运行映像图的对照。图中以三个“十”标示了地址单元的坐标位置。

上述四种显示方式各具特点，可以相互补充使用。映像显示方式适宜对系统工作进行“全景”检查；图解显示方式适宜对可疑区进行较仔细的检查；状态表显示方式可对故障区

0000～007F	堆栈
2800～28FF	主程序
4004～4009	输入/输出
FFF8～FFFF	向量

(a)

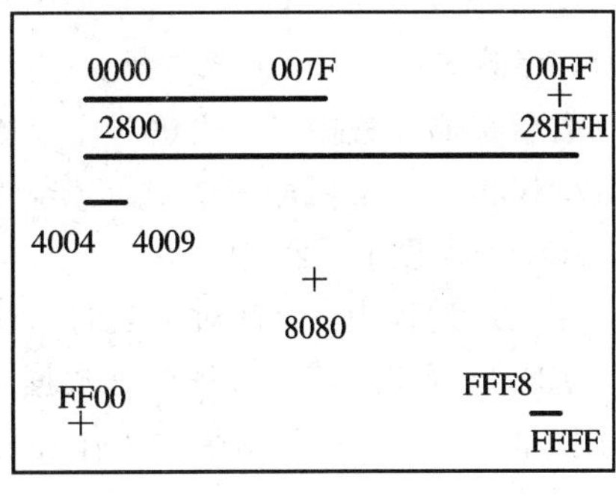

(b)

图 10.3-10　程序运行的映像图

进行最仔细的研究。

10.3.4　逻辑分析仪的应用

逻辑分析仪的应用是将被测系统接入逻辑分析仪，使用逻辑分析仪的探头检测被测系统的数据流。逻辑分析仪的探头是将若干个探极集中起来，其触针细小，便于探测高密度集成电路。

逻辑分析仪首先对被测系统进行数据取样。使用被测系统时钟脉冲作为取样脉冲的取样方式称为同步取样；使用仪器内部产生的时钟对被测系统的输入数据进行取样的方式称为异步取样。由于分析仪内部时钟频率一般较被测系统高得多，因此单位时间内得到的信息量增多，分辨力得到了提高，从而显示的数据更精确。图 10.3-11 给出了同步取样和异步取样工作波形的比较，同步取样无法检测两相邻时钟间的干扰波形，而异步取样可以检测出波形中的“毛刺”干扰，将它存储到存储器中并记录下来。

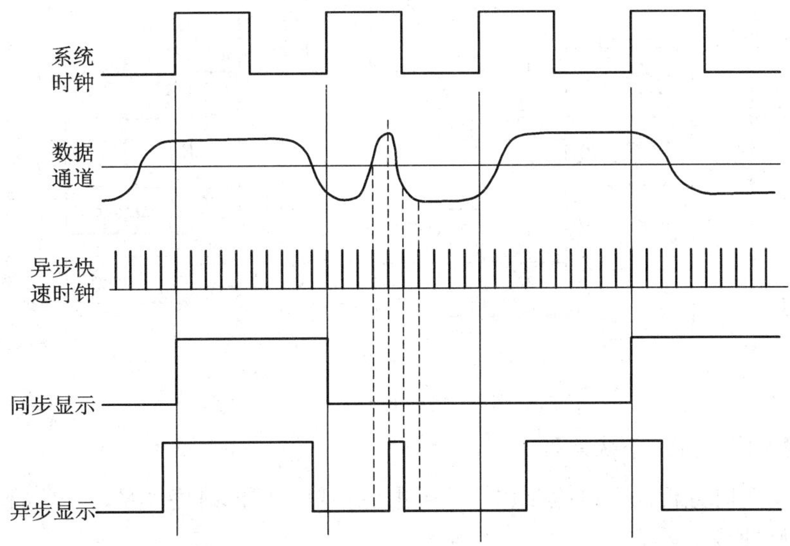

图 10.3-11　同步取样和异步取样的工作波形比较

逻辑分析仪的存储器通常采用RAM存储数据，以便观察瞬变过程。采用异步取样方式时，存储器的容量相对要求大一些。

数据存储过程中，应注意选择合适的触发方式，以便存入适当所需的检测数据流。逻辑分析仪也可不采用触发方式工作，使被测系统数据不断存入存储器，待存储器存满之后，自动进入显示过程。

在显示过程中，应针对不同的测试对象选择合适的显示方式。

逻辑分析仪的工作过程就是数据采集、存储、触发及显示的过程，由于它采用了数字存储技术，因此可将数据采集工作和显示工作分开进行，也可同时进行，必要时对存储的数据可以反复进行显示，以利于对问题的分析和研究。逻辑分析仪可广泛地应用于数字系统的测试中，如数字集成电路测试、印制板系统测试以及微处理机系统测试等。下面逐一进行介绍。

1. 测试数字集成电路

将数字集成电路芯片接入逻辑分析仪中，利用适当的显示方式，可得到具有一定规律的图像。如果显示不正常，则可以通过显示不正确的图形找出逻辑错误的位置。

图10.3-12给出了测量RAM2114的连线图。RAM2114是容量为1 K×4的RAM存储芯片，它有10条地址线，4条数据线，片选信号端为$\overline{CS}$，写允许信号为$\overline{WE}$。当对$\overline{WE}$端提供"0"信号时，对RAM进行写入功能的测试；当对$\overline{WE}$端提供"1"信号时，对RAM进行读出功能的测试。由逻辑发生器LG提供RAM工作的各种逻辑信号，逻辑分析仪的探头与RAM的所有管脚连接，检测所有管脚上发生的信息，以进行显示。逻辑发生器LG的作用相当于模拟信号测试中信号发生器的作用，即产生各种多路的逻辑信号，提供给被测电路。

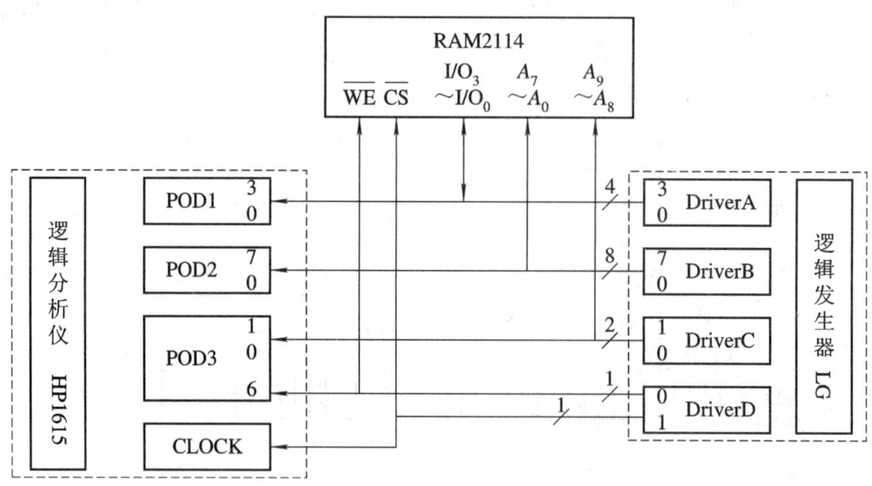

图10.3-12　测量RAM2114的连线图

2. 测试时序关系及干扰信号

利用逻辑定时分析仪可以检测数字系统中各种信号间的时序关系、信号的延迟时间以及各种干扰脉冲等。

例如，测定计算机通道电路之间的延迟时间时，可将通道电路的输入信号接至逻辑分析仪的一组输入端，而将通道电路的输出信号接至逻辑分析仪的另一组输入端，然后利用脉冲间隔的变化在荧光屏上显示输出与输入波形间的延迟时间。

计算机的外部设备(如磁带机或磁盘机)在使用中常常会出现“毛刺”型干扰脉冲，对于这种偶发的窄脉冲信号，用示波器很难捕捉到，而逻辑分析仪却可以使用“毛刺”触发工作方式迅速而准确地捕捉并显示出来。

3. 检测微处理机系统的运行情况

微处理机系统在工作过程中经常会发生硬件故障和软件故障。图 10.3-13 提供了用逻辑分析仪检测微处理机系统运行情况的连接示意图。图中，CP 提供 CPU 工作和逻辑分析仪工作的时钟脉冲，微处理机系统的多路并行地址信号和数据信号分别接到逻辑分析仪的输入探头，用读/写控制线作为逻辑分析仪的触发信号，这样正在运行的微处理机系统的地址线和数据线上的内容就可通过逻辑分析仪显示出来。显示方式可以选用状态表方式，也可使用图解显示和映像图显示方式。当发现故障时，还可以利用不同的显示方式显示出故障前、后的信息情况，从而迅速排除故障，提高测试效率。

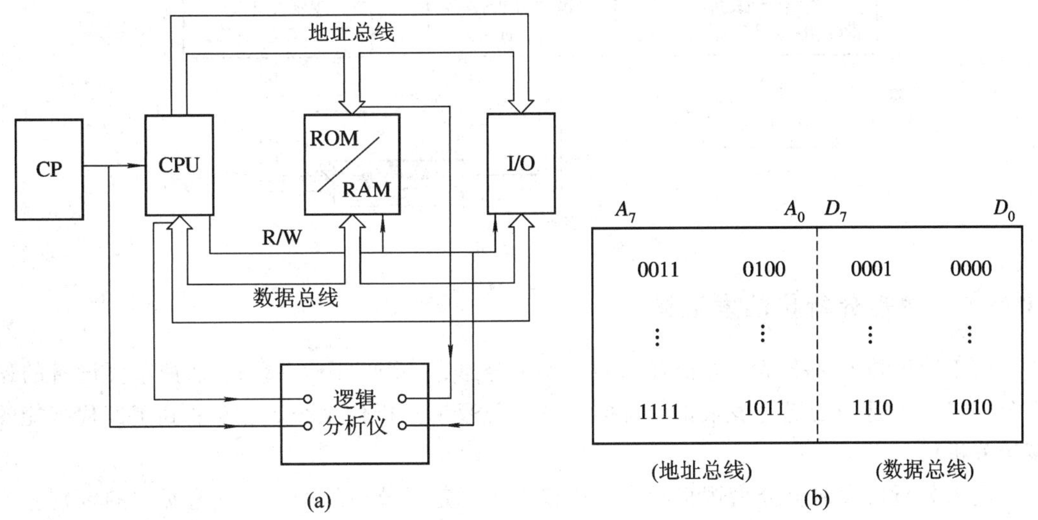

图 10.3-13　检测微处理机系统

逻辑分析仪除了可进行故障检测外，还可监视微处理器的一些特定事件。

(1) 监视微处理器的加电功能。各种微处理器系统加电后，复位电路将特定的地址送到地址总线上，如 FFFEH 和 FFFFH，这两个地址单元的内容进入程序计数器 PC，总控程序就从这里开始。为了监视微处理器的加电功能，应设置地址总线上的信息 FFFEH 为触发字，由该触发字开始采集并显示地址信息，如果地址信息正确，则说明微处理器加电功能正常。

(2) 监视中断功能。中断事件在微处理器系统中是随机的偶发事件，微处理器唯一能知道的地址是中断矢量地址。在监视中断功能时，将某一中断源的中断矢量地址作为触发字，触发方式采用中心触发方式，以便存储和显示中断前、后堆栈的内容及中断服务程序的执行情况。

(3) 监视数据传送。微处理器可以通过异步通信接口与其他数字系统进行数据传送。为了监视数据传送功能，可将存储器缓冲区的首地址作为触发字进行跟踪触发，检测发出或接收到的数据的正确性，以便监视异步通信功能的正确性。

4. 数字系统的自动测试系统

由微型计算机(带 GPIB 总线控制功能)、逻辑分析仪和逻辑发生器以及相应的软件可组成数字电路的自动测试系统。使用不同的应用程序，该系统能够完成中小规模数字集成芯片的功能测试、某些大规模数字集成电路逻辑功能的测试、程序自动跟踪、在线仿真以及数字系统的自动分析功能。测试系统的硬件组成如图 10.3－14 所示。图中，LG 是逻辑发生器，它是可编程的比特图形发生器，可用微处理机对它编程，发出测试中所需的激励信号。这样一个自动测试系统要求使用者了解微型计算机的工作原理，GPIB 总线的工作原理及控、听、讲功能，并且能够针对不同的测试对象编制不同的应用程序。有条件的使用者可选择一种数字系统做出一个自动测试系统。

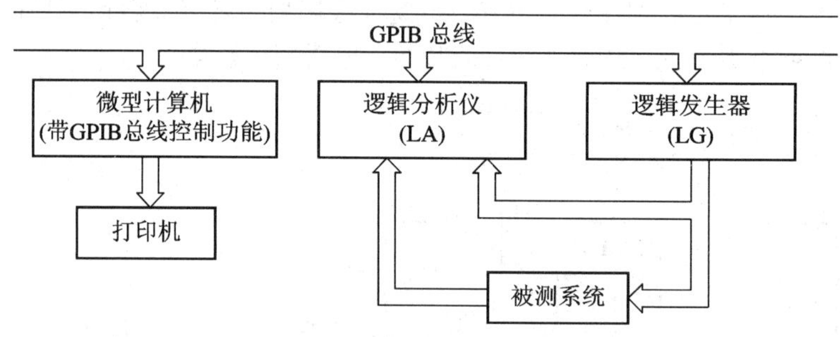

图 10.3－14　自动测试系统

10.3.5　逻辑分析仪的发展概况

由于数字技术和微型计算机技术的发展十分迅速，因此作为检测、维护重要设备的逻辑分析仪几乎是同步迅速发展的，自推出第一台逻辑分析仪至今，已发展到第四代智能的逻辑分析仪。

逻辑分析仪大体上分为逻辑状态分析仪和逻辑定时分析仪两大类。这两类的区别主要是工作方式和显示方式不同。目前的发展趋势是一台分析仪同时具有状态分析和定时分析功能。

按性能，逻辑分析仪大体上可分为高、中、低三档。通道数不大于 16 个，最大时钟频率在 20 MHz 以下，只有状态分析或只有定时分析和简单触发功能的属低档；状态分析频率为 20～50 MHz，通道数为 16～64 个，具有反汇编和多种触发能力或同时具备 100 MHz 以下定时分析能力的属中档；状态分析频率不低于 50 MHz，定时分析频率大于 100 MHz，通道数大于 64 个，有丰富的反汇编和触发能力的属高档。

逻辑分析仪面世时间不长，但发展速度非常快，其主要发展方向是：数据获取速率越来越高，如 TEK 公司的 DAS9100 和 DAS9200 的异步取样速率达 2 GHz，DAS9100 的同步取样速率达 330 MHz；通道数越来越多，如 DAS9200 的最大通道数为 540 个，HP18500 的最大通道数为 400 个。此外，反汇编、触发功能和显示功能越来越完备，国外逻辑分析仪以每年增长 20%～30%的速度发展，其售价逐年下降。

早期的逻辑分析仪是在示波器基础上发展起来的，称为逻辑示波器。20 世纪 70 年代初，逻辑示波器由美国 HP 公司率先推出。HP1601 的通道数为 16 个，存储深度为 64 字，最大时钟频率为10 MHz，触发功能简单，数据采集和显示分为两个分机工作。20世纪70年代末，高速比较器和高速存储器RAM的出现使逻辑分析仪的最大时钟频率达20 MHz，通道数达32个，存储深度为256个字至1024个字，一般都有较丰富的触发功能，有些分析仪具备反汇编和助记符号显示能力。这一时期，世界上几乎所有著名的仪器公司都参与了逻辑分析仪的开发生产。典型产品有HP公司的HP1611A、HP1615A，TEK公司的300系列、7D01和7D02，Philips公司的PM3542、PM3543，日本松下公司的VP3620A等。这是第二代逻辑分析仪。

20世纪80年代初，由于微处理器的普遍应用，逻辑分析仪的发展进入第三代，实现了智能化。在同一台分析仪中，既有状态分析又有定时分析能力，通道数为32～72个，状态分析频率达50 MHz，定时分析频率达100 MHz，一般都具有毛刺检测能力。仪器可以配接GPIB接口或RS232接口，实现自动测试或远地控制。典型产品有Dolch公司的LAM4850，Philips公司的PM3551，HP公司的HP1630/31，Gould公司的K100D，松下公司的VP3662A，TEK公司的1240/41等。

20世纪80年代中期，逻辑分析仪向智能化方向发展，其功能更加完善。例如，TEK公司的DAS9100和DAS9200定时分析频率达2 GHz，状态分析频率达330 MHz，有最大1008个通道、50 MHz的测试图形发生器，成为高性能的数字分析系统，可适应VLSI和ASIC电路发展的测试需要。又如，Philips公司的PM3551A有75通道，定时分析频率达300 MHz，具有近20种8位和16位微处理器反汇编支撑等，也达到了相当高的技术水平。

20世纪80年代末，HP公司在逻辑分析仪技术竞争不利的情况下推出了第四代单片式、模块化逻辑分析仪HP16500系列。用户根据自己需要，通过选择不同的模块，很容易组成性能不同的分析仪，其最大通道数为400个，最高定时分析频率为1 GHz，最多为204个通道、50 MHz图形发生器，或者8个通道、400 MHz的取样速率。HP16500系列从性价比方面大大超过其他公司的产品。此外，Kontron公司的KLA/2、Gould公司的K4000，其状态分析都达到了96通道、50 MHz，定时分析分别为8通道、2 GHz和12通道、1 GHz。

1981年，内蒙古电子仪器厂生产出国内第一台逻辑分析仪SL-3，其通道数为8个，时钟频率为10 MHz，存储容量为256字，称为逻辑示波器。1982年，红华仪器厂和上海无线电二十一厂分别投产16通道的逻辑示波器SL-2和SL-4。20世纪80年代中期，南京电讯仪器厂生产出具有定时分析、状态分析、特征分析及反汇编等多种功能的逻辑分析仪EE4511，并把时钟频率提高到了20 MHz。红华仪器厂生产的HH4510T把通道数提高到32个。此时的同类产品还有HH4510/11/12、NM4512、BY4511、XJ4530等。与此同时，国内一些高等学校及研究所开始研制并生产个人仪器式的逻辑分析仪，如清华大学计算机厂的LA-32、航天部502所的HT4540、东南大学的PLSA-1等，其通道数最多达40个，时钟频率最高达40 MHz。

20世纪80年代后期，由于进口逻辑分析仪的冲击和技术上的原因，除插件板式或个人仪器式逻辑分析仪因价格便宜、使用方便而在国内仍占有一定市场外，国产逻辑分析仪发展缓慢。但是在我国"九五""十五"规划期间，国产逻辑分析仪仍取得了重大突破与进展。例如，电子科技大学研制出时钟频率高达400 MHz的逻辑分析仪。在许多科研院所及高校科研中，应用的就是国产的逻辑分析仪。

10.4 测量新技术简介

进入21世纪以来，科学技术得到了飞速的发展。新工艺、新材料、新的制造技术催生了新一代电子元器件，同时也促使电子测量新技术不断涌现，电子测量新仪器也就应运而生了。本节将对现代电子测量中新出现的几种新技术、新仪器作简单介绍。

10.4.1 矢量网络分析测试技术

随着电子信息系统和新式武器装备的发展，占领和利用有限的频谱资源已经成为高新技术发展和军事电子技术及装备发展的一个重要特点。其中，充分利用频谱资源中的电磁波幅度、频率、相位和极化信息是现代电子装备的核心特点。现代电子装备的发展急需能同时获得被测对象的幅度、相位和群时延特性的高性能矢量网络分析仪。特别是雷达相控阵列技术的普遍应用，对相位和群时延特性的测试要求越来越高，因此矢量网络分析仪便成为现代电子装备必备的、关键的测试设备。另外，微波毫米波有源器件CAD技术正在日益普及，而有源CAD的基础是提取有源器件的S参数，当前只有矢量网络分析仪有能力同时获得有源器件的S参数，使CAD的设计结果更接近于实际应用。除此之外，矢量网络分析仪已走出传统的线性网络的应用领域，而在非线性、大功率网络的测试和分析中发挥着重要作用。另外，以矢量网络分析仪为核心可以组成天线、大功率组件等自动测试系统，因此它的应用领域将是非常广阔的。

矢量网络分析测试技术具有以下几个突出的特点。

(1) 工作频带宽。我国信息产业部第41研究所于2004年研制生产的微波毫米波矢量网络分析仪，一次扫描即可完成45 MHz～40 GHz全频段幅频特性和相频特性的测量。

(2) 测量精度高。由于矢量网络分析仪采用误差修正技术，因此减小了系统误差对测量结果的影响，即使采用非理想的硬件电路，也能获得高精度测量。

(3) 动态范围大。由于矢量网络分析仪采用高灵敏度幅相接收机技术和数字信号处理技术，因此提高了小信号测试灵敏度，拓展了测试动态范围。

(4) 高速实时测试。由于矢量网络分析仪采用了嵌入式高速计算机技术，因此将测量校准、测量控制、误差修正、显示控制等过程程序化、软件化，提高了自动化程度和测试速度，使实时测量成为可能。

10.4.2 调制域测试技术

调制域测试技术是20世纪末出现的一个新的测试技术领域，它与过去我们熟知的时域测试、频域测试一起被称为目前的“三域”测试技术。时域测试测量输入信号随时间而变化的信号值，即测量信号值与时间的关系。频域测试测量输入信号随频率而变化的信号值，即测量信号值与频率的关系。调制域测试测量输入信号随时间而变化的频率值，所产生的显示图形代表信号的调制域，即测量信号的频率值与时间的关系。调制域测试技术是一门新兴的、重要而技术难度大的测试新技术。众所周知，过去大多数电子信息传送的是幅度变化信息，而现在转向传送数字信息，信息越来越多地以数字脉冲之间的定时或相位关系的方式传送出去，单单使用示波器或频谱仪这类以幅度为基础的仪器，难以满足表征这些数字信号的需要，于是提出了相位数字化新方法。这种方法非常适合测量定时信号、相位编码信号或频率编码信号。调制域测试技术的出现必将对解决众多的测试问题做出新贡献。事实已经证明，调制域分析技术在越来越多的应用领域成为一种不可或缺的测试技术，尤其是在军事电子测试领域更有其重要的意义。

譬如，随着综合业务数字网和同步光纤网络等新的数字通信技术进入主流电话系统，应用传统的测试手段已经不能精确地测量传输的信号；再有，通信传输中晃动的精确测量是传输中至关重要的一个问题，由于调制域分析技术可以进行二百万次/秒分析 64 000 次背对背的频率测量，因而它是当今唯一能直接显示随时间而变化的频率晃动技术。另外，调制域分析技术在军事上具有其独特的应用，由于它可以测量、分析迅速变化的频率、时间间隔或相位关系函数，因此调制域分析技术可对这种信号进行调谐，以达到电子装备的最佳性能。以雷达而言，可以消除其盲点，减少目标运动的负效应，改善雷达系统的作用距离和分辨率。调制域分析仪非常适合设计防抱死制动系统、可调节悬浮系统、自适应巡航控制系统、防撞雷达以及各种各样的航天和防御系统等。总之，调制域分析技术可以用来加速设计和表征诸如雷达、电子战、监控系统、扩频通信等的工作和性能特征。

我国南京新联电子设备有限公司已经研制出 10 Hz～2.5 GHz 的调制域分析仪，达到了国外同类产品的水平，填补了国内空白，为我国跳频领域的电子设备和军事装备提供了低于国外价格 1/3～1/2 的测试手段。

10.4.3　VXI 总线技术

VXI 总线技术是 20 世纪末出现的一种新的母线技术。该技术首先出现于美国，应用于美国空军电子测量仪器。VXI 总线将 VME 总线和 GPIB 结合起来构成一个新的标准，这种模块式仪器平台可以满足未来仪器应用的需要，使电子测量仪器和系统步入一个新的发展时期。VXI 总线是一个新的行业标准接口母线，是一种完全开放的、适应多厂家仪器产品(模块、插卡式)的行业标准。这个标准的推出可以减小设备的体积和重量，提高测试速度，VXI 比 GPIB 的速度可提高 40 倍，更能充分发挥计算机的作用。

这个新的总线标准在美国应用之后引起了我国业界的高度关注，研究者众多。我国经过几年的探索，已经取得了较大的进展，在若干方面实现了具体的应用。例如，电子科技大学测试技术及仪器研究所 CAD 研究室研制的 VXI 总线测试软件平台是我国 VXI 测试技术的重大突破。其主要技术指标如下：

(1) 硬件环境：内嵌 VXI 控制器、MXI 控制器和 GPIB - VXI 转换器，有 NIPCI - GPIB、AT - GPIB/TNTHP82350/82341 和 ES1400 等 GPIB 接口，还有打印机和 UPS 等其他必要外设。

(2) 软件环境：Windows 98 操作系统，支持标准模块驱动器(VISA32)。

(3) 软件特性：可编辑的图形化编程环境，可自定义的虚拟面板，丰富的数据处理函数，开放的外部程序接口，同时管理 VXI、GPIB、1553B、RS232 仪器和模块，使用方便的帮助系统。

这一研究成果已应用于“远程雷达综合测试系统”“火控雷达综合测试系统”和各种装备的 VXI 总线自动测试系统中。

10.4.4 智能仪器

将嵌入式微处理器、数字信号处理器(DSP)及专用电路(ASIC)组合成一个整体，以微处理器的软、硬件为核心，有机地融合传统仪器测量，使其具有自动量程转换、自动校准、自动程序化测量、故障自动诊断及修复等功能，这样的仪器称为智能仪器。智能仪器具有以下标志性的特点。

(1) 以软件为核心，控制能力强大。仪器的全部操作均在软件的控制下进行。例如，美国安捷伦公司的892x系列无线通信综合测试仪集音频/射频/调制/扫频信号源/频谱分析仪/频率计/失真度仪/功率计、数字电压表/毫伏表、示波器、调制度分析仪、GSM/CDMA协议分析仪、基站/手机测试仪等于一身，用软件控制着上述所有仪器的功能转换与测量。

(2) 具有强大的数据存储、处理功能。智能仪器的存储器既可用来存储测量程序、相关的数学模型及操作人员输入的信息，又可用来存储以前测得的或现在测得的各种数据及处理数据后的结果等。采用软件对测量结果进行及时的在线处理，对各种误差进行计算并加以补偿，可使测量精度大为提高。例如，一般的数字万用表(DMM)只能测量电阻、交直流电压、电流等，而智能型数字万用表除能进行上述测量外，还能对测量结果进行零点漂移平均值、极值、方差、标准偏差、统计分析以及人们所要求的更为复杂的数据处理。

(3) 自动化、智能化程度高。在软件的控制下，智能仪器能自校准、自选量程、自动选择和调整测试点的工作状态，能通过显示器向用户提供菜单来指导使用者操作，引导选择各种参数，显示当前的量程等，还具有自检、自动补偿、自诊断、自修复等功能。

10.4.5 虚拟仪器

在计算机硬件平台上配以I/O接口设备，由用户自行设计虚拟控制面板和测试功能，由计算机的显示器模拟传统仪器的控制面板，以多种形式输出检测结果，由计算机软件功能实现信号数据的运算、分析、处理，由I/O接口设备完成信号的采集、测量与调理，从而完成人们期望完成的各种测试功能，这样的一种计算机仪器系统称为虚拟仪器。虚拟仪器与传统仪器有显著的区别：传统仪器主要由硬件组成，由测量人员操作面板上的开关、调节旋钮完成测量工作，其测试功能由具体的硬件电路实现；虚拟仪器的操作面板变成了与实物控件对应的图标，其测试功能由软件完成。

虚拟仪器具有如下特点：

(1) 虚拟仪器的面板是虚拟的，面板上的各种控件图标与传统仪器面板上相应的各种开关、调节旋钮所完成的功能相同。对虚拟仪器的操作只需用鼠标点击相应的图标即可。

(2) 由软件编程实现仪器的各种测量功能。一般地，在以PC为核心组成的硬件平台的支持下，通过软件编程设计来实现仪器的测试功能、分析功能等。

(3) 虚拟仪器的硬、软件都具有开放性、模块化，可重复使用，灵活实现多样化的仪器测试性能。

(4) 通过使用标准接口总线和网卡，容易实现测量自动化、智能化和网络化，实现“资源”共享。

21世纪的电子测量仪器随着芯片技术和数字信号处理(DSP)技术的发展将具有前所未有的高性能。随着计算机技术与仪器的进一步融合，仪器的易操作性、易升级性、测量能力以及数据处理和分析能力都将得到大幅度的提高。

小　结

(1) 数字系统以数据或数据字作为时间或时序的函数，而不是把电压作为时间或频率的函数。数据域测量就是对数据流的测量。

(2) 简单逻辑电路的测量可用逻辑笔、逻辑夹等简易工具进行，它检测逻辑数据的高电平和低电平。在正逻辑规定下，高电平用数字“1”表示，低电平用数字“0”表示。对于复杂的数字系统，以一个正确的电路作为参考电路，两电路加上同样的测试数据流，对它们的输出进行比较，如果两电路输出数据流始终相同，则被测电路是正确的，否则被测电路是错误的。

(3) 穷举测试法就是对被测数字系统加入所有可能的数据组合来检测数字电路。穷举法的优点是具有 100%的故障覆盖率，缺点是当输入端数增多时，测试数据流和测试时间太长。伪穷举测试法是将一个复杂的大数字系统用多路开关或敏化划分法分成几个子电路，对子电路再进行穷举测试，这样可以大大减少测试工作量。

随机测试法是对被测电路加入随机数据序列进行检测。随机测试的缺点是达不到 100%的故障测试率，但在不严格要求置信度的场合，随机测试仍不失为一种实用而有效的测试方法。

(4) 数据域测量技术包括对故障模型的研究、故障测试、故障定位、测试数据流的产生和自测试技术等问题的研究。

(5) 逻辑分析仪的工作过程由数据采集、数据存储、触发跟踪和数据显示组成。触发方式包括组合触发、延迟触发、限定触发、序列触发、计数触发、毛刺触发等。显示方式有定时显示、状态表显示、图解显示和映像显示等。应选择适当的显示方式和触发方式，以便完成对数字系统的测试任务。

逻辑分析仪可用来测试数字集成电路，测试时序关系和干扰信号，可测试微型计算机系统的硬件和软件的正确性，是数字系统检测与维修的重要工具。

(6) 测量新技术随着时代的进步、科学技术的发展在不断涌现。这里所述的几项新测量技术包括矢量网络分析技术、调制域测试技术、VXI 总线技术及自动测试系统与智能仪器。安排这部分内容的目的是使读者建立这些新测量技术的最基本概念。如需要深入研究，请参考有关专著。

习　题　10

10.1　什么是数据域测量？数字系统测量的关键是什么？

10.2　数字信号的 0、1 是怎样规定的？数字信号有哪些特点？

10.3　逻辑笔的结构是怎样的？逻辑笔有几种响应信号？

10.4　什么是穷举测试？什么是随机测试？各有什么特点？

10.5　什么是可测性技术？

10.6　逻辑分析仪由几部分组成？其工作过程如何？

10.7　逻辑分析仪有几种触发方式？各有什么特点？有何用途？

10.8　逻辑分析仪有几种显示方式？有何用途？

10.9　逻辑分析仪怎样测试 RAM 芯片？

10.10　逻辑分析仪怎样测试微型计算机系统？

10.11　怎样组成数字系统的自动测试系统？

10.12　图 10.1 是一个完整的数字电路自动测试系统框图，它由测试码生成和测试执行两部分组成，试说明该系统的工作原理及编程方法。假设被测电路有 8 个输入端，4 个输出端。

提示：PIO 初始化状态设置，A 口作用，B 口作用。

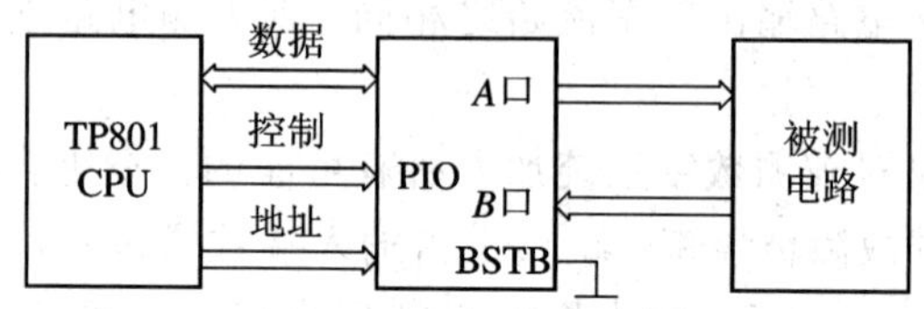

图 10.1　题 10.12 图

10.13　简述矢量网络分析、调制域测试、VXI 总线技术的内涵及意义。

10.14　什么是智能仪器？它有何标志性特点？

部分习题参考答案

第 1 章

1.8　1 μV

1.9　2.4

1.10　(1) 2.5 V;
　　(2) 2.2 V, 2.5 V

1.11　10 kΩ, 3000

1.13　0.43 V, 0.81 V; 19.4%, 33.2%

第 2 章

2.6　98.8～101.2 mV

2.7　−0.18, −3.32%, −3.21%

2.8　1140～1260 Ω

2.9　合格

2.10　(2) −1.0%, −0.99%;
　　(3) 0.5 级;
　　(4) 1 mV

2.11　0.021 pF, 2.1%; 0.111 pF, 1.11%; 1.011 pF, 1.011%

2.12　(1) 9.6 V;
　　(2) −20%, −16.7%;
　　(3) −0.418%, −0.417%

2.13　1 μA, 1.25%, 2.5%

2.14　0.1 mV, 8.33%; 0.6 mV, 0.03%

2.17　2.5 级

2.19　120±0.8 Ω, 0.67%; 16.7±0.3 Ω, 1.73%

2.20　(1) 0.075 V, 1.77%, 1.79%;
　　(2) 0.15 V, 214%

2.21　0.3%

2.22　4%

2.25　1.0 级

2.26　40%

2.28　86.4，8.91，3.18，0.003 12，59 400

2.29　3.42，3.43，182.2，190，60.74，70.0

2.30　±0.34 dB

第 3 章

3.11　$10^5 \sim 10^7$ Hz

第 4 章

4.17　(1) 4 V，167 kHz；10 V，250 kHz；6 V，100 kHz
　　(2) 2.5 V，3.3 kHz；2 V，5 kHz；1 V，4 kHz
　　(3) 400 V，4 Hz；200 V，2 Hz；100 V，1 Hz

4.18　(1) 30°；(2) 120°；(3) 60°；(4) 90°；(5) 72°；(6) 108°

第 5 章

5.5　$\pm 0.2 \times 10^{-6}$；$\pm 0.2 \times 10^{-5}$；$\pm 0.2 \times 10^{-4}$

5.6　$\pm 1.85 \times 10^{-4}$；$\pm 9.26 \times 10^{-6}$

5.7　(1) $\pm 1.5 \times 10^{-7}$；(2) $\pm 10^{-4}$

5.8　$\pm 10^{-4}$

5.9　316 kHz

5.10　$\pm 2 \times 10^{-5}$

5.12　$F = 2.174$ Hz，$\Delta F = \pm 0.031$ Hz

第 6 章

6.3　53.1°

6.5　43.6°

第 7 章

7.3　−20%，4 V；−4.8%，4.76 V；5 V

7.9　(2) 正弦波：7.07 V，4.5 V，5 V；方波：7.07 V，7.07 V，7.07 V；
　　三角波：7.07 V，3.56 V，4.09 V

7.10　(2) 正弦波：7.07 V，4.5 V，5 V；方波：5 V，5 V，5 V；
　　三角波：8.65 V，4.35 V，5 V

7.11 (2) 正弦波：7.07 V，4.5 V，5 V；方波：4.5 V，4.5 V，4.5 V；
三解波：8.96 V，4.5 V，5.18 V

7.12 (1) 4.44 V； (2) 4.24 V； (3) 2.83 V

7.13 (1) −17.5 mV，−0.175%；
(2) −3.5 V，−35%

7.14 2 格

7.15 0.1 V/cm

7.16 2.5 V

7.19 1.82 V

7.20 0.61 V

7.21 1011

7.22 1010，1011

7.23 (1) 20 000； (2) 80 ms，20 ms

7.24 (1) 4 位，$4\frac{1}{2}$位 (2) 10 μV (3) 412 μV，0.026%；1.312 mV，0.084%

7.25 −25 dB，+15 dB，42.5 mV，4.25 V

第 8 章

8.1 $R_x=50\ \Omega$

8.2 (1) $U_{oc}=0.008$ V，$R_0=314.7\ \Omega$； (2) $d=44$ mm

8.3 $R_x=0.01\ \Omega\sim10\ \text{M}\Omega$

8.6 $R_x=\frac{C_1}{C_4}R_2$，$L_x=R_2R_4C_1$

8.7 $C_3=0.5\ \mu\text{F}$

8.8 $R_3=144\ \Omega$，$L_3=19.2$ mH

8.9 $Q=50$

8.10 $L_M=1.67\ \mu\text{H}$，$R_M=3.3\ \Omega$，$Q_M=40$

8.11 $C_M=50$ pF，$R_M=4\ \text{M}\Omega$，$Q_M=200$

第 9 章

9.2 $T\geqslant20$ s

9.3 44.7 μV

9.4 $\Delta U_{max}=25$ mV，0.5%

9.5 $U_{ni}=0.5$ mV

9.6 $R_n=4\ \text{k}\Omega$

9.7 $B_{eq}=200$ Hz

9.8 $F=1.125$

参 考 文 献

[1] 张乃国. 电子测量技术. 北京：高等教育出版社，1985.
[2] 黄秉英，肖明耀，马凤鸣，等. 时间频率的精确测量. 北京：中国计量出版社，1986.
[3] 任庆，范懋本. 电子测量原理. 成都：电子科技大学出版社，1989.
[4] 杨吉祥. 数据域测试技术及仪器. 北京：科学出版社，1990.
[5] 孙圣和，刘明亮，施正豪，等. 现代时域测量. 哈尔滨：哈尔滨工业大学出版社，1989.
[6] 刘辉. 电子仪器与测量技术. 合肥：中国科学技术大学出版社，1992.
[7] 陈光禹. 现代电子测试技术. 北京：国防工业出版社，2000.
[8] 李明生. 电子测量仪器. 北京：高等教育出版社，2002.
[9] 徐佩安. 电子测量技术. 北京：机械工业出版社，2002.
[10] 魏中. 电子测量与仪器. 北京：化学工业出版社，2003.
[11] 陆绮荣. 电子测量技术. 北京：电子工业出版社，2003.
[12] 万国庆. 电子测量教程. 北京：电子工业出版社，2006.
[13] 张宪. 电子测量技术问答. 北京：化学工业出版社，2006.
[14] 邓斌. 电子测量仪器. 北京：国防工业出版社，2008.
[15] 王川，陈传军. 电子仪器与测量技术. 北京：北京邮电大学出版社，2008.
[16] 张大彪. 电子测量技术与仪器. 北京：电子工业出版社，2008.
[17] 张永瑞. 电子测量技术基础. 3 版. 西安：西安电子科技大学出版社，2014.